Oldenbourg

Mathematik anschaulich

Brückenkurs mit Maple

von
Hannes Stoppel

Oldenbourg Verlag München Wien

Die Deutsche Bibliothek - CIP-Einheitsaufnahme

Stoppel, Hannes:
Mathematik anschaulich : Brückenkurs mit Maple / von Hannes Stoppel. -
München ; Wien : Oldenbourg, 2002
ISBN 3-486-25775-7

Rosenheimer Straße 145, D-81671 München
Telefon: (089) 45051-0
www.oldenbourg-verlag.de

Lektorat: Irmela Wedler
Herstellung: Rainer Hartl
Umschlagkonzeption: Kraxenberger Kommunikationshaus, München
Gedruckt auf säure- und chlorfreiem Papier
Druck: Grafik + Druck, München
Bindung: R. Oldenbourg Graphische Betriebe Binderei GmbH

Inhalt

Vorwort

Mathematik gilt als schwieriges Fach. Dies liegt unter anderem daran, dass Hintergründe und Vorstellungen sich hinter langen Rechnungen verbergen und graphische Darstellungen zeitaufwendig und ungenau sind.

Hierbei kann der Computer mit einem Mathematikprogramm helfen. Es kann Rechnungen übernehmen, so dass man sich auf Verständnis konzentrieren kann.

Bei der graphischen Darstellung bietet ein Mathematikprogramm eine Hilfe, weil die Graphen über viele berechnete Punkte erstellt werden – deutlich mehr, als man selbst berechnen würde – und damit eine hohe Genauigkeit besitzen.

Bei Maple 7 kommt die Möglichkeit der Erstellung dreidimensionaler Graphen hinzu, die durch Drehung des Koordinatensystems von unterschiedlichen Seiten betrachtet werden können. Dies hilft in diesem Buch insbesondere in der linearen Algebra. Auch die Darstellung von Rotationskörpern ist hilfreich und könnte von Hand nicht in annähernd derselben Auflösung erstellt werden.

Ein Mathematikprogramm sollte nicht alle Rechnungen übernehmen sowie nicht eigene Kalkulationen unnötig machen. Selbsterarbeitete Ergebnisse können damit überprüft werden.

Ein Computer kann ebenfalls bei Beweisen helfen, was an einigen Stellen berücksichtigt wird. Ein bedeutsames Beispiel für den Beweis eines Satzes ist durch den Vierfarbensatz gegeben, vgl. [Ba00a], S. 99ff. Die Überprüfung von Beweisen mit Hilfe eines Computers könnte nach Aussage einiger Mathematiker zum Standard werden. In diesem Buch wurde versucht, einen Mittelweg zwischen mathematisch korrekten Argumenten und der Verwendung eines Computers als Hilfsmittel zu finden.

Maple 7 ist ein sehr umfangreiches Programm, das in vielen Bereichen der Mathematik eingesetzt werden kann. Dieses Buch kann keine Übersicht über alle Möglichkeiten mit Maple 7 bieten, sondern lediglich eine Übersicht für Einsteiger. Hierbei wurde die Reihenfolge auf die Unterteilung in mathematische Abschnitte abgestimmt und nicht nach Befehlen oder Befehlspaketen unter Maple 7 gerichtet. Es gibt daher Befehle oder Pakete unter Maple 7, die in verschiedenen Kapiteln in unterschiedlicher Form angewendet werden. Um dies übersichtlicher zu machen, wurde ein eigener und umfangreicher Index für Maple 7-Befehle erstellt.

Dieses Buch ist für die Verwendung und mit Hilfe von Maple 7 verfasst, jedoch lassen sich die Beispiele und Übungen auch mit Maple 6 durchführen. Die Neuigkeiten von Maple 7 gegenüber Maple 6 sind im Internet unter

`www.scientific.de`

dargestellt.

Da im Computer und im Taschenrechner Dezimalbrüche in der Form 1.23 statt 1,23 notiert werden und dieses Buch in Anlehnung an ein Computerprogramm geschrieben wurde, sind die Zahlen hier in der erstgenannten Form notiert.

Am Ende jedes Abschnitts befinden sich *Aufgaben* zu den behandelten Themen. Für die Aufgaben, deren Lösung mit Maple 7 nur beschränkt oder mit einigen Zusatzüberlegungen möglich ist, können Lösungen unter

`www.oldenbourg-verlag.de`

abgerufen werden.

Falls die Leserinnen und Leser mir Mitteilungen zu diesem Buch senden möchten, Ideen zur Ergänzung und Überarbeitung oder Fragen zu Ideen haben, so könnnen sie dies über

`stoppel@cs.uni-duesseldorf.de`

tun. Über sachdienliche Rückmeldungen würde ich mich freuen.

Mein Dank gehört meiner Frau Birgit Griese und Dr. Rainer Kaenders für zahlreiche Diskussionen über Mathematik und Volker Solinus für seine Geduld bei der Erstellung vieler Bilder. Zusätzlicher Dank gilt Martin Reck und Irmela Wedler vom Oldenbourg Wissenschaftsverlag für die Zusammenarbeit mit guten Hinweisen.

Hannes Stoppel

1 Einführung in Maple

Maple 7 bietet eine breite Fülle von Möglichkeiten, mathematische Probleme und Zusammenhänge genauer zu untersuchen. Nicht alles kann in diesem Buch behandelt werden, das sich auf die Bereiche der Mathematik beschränkt, die für Studienanfängerinnen und Studienanfänger mit Mathematik als Haupt- oder Nebenfach, Lehrerinnen und Lehrer für Mathematik oder fortgeschrittene Oberstufenschülerinnen und -schüler interessant und hilfreich ein können. Maple 7 enthält jedoch auch Programmteile zu weiterführendem Stoff. Daher kann Maple auch für Wissenschaftlicher und Forscher empfohlen werden. Für Hintergründe zu weiterführenden Themen mit Maple vgl. [Wa02] oder `www.maplesoft.com/apps/`.

Maple 7 existiert für Windows, Linux, Unix und PowerMacintosh. Hinweise zur Installation und Lizens-Anweisungen befinden sich in [Ma01a] und `Install.htm` auf der Maple 7 CD.

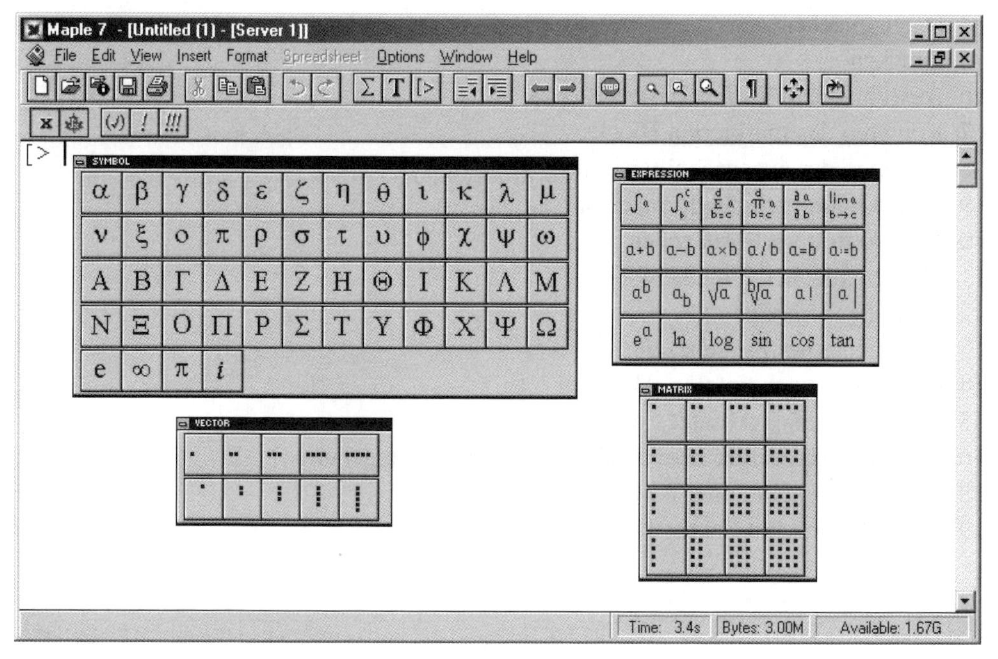

Abb. 1.1 Die Oberfläche von Maple 7

Nach standardgemäßer Installation kann Maple über *Start / Programme / Maple 7 / Maple 7* gestartet werden. Es öffnen sich die in Abbildung 1.1 dargestellten Fenster. In dem Hauptfenster wird das Arbeitsfenster *Untitled 1* geöffnet. Zusätzlich öffnen sich die *Show-Paletten*, mit denen eine Reihe von Befehlen aufgerufen werden können. Diese Fenster sind eine Hilfe bei der Eingabe von Befehlen, sie werden jedoch in diesem Buch nicht berücksichtigt.

Die Funktionen der Menüleiste sind vielfältig, die Erforschung sei zur Übung im Verlauf dieses Buchs empfohlen. Für eine umfangreiche Beschreibung hierzu vgl. [Wa02], Kapitel 1. Es sei jedoch an dieser Stelle auf die wichtige Funktionen *File / Save* oder *File / SaveAs* zum Abspeichern von Dateien hingewiesen, um sie kennenzuleren.

1.1 Die Oberfläche

Die *Iconleiste* ist mit Numerierung der Buttons in Abbildung 1.2 dargestellt. Die Icons haben hierbei die folgenden Bedeutungen:

1 Neues Arbeitsblatt anlegen
2 Öffnen einer Datei
3 Öffnen einer URL-Adresse (Webseitenadresse)
4 Datei speichern
5 Drucken
6 Ausschneiden des markierten Blocks
7 Kopieren des markierten Blocks
8 Einfügen des ausgeschnittenen oder kopierten Blocks
9 Eine Aktion rückgängig machen
10 Eine Aktion vorwärts gehen
11 Mathematischer Eingabemodus
12 Texteingabemodus
13 Einfügen einer Eingabezeile
14 Einrichten eines tieferen Absatzes
15 Einrücken eines Absatzes wird aufgehoben
16, 17 Einen Hyperlink zurückgehen bzw. nach vorn gehen
18 Anhalten der aktuellen Berechnung
19 Vergrößerung um Faktor 1

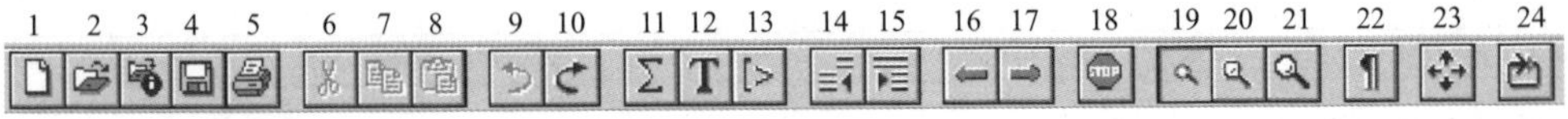

1 2 3 4 5 6 7 8 9 10 11 12 13 14 15 16 17 18 19 20 21 22 23 24

Abb. 1.2 Iconleiste von Maple 7

20 Vergrößerung um Faktor 1.5
21 Vergrößerung um Faktor 2
22 Formatierungszeichen werden angezeigt
23 Arbeitsblatt wird an die Arbeitsoberfläche angepasst
24 Ausführung des `restart`-Befehls

Die *Kontextleiste* besitzt im *Eingabemodus* und *Textmodus* unterschiedliche Struktur, wie in den Abbildungen 1.3 und 1.4 erkennbar ist. Die Buttons im *Eingabemodus* haben folgende Bedeutungen:

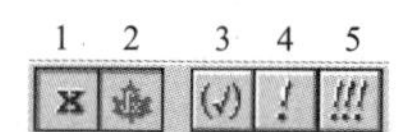

Abb. 1.3 Kontextleiste im Eingabemodus

1 Anzeige der Eingabe im normalen (mathematischen) Eingabemodus oder Texteingabemodus
2 Umwandlung der Eingabe von Text in Maple-Befehl oder umgekehrt
3 Autokorrektur einer unvollständigen Eingabe
4 Ausführung des Befehls (analog zur RETURN-Taste)
5 Ausführung aller Befehle der Worksheet-Oberfläche.

Im *Textmodus* stehen Formatierungswerkzeuge wie Schriftsatz (2), Schriftgröße (3), drei Schriftformen (4, 5, 6) sowie Bündigkeit oder Zentrierung (7,8,9) zur Verfügung. Unter Maple lassen sich im Textmodus Arbeitsblätter gestalten. Hierbei besitzt der Stil-Button (1) eine Bedeutung, vgl. hierzu [Wa02], Kapitel 1.

Abb. 1.4 Kontextleiste im Textmodus

1.2 Eingabe

In einem Arbeitsfenster werden Operationen eingegeben. Grundrechenarten unter Maple sind durch $+$, $-$, $*$, $/$, $\wedge$ für Addition, Subtraktion, Multiplikation, Division und Potenzierung gegeben. Um die Summe $4 + 3$ zu berechnen, ist

```
> 4+3;
```

nötig und die RETURN-Taste zu drücken, wobei das Semikolon am Ende des Terms die Angabe des Ergebnisses bewirkt. Dies ist in Abbildung 1.5 dargestellt.

Maple kennt wie jeder moderne Taschenrechner einige Rechenregeln wie „Punktrechnung vor Strichrechnung“. Bei der Eingabe von

```
> 4+3*2;
```

lautet das Ergebnis 10, und für

```
> (4+3)*2;
```

erhält man das Ergebnis 14. Auch Potenzausdrücke machen keine Probleme.

```
> 4+3^2;
```

ergibt 13, wohingegen

```
> (4+3)^2;
```

das Ergebnis 49 liefert. Für Genaueres zu den Rechenregeln vgl. [Vi01], 2.2.

Eine Alternative zur Anzeige von Eingaben besteht darin, den Befehl mit einem Doppelpunkt zu beenden. Hierbei wird das Ergebnis nicht angegeben. Wird

```
> a:=4+3:
```

eingegeben, wobei „:=“ bedeutet, dass der Variablen a der Wert der Summe $4 + 3$ zugewiesen wird (vgl. Abschnitt 2.1), so wird das Ergebnis nicht angegeben, vgl. Abbildung 1.5. Um das Ergebnis abzurufen ist

```
> a;
```

einzugeben, was in Abbildung 1.5 erkennbar ist.

Es können auch mehrere Ergebnisse in einer Zeile angegeben werden, indem die Befehle durch Kommata getrennt werden.

```
> 4+3, 4*3;
```

liefert das Ergebnis 7, 12.

Von Zeit zu Zeit ist der Speicher zu leeren. Dies ist z.B. dann der Fall, wenn einer Variablen x konkrete Werte zugewiesen wurden, sie jedoch danach wieder als Variable verwendet werden soll. Der Speicher wird durch den Befehl

```
> restart:
```

gelöscht.

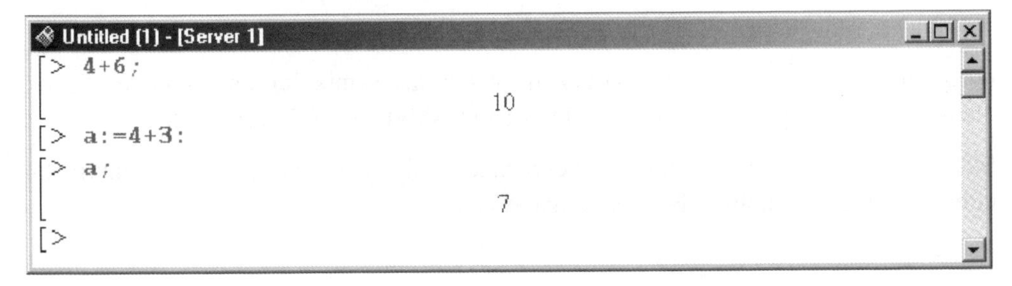

Abb. 1.5 Eingabe in Maple

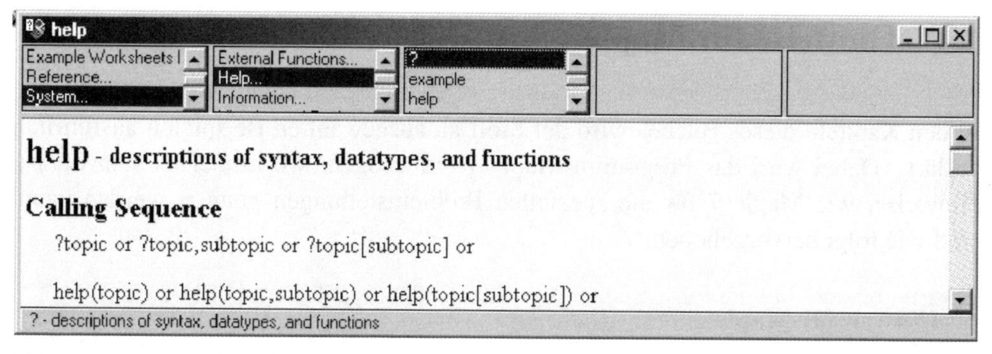

Abb. 1.6 Fenster mit Hilfe-Umgebung

1.3 Hilfe

Maple verfügt über eine umfangreiche und übersichtliche Hilfe-Umgebung. Sie wird durch

```
> ?
```

geöffnet, was in Abbildung 1.6 dargestellt ist. Hilfreich ist hierbei die Darstellung der Verknüpfung von Ober- und Unterbegriffen von links nach rechts im Kopf des Fensters, wodurch mehrere Unterbegriffe zu einem Thema gefunden werden können.

Informationen zu einem bestimmten Thema können durch Anhängen des Suchbegriffs an das Fragezeichen ermittelt werden. Es können auch mehrere durch Kommata getrennte Suchberiffe aneinandergehängt werden, wie in Abbildung 1.7 für den Fall `?linalg,det` dargestellt ist.

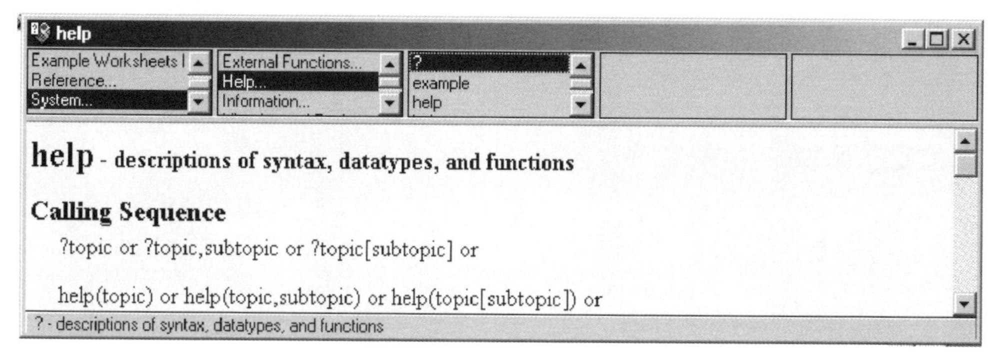

Abb. 1.7 Fenster mit Hilfe-Umgebung zu `linalg,det`

1.4 Hinweise für Maple

In den Kapiteln dieses Buches wird der Stoff an ausgewählten Beispielen ausführlich erklärt. Dabei wird das Programm Maple 7 einbezogen, wo immer es sinnvoll ist. Hinweise, wie Maple 7 für die speziellen Problemstellungen genutzt werden kann, sind wie folgt hervorgehoben:

Hinweis für Maple

Hier wird angegeben, wie Vorgänge unter Maple aufgerufen werden können.

Maple 7 wird in den folgenden Kapiteln mit Maple bezeichnet.

2 Funktionen

2.1 Einleitung

Funktion bzw. *Abbildung* sind zentrale Begriffe der Mathematik. Eine Funktion f ist eine Zuordnung, die jedem Element x des *Definitionsbereichs* $\mathbb{D}_f$ genau ein Element $f(x)$ des *Zielbereichs* Y zuordnet, in Zeichen

$$f\colon \mathbb{D}_f \to Y\,, \quad x \mapsto f(x)\,.$$

Vom Zielbereich zu unterscheiden ist der *Wertebereich* $\mathbb{W}_f$ einer Funktion f, der aus der Menge aller Bilder von f besteht, d.h.[1]

$$\mathbb{W}_f := \{f(x) \in Y : x \in \mathbb{D}_f\}.$$

Manchmal werden Funktionen auch durch die Vorschrift $f(x) := \ldots$ angegeben. Hierbei ist zu beachten, dass $\mathbb{D}_f$ zusätzlich anzugeben ist.

Hinweis Definitions- und Zielbereich gehören notwendig zum Begriff *Funktion* hinzu. Eine Aussage wie *die Funktion* $f(x) := x^3$ *hat keine negativen Werte* ist falsch, wenn $\mathbb{D}_f := \mathbb{R}$ und wahr, falls $\mathbb{D}_f := \mathbb{R}_+$ gilt.

Der Wertebereich $\mathbb{W}_f$ einer Funktion f ist eine Teilmenge des Zielbereichs Y der Funktion. Es kann sein, dass $\mathbb{W}_f \subsetneqq Y$ gilt, vgl. hierzu das folgende Beispiel.

Beispiel 2.1 Jedem Kind im Alter von 5 bis 10 Jahren wird seine Mutter zugeordnet. Hierbei ist $\mathbb{D}_f$ die Menge aller Kinder von 5 bis 10 Jahren, Y sei die Menge aller Mütter. Man beachte, dass es auch Mütter geben kann, die kein Kind im Alter zwischen 5 und 10 Jahren haben, und es kann Mütter geben, die mehreren Kindern zugeordnet sind. Dies kann man sich ähnlich wie in Abbildung 2.1 vorstellen. Hier ist den „Kindern" K_1 und K_2 dieselbe „Mutter" M_2 zugeordnet, aber „Mutter" M_3 hat kein „Kind" aus der Definitionsmenge.

Hiermit ergibt sich ein Unterschied zwischen dem Zielbereich und dem Wertebereich der Funktion. Der Zielbereich besteht aus den Frauen M_1, M_2, M_3, wohingegen der

[1] Die Bezeichnung := wird in der Mathematik häufig verwendet. Dies bedeutet, dass der links stehende Term durch den rechts stehenden Term definiert wird. Dies wird in einigen Programmiersprachen, unter anderem in Maple, verwendet.

Wertebereich die Mütter M_1 und M_2 enthält.

Die umgekehrte Zuordnung *jeder Mutter werden ihre Kinder zugeordnet* ist hingegen keine Abbildung, denn eine Mutter kann mehrere Kinder haben, und dies bedeutet, dass einem Element aus dem Definitionsbereich mehrere Elemente des Zielbereichs zugeordnet werden. Dies entspricht nicht dem Begriff Abbildung.

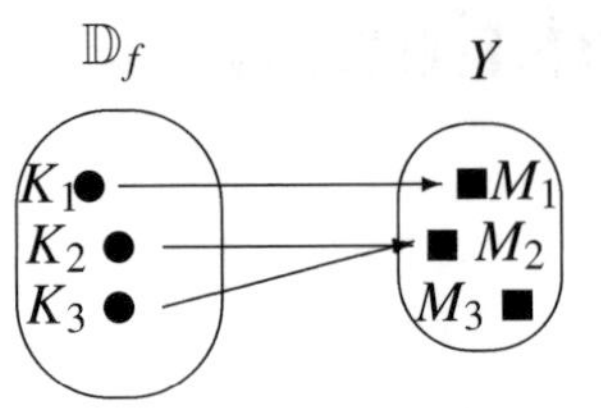

Abb. 2.1 Eine Funktion

In den nächsten Abschnitten werden einige wichtige Funktionen vorgestellt, die uns eine Zeit lang begleiten werden. Für diese Funktionen gilt im Allgemeinen $\mathbb{D}_f = Y = \mathbb{R}$, d.h. der Definitionsbereich und die Zielmenge sind die reellen Zahlen.

Eine wichtige Bedeutung haben die *Graphen*

$$G_f := \{(x, f(x)) \in X \times Y : x \in \mathbb{D}_f\}$$

der Funktionen und die *Zeichnungen der Graphen*, bei denen es sich um eine Darstellung der Graphen handelt. Im Folgenden werden auch die Darstellungen der Graphen als Graphen bezeichnet, es sollte jedoch der Unterschied zwischen dem Graphen und der Zeichnung des Graphen bedacht werden.

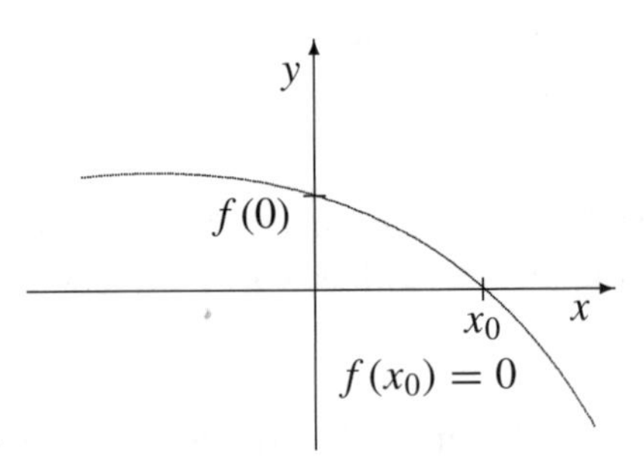

Abb. 2.2 Nullstelle und Schnittpunkt mit der y-Achse

Bemerkung Es ist zwischen *Funktionen*, *Graphen* und *Zeichnungen der Graphen* zu unterscheiden!

Die Zeichnungen von Graphen einer Funktion veranschaulichen die Funktion und machen viele ihrer Eigenschaften sichtbar. Die Genauigkeit eines gezeichneten Graphen reicht jedoch im Allgemeinen *nicht* aus, um alle Eigenschaften zu erkennen. Daher sind die genauen Werte auf rechnerische Art zu ermitteln. Außerdem hängt das Aussehen eines gezeichneten Graphen von der Parametrisierung, der Auswahl der Einheiten der x-Achse und der y-Achse, ab.

Oft werden *Nullstellen* von Funktionen bestimmt. Dies bedeutet, dass eine Stelle $x \in \mathbb{R}$ ermittelt werden soll, für die $f(x) = 0$ gilt. Graphisch gesehen bedeutet dies, die Schnittstellen des Graphen von f mit der x-Achse zu bestimmen. Dies sollte nicht mit der Bestimmung des Schnittpunktes des Graphen von f mit der y-Achse an der Stelle $f(0)$ verwechselt werden.

Hinweis für Maple

Funktionen können unter Maple definiert werden. Dies kann durch

```
> f:= x->f(x);
```

geschehen, wobei an der Stelle $f(x)$ der Funktionsterm einzugeben ist. Hierbei ist zu beachten, dass der Pleil -> unter Maple dem Pfeil $\mapsto$ der Definition einer Abbildung

$$f\colon \mathbb{D}_f \to Y\,, \quad x \mapsto f(x)\,,$$

entspricht und von $\to$ zu unterscheiden ist.
Für eine Funktion f mit Funktionsterm $f(x) = x^3$ ist dies

```
> f:= x->x^3;
```

Hierdurch ist die Funktion $f\colon \mathbb{D}_f \to \mathbb{R}$, $x \mapsto x^3$, definiert, wobei der Definitionsbereich automatisch die Menge der reellen Zahlen ist. (Der Definitionsbereich der Funktionen unter Maple ist eigentlich die Menge der komplexen Zahlen, vgl. hierzu Abschnitt 2.3.)
Bei der Definition von Funktionen unter Maple wird analog zur Mathematik das „:=“-Zeichen verwendet. Mit Hilfe dieses Zeichens wird der links stehende Term durch den rechts stehenden Term definiert.
Die Funktionswerte der Funktion an den Stellen -1 und 2 erhält man folgendermaßen:

```
> f(-1);
```

das Ergebnis lautet -1 und

```
> f(2);
```

wobei das Ergebnis 8 angegeben wird.

2.2 Lineare Funktionen

Unter *linearen Funktionen* versteht man Funktionen der Form

$$f\colon \mathbb{R} \to \mathbb{R}\,, \quad x \mapsto m \cdot x + b\,,$$

wobei m und b reelle Zahlen sind.

Die Bedeutung des Begriffs *linear* erkennt man gut an den Graphen linearer Funktionen; es sind solche, die mit Hilfe eines Lineals gezeichnet werden können.

Hinweis für Maple

Unter Maple können Graphen von linearen Funktionen mittels

```
> plot(m*x+b,x=x1..x2);
```

gezeichnet werden, wobei die Parameter m und b der Gerade angegeben werden müssen. Zusätzlich wird durch x_1 und x_2 das Intervall $[x_1, x_2]$ angegeben, für das der Graph der Funktion erstellt wird.
Es können ebenfalls mehrere Graphen von Funktionen in dasselbe Koordinatensystem gezeichnet werden. Dies geschieht z.B. durch

```
> plot([3*x+1,-2*x,2,-1.5*x-1],x=-2..2);
```

Graphen hierzu sind in Abbildung 2.3 dargestellt.

In Abbildung 2.3 sind einige Graphen zu sehen, die sich deutlich unterscheiden. Dies kann mit Hilfe von Maple genauer untersucht werden, vgl. Aufgabe 1. Ist $m > 0$, so steigen die Graphen von links nach rechts an. Für $m < 0$ fallen die Graphen ab, und $m = 0$ bedeutet, dass der Graph waagerecht verläuft. Aus den genannten Gründen nennt man m auch die *Steigung* von f oder des Graphen von f.

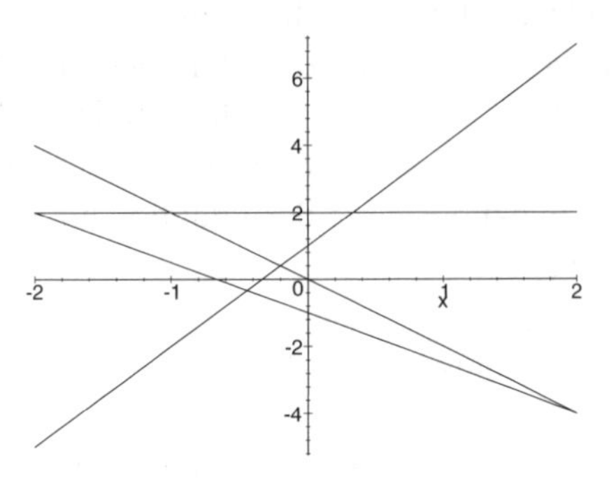

Abb. 2.3 Graphen zu linearen Funktionen

Hat f die Steigung 1, entspricht das einer 100%igen Steigung, etwa im Straßenverkehr, d.h. der Winkel zwischen x-Achse und Gerade beträgt $45°$.

Der Wert b misst die Verschiebung des Graphen von f in Richtung der y-Achse. Genauer gesagt gibt b den y-Wert des Schnittpunktes des Graphen von f mit der y-Achse an. Dies ist in Abbildung 2.4 erkennbar, die auch ein Steigungsdreieck enthält, das auf die weiter unten folgende Formel (1) führt. Der Zusammenhang zwischen b und dem y-Achsenabschnitt kann auch selbstständig mit Hilfe von Maple untersucht werden, vgl. Aufgabe 1.

Für die Nullstelle einer linearen Abbildung mit Steigung $m \neq 0$ gilt

$$f(x) = 0 \Leftrightarrow m \cdot x + b = 0 \Leftrightarrow x = -\frac{b}{m},$$

siehe auch Abbildung 2.4.

Eine Gerade ist durch zwei unterschiedliche Punkte $P_1(x_1|y_1)$ und $P_2(x_2|y_2)$, die sie durchlaufen soll, eindeutig bestimmt. Die Steigung berechnet man aus den Koordinaten dieser Punkte durch

$$m = \frac{y_2 - y_1}{x_2 - x_1}, \qquad (1)$$

wobei P_1 und P_2 auch vertauscht werden dürfen, siehe Abbildung 2.4. Wählt man das Steigungsdreieck so aus, dass $x_2 - x_1 = 1$ gilt, so kann man die Steigung leicht ablesen; es gilt $y_2 - y_1 = m$.

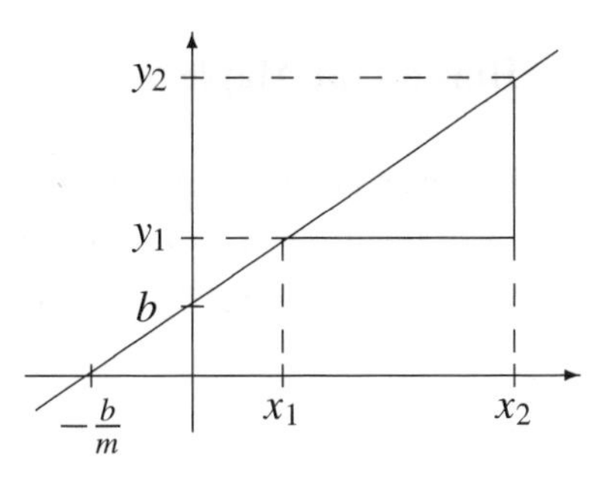

Abb. 2.4 Lineare Funktion

Um b aus den Punkten P_1 und P_2 zu bestimmen, benutzt man, dass die Koordinaten aller Punkte auf dem Graphen, insbesondere auch die von P_1, die Funktionsgleichung erfüllen. Es gilt

$$y_1 = m \cdot x_1 + b \Leftrightarrow b = y_1 - m \cdot x_1\,,$$

woraus mit (1)

$$b = y_1 - m \cdot x_1 = y_1 - \tfrac{y_2-y_1}{x_2-x_1} \cdot x_1$$

folgt. Auf diese Art kann b bestimmt werden, und man erhält die Funktionsvorschrift

$$f(x) = m \cdot x + b = \tfrac{y_2-y_1}{x_2-x_1} \cdot x + y_1 - \tfrac{y_2-y_1}{x_2-x_1} \cdot x_1. \qquad (2)$$

Hinweis für Maple

Mit Maple können die Steigung m einer linearen Funktion und der y-Achsenabschnitt b bestimmt werden. Hierzu wird das Paket `student` benötigt, das mit `with(student):` zu laden ist. Zunächst kann dann ein Funktionsterm f angegeben werden:

```
> f := x -> m*x+b:
```

Die Steigung kann sodann mit dem Befehl `slope` bestimmt und der Variablen m zugeordnet werden:

```
> m := slope([x1, y1],[x2, y2]);
```

es erscheint

$$m := \tfrac{y1-y2}{x1-x2}.$$

Hinweis für Maple

Um b zu bestimmen wird zunächst die Gleichung $y = m \cdot x + b$ mit `isolate` nach b aufgelöst. Mit dem Ergebnis des letzten Schrittes ergibt sich

```
> isolate(y=m*x+b,b);
```

$$b = y - \frac{(y1 - y2)\, x}{x1 - x2}$$

Nun müssen die Variablen x und y der letzten Gleichung durch $x1$ und $y1$ substituiert werden. Auf die vorherige Gleichung wird unter Maple durch Anführungszeichen zugegriffen.

```
> subs(x=x1,y=y1,%);
```

ergibt

$$b = y1 - \frac{(y1 - y2)\, x1}{x1 - x2}$$

Hierbei steht `%` für die Verwendung des letzten Ergebnisses unter Maple. Dieses Ergebnis ist jedoch noch nicht der Variablen b zugeordnet. Dies kann mit Hilfe des Befehls `assign` geschehen.

```
> assign(b=y1-(y1-y2)/(x1-x2)*x1);
```

Nun kann der Funktionsterm durch `f(x);` abgerufen werden, es erscheint

```
> f(x);
```

$$\frac{(y1 - y2)\, x}{x1 - x2} + y1 - \frac{(y1 - y2)\, x1}{x1 - x2}$$

Unter `isolate` wurde ein Gleichheitszeichen „=“ verwendet, das sich von der Identifizierung unterscheidet. Bei „=“ handelt es sich um einen *relativen Operator*. Die relativen Operatoren unter Maple sind:

$=$	gleich	$>$	größer	$<$	kleiner
$<>$	ungleich	$>=$	größer oder gleich	$<=$	kleiner oder gleich

Beispiel 2.2 Wie lautet die Funktionsvorschrift der linearen Funktion f, deren Graph G_f durch die Punkte $P_1(-1|1)$ und $P_2(0|2)$ verläuft?

Lösung. Es ist $x_1 = -1$, $y_1 = 1$ und $x_2 = 0$, $y_2 = 2$. Hiermit ergibt sich

$$m = \frac{y_2 - y_1}{x_2 - x_1} = \frac{2 - 1}{0 - (-1)} = 1$$

sowie

$$b = y_1 - m \cdot x_1 = 1 - 1 \cdot (-1) = 2\,.$$

Die Funktionsvorschrift der Geraden lautet somit

$$f(x) = 1 \cdot x + 2 = x + 2\,.$$

Dieses Ergebnis kann mit Hilfe von Maple bestätigt werden, vgl. Aufgabe 8.

Eine Gerade ist ebenfalls durch einen auf ihr liegenden Punkt und die Steigung eindeutig bestimmt, siehe Aufgabe 4.

Zwei Geraden mit den Steigungen m_1 und m_2 heißen *parallel*, wenn $m_1 = m_2$ gilt. Es kann gezeigt werden, dass zwei Geraden genau dann parallel sind, wenn sie keinen Schnittpunkt besitzen. Dies ist in Abbildung 2.5 für den Fall $f(x) := 2x + 3$, $g(x) := 2x + 1$ und $h(x) := -x$ dargestellt. Die Graphen von f und g verlaufen *parallel* und besitzen keinen Schnittpunkt, wohingegen der Graph von h die Graphen von f und g schneidet. Die Eingabe unter Maple für Abbildung 2.5 lief über

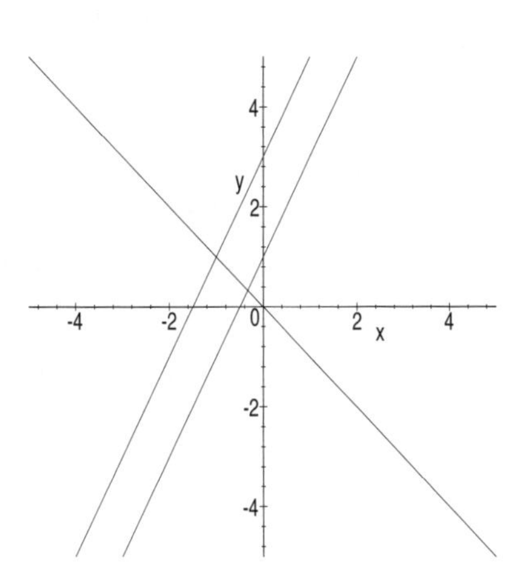

Abb. 2.5 Graphen zu linearen Abbildungen

```
> plot([2*x+3, 2*x+1, -x],
   x=-5..5, y=-5..5);
```

Es ist eine zusätzliche Größe für den Graphen in y-Richtung angegeben. Dies dient zur Übereinstimmung der Skalierung des Graphen in x- und in y-Richtung.

Ein weiterer Sonderfall besteht darin, dass zwei Geraden sich unter einem Winkel von 90° schneiden oder – anders formuliert – dass sie *senkrecht* oder *orthogonal* zueinander verlaufen. In Abbildung 2.6 sind zueinander orthogonale Geraden abgebildet.

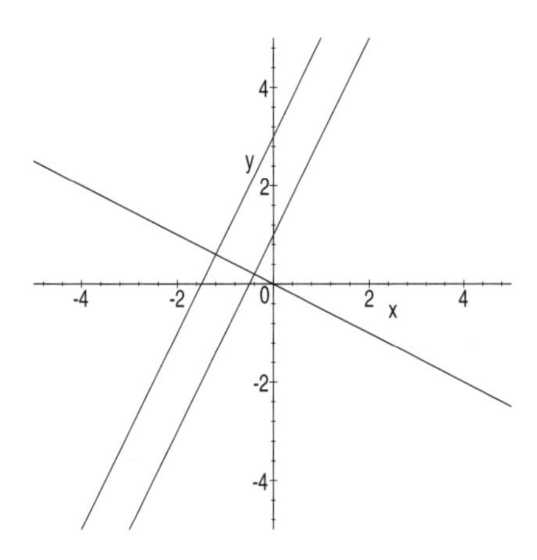

Abb. 2.6 Graphen zu orthogonalen linearen Abbildungen

In Abbildung 2.6 befinden sich Graphen der orthogonalen linearen Abbildungen mit den Vorschriften

$$f(x) := 2x + 3\,, \quad g(x) := 2x + 1$$

und

$$h(x) := -\tfrac{1}{2}x\,.$$

Das oben genannte Beispiel lässt vermuten, dass für die Steigungen m_1 und m_2 zweier zueinander orthogonaler Geraden $m_1 \cdot m_2 = -1$ gilt.

Um diese Vermutung zu beweisen, betrachtet man die Abbildung 2.7. Die steigende Gerade sei der Graph von $f(x) := m_1x + b$ mit der Steigung m_1. Die orthogonal hierzu verlaufende Gerade g besitzt, wie an den eingezeichneten Steigungsdreiecken erkennbar ist, die Steigung $m_2 = -\frac{1}{m_1}$, was gleichbedeutend ist mit

$m_1 \cdot m_2 = -1 \quad (3).$

Besitzen umgekehrt zwei Geraden die Steigungen m_1 und $m_2 = -\frac{1}{m_1}$ mit $m_1 \neq 0$, so gilt $m_1 \cdot m_2 = -1$. Wählt man nun eine Geraden der Steigung m_3, die orthogonal zur Geraden mit der Steigung m_1 verläuft, so gilt nach dem letzten Absatz

$m_1 \cdot m_3 = -1 \quad (4).$

Aus den Gleichungen (3) und (4) folgt jedoch $m_1 \cdot m_2 = m_1 \cdot m_3$, und dividiert man die Gleichung auf beiden Seiten durch m_1, so ergibt sich $m_2 = m_3$, somit sind die Steigungen aller orthogonal zur Geraden der Steigung $m_1 \neq 0$ verlaufenden Geraden gleich. Hiermit wurde gezeigt:

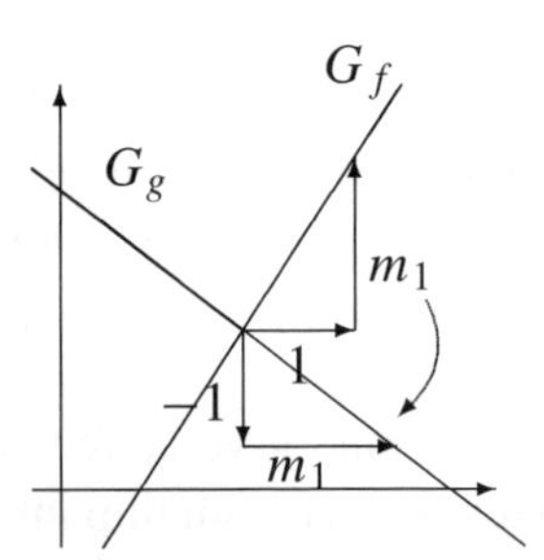

Abb. 2.7 Bestimmung der Steigung orthogonaler Geraden

Bemerkung Zwei Geraden mit den Steigungen $m_1 \neq 0$ und $m_2 \neq 0$ verlaufen genau dann orthogonal zueinander, wenn

$$m_1 = -\frac{1}{m_2} \quad \text{bzw.} \quad m_1 \cdot m_2 = -1 \quad \text{gilt.}$$

Hinweis Es ist zu beachten, dass es keine durch eine Funktion f mit $f(x) := mx + b$ beschriebene Gerade gibt, die orthogonal zu einer waagerechten Geraden verläuft. Eine solche Gerade müsste senkrecht verlaufen. Die zugehörige Funktion f müsste einem $x \in \mathbb{D}_f$ mehrere y-Werte zuordnen. Dies widerspricht der Definition einer Funktion.

Beispiel 2.3 Alle Geraden, die orthogonal zum Graphen der linearen Funktion f mit $f(x) := 2x + 3$ verlaufen, besitzen die Steigung $m_2 := -\frac{1}{2}$ und können durch die Funktionsvorschriften $g(x) := -\frac{1}{2}x + b$ beschrieben werden, wobei b beliebig ist. Soll die orthogonale Gerade durch den Punkt $(0|3)$ verlaufen, so gilt $g(0) = 3$, wodurch sich $-\frac{1}{2} \cdot 0 + b = b = 3$ ergibt, d.h. es folgt

$$g(x) := -\tfrac{1}{2}x + 3\,.$$

Hiermit wurde die zum Graphen der Funktion f orthogonale Gerade durch den Punkt $(0|3)$ bestimmt.

Aufgaben

1. Betrachten Sie mit Hilfe von Maple die Graphen einiger linearer Funktionen $f(x) := mx + b$ und verändern Sie die Variablen m und b beliebig, z.B. $m := -1$, $b := 1$ für $f(x) = -1 \cdot x + 1$ oder $m := 2$, $b := 0$ für $f(x) = 2x + 0$. Stellen Sie mit Hilfe dieser Graphen Zusammenhänge zwischen den Funktionen f und den Graphen G_f auf, etwa wie
– Je größer m ist, desto ...,
– Für negatives b ....

2. Bestimmen Sie die Funktionsvorschrift der durch die Punkte P_1, P_2 verlaufenden Geraden. Führen Sie eine Probe mit Maple am Graphen der Geraden durch.

a) $P_1(0|-1)$ und $P_2(2|3)$ b) $P_1(0|3)$ und $P_2(2|-1)$

c) $P_1(2|1)$ und $P_2(1|2)$ d) $P_1(-3|7)$ und $P_2(-1|3)$

e) $P_1(1|4)$ und $P_2(6|-1)$ f) $P_1(\frac{3}{2}|\frac{1}{2})$ und $P_2(2|-1)$

3. Geben Sie die Gleichung der linearen Funktion an, die die Steigung m hat und deren Graph durch P verläuft. Machen Sie eine Probe mit Maple.

a) $m := \frac{4}{3}$, $P(0|-1)$ b) $m := -\frac{3}{2}$, $P\left(\frac{2}{3}|0\right)$ c) $m := 2$, $P\left(\frac{1}{2}|6\right)$

d) $m := 1$, $P\left(\frac{2}{3}|-\frac{1}{5}\right)$ e) $m := -3$, $P\left(\frac{3}{2}|\frac{1}{2}\right)$ f) $m := -\frac{2}{3}$, $P\left(\frac{3}{2}|\frac{1}{2}\right)$

4. Zeigen Sie, dass eine Gerade durch einen auf ihr liegenden Punkt und die Steigung m bestimmt werden kann.

5. Liegen die Punkte P und Q auf der Geraden zur Funktion f mit $\mathbb{D} := \mathbb{R}$? Prüfen Sie dies durch Einsetzen der x-Koordinaten der Punkte in die Funktionsvorschrift f.
a) $f(x) := 4x + 1$, $P(0|1)$, $Q(1|5)$,
b) $f(x) := \frac{1}{2}x + 7$, $P(-2|5)$, $Q(100|57)$.

6. Liegen die folgenden Punkte auf einer Geraden?
a) $P_1(1|2)$, $P_2(2|3)$, $P_3(0|1)$, b) $P_1(0|2)$, $P_2(2|3)$, $P_3(-1|0)$.

7. Bestimmen Sie die Funktionsvorschrift der zu G_f orthogonalen Geraden im Punkt P.

a) $f(x) := \frac{1}{2}x + 1$, $P(0|1)$ b) $f(x) := -2x - \frac{1}{2}$ $P(-1|\frac{3}{2})$

c) $f(x) := 3x - 2$, $P(1|1)$ d) $f(x) := -\frac{3}{2}x$, $P(2|-3)$

8. Bestätigen Sie das Ergebnis von Beispiel 2.1 mit Hilfe von Maple analog zum vorhergehenden Hinweis.

2.3 Ganzrationale Funktionen

2.3.1 Quadratische Funktionen

Die im letzten Abschnitt betrachteten linearen Funktionen der Form $f(x) := a \cdot x + b$ gehören zu den *ganzrationalen Funktionen*, auch *Polynome* genannt. Lineare Funktionen sind ganzrationale Funktionen ersten Grades, weil der höchste auftretende Exponent von x gerade Eins ist ($x = x^1$). Ganzrationale Funktionen zweiten Grades (*quadratische Polynome*) haben die Form

$$f(x) := a \cdot x^2 + b \cdot x + c \quad \text{mit } a, b, c \in \mathbb{R}, \text{ und } a \neq 0\,.$$

Unter Maple können die Graphen von quadratischen Funktionen mit Hilfe von `plot` analog zu Graphen von linearen Funktionen betrachtet werden.

Variiert man die Koeffizienten der quadratischen Funktion f, so stellt man an dem Graphen der Funktion große Effekte fest, vgl. Abbildung 2.8. Eine Variation der Koeffizienten kann unter Maple derartig gestaltet werden, dass in einer Funktion ein zusätzlicher Parameter p eingebaut wird, z.B. $f_p(x) := x^2 + p \cdot x$. Dieser Parameter kann unter Maple verändert werden, vgl. Abbildung 2.8 (b). In dieser Abbildung wurde zusätzlich eine Parabel eingezeichnet, auf der alle Scheitelpunkte der Parabeln liegen. Dies geschieht unter Maple durch

```
> p1:=plot([seq(x^2+p*x, p=-5..5)], x=-5..5, y=-4..4):
```

Die Funktionen der Schar f_p werden über eine Folge (sequence) definiert, wobei für p die ganzzahligen Werte von -5 bis 5 eingesetzt werden. (Für genauere Information zu `seq` siehe Abschnitt 3.1.) Der Ausschnitt des Graphen wird ebenfalls festgelegt. Dies ist als $p1$ definiert, um jederzeit darauf zugreifen zu können.

```
> p2:=plot(-x^2, x=-2..2):
```

Hiermit wird die Parabel festgelegt, auf der die Scheitelpunkte der Funktionen der Schar f_p liegen.

```
> with(plots): display([p1,p2]);
```

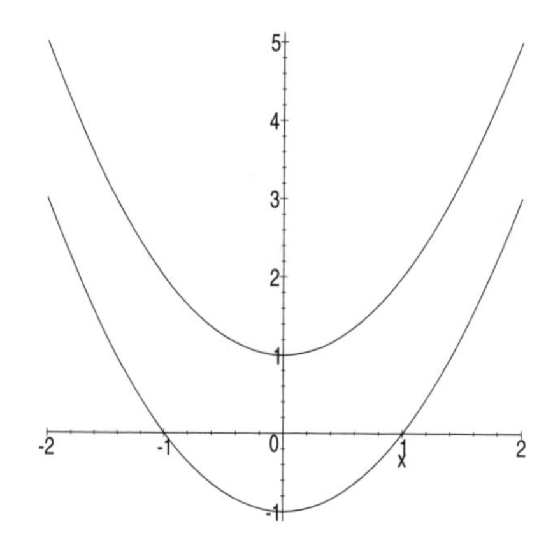

(a) Graphen zu $f_1(x) = x^2 - 1$, $f_2(x) = x^2 + 1$

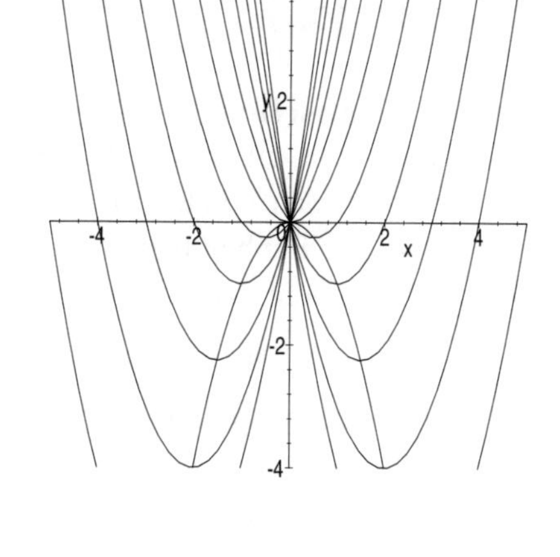

(b) Graphen zur Funktionenschar von $f_p(x) = x^2 + p \cdot x$

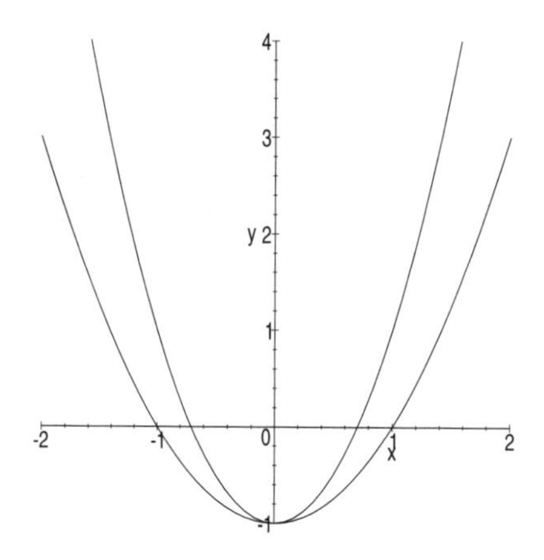

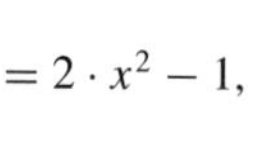

(c) Graphen zu $f_1(x) = 2 \cdot x^2 - 1$, $f_2(x) = x^2 - 1$

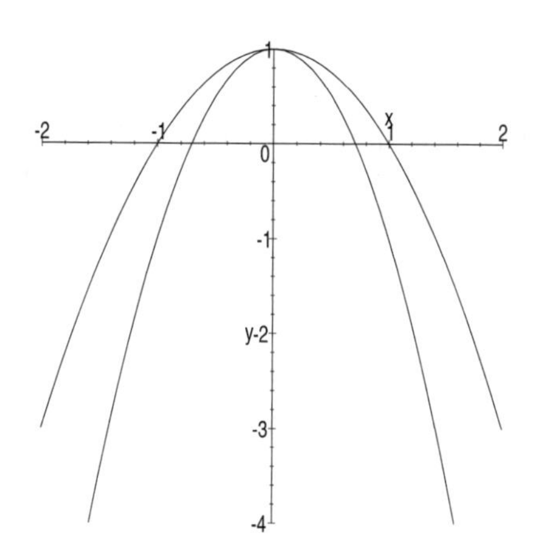

(d) Graphen zu $f_1(x) = -2 \cdot x^2 + 1$, $f_2(x) = -x^2 + 1$

Abb. 2.8 Graphen quadratischer Funktionen

Hinweis für Maple

Der `display`-Befehl bietet die Möglichkeit, dass mehrere Graphen mit unterschiedlichen Definitions- und Wertebereichen in einem Koordinatensystem dargestellt werden können. Dies kann Vorteile in der Darstellung und in der Übersicht von Graphen bieten.
Dieser Befehl befindet sich im Paket `plots`, das zuvor geladen wird.

Maple ermöglicht, folgende wesentliche Beobachtungen nachzuvollziehen:

1) Durch Vergrößerung / Verkleinerung von c wird die Parabel nach oben / unten verschoben (vgl. Abbildung 2.8 (a)).
2) Durch Vergrößerung / Verkleinerung von b wird die Parabel entlang einer nach unten geöffneten Parabel verschoben (vgl. Abbildung 2.8 (b)).
3) Für positives / negatives a ist die Parabel nach oben / unten geöffnet (vgl. Abbildung 2.8 (c) / (d)).
4) Durch Vergrößerung / Verkleinerung des Betrags von a wird die Parabel schmaler / breiter (vgl. Abbildung 2.8 (c) / (d)), also gestreckt oder gestaucht.

Die Bestimmung der Nullstellen von quadratischen Funktionen ist anspruchsvoller als bei linearen Funktionen, und nicht jede quadratische Funktion hat eine Nullstelle. Um die Nullstellen zu bestimmen, berechnet man für $f(x) = a \cdot x^2 + b \cdot x + c$ mit $a \neq 0$

$$f(x) = a \cdot x^2 + b \cdot x + c = 0 \Leftrightarrow x^2 + \frac{b}{a} \cdot x + \frac{c}{a} = 0 .$$

Für eine quadratische Funktion der Form $x^2 + p \cdot x + q$ berechnet man die Nullstellen x_1 und x_2 mit Hilfe der *p-q-Formel*:

$$x_{1,2} = -\frac{p}{2} \pm \sqrt{\left(\frac{p}{2}\right)^2 - q} . \quad (1)$$

In dieser Formel steckt zusätzlich die Bedingung $\left(\frac{p}{2}\right)^2 \geqslant q$, da sonst eine negative Zahl unter der Wurzel stehen würde und aus negativen Zahlen darf keine Wurzel gezogen werden.

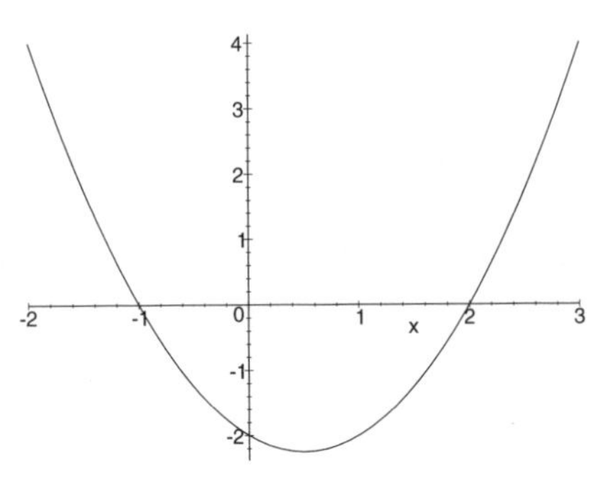

Abb. 2.9 Graph zu $f(x) = x^2 - x - 2$

Im oben stehenden Fall ergibt sich mit der p-q-Formel

$$x_{1,2} = -\frac{b}{2a} \pm \sqrt{\left(\frac{b}{2a}\right)^2 - \frac{c}{a}} . \quad (2)$$

Hinweis für Maple

Nullstellen von Funktionen können unter Maple durch

`solve(f(x)=0,x);` oder `solve(f(x),x);`

bestimmt werden. Hierbei können ebenfalls Koeffizienten a, b und c eingegeben werden:

```
> solve(a*x^2+b*x+c,x);
```

Es erscheint

$$\frac{1}{2}\,\frac{-b+\sqrt{b^2-4\,a\,c}}{a},\ \frac{1}{2}\,\frac{-b-\sqrt{b^2-4\,a\,c}}{a},$$

was den Lösungen aus (2) entspricht. Auf diese Art kann ebenfalls die p-q-Formel in etwas anderer Schreibweise als oben angegeben werden:

```
> solve(x^2+p*x+q,x);
```

$$-\tfrac{1}{2}\,p+\tfrac{1}{2}\sqrt{p^2-4\,q},\ -\tfrac{1}{2}\,p-\tfrac{1}{2}\sqrt{p^2-4\,q}$$

Diese Lösungen sind gleichbedeutend mit denen der p-q-Formel (1).

Achtung Maple bestimmt die Nullstellen von Funktionen über den Körper der *komplexen Zahlen.* Dies bedeutet, dass für einige Funktionen f Nullstellen gefunden werden, die in $\mathbb{D}_f := \mathbb{R}$ keine Nullstellen haben. Die Funktion $f\colon \mathbb{R} \to \mathbb{R}$ mit $f(x) := x^2 + 1$ besitzt keine Nullstelle. Maple bestimmt hingegen

```
> solve(x^2+1,x);
```

$$I,\ -I$$

wobei I für die *imaginäre Einheit* $\mathrm{i} := \sqrt{-1}$ steht.

Es ist daher unter Maple zu berücksichtigen, dass nicht alle ermittelten Nullstellen von Funktionen für den Inhalt dieses Buches verwendbar sind, da Maple stets den Definitionsbereich der komplexen Zahlen für Funktionen voraussetzt. Für genauere Informationen zu komplexen Zahlen siehe [Fo99a], §13 oder [Za88], Kapitel 3.

Beispiel 2.4 Die Nullstellen x_1, x_2 der Funktion $f\colon \mathbb{R} \to \mathbb{R}$, $x \mapsto x^2 - x - 2$ sollen bestimmt werden. Es gilt

$$x_{1,2} = \tfrac{1}{2} \pm \sqrt{\tfrac{1}{4} + 2} = \tfrac{1}{2} \pm \tfrac{3}{2},$$

woraus sich die beiden Lösungen $x_1 = 2$ und $x_2 = -1$ ergeben. Dies ist in Abbildung 2.9 zu erkennen.

Eine weitere Möglichkeit zur Bestimmung von Nullstellen einer quadratischen Funktion ist der *Satz von Viëta.*

Hinweis für Maple

Maple bietet mit `factor` die Möglichkeit, Polynome zu faktorisieren. Bei den Polynomen können nach der Faktorisierung auch die Nullstellen abgelesen werden.
Für die Funktion f mit $f(x) = x^2 + x - 6$ ergibt sich mit Maple für

```
> factor(x^2+x-6);
```

das Ergebnis

$$(x+3)(x-2)\,.$$

Die Nullstellen -3 und 2 können bei diesem Ergebnis sofort abgelesen werden. Die Faktorisierung besitzt jedoch ihre Grenzen. Für

```
> factor(3*x^2+3*x-4);
```

erhält man

$$3\,x^2 + 3\,x - 4\,,$$

als ob der Term nicht weiter faktorisierbar wäre. Mit Hilfe des `solve`-Befehls ergibt sich jedoch

```
> solve(3*x^2+3*x-4, x);
```

$$-\tfrac{1}{2} + \tfrac{1}{6}\sqrt{57},\ -\tfrac{1}{2} - \tfrac{1}{6}\sqrt{57}$$

Die Funktion ist damit faktorisierbar.
Das Ausmultiplizieren von Klammern kann ebenfalls mit Maple durchgeführt werden. Hierzu dient der Befehl `expand`. Man erhält z.B.

```
> expand((x+3)*(x-2));
```

$$x^2 + x - 6$$

Dieses Ausmultiplizieren kann von Maple auch für Polynome höheren Grades durchgeführt werden, wie im folgenden Abschnitt behandelt. Hierzu sei auch Aufgabe 4 empfohlen.

2.3.2 Ganzrationale Funktionen

Nach den quadratischen Funktionen werden jetzt Polynome höherer Ordnung untersucht, die zur Klasse der *ganzrationalen Funktionen* gehören. Der Term mit dem höchsten Exponenten n eines Polynoms f, dessen Koeffizient ungleich 0 ist, heißt der *Grad* von f. Ein Polynom vom Grad n notiert man dann durch

$$f(x) := a_n \cdot x^n + a_{n-1} \cdot x^{n-1} + \ldots + a_1 \cdot x + a_0$$

mit $a_0, a_1, \ldots, a_n \in \mathbb{R}$ und $a_n \neq 0$.

Die Bestimmung der Nullstellen von Polynomen höherer Ordnung ist deutlich schwieriger als bei quadratischen Funktionen. Ist der Grad größer als vier, gibt es keine allgemeine Formel (wie die p-q-Formel) mehr. Aber hierbei kann der Computer gut helfen, indem er numerische Verfahren zur Bestimmung der Nullstellen durchführt. Eine andere Möglichkeit besteht darin, einige Nullstellen zu erkennen und die restlichen Nullstellen per Polynomdivision zu bestimmen. Bei diesem Verfahren ist Maple eine große Hilfe, da es die Nullstellen von vielen ganzrationalen Funktionen bestimmen kann.

Hinweis für Maple

Wenn man ganzrationale Funktionen höherer Ordnung mit Hilfe von Maple untersuchen möchte, so ist dies analog zur Untersuchung anderer Funktionen möglich, z.B. mit

```
> plot(f(x),x=x1..x2);
```

zur Darstellung eines Graphen zur Funktion f,

```
> solve(f(x),x);
```

für die Bestimmung von Nullstellen der Funktion f.

Beispiel 2.5 Für $f(x) := -2x^3 + 4x^2 - \frac{3}{2}x$ werden die Nullstellen mit Maple ermittelt.

```
> solve(-2*x^3+4*x^2-3/2*x=0,x);
```

$$0, \frac{1}{2}, \frac{3}{2}$$

Beispiel 2.6 Für die Funktion

$$f\colon \mathbb{R} \to \mathbb{R}, \quad x \mapsto x^4 - 3x^3 - 5x - 3\,,$$

sollen die Nullstellen mit Maple bestimmt werden. Dies ist von Hand nicht gut möglich, Maple hingegen löst das Problem. Zunächst wird der Term eingegeben:

```
> x^4-3*x^3-5*x-3:
```

Über den Befehl `solve` erhält man

```
> solve(%);
```

$$\mathrm{RootOf}(\_Z^4 - 3\,\_Z^3 - 5\,\_Z - 3). \qquad (1)$$

Die Lösungen sind hier nicht erkennbar. Die Nullstellen werden im Englischen wie Wurzeln als *roots* bezeichnet.

Hinweis für Maple

Numerische Lösungen einer in `RootOf`-Darstellung angegebenen Gleichung lassen sich mit Hilfe von `allvalues` berechnen.

Um die Nullstellen aus Beispiel 2.6 zu bestimmen, ist einzugeben:

```
> allvalues(%);
```

Das Ergebnis lautet damit

$$\frac{3}{4}+\frac{1}{4}\sqrt{\%1}+\frac{1}{4}\sqrt{2}\sqrt{\frac{9\,\%3+2\,\%2-18\sqrt{\%1}+67\,(1+\sqrt{730})^{1/3}}{(1+\sqrt{730})^{1/3}\sqrt{\%1}}},$$
$$\frac{3}{4}+\frac{1}{4}\sqrt{\%1}-\frac{1}{4}\sqrt{2}\sqrt{\frac{9\,\%3+2\,\%2-18\sqrt{\%1}+67\,(1+\sqrt{730})^{1/3}}{(1+\sqrt{730})^{1/3}\sqrt{\%1}}},$$
$$\frac{3}{4}-\frac{1}{4}\sqrt{\%1}+\frac{1}{4}I\sqrt{2}\sqrt{\frac{-9\,\%3-2\,\%2+18\sqrt{\%1}+67\,(1+\sqrt{730})^{1/3}}{(1+\sqrt{730})^{1/3}\sqrt{\%1}}},$$
$$\frac{3}{4}-\frac{1}{4}\sqrt{\%1}-\frac{1}{4}I\sqrt{2}\sqrt{\frac{-9\,\%3-2\,\%2+18\sqrt{\%1}+67\,(1+\sqrt{730})^{1/3}}{(1+\sqrt{730})^{1/3}\sqrt{\%1}}}$$
$$\%1 := \frac{9\,(1+\sqrt{730})^{1/3}-4\,(1+\sqrt{730})^{2/3}+36}{(1+\sqrt{730})^{1/3}}$$
$$\%2 := \sqrt{\%1}\,(1+\sqrt{730})^{2/3}$$
$$\%3 := (1+\sqrt{730})^{1/3}\sqrt{\%1}$$

Es handelt sich um alle komplexen Nullstellen, wobei zur Übersichtlichkeit mehrfach auftretende Terme angehängt sind.

Hinweis Wie in den Beispielen 2.5, 2.6 und den Beispielen in Abschnitt 2.3.1 erkennbar ist, haben Polynome vom Grad n bis zu n Nullstellen. Wählt man als Definitionsbereich die komplexen Zahlen und zählt die Nullstellen mit ihrer Vielfachheit, d.h. für $f(x) = x^2 - 2x + 1 = (x-1)^2$ ist $x_0 = 1$ eine zweifache Nullstelle, so kann man folgenden Satz formulieren:

Fundamentalsatz der Algebra für reelle Polynome *Jedes Polynom n-ten Grades mit reellen Koeffizienten hat in den komplexen Zahlen mit Vielfachheit gezählt genau n Nullstellen.*

Dieser Satz lässt sich ebenfalls auf komplexe Polynome übertragen und hat viele Anwendungen, vgl. [Za88], Kapitel 4 oder [Re89].

Hinweis für Maple

Bei der Lösung von Gleichungen unter Maple kann der Befehl `fsolve` helfen. Durch ihn werden Gleichungen numerisch gelöst, d.h. die Lösungen werden lediglich näherungsweise angegeben.
Es besteht die Möglichkeit, dass mit `fsolve` nur eine der möglichen Lösungen angegeben wird. Diese eine Lösung ist jedoch immer reell, nie komplex.
Die Syntax des Befehls `fsolve` ist identisch zur Syntax des Befehls `solve`.

Um die Nullstellen aus Beispiel 2.6 zu bestimmen, kann der Befehl `fsolve` verwendet werden. Hiermit ergibt sich mit Hilfe der Anführungsstriche %%% auf das vorvorletzte Ergebnis zugegriffen.

```
> fsolve(%%%);
```

es erscheint
$-.5080144559,\ 3.483121561.$
Dass es nicht mehr als zwei reelle Nullstellen dieser Funktion gibt, lässt sich an ihrem Graphen erkennen. Er ist in Abbildung 2.10 abgebildet, und es sei empfohlen, den Graphen unter Maple in einem größeren Bereich zu betrachten.

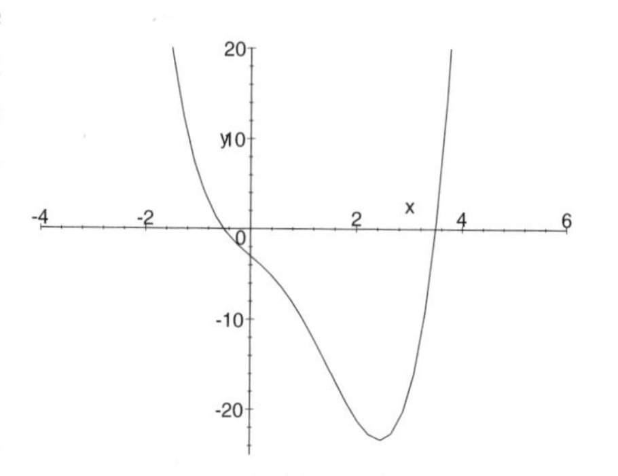

Abb. 2.10 Graph zu $f(x) = x^4 - 3x^3 - 5x - 3$

Die Ermittlung von Nullstellen tritt ebenfalls bei der Bestimmung von Schnittstellen von Funktionsgraphen von Funktionen f und g auf, denn eine Schnittstelle x_s hat die Eigenschaft $f(x_s) = g(x_s)$, und dies ist gleichbedeutend mit $f(x_s) - g(x_s) = 0$ (siehe Aufgabe 2).

Aufgaben

1. Bestimmen Sie mit Maple die Nullstellen der folgenden quadratischen Funktionen. Verwenden Sie hierbei auch die Faktorisierung unter Maple zur Bestimmung der Nullstellen. Betrachten Sie auch die Funktionsgraphen.

a) $f(x) := x^2 + 1.7$ b) $f(x) := 0.6x^2 - 0.3$

c) $f(x) := 3x^2 + 9x + 3$ d) $f(x) := \frac{1}{2}(x-1)^2 - 2$

e) $f(x) := 3x^3 + 2x^2 - x$ f) $f(x) := -2x^3 + 10x + 4$

g) $f(x) := -4x^4 + 8x + 3$ h) $f(x) := -6x^4 + 35x^3 - 27x^2 - 98x + 120$

2. Bestimmen Sie die Schnittstellen der Graphen der Funktionen f und g.
a) $f(x) := 2x^2 - 10x + 15$ und $g(x) := 6x - 9$
b) $f(x) := 2x^2 + 9x + 8$ und $g(x) := x^2 + 3x$

3. Bestimmen Sie mit Hilfe von Maple die Nullstellen der folgenden Funktionen. Benutzen Sie Maple auch zur Faktorisierung der Polynome.

a) $f(x) := x^3 - 4x^2 + x + 6$ b) $f(x) := x^3 - 2x^2 + 1$

c) $f(x) := -x^6 + x^5 - 134$ d) $f(x) := -5x^4 + 16x^2 - 12$

4. Verwenden Sie Maple zum Ausmultiplizieren der folgenden Funktionsterme.

a) $f(x) := (2x+3)^2 \cdot (x-2)$ b) $f(x) := (x+3)(\frac{1}{2}x - 5)(-x + \frac{7}{8})$

c) $f(x) := (-\frac{1}{3}x - 3)^3 \cdot (\frac{4}{5}x + 1)$ d) $f(x) := -(x-2)(x-4)(3x+5)(2x-3)$

2.4 Gebrochenrationale Funktionen

2.4.1 Einführung gebrochenrationaler Funktionen

Bisher wurden Funktionen betrachtet, deren Funktionsterme Polynome waren. In diesem Abschnitt wird die Menge der Funktionen erweitert.

Es sei

$$f(x) := \frac{1}{x}.$$

Hierbei befindet sich die Variable x im Nenner eines Bruches. Dies hat für die Funktion f zur Folge, dass der maximale Definitionsbereich $\mathbb{D}_f := \mathbb{R} \setminus \{0\}$ ist, da im Nenner eines Bruches keine Null stehen darf. Es ergibt sich damit

$$f\colon \mathbb{R} \setminus \{0\} \to \mathbb{R}, \quad x \mapsto \frac{1}{x}.$$

Die Definitionsbereiche von Funktionen sind im Folgenden genauer zu untersuchen.

Die Funktion $f(x) = \frac{1}{x}$ ist ein Beispiel für eine gebrochenrationale Funktion. Gebrochenrationalen Funktionen können jedoch komplexer als in diesem Beispiel sein.

Definition Es seien g und h zwei Polynome und $N := \{x \in \mathbb{R} : h(x) = 0\}$ die Menge aller Nullstellen von h. Die Funktion

$$f\colon \mathbb{R} \setminus N \to \mathbb{R}, \qquad x \mapsto \frac{g(x)}{h(x)},$$

heißt *gebrochenrationale Funktion.* Die Punkte in der Menge N heißen *Definitionslücken* der Funktion f. Die Menge $\mathbb{D}_{\max} := \mathbb{R} \setminus N$ heißt der *maximale Definitionsbereich* der Funktion f.

Die Nullstellen von h wurden aus dem Definitionsbereich von f ausgeschlossen, damit der Ausdruck $\frac{g(x)}{h(x)}$ für alle $x \in \mathbb{D}_f$ definiert ist.

Wie obiges Beispiel zeigt, kann der Zähler einer gebrochenrationalen Funktion auch aus einer Konstanten bestehen, in diesem Fall $g(x) := 1$. Der Nenner einer ganzrationalen Funktion kann ebenfalls eine Konstante sein, und es gilt mit $h(x) := 1$ und $\frac{g(x)}{1} = g(x)$, dass die ganzrationalen Funktionen aus Abschnitt 2.2 eine Teilmenge der gebrochenrationalen Funktionen sind.

Hinweis für Maple

Definitionslücken einer Funktion f können unter Maple bestimmt werden. Ist der Funktionsterm

```
> f := x -> g(x)/h(x);
```

definiert, so erhält man die Definitionslücken durch

```
> solve(denom(f(x)));
```

Hierbei bestimmt der Befehl `denom` die Nullstellen des Nenners des Funktionsterms.
Es können ebenfalls die Nullstellen des Zählers bestimmt werden. Hier muss an Stelle von `denom` der Befehl `numer` stehen:

```
> solve(numer(f(x)));
```

Beispiel 2.7 Es sei

$$f(x) := -\frac{x-4}{x^2-2x+1}.$$

Um einen Definitionsbereich angeben zu können, ist zu bestimmen, für welche $x \in \mathbb{R}$ der Nenner gleich Null ist, d.h. $x^2 - 2x + 1 = 0$. Mit Hilfe von Maple ergibt sich

```
> f := x -> -(x-4)/(x^2-2*x+1):
> solve(denom(f(x)));
```

$$1,\ 1$$

Hierbei wird die Nullstelle $x_0 := 1$ des Nenners zweimal genannt, da es sich um eine *doppelte* Nullstelle handelt, denn es gilt $x^2 - 2x + 1 = (x-1)^2$. Daher kann man $\mathbb{D}_{\max} := \mathbb{R} \setminus \{1\}$ festlegen.

Für die Nullstellen des Zählers erhält man mit Hilfe von Maple

```
> solve(numer(f(x)));
```

$$4$$

Beispiel 2.8 Nun sei

$$f(x) := \frac{2x^3+1}{x^2-4}.$$

Die Nullstellen des Nenners werden bestimmt zu

$$x^2 - 4 = 0 \Leftrightarrow x = 2 \text{ oder } x = -2,$$

also lautet der maximale Definitionsbereich $\mathbb{D}_{\max} := \mathbb{R} \setminus \{-2, 2\}$. Dieses Ergebnis kann auch mit Maple erhalten werden, vgl. Aufgabe 3.

2.4.2 Definitionslücken

Die Definitionslücken sind häufig sichtbar in den Graphen von f. Als erstes Beispiel hierzu sei der Graph von $f(x) := \frac{1}{x}$ betrachtet, vgl. Abbildung 2.11. Die Definitionslücke ist mit einem Sprung des Graphen vom negativen in den positiven Wertebereich verbunden. Je näher im negativen x-Bereich an die Null gerückt wird, desto kleiner scheint der Wert von $f(x)$ zu werden; in Abschnitt 3.4.2 wird dies genauer untersucht, und man kann feststellen, dass der Wert von $f(x)$ gegen das *negative Unendliche* verläuft.

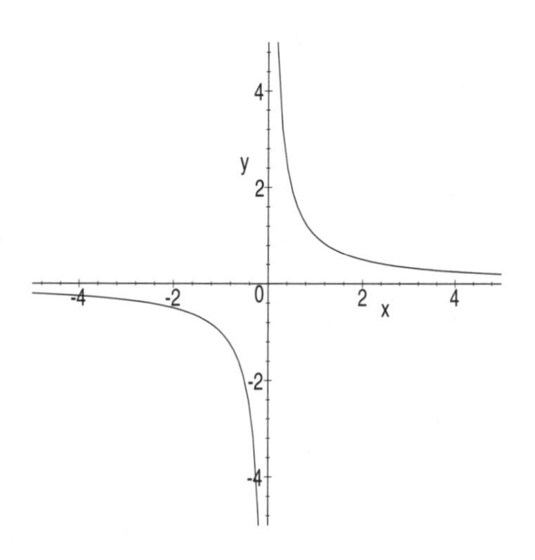

Abb. 2.11 Graph zu $f(x) = \frac{1}{x}$

Analog verläuft $f(x)$ für x-Werte, die sich im positiven Bereich der Null nähern, gegen das *positive Unendliche*. Aufgrund des Verlaufs der Funktion in das Unendliche mit einem Vorzeichenwechsel bezeichnet man eine solche Definitionslücke auch als *Polstelle mit Vorzeichenwechsel*.

Hinweis für Maple

Bei der Erstellung von Graphen mit Polstellen unter Maple ist zu beachten, dass der Bereich der y-Koordinaten durch $y = y_1..y_2$ einzuschränken ist. Sonst wird der Graph sehr unübersichtlich, wie Abbildung 2.12 (a) erkennbar ist. Zusätzlich werden die Polstellen unter Maple verbunden, was nicht zulässig ist. Dies kann durch den Befehl `discont=true` unterdrückt werden. Der Graph in Abbildung 2.11 wurde mit dem Befehl

```
> plot(1/x, x=-5..5, y=-5..5, discont=true);
```

erstellt.

In Abbildung 2.12 (b) ist der Graph der Funktion

$$f(x) := -\frac{2x^3 + 1}{x^2 - 4}$$

mit $\mathbb{D}_{\max} = \mathbb{R} \setminus \{-2, 2\}$ abgebildet. Der Graph dieser Funktion enthält zwei Polstellen mit Vorzeichenwechsel.

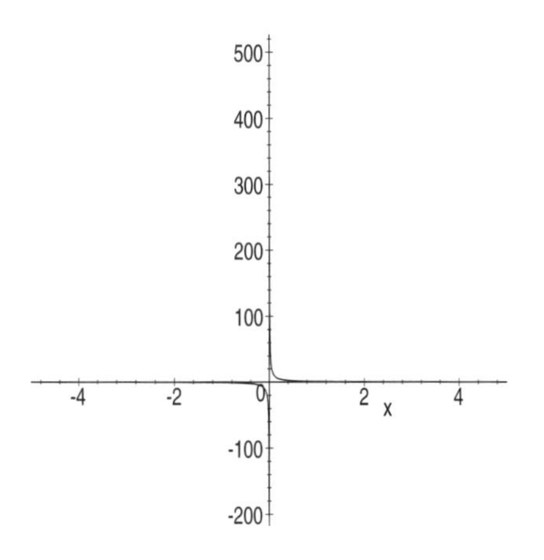

(a) Graph zu $f(x) = \frac{1}{x}$ ohne Einschränkung

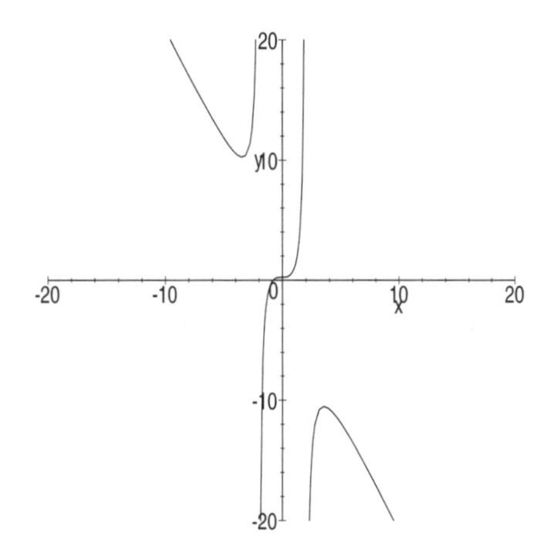

(b) Graph zu $f(x) = -\frac{2x^3+1}{x^2-4}$

Abb. 2.12 Graphen zu gebrochenrationealen Funktionen

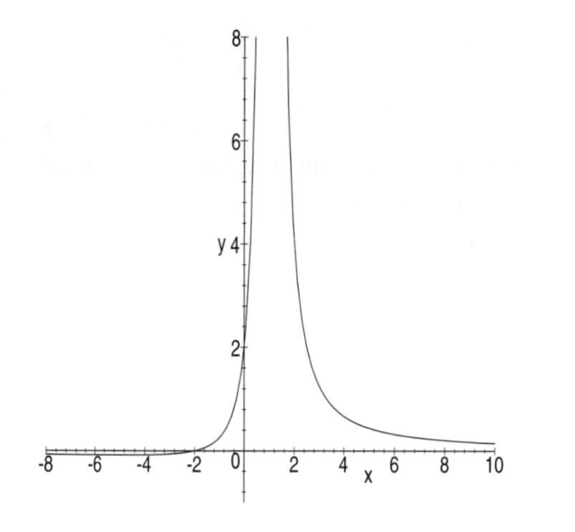

(a) Graph zu $f(x) = \frac{x+2}{x^2-2x+1}$

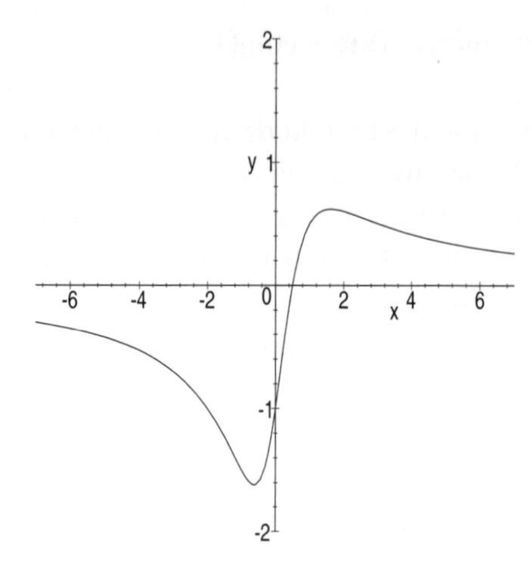

(b) Graph zu $f(x) = \frac{2x-1}{x^2+1}$

Abb. 2.13 Graphen zu gebrochenrationealen Funktionen

Es gibt auch *Polstellen ohne Vorzeichenwechsel*, siehe Abbildung 2.13 (a), in der der Graph der Funktion

$$f\colon \mathbb{R} \setminus \{1\} \to \mathbb{R}, \quad x \mapsto \frac{x+2}{x^2-2x+1},$$

dargestellt ist.

Alle bisher behandelten gebrochenrationalen Funktionen hatten mindestens eine Polstelle. Dies ist jedoch nicht immer der Fall, da es, wie in Abschnitt 2.2 behandelt, Polynome ohne Nullstellen gibt. Ein Beispiel hierfür ist das Polynom $h(x) := x^2 + 1$. Gemeinsam mit $g(x) := 2x - 1$ gilt $N = \emptyset$ für die Funktion $f := \frac{g}{h}$ und damit

$$f\colon \mathbb{R} \to \mathbb{R}, \; x \mapsto \frac{g(x)}{h(x)} = \frac{2x-1}{x^2+1}.$$

Diese Funktion ist in Abbildung 2.13 (b) dargestellt.

Als weiteres Beispiel wird die Funktion f mit

$$f(x) := \frac{x^3 + 2x^2 - 9x - 18}{2x + 4}$$

betrachtet. Ihr maximaler Definitionsbereich lautet $\mathbb{D}_{\max} := \mathbb{R} \setminus \{-2\}$. Der Graph dieser Abbildung befindet sich in Abbildung 2.14, und es ist keine Polstelle an der Stelle -2 zu erkennen. Es handelt sich um eine *stetig hebbare Definitionslücke*.

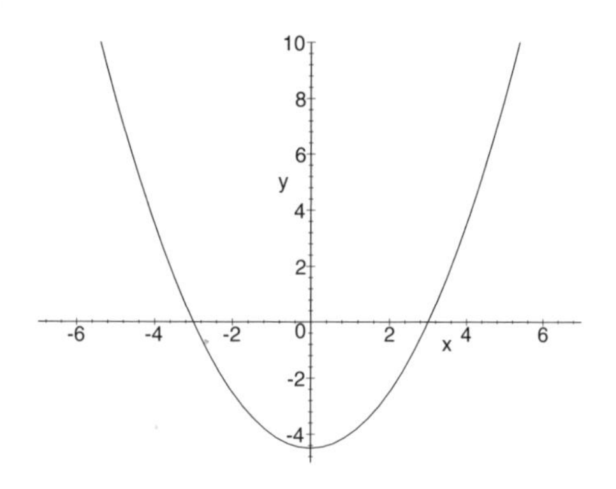

Abb. 2.14 Graph zu $f(x) = \frac{x^3+2x^2-9x-18}{2x+4}$

Die Definitionslücke der Funktion $f(x)$ ist im Graphen der Funktion nicht erkennbar. Dies liegt daran, dass auch die Funktion $g(x) := x^3 + 2x^2 - 9x - 18$ bei $x_0 := -2$ eine Nullstelle besitzt, wie die Zerlegung

$$g(x) = (x+3)(x-3)(x+2)$$

zeigt.

Sobald der Graph einer Funktion mit einer stetig hebbaren Definitionslücke angefertigt wird, sollte diese Definitionslücke gekennzeichnet werden; eine Möglichkeit ist in Abbildung 2.15 dargestellt.

Hinweis Es ist zu beachten, dass zwar der Funktionsterm $h(x)$ im Nenner der Funktion f gegen den entsprechenden Term im Zähler gekürzt werden kann, d.h.

$$f(x) = \frac{(x+3)(x-3)(x+2)}{2x+4} \widehat{=} \frac{(x+3)(x-3)}{2} =: \tilde{f}(x),$$

wobei an der Stelle $\widehat{=}$ bewusst kein „=“ steht, denn die Funktionen f und $\tilde{f}$ können unterschiedliche Definitionsbereiche besitzen und stimmen dann nicht überein. Die *maximalen Definitionsbereiche* lauten $\mathbb{D}_f := \mathbb{R} \setminus \{-2\}$, jedoch $\mathbb{D}_{\tilde{f}} := \mathbb{R}$.

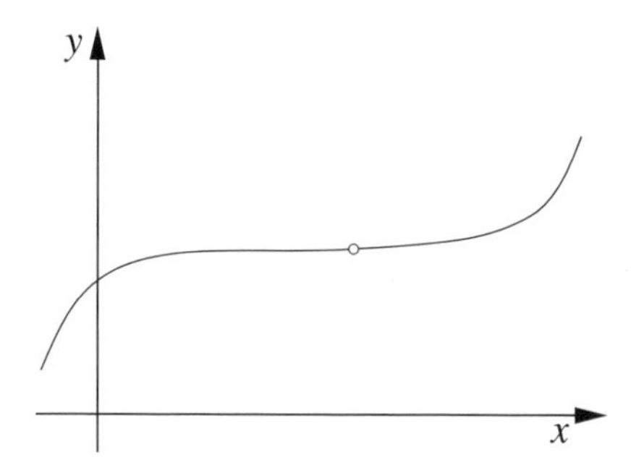

Abb. 2.15 Möglichkeit zur Hervorhebung einer Definitionslücke

Hinweis für Maple

Die Linearfaktorzerlegung von ganzrationalen oder der Terme einer gebrochenrationalen Funktionen kann mit Hilfe von Maple durchgeführt werden. Dies ist mit dem Befehl `factor` möglich. Für die Funktion $g(x) := x^3 + 2x^2 - 9x - 18$ erhält man durch

```
> factor(x^3+2*x^2-9*x-18);
```

den Term $(x - 3)(x + 3)(x + 2)$. Dies stimmt mit dem weiter oben bestimmten Ergebnis überein. Man kann jedoch ebenfalls eine gebrochenrationale Funktion $f = \frac{g}{h}$ eingeben. Diese wird sodann komplett faktorisiert. Für $f(x) := \frac{x^3+2x^2-9x-18}{2x+4}$ erhält man nach Eingabe von

```
> factor((x^3+2*x^2-9*x-18)/(2*x+4));
```

das Ergebnis $\frac{1}{2}(x-3)(x+3)$. Hierbei ist zu erkennen, dass die Terme so weit wie möglich gekürzt werden.
Die Faktorisierung des Zählers oder des Nenners einer gebrochenrationalen Funktion kann mit Hilfe der Befehle `denom` und `numer` durchgeführt werden.

Die Faktorzerlegung einer gebrochenrationalen Funktion kann bei der Bestimmung des Definitionsbereichs helfen, wie das folgende Beispiel zeigt.

Beispiel 2.9 Die Funktion f mit $f(x) := \frac{2x^3-2}{x^2-x-2}$ soll faktorisiert und ihr maximaler Definitionsbereich bestimmt werden.

Lösung. Die Eingabe unter Maple lautet

```
> factor((2*x^3-2)/(x^2-x-2));
```

Maple gibt als Lösung $2\,\frac{(x-1)(x^2+x+1)}{(x+1)(x-2)}$.

Der maximale Definitionsbereich der Funktion lautet daher $\mathbb{D}_{\max} := \mathbb{R} \setminus \{-1, 2\}$. Dies kann mit Hilfe des Befehls `denom` bestätigt werden und sei zur Übung empfohlen, siehe Aufgabe 3.

Stetig hebbare Lücken, wie im obigen Beispiel bei $x_0 := -2$, können durch einen Kringel hervorgehoben werden, siehe hierzu Abbildung 2.15.

Um welche Art von Definitionslücke es sich bei einer Funktion handelt, kann am Graphen festgestellt werden, wie es die Abbildungen 2.11 bis 2.14 zeigen.

Hinweis für Maple

Nicht-gleichnamige Brüche können mit Hilfe von Maple zusammen gefasst werden, indem sie erweitert werden. Hierzu dient der Befehl `normal`.

Beispiel 2.10 Die Terme $\frac{x-3}{x+1} - \frac{x+5}{x+4}$ sollen zusammengefasst werden. Dies funktioniert durch

```
> normal((x-3)/(x+1)-(x+5)/(x+4));
```

und liefert das Ergebnis $-\frac{5\,x+17}{(x+1)\,(x+4)}$.

Aufgaben

1. Bestimmen Sie die Funktionswerte $f(x)$ der angegebenen Funktionen an den Stellen

$$x_1 := 3\,, \quad x_2 := -2\,, \quad x_3 := \tfrac{2}{3}\,, \quad x_4 := -1\,.$$

a) $f(x) := x^{-2}$ b) $f(x) := x^{-3}$ c) $f(x) := x^{-4}$ d) $f(x) := x^{-5}$

Betrachten Sie die Graphen der Funktionen. Was fällt Ihnen auf? Versuchen Sie, Ihre Vermutungen mit Hilfe von Maple für höhere Exponenten zu bestätigen.

2. Wie lauten die maximalen Definitionsbereiche der folgenden Funktionen? Handelt es sich bei den Definitionslücken um stetig hebbare Definitionslücken oder Polstellen mit oder ohne Vorzeichenwechsel? Überprüfen Sie ihre Ergebnisse durch Faktorisierung und Skizzen mit Maple.

a) $f(x) := \frac{3x}{5x-1}$ b) $f(x) := \frac{x^2+1}{x}$ c) $f(x) := \frac{3x-1}{x^2+2}$

d) $f(x) := \frac{x-4}{x^2-2x-8}$ e) $f(x) := 3x - \frac{1}{x}$ f) $f(x) := \frac{2}{(x-2)^2}$

g) $f(x) := \frac{2x}{8+x^2}$ h) $f(x) := \frac{x^2-1}{16-x^4}$ i) $f(x) := \frac{x^2-2x}{x^3+4x^2-3x-18}$

3. Bestätigen Sie die Ergebnisse der Beispiele 2.8 und 2.9 mit Hilfe von Maple.

4. Bringen Sie die Funktionen aus der Aufgabe 2 paarweise auf denselben Nenner und überprüfen Sie Ihr Ergebnis mit Maple.

2.5 Trigonometrische Funktionen

Bisher wurden Funktionen betrachtet, deren Funktionsterme aus Polynomen bestehen. Nun werden Funktionen folgen, die andere Eigenschaften haben. Diese Funktionen haben ihren Ursprung in der Geometrie von rechtwinkligen Dreiecken, daran wird zunächst erinnert. Das Vorgehen in diesem Abschnitt unterscheidet sich von dem in vielen anderen Büchern.

2.5.1 Sinus und Kosinus in rechtwinkligen Dreiecken

In einem rechtwinkligen Dreieck bezeichnet man die dem rechten Winkel gegenüberliegende Seite als *Hypotenuse* und die anderen beiden Seiten als *Katheten*. Die an einem spitzen Winkel liegende Kathete heißt *Ankathete*, die dem Winkel gegenüberliegende Kathete heißt *Gegenkathete* dieses Winkels. In Abbildung 2.16 ist b die Ankathete des Winkels α und die Gegenkathete des Winkels β.

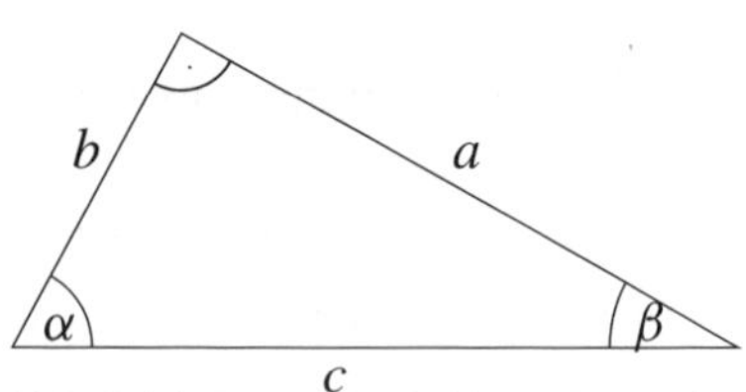

Abb. 2.16 Ein rechtwinkliges Dreieck

Nun wird ein Einheitskreis mit den Bezeichnungen von Abbildung 2.17 (a) betrachtet. Die Hypotenuse dieses rechtwinkligen Dreiecks hat die Länge 1, und $\cos(\alpha)$ bzw. $\sin(\alpha)$ werden definiert durch die Länge der beiden eingezeichneten Katheten bzw. der x-Koordinate und der y-Koordinate des Punktes P, d.h. $P(\cos(\alpha)|\sin(\alpha))$. Diese beiden Werte sind eindeutig durch α bestimmt. Auf diese Art können in einem beliebigen rechtwinkligen Dreieck mit einer Hypotenuse der Länge 1 und einem Winkel α den Katheten die Werte $\sin(\alpha)$ und $\cos(\alpha)$ zugeordnet werden.

Um die Begriffe $\sin(\alpha)$ und $\cos(\alpha)$ auf beliebige rechtwinklige Dreiecke zu verallgemeinern, sei Abbildung 2.17 (b) betrachtet und der *Strahlensatz* verwendet, aus dem $\frac{\sin(\alpha)}{1} = \frac{a}{c}$ hervorgeht, woraus folgt $\sin(\alpha) = \frac{a}{c}$. Betrachtet man also ein beliebiges rechtwinkliges Dreieck mit einem vorgegebenen Winkel α, so ist das Verhältnis von Gegenkathete des Winkels α zur Hypotenuse aufgrund des Strahlensatzes immer gleich. Dieses Verhältnis nennt man den *Sinus* des Winkels α:

$$\sin(\alpha) = \frac{|\text{Gegenkathete}|}{|\text{Hypotenuse}|}, \tag{1}$$

wobei $|\cdot|$ die Länge der Seite bezeichnet.

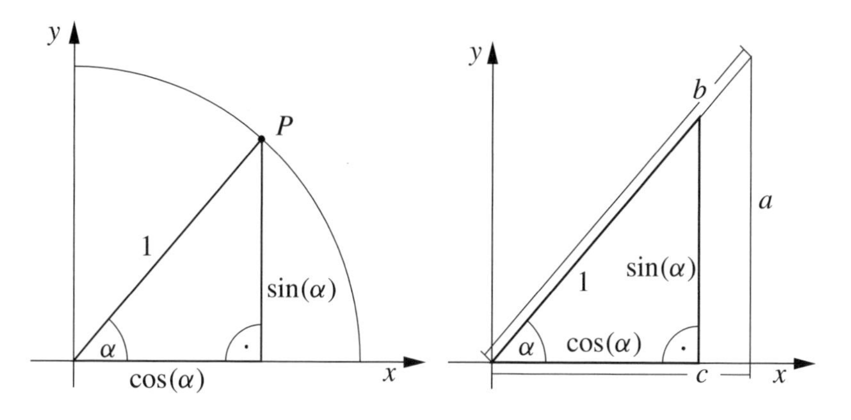

(a) Dreieck im Einheitskreis

(b) Sinus und Kosinus zwischen 0° und 90°

Abb. 2.17 Skizzen zu Sinus- und Kosinusfunktion

Mit analogen Überlegungen wie für den Sinus ergibt sich $\cos(\alpha) = \frac{b}{c}$, also gilt allgemein für den *Kosinus* des Winkels α

$$\cos(\alpha) = \frac{|\text{Ankathete}|}{|\text{Hypotenuse}|}. \tag{2}$$

Beispiel 2.11 Ein Abhang hat auf einer Strecke $s = 120\text{m}$ die Neigung $\alpha = 26°$. Wie hoch ist der Hang?

Lösung. Bezeichnet x die gesuchte Höhe, so gilt

$$\sin(\alpha) = \frac{x}{s},$$

und hiermit ergibt sich

$$x = s \cdot \sin(\alpha) = 120 \text{ m} \cdot \sin(26°) \approx 52.6 \text{ m},$$

d.h. der Hang ist ungefähr 52.6 Meter hoch.

2.5.2 Sinusfunktion und Kosinusfunktion

Bisher wurden $\sin(\alpha)$ und $\cos(\alpha)$ für rechtwinklige Dreiecke definiert oder anders formuliert wurde jedem $\alpha \in]0°, 90°[$ genau ein $\sin(\alpha)$ und genau ein $\cos(\alpha)$ zugeordnet. Dies deutet bereits auf Funktionen hin. Hierbei gibt es jedoch bisher zwei Einschränkungen: Erstens ist α ein Winkel und nicht eine reelle Zahl ohne Einheit, mit der man besser umgehen könnte, und zweitens ist der Definitionsbereich sehr eingeschränkt.

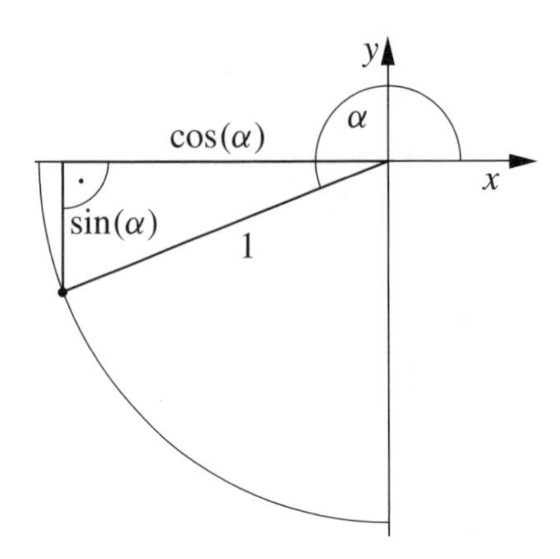

Abb. 2.18 Sinus und Kosinus für $\alpha > 180^\circ$

Um den letzten Nachteil zu verbessern, sei noch einmal Abbildung 2.17 betrachtet; hier lag der Winkel α zwischen 0° und 90°. Dies kann jedoch verallgemeinert werden, indem beliebige Winkel α zugelassen werden, wie es in Abbildung 2.18 dargestellt ist, und analog zu Abbildung 2.17 (b) $\sin(\alpha)$ bzw. $\cos(\alpha)$ durch die Längen der Katheten definiert werden. Zusätzlich können $\sin(\alpha)$ und $\cos(\alpha)$ auch für die Winkel 0°, 90°, 180° und 270° definiert werden durch

$$\cos(\alpha) = 0 \quad \text{und} \quad \sin(\alpha) = 1 \quad \text{für } \alpha \in \{90^\circ, 270^\circ\}$$

und

$$\sin(\alpha) = 0 \quad \text{und} \quad \cos(\alpha) = 1 \quad \text{für } \alpha \in \{0^\circ, 180^\circ\}.$$

Achtung Es ist zu beachten, dass die Definitionen von (1) und (2) hier nicht mehr gelten, da beispielsweise $\sin(180^\circ) = -1 < 0$ gilt.

Die Werte $\sin(\alpha)$ und $\cos(\alpha)$ können für beliebige Winkel α, d.h. auch $\alpha > 360^\circ$, definiert werden, da der Kreis auch mehrfach entgegen dem Uhrzeigersinn „umlaufen“ werden kann. Analog können $\sin(\alpha)$ und $\cos(\alpha)$ auch für $\alpha < 0$ definiert werden, wenn Winkel gegen den Uhrzeigersinn gemessen mit negativem Vorzeichen versehen werden.

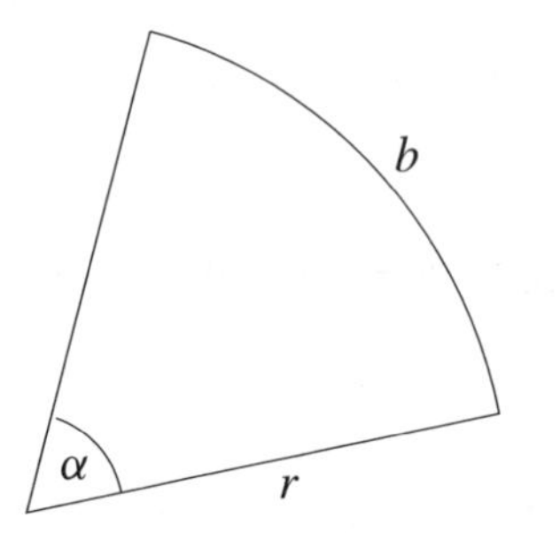

Abb. 2.19 Bogenmaß

Jetzt sollen die Winkel durch reelle Zahlen ohne Einheit ausgedrückt werden. Dies wird auf den Umfang eines Kreises mit Radius r zurückgeführt, dessen Umfang $2 \cdot \pi \cdot r$ beträgt. Ferner gilt für einen Kreisbogen, vgl. Abbildung 2.19, die Formel $b = \frac{\alpha}{360^\circ} \cdot 2 \cdot \pi \cdot r$ bzw. mit $r = 1$

$$\frac{b}{2 \cdot \pi} = \frac{\alpha}{360^\circ}. \tag{3}$$

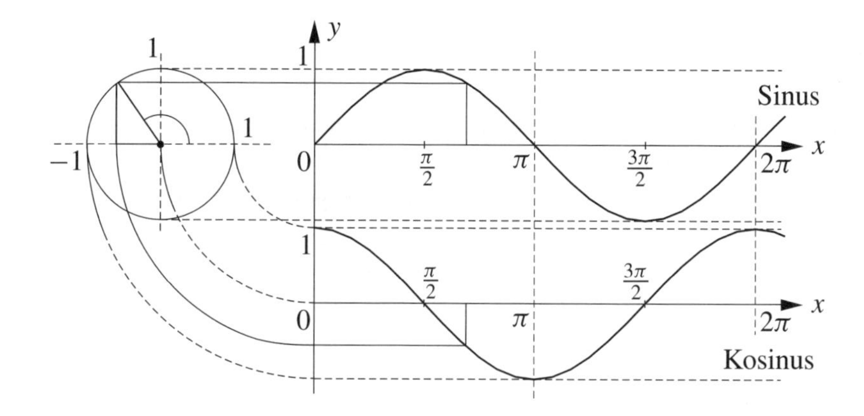

Abb. 2.20 Entstehung von Graphen zu Sinus und Kosinus

Diese Formel besagt, dass der Winkel α proportional zum *Bogenmaß b* wächst und der Winkel durch das Bogenmaß dargestellt werden kann, d.h.

$$\tfrac{\pi}{2} \mathrel{\widehat{=}} 90^\circ\,, \quad \pi \mathrel{\widehat{=}} 180^\circ\,, \quad \tfrac{3\pi}{2} \mathrel{\widehat{=}} 270^\circ \quad \text{usw.}\,.$$

Die Darstellung durch das Bogenmaß hat den Vorteil, dass einer reellen Zahl, dem Winkel x im Bogenmaß gemessen, eine reelle Zahl $\sin(x)$ bzw. $\cos(x)$ zugeordnet wird, und man kann die entsprechenden Funktionen *Sinus* und *Kosinus* definieren:

$\sin\colon \mathbb{R} \to \mathbb{R}, \quad x \mapsto \sin(x)$ und

$\cos\colon \mathbb{R} \to \mathbb{R}, \quad x \mapsto \cos(x)\,.$

Funktionsgraphen von Sinus und Kosinus sind in Abbildung 2.20 dargestellt. Diese Abbildung deutet an, wie die Graphen von Sinus- und die Kosinusfunktion entstehen. Unter Maple wird die Einheit der x-Koordinate im Bogenmaß angegeben, wie in Abbildung 2.21 zu erkennen ist. Berechnungen werden meistens im Bogenmaß durchgeführt. Eine Umrechnung in Winkel ist jedoch möglich, wie das folgende Beispiel zeigt.

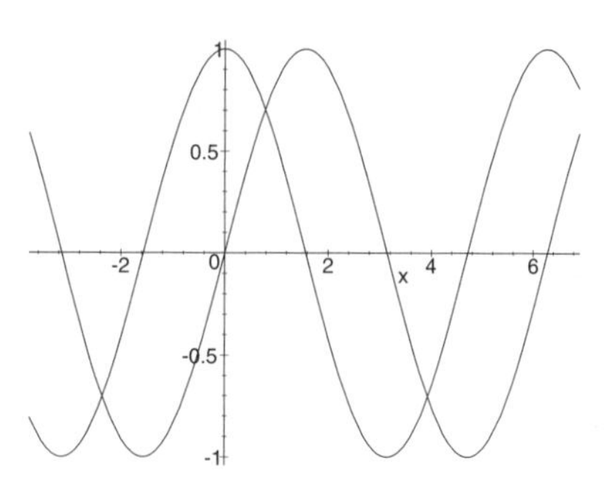

Abb. 2.21 Graphen zu Sinus und Kosinus

Hinweis für Maple

Die Umrechnung von Winkeln von Bogenmaß in Grad und umgekehrt ist mit Maple möglich. Dies funktioniert mit
`convert(α·degrees, radians);` von Grad in Bogenmaß (Einheit Radiant),
`convert(α, degrees);` von Bogenmaß in Grad.

Beispiel 2.12 Ein Bach mit dem in Abbildung 2.22 dargestellten Querschnitt soll über eine Länge von 100 m einen Steinboden erhalten. Wie teuer ist dieses Verfahren, wenn ein Quadratmeter des Materials 50 € kostet?

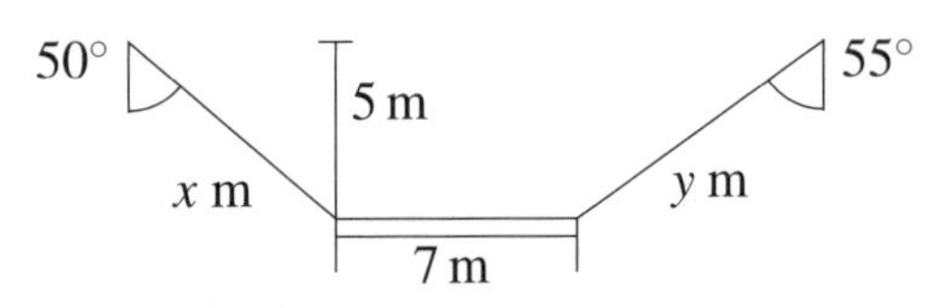

Abb. 2.22 Skizze zu Beispiel 2.12

Lösung. Zur Bestimmung des Preises ist die Bodenfläche zu berechnen, und hierfür werden die Strecken x und y benötigt.

Für die Strecken x und y ergeben sich mit

$$\cos(50°) = \frac{5}{x} \quad \text{und} \quad \cos(55°) = \frac{5}{y}$$

die auf zwei Nachkommastellen gerundeten Werte

$$x = \frac{5}{\cos(50°)} \approx 7.78\,, \quad y = \frac{5}{\cos(55°)} \approx 8.72\,.$$

Die Lösung dieser Gleichungen ist ebenfalls mit Maple möglich. Eine Möglichkeit ist

```
> solve(cos(50/360*2*Pi)=5/x,x);
```

Das Ergebnis lautet dann $\frac{5}{\cos(\frac{5}{18}\pi)}$. Hier wird das Ergebnis exakt angegeben, jedoch ist es schwieriger abzulesen. Möchte man ein Ergebnis in der oben angegebenen Form haben, so ist dies über

```
> fsolve(cos(50/360*2*Pi)=5/x,x);
```

möglich. Hier erhält man das Ergebnis 7.778619137. Analog lässt sich auch y bestimmen.

Die Gesamtfläche berechnet man dann zu

$$\begin{aligned}(x+7+y)\text{ m}\cdot 100\text{ m} &= (7.78+7+8.72)\text{ m}\cdot 100\text{ m}\\ &= 23.5\text{ m}\cdot 100\text{ m} = 2350\text{ m}^2.\end{aligned}$$

Da ein Quadratmeter 50 € kostet, berechnet man die Kosten

$$2350\text{ m}^2 \cdot 50\text{ €/m}^2 = 117500\text{ €}.$$

2.5.3 Tangensfunktion

Es existiert neben der Sinus- und Kosinusfunktion eine weitere wichtige trigonometrische Funktion, die *Tangensfunktion*. Diese Funktion ist definiert als Quotient der Funktionen Sinus und Kosinus, d.h.

$$\tan(x) := \frac{\sin(x)}{\cos(x)}.$$

Hierbei ist insbesondere zu beachten, dass sich der Definitionsbereich der Tangensfunktion von den Definitionsbereichen der Sinus- und Kosinusfunktion unterscheidet. Dies liegt daran, dass eine reelle Zahl nicht durch Null geteilt werden kann. Da die Kosinusfunktion jedoch an den Stellen $r \cdot \pi$, wobei r eine ungerade ganze Zahl ist, gleich Null ist, sind diese Stellen nicht im Definitionsbereich der Tangensfunktion enthalten. Da eine gerade Zahl a durch 2 teilbar ist, kann sie dargestellt werden durch $a = 2 \cdot n$ für eine Zahl $n \in \mathbb{Z}$. Eine ungerade Zahl entsteht aus einer geraden Zahl, indem 1 addiert wird, d.h. $2 \cdot n + 1$ mit $n \in \mathbb{Z}$ ist eine ungerade Zahl. Hiermit kann die obige Bemerkung etwas eleganter notiert werden:

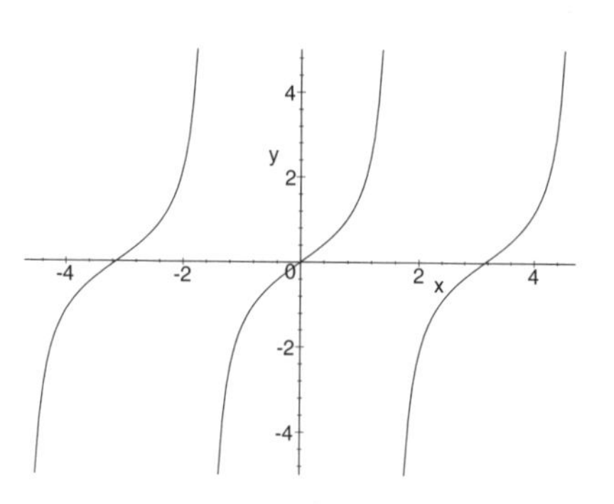

Abb. 2.23 Graph zur Tangensfunktion

$$\cos(x) = 0 \Leftrightarrow x = (2 \cdot n + 1) \cdot \pi \text{ mit } n \in \mathbb{Z}\,.$$

Also ist der Definitionsbereich der Tangensfunktion gleich der Menge der reellen Zahlen ohne die Nullstellen der Kosinusfunktion. Dies führt zu

$$\tan\colon \mathbb{D}_{\tan} = \mathbb{R} \setminus \{(2 \cdot n + 1) \cdot \pi : n \in \mathbb{Z}\} \to \mathbb{R}, \qquad x \mapsto \tan(x)\,.$$

Ein Graph zur Tangensfunktion ist in Abbildung 2.23 dargestellt.

Aufgaben

1. Ein gerades Straßenstück der Länge $l = 320$ m steigt unter einem Winkel $\alpha = 7.5°$ an. Wie lang ist es auf einer Karte des Maßstabs 1: 25000?

2. Eine Bahnstrecke hat auf der Karte mit Maßstab 1: 25000 eine Länge von $s = 18$ mm und fällt unter einem Winkel $\alpha = 8°$. Wie lang ist die Strecke in Wirklichkeit?

3. Vom dritten Stock eines Hauses ($h = 11.2$ m) erscheint das jenseitige Ufer eines Flusses unter dem Tiefenwinkel $\alpha = 8.2°$. Wie breit ist der Fluss, wenn das Haus vom diesseitigen Ufer $e = 3.5$ m entfernt ist?

4. Der scheinbare Durchmesser der Sonne von der Erde aus betrachtet beträgt $32'$ („32 Winkelminuten", wobei $1' = \left(\frac{1}{60}\right)^\circ$ gilt). Wie groß ist die Sonne wirklich, wenn ihr mittlerer Abstand zur Erde ca. 149 Millionen Kilometer beträgt?

5. Geben Sie die maximalen Definitionsbereiche für folgende Funktionsvorschriften an und vereinfachen Sie ihre Terme mit Maple.

a) $f(x) := \frac{\sin(x)}{\tan(x)}$ b) $f(x) := \sqrt{1+\cos(x)} \cdot \sqrt{1-\cos(x)}$

c) $f(x) := \frac{1}{\cos^2(x)} - 1$ d) $f(x) := \sin^2(x) \cdot \cos(x) + \cos^3(x)$

6. Zwei gerade Eisenbahnstrecken schließen einen Winkel $\alpha = 115°$ ein. Sie sollen durch einen Kreisbogen verbunden werden, der in A und B berührend in die Geraden übergeht. Wie groß ist sein Radius, wenn $\overline{AB} = 480$ m beträgt?

2.6 Verkettung von Funktionen

Verkettung von Funktionen bedeutet, mehrere Funktionen nacheinander auszuführen. Dies tritt häufig in der Physik auf, wenn z.B. mehrere Kräfte nacheinander wirken. Weitere Anwendungen finden sich in der Wirtschafts- und Finanzmathematik, z.B. bei der Bearbeitung von Konten. Manchmal ist der Umstand maßgeblich, dass die Integration – die in Kapitel 5 behandelt wird – in einigen Bereichen nicht möglich ist und daher Funktionen mehrfach hintereinander ausgeführt, d.h. iteriert werden. Dies führt unter anderem zur *Chaos-Theorie*, vgl. [St01] und Aufgabe 2.

Definition Es seien zwei Funktionen $f\colon \mathbb{D}_f \to \mathbb{R}$ und $g\colon \mathbb{D}_g \to \mathbb{R}$ gegeben, wobei $f(x) \in \mathbb{D}_g$ für alle $x \in \mathbb{D}_f$ gilt. Wenn dies der Fall ist, kann auf $f(x)$ die Funktion g angewandt werden, dies liefert den Term $g(f(x))$. Die entstehende Funktion wird durch $g \circ f$ bezeichnet, *Verkettung von f und g*:

$$g \circ f\colon \mathbb{D}_f \to \mathbb{R}, \quad x \mapsto (g \circ f)(x) = g(f(x))\,.$$

Es ist zu beachten, dass zuerst die rechtsstehende Funktion angewandt wird, entgegen der Lesereihenfolge.

Selbstverständlich können auch mehr als zwei Funktionen miteinander verkettet werden, wenn sie die Voraussetzungen erfüllen, dass der Wertebereich der vorhergehenden Funktion im Definitionsbereich der folgenden Funktion liegt.

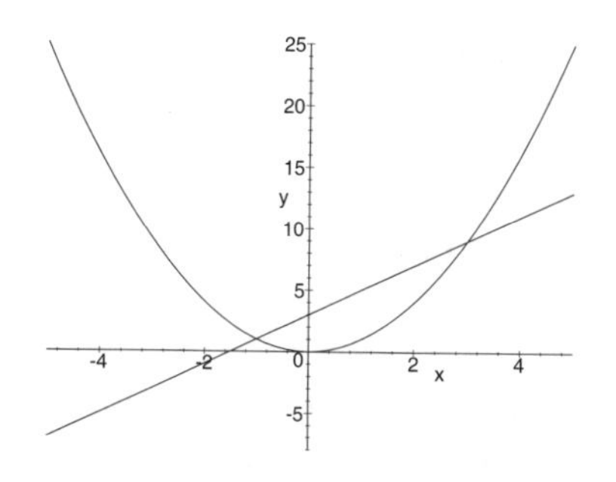

(a) Graphen zu $f(x) = 2x + 3$ und $g(x) = x^2$

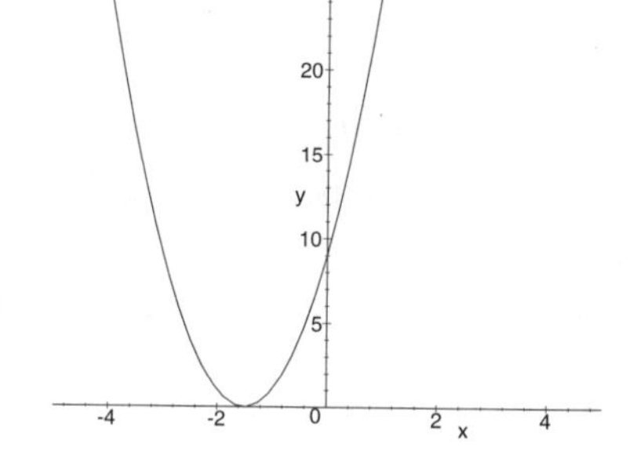

(b) Graph zu $(g \circ f)(x)$

Abb. 2.24 Abbildungen zu Beispiel 2.13

Beispiel 2.13 Gegeben seien die Funktionen $f(x) := 2x + 3$ und $g(x) := x^2$ mit den Definitionsbereichen $\mathbb{D}_f := \mathbb{R} =: \mathbb{D}_g$. Die Verknüpfung $g \circ f$ lautet

$$(g \circ f)(x) = g(f(x)) = (2x + 3)^2 = 4x^2 + 12x + 9\,.$$

Die Graphen von f, g und $g \circ f$ sind in Abbildung 2.24 dargestellt, und es ist zu erkennen, dass sie sich deutlich unterscheiden.

Da die Definitionsbereiche von f und g die reellen Zahlen sind, kann auch die umgekehrte Verknüpfung $f \circ g$ definiert werden:

$$(f \circ g)(x) = 2x^2 + 3\,.$$

Der Graph von $f \circ g$ befindet sich in Abbildung 2.25. Hierbei ist auffällig, dass die Graphen von $f \circ g$ und $g \circ f$ völlig verschieden sind, d.h. es ist wichtig, die Reihenfolge der Funktionen zu beachten.

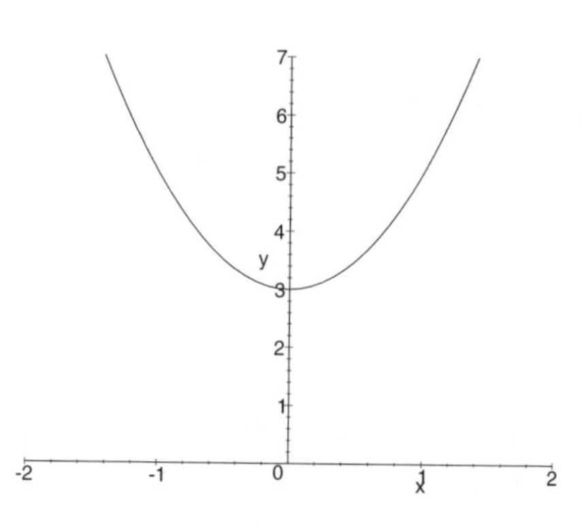

Abb. 2.25 Graph zu $(f \circ g)(x) = 2x^2 + 3$

Hinweis für Maple

Die Darstellung der Verkettung zweier Funktionen ist mit Hilfe von Maple möglich. Für Funktionen in Beispiel 2.13 und die Verkettungen lauten die Eingaben:

```
> f:=x->2*x+3:     g:=x->x^2:
```

Die Verkettung $g \circ f$ der Funktionen wird unter Maple durch `(g @ f)` eingegeben. Hierbei ist zu beachten, dass die Verknüpfung in Klammern zu setzen ist. Für die oben definierten Funktionen erhält man

```
> (g@f)(x);
```

$$(2x+3)^2$$

und

```
> (f@g)(x);
```

$$2x^2+3$$

Alternativ können die Funktionen auch durch `g(f(x))` oder `f(g(x))` erstellt werden.
Die Abbildung 2.24 a) wird erzeugt durch

```
> plot([f(x), g(x)], x=-5..5, y=-8..25);
```

Beispiel 2.14 Eine besonders interessante Funktion entsteht durch die Verkettung von $f(x) := \frac{1}{x}$ und $g(x) := \sin(x)$, d.h.

$$g \circ f\colon \mathbb{R} \setminus \{0\}, \quad x \mapsto \sin\left(\tfrac{1}{x}\right).$$

Der Graph ist in der Abbildung 2.26 dargestellt, es empfiehlt sich jedoch, ihn durch Vergrößerungen insbesondere in der Umgebung des Ursprungs mit Hilfe von Maple genauer zu untersuchen. Bei der Betrachtung des Graphen in Abbildung 2.26 fällt auf, dass er um den Ursprung herum nicht erkennbar ist. Dies liegt daran, dass die Stellen, an denen die Funktionswerte berechnet werden, einen gewissen Abstand voneinander besitzen und das Verhalten der Funktion mit geringerem Abstand zum Ursprung komplexer wird. Einen etwas genaueren Verlauf des

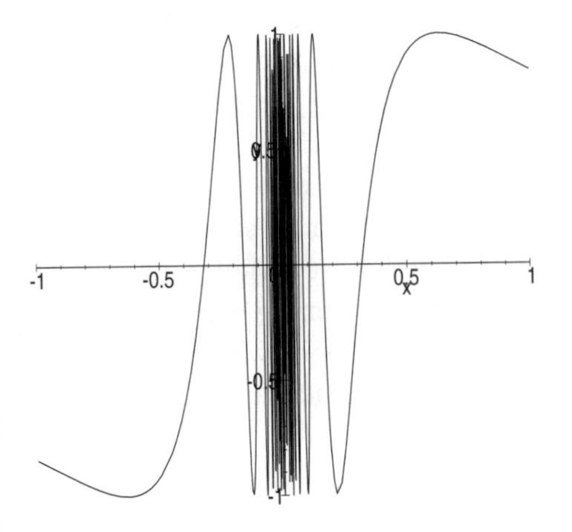

Abb. 2.26 Graph zu $g \circ f(x) = \sin\left(\frac{1}{x}\right)$

Graphen kann man durch Verkleinerung des betrachteten Intervalls untersuchen. Hierbei stößt man jedoch an die Grenzen dessen, was graphisch darstellbar ist.

Aufgaben

1. Bestimmen Sie die Verkettungen $g \circ f$ und $f \circ g$ der folgenden Funktionen f und g und betrachten Sie die Graphen der Funktionen mit Maple.

a) $f(x) := 2x + 4$ mit $\mathbb{D}_f := \mathbb{R}_+$ und $g(x) := x^2$ mit $\mathbb{D}_g := \mathbb{R}_+$

b) $f(x) := -3x + 2$ mit $\mathbb{D}_f := \mathbb{R}$ und $g(x) := x^3$ mit $\mathbb{D}_g := \mathbb{R}$

c) $f(x) := x^3 + 1$ mit $\mathbb{D}_f := \mathbb{R} \setminus \{0\}$ und $g(x) := \frac{1}{x}$ mit $\mathbb{D}_g := \mathbb{R} \setminus \{0\}$

d) $f(x) := \cos(x)$ mit $\mathbb{D}_f := \mathbb{R}$ und $g(x) := \frac{1}{2}x$ mit $\mathbb{D}_g := \mathbb{R}$

2. Eine Funktion kann mehrfach mit sich selbst verkettet, d.h. iteriert werden. Führt man eine Funktion f an der Stelle $x_0 \in \mathbb{D}_f$ dreimal hintereinander aus, so erhält man $f(f(f(x_0)))$. Wenn es sich um eine „gute“ Funktion handelt, kann sie beliebig oft hintereinander ausgeführt werden. Um die Schreibweise zu erleichtern, wird die n-malige Hintereinanderausführung einer Funktion durch f^n abgekürzt, was jedoch nicht mit der n-fachen Potenzierung einer Funktion zu verwechseln ist. Dies wird im Zusammenhang meist klar. Für die dreimalige Iteration einer Funktion f erhält man mit der kürzeren Schreibweise $f^3(x_0) = f(f(f(x_0)))$.
Mit Maple kann die Iteration von Funktionen durchgeführt werden. Hierbei werden Möglichkeiten der Nutzung von Maple als Programmiersprache benutzt. Für die Funktion $f: \mathbb{R} \to \mathbb{R}$ mit $f(x) := x+1$ können die ersten zehn Glieder des *Orbits* zu $x_0 = 0$ folgendermaßen bestimmt werden:

```
> f:=x->x+1:  x:= 0:
> for x from 1 to 4 do f(%);
> od;
```

$$1$$
$$2$$
$$3$$
$$4$$

Durch $x := 0$ wird der Variablen x ein Startwert zugeordnet. Die folgende Zeile legt Anfangs- und Endwert für die Iteration fest und beinhaltet den eigentlichen Befehl $f(\%)$, mit dem die Funktion auf den aktuellen Wert angewandt wird. Durch `od`, den rückwärts geschriebenen Befehl `do`, wird die `do`-Struktur beendet, was unter Maple für einige Strukturen üblich ist. Hiernach sind die Werte angegeben. Für genaueren Hintergrund zur Struktur und weitere Möglichkeiten vgl. [Vi01], 9.1 und [Wa02], Kapitel 12, 13 und 15.

Bestimmen Sie mit Maple Orbits der Funktion $f\colon \mathbb{R} \to \mathbb{R}$ für verschiedene $n \in \mathbb{N} \setminus \{0\}$ an der Stelle x_0. Bei den Aufgaben i) bis l) empfiehlt sich die Verwendung von `evalf`.

a) $f(x) := 2x, \quad x_0 \in \{-1, -\frac{1}{2}, 0, \frac{1}{2}, 1\}$
b) $f(x) := x^2 - 1, \quad x_0 \in \{-3, -2, -\frac{3}{2}, -\frac{1}{2}, 0, \frac{1}{2}, \frac{3}{2}, 2, 3\}$
c) $f(x) := x^2 - 2, \quad x_0 \in \{-2, -1, -\frac{1}{2}, 0, \frac{1}{2}, 1, 2\}$
d) $f(x) := x^2 - 0.5, \quad x_0 \in \{-2, -1, -\frac{1}{2}, 0, \frac{1}{2}, 1, 2\}$
e) $f(x) := x^2 - 0.75, \quad x_0 \in \{-2, -1, -\frac{1}{2}, 0, \frac{1}{2}, 1, 2\}$
f) $f(x) := x^2 - 1.5, \quad x_0 \in \{-2, -1, -\frac{1}{2}, 0, \frac{1}{2}, 1, 2\}$
g) $f(x) := x^2 + \frac{1}{4}, \quad x_0 \in \{-\frac{4}{3}, -1, -\frac{1}{2}, 0, \frac{1}{2}, 1, \frac{4}{3}\}$
h) $f(x) := x^2 + \frac{1}{2}, \quad x_0 \in \{-\frac{4}{3}, -1, -\frac{1}{2}, 0, \frac{1}{2}, 1, \frac{4}{3}\}$
i) $f(x) := 2 \cdot \sin(x), \quad x_0 \in \{-\frac{4\pi}{3}, -\pi, -\frac{\pi}{2}, 0, \frac{\pi}{2}, \pi, -\frac{4\pi}{3}\}$
j) $f(x) := \sin(x) - x^3 + x, \quad x_0 \in \{-\frac{\pi}{2}, -1, -\frac{\pi}{8}, 0, \frac{\pi}{8}, 1, \frac{\pi}{2}\}$
k) $f(x) := x^3 - x^2 + 1, \quad x_0 \in \{-2, -1, -\frac{1}{2}, 0, \frac{1}{2}, 1, 2\}$
l) $f(x) := x^4 - x^2 - 1, \quad x_0 \in \{-2, -1, -\frac{1}{2}, 0, \frac{1}{2}, 1, 2\}$

Von besonderer Bedeutung sind die Orbits von quadratischen Funktionen f mit $f(x) := x^2 + c$. Dies führt zu einem *Bifurkationsdiagramm* oder für Funktionen mit dem Definitionsbereich der komplexen Zahlen zur *Mandelbrot-Menge*, vgl. [St01].

2.7 Umkehrfunktion

Häufig existiert zu einer gegebenen Funktion f eine Funktion f^*, die die Wirkung von f rückgängig macht, d.h.

$$x \overset{f}{\mapsto} f(x) \overset{f^*}{\mapsto} x,$$

wobei $\overset{f}{\mapsto}$ die Wirkung von $f\colon \mathbb{D}_f \to \mathbb{R}$ mit $x \mapsto f(x)$, darstellt. Umgekehrt kann hierfür ebenfalls

$$x \overset{f^*}{\mapsto} f^*(x) \overset{f}{\mapsto} x$$

gelten. Um dies genauer formulieren zu können, sei zunächst bemerkt, dass die Verkettung von f und f^* jeweils $x \mapsto x$ ergibt. Diese Abbildung wird als *Identität* bezeichnet und durch id notiert.

Definition Eine Funktion $f\colon \mathbb{D}_f \to \mathbb{W}_f$ heißt *umkehrbar*, falls eine Funktion $f^{-1}\colon \mathbb{W}_f \to \mathbb{D}_f$ existiert mit

$$f^{-1} \circ f = f \circ f^{-1} = \mathrm{id}\,.$$

Die Funktion f^{-1} heißt *Umkehrfunktion* von f.

Aus der Definition der Umkehrfunktion geht nicht hervor, ob eine Funktion umkehrbar ist. Damit eine Funktion umkehrbar sein kann, muss jedem Wert x *genau ein* Wert y zugeordnet sein, wie aus der Definition von Funktionen hervorgeht, vgl. Abschnitt 2.1. Ein Beispiel einer nicht umkehrbaren Funktion befindet sich in Abbildung 2.27; der Graph der Funktion $f(x) := x^2$ mit $\mathbb{D}_f := \mathbb{R}$. Hier ist erkennbar, dass es Werte y gibt, die zwei Urbilder x_1, x_2 besitzen, d.h. $y_1 = f(x_1) = f(x_2)$, zum Beispiel $1 = f(1) = f(-1)$.

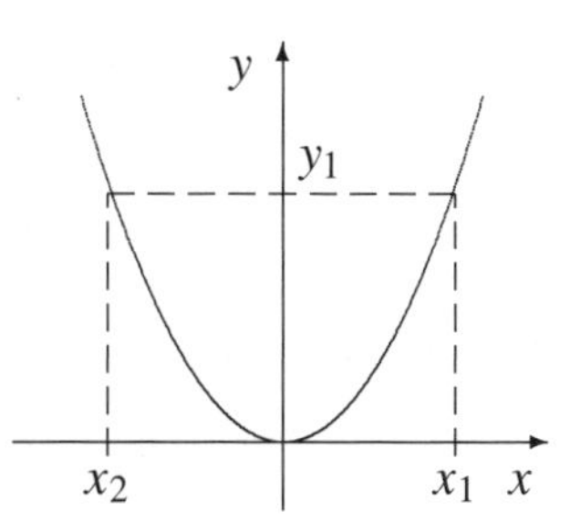

Abb. 2.27 Graph zu $f(x) = x^2$

Die Voraussetzung für die Umkehrbarkeit einer Funktion f, dass die Urbilder der Werte $y = f(x)$ eindeutig sein müssen, kann im Fall $f(x) = x^2$ durch die Einschränkung des Definitionsbereichs der Funktion hergestellt werden, z.B. durch $\mathbb{D}_f := [1, 2]$, vgl. Abbildung 2.28. Hierbei gibt es zu jedem $y \in [1, 4]$ genau ein $x \in [1, 2]$ mit $y = f(x)$. Das Intervall $[1, 4]$ ist dabei der *Wertebereich* des Intervalls $[1, 2]$ unter der Abbildung f, in Zeichen $[1, 4] =: \mathbb{W}_f$.

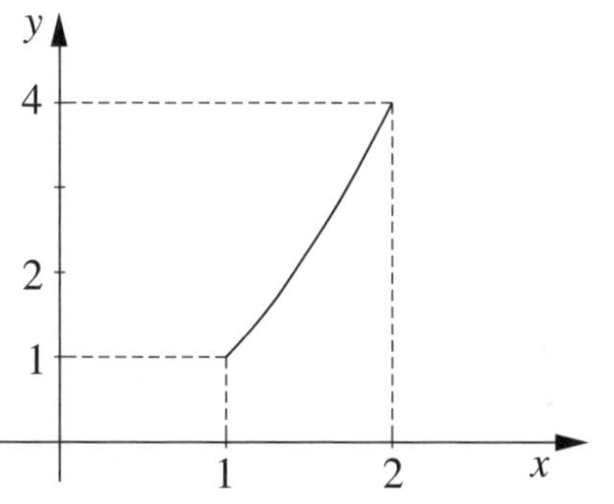

Abb. 2.28 Graph zu $f(x) = x^2$ mit $\mathbb{D}_f = [1, 2]$

Der Definitionsbereich der Umkehrfunktion ergibt sich als Wertebereich der Funktion f, wenn zu jedem $y \in \mathbb{W}_f$ *genau ein* $x \in \mathbb{D}_f$ existiert mit $y = f(x)$.

Hinweis Um die Umkehrfunktion f^{-1} der Funktion $f(x) := x^2$ mit $\mathbb{D}_f := [1, 2]$ zu bestimmen, die die Voraussetzungen für die Umkehrbarkeit erfüllt, sind folgende Schritte durchzuführen:

1) Man bestimmt den Wertebereich $\mathbb{W}_f := [1, 4]$, dies liefert $\mathbb{D}_{f^{-1}} := \mathbb{W}_f$.
2) Man löst die Gleichung $y = x^2$ nach der Variablen x auf und berücksichtigt $x > 0$:
$$x = \sqrt{y}\,.$$
3) Die Funktion f^{-1} kann hiermit als Funktion der Variablen y notiert werden durch
$$f^{-1}(y) = x = \sqrt{y}\,.$$

4) Durch Vertauschung der Variablen x und y, und unter Berücksichtigung von $\mathbb{D}_{f^{-1}} = \mathbb{W}_f = [1,4]$ und $\mathbb{D}_f = \mathbb{W}_{f^{-1}} = [1,2]$ ergibt sich

$$f^{-1}\colon\ [1,4] \to [1,2]\,, \quad x \mapsto \sqrt{x}.$$

Die Probe, ob es sich bei f^{-1} wirklich um die Umkehrfunktion handelt, lautet

$$\left(f^{-1} \circ f\right)(x) = \sqrt{x^2} = x \quad \text{und} \quad \left(f \circ f^{-1}\right)(x) = \left(\sqrt{x}\right)^2 = x\,.$$

Hinweis für Maple

Zu einer Funktion f kann die Umkehrfunktion f^{-1} mit Hilfe von Maple bestimmt werden. Es ist das Paket `isolate` zu laden und dann der Befehl `isolate` zu verwenden. Dies wird für die Funktion $f\colon\ [1,2] \to \mathbb{R}$ mit $f(x) := x^2$ folgendermaßen durchgeführt:

```
> isolate(y=x^2,x);
```

$$x = \text{RootOf}(\_Z^2 - y)$$

Dieser Term kann mit

```
> allvalues(%);
```

in eine numerische Lösung umgewandelt werden. Man erhält

$$x = \sqrt{y},\ x = -\sqrt{y}$$

Es ist zu beachten, dass zwei Lösungen angegeben sind. Daher ist die richtige Lösung auszuwählen. Da $\mathbb{D}_f \subsetneqq \mathbb{R}_+$, d.h. $x \geqslant 0$, gilt, ist als Lösung $\sqrt{y}$ auszuwählen, was in Abbildung 2.29 erkennbar ist. Maple stellt daher eine Hilfe zur Bestimmung von Umkehrfunktionen dar, jedoch müssen zusätzliche Überlegungen durchgeführt werden.

Den Graphen der Umkehrfunktion f^{-1} erhält man aus dem Graphen der Funktion f durch Spiegelung an der ersten Winkelhalbierenden, wie es in Abbildung 2.29 zu sehen ist. Dieses Verfahren erklärt sich dadurch, dass die Umkehrfunktion durch Vertauschung der Variablen x und y ermittelt wird:

$$\begin{aligned} G_f &= \{(x,y) \in \mathbb{D}_f \times \mathbb{W}_f : y = f(x)\} \\ \Rightarrow G_{f^{-1}} &= \{(y,x) \in \mathbb{W}_f \times \mathbb{D}_f : f^{-1}(y) = x\} \\ &= \{(y,x) \in \mathbb{W}_f \times \mathbb{D}_f : y = f(x)\}, \end{aligned}$$

Eine Rekapitulation des obigen Beispiels liefert folgende Erkenntnisse: zur Funktion $f(x) := x^2$ mit $\mathbb{D}_f := [1, 2]$ gab es eine Umkehrfunktion. Die Existenz einer Umkehrfunktion setzt voraus, dass zu jedem y-Wert genau ein x-Wert existiert mit $y = f(x)$. Das Hindernis bei der Funktion $f(x) = x^2$ mit $\mathbb{D}_f := \mathbb{R}$ war, dass die Funktion von einem Wert $y = f(-x_1)$ mit $x_1 \in \mathbb{R}_+$ bis zum Wert $0 = f(0)$ absinkt und hiernach wiederum zu $y = f(x_1)$ ansteigt. Würde sie nur absteigen oder ansteigen – wie dies durch die Wahl des Intervalls $[1, 2]$ gewährleistet war – so wäre dies nicht der Fall. Funktionen, die diese Voraussetzung erfüllen, heißen *streng monoton*.

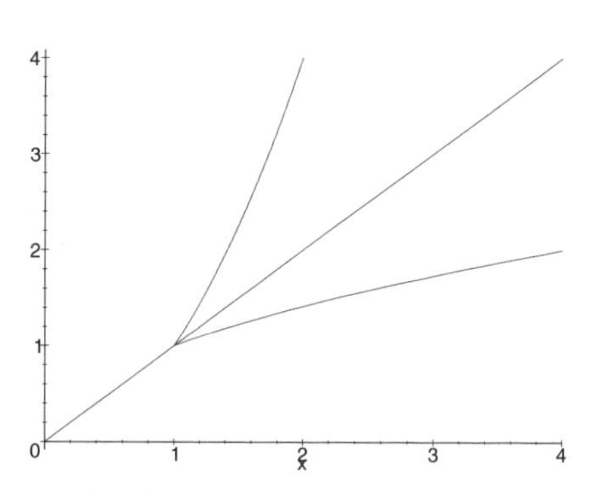

Abb. 2.29 Graph zu $f(x) = x^2$ mit $\mathbb{D}_f = [1, 2]$ und Umkehrfunktion

Definition Eine Funktion $f : \mathbb{D}_f \to \mathbb{R}$ heißt *streng monoton steigend*, falls für alle $x_1, x_2 \in \mathbb{D}_f$ mit $x_1 < x_2$ auch $f(x_1) < f(x_2)$ gilt, d.h. mit ansteigenden x-Werten steigen auch die $f(x)$-Werte.

Eine Funktion $f : \mathbb{D}_f \to \mathbb{R}$ heißt *streng monoton fallend*, falls für alle $x_1, x_2 \in \mathbb{D}_f$ mit $x_1 < x_2$ auch $f(x_1) > f(x_2)$ gilt, d.h. mit ansteigenden x-Werten sinken die $f(x)$-Werte.

Neben dem Begriff der *strengen Monotonie* wird der Begriff der *Monotonie* benötigt.

Definition Eine Funktion $f : \mathbb{D}_f \to \mathbb{R}$ heißt *monoton steigend*, falls

$$f(x_1) \leqslant f(x_2) \quad \text{für alle } x_1, x_2 \in \mathbb{D}_f \text{ mit } x_1 < x_2 \text{ gilt.}$$

Eine Funktion $f : \mathbb{D}_f \to \mathbb{R}$ heißt *monoton fallend*, falls

$$f(x_1) \geqslant f(x_2) \quad \text{für alle } x_1, x_2 \in \mathbb{D}_f \text{ mit } x_1 < x_2 \text{ gilt.}$$

Ein Beispiel für eine monoton steigende, jedoch nicht streng monoton steigende Funktion ist gegeben durch $f : \mathbb{R} \to \mathbb{R}$, $f(x) = 1$. Ihr Graph ist eine waagerechte Gerade. Es gilt $f(x_1) = f(x_2)$ für alle $x_1, x_2 \in \mathbb{R}$.

Strenge Monotonie liefert eine wichtige Voraussetzung für die Umkehrbarkeit einer Funktion.

Bemerkung Der Definitionsbereich $\mathbb{D}_f$ einer Funktion $f\colon \mathbb{D}_f \to \mathbb{W}_f$ sei ein Intervall. Ist die Funktion f streng monoton steigend oder streng monoton fallend in $\mathbb{D}_f$, so existiert eine Umkehrfunktion von f

$$f^{-1}\colon \mathbb{W}_f \to \mathbb{D}_f \,.$$

Dies bedeutet für $f(x) := x^2$, dass der Definitionsbereich bis auf $\mathbb{D}_f := \mathbb{R}_+$ vergrößert werden kann, damit die Funktion f noch umkehrbar ist. Die Umkehrfunktion ist in diesem Falle gegeben durch $f^{-1}\colon \mathbb{R}_+ \to \mathbb{R}_+\,, \quad x \mapsto \sqrt{x}$.

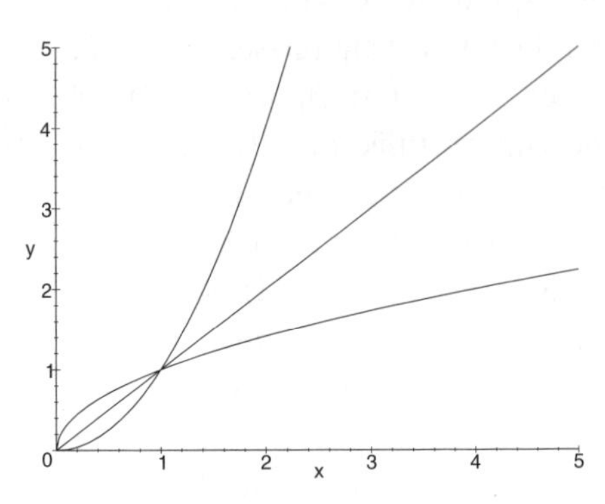

Abb. 2.30 Graph zu $f(x) = x^2$ mit $\mathbb{D}_f = \mathbb{R}_+$ und ihrer Umkehrfunktion $f^{-1}(x) = \sqrt{x}$

Die Graphen von f und f^{-1} sind in Abbildung 2.30 zu sehen.

Hinweis für Maple

Die Bezeichnung der Wurzelfunktion $f\colon \mathbb{R}_+ \to \mathbb{R}_+, x \mapsto \sqrt{x}$, unter Maple ist `sqrt`.

In Abschnitt 2.5 wurden die trigonometrischen Funktionen behandelt. In Beispiel 2.11 trat die Gleichung $\sin(\alpha) = \frac{x}{s}$ auf, wobei die Variable x unbekannt war. Es kann jedoch auch der Fall auftreten, dass α unbekannt ist und ermittelt werden soll. Mit Hilfe der Umkehrfunktion der Sinusfunktion kann α bestimmt werden.

Aufgrund der strengen Monotonie als Bedingung zur Umkehrbarkeit einer Funktion ist die Sinusfunktion maximal im Intervall $[-\frac{\pi}{2}, \frac{\pi}{2}]$ umkehrbar, vgl. Abbildung 2.31 (a). Das führt zur Funktion *Arkussinus*

$$\arcsin\colon [-1, 1] \to \left[-\tfrac{\pi}{2}, \tfrac{\pi}{2}\right], \quad x \mapsto \arcsin(x)\,,$$

und ist ebenfalls in Abbildung 2.31 (b) zu sehen.

Eine analoge Aussage gilt für den Kosinus im Intervall $[0, \pi]$, vgl. Abbildung 2.32, und führt zur Funktion *Arkuskosinus*

$$\arccos\colon [-1, 1] \to [0, \pi]\,, \quad x \mapsto \arccos(x)\,.$$

Die Tangensfunktion ist im Intervall $]-\frac{\pi}{2}, \frac{\pi}{2}[$ streng monoton steigend, vgl. Abbildung 2.33, und dies führt auf analoge Art wie für Sinus und Kosinus zu der Umkehrfunktion *Arkustangens*

$$\arctan\colon \mathbb{R} \to \left]-\tfrac{\pi}{2}, \tfrac{\pi}{2}\right[\,, \quad x \mapsto \arctan(x)\,.$$

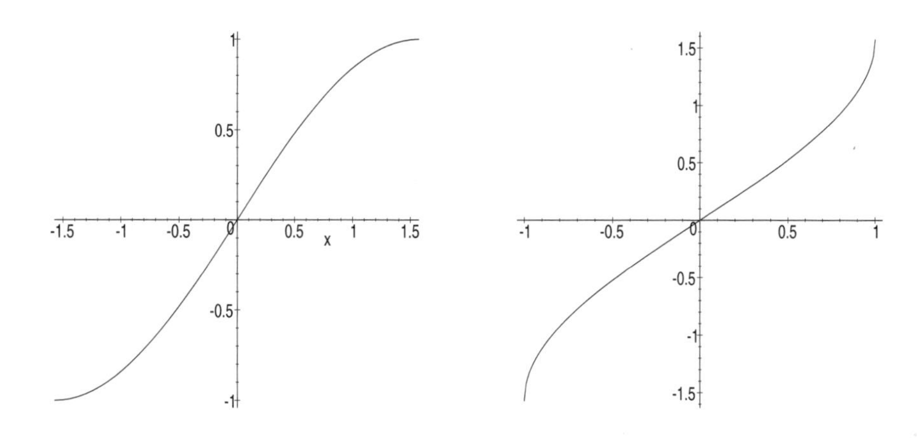

(a) Graph zur Sinusfunktion

(b) Graph zur Arkussinusfunktion

Abb. 2.31 Graphen zur Sinus- und Arkussinusfunktion

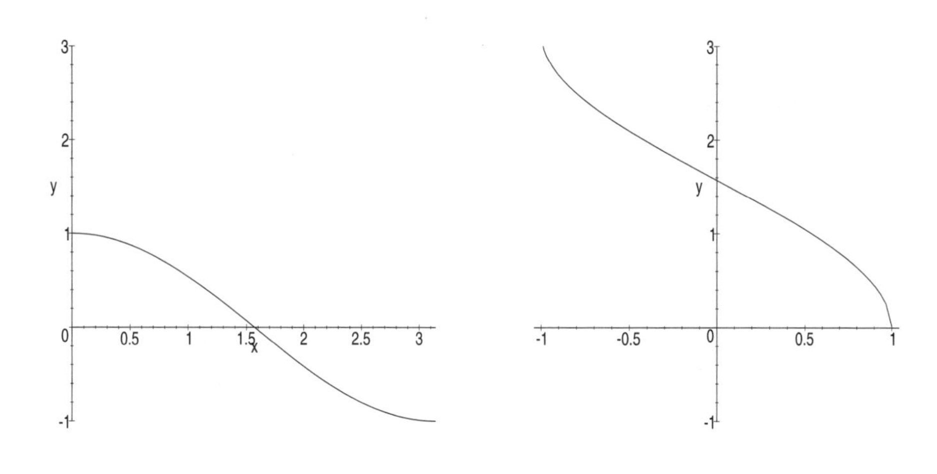

(a) Graph zur Kosinusfunktion

(b) Graph zur Arkuskosinusfunktion

Abb. 2.32 Graphen zur Kosinus- und Arkuskosinusfunktion

Zu beachten ist hierbei, dass das Intervall $]-\frac{\pi}{2}, \frac{\pi}{2}[$ offen und nicht abgeschlossen ist. Der Graph der Funktion Arkustangens befindet sich in Abbildung 2.33.

Die Bestimmung dieser Umkehrfunktion ist ebenfalls mit Maple möglich:

```
> isolate(y=sin(x),x);
```

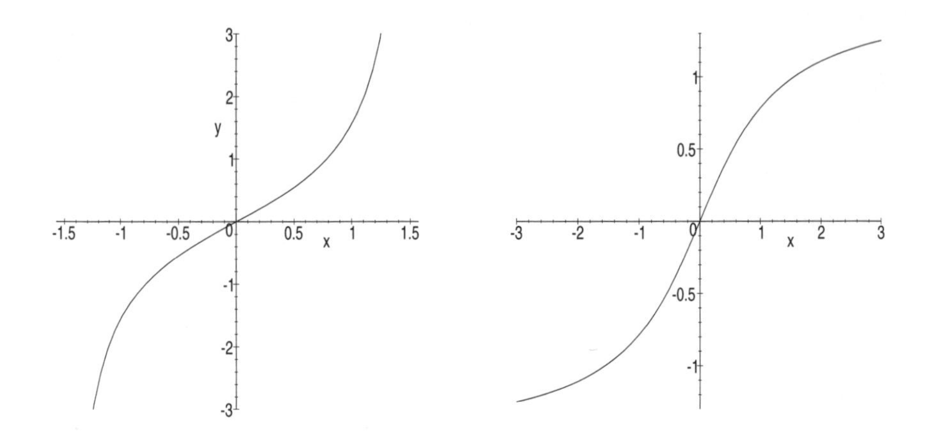

(a) Graph zur Tangensfunktion (b) Graph zur Arkustangensfunktion

Abb. 2.33 Graphen zur Tangens- und Arkustangensfunktion

es erscheint $\arcsin(y)$. Als Ergebnis wird die Arkussinusfunktion angegeben. Hierbei ist jedoch zu beachten, dass der Definitionsbereich nicht angegeben ist. Er muss also zusätzlich bestimmt werden.

Auf dieselbe Art können die Umkehrfunktionen der Kosinus- und der Tangensfunktion bestimmt werden.

Beispiel 2.15 An ihrer steilsten Stelle steigt eine Zahnradbahn um 17%. Wie groß ist der Neigungswinkel?

Lösung. Die Steigung 17% bedeutet, dass die Zahnradbahn auf einer Strecke von 100 Metern projiziert auf die waagerechte Ebene einen Höhenunterschied von 17 Metern überwindet. Der Ansatz lautet daher

$$\tan(\alpha) = \tfrac{17}{100}\,.$$

Da hier jedoch nach α gefragt wurde, ist auf die Tangensfunktion eine Umkehrfunktion anzuwenden. So ergibt sich

$$\alpha = \arctan\left(\sin(\alpha)\right) = \arctan(0.17) \approx 9.65^\circ\,.$$

Dieses Ergebnis kann mit Maple durch die folgenden Schritte bestätigt werden:

```
> arctan(.17);
```

und Maple liefert das Ergebnis .1683901571 im Bogenmaß. Hiernach wird durch

```
> convert(%, degrees);
```

das Ergebnis in Grad angegeben: 30.31022828 $\frac{degrees}{\pi}$. Durch

```
> simplify(%);
```

erhält man 9.648045311 *degrees*, was nach Rundung auf die zweite Nackkommastelle mit obigem Ergebnis übereinstimmt.

Zu vielen Funktionen existiert keine Umkehrfunktion. Oft kann jedoch die Einschränkung des Definitionsbereichs helfen. Hierzu sei die Funktion

$$f\colon \mathbb{R} \to \mathbb{R}, \quad x \mapsto x^3 - x\,,$$

betrachtet. Wie in Abbildung 2.34 erkennbar ist, ist die Funktion nicht streng monoton und daher auch nicht umkehrbar. Schränkt man hingegen den Definitionsbereich ein, so dass die Funktion streng monoton ist, erhält man eine umkehrbare Funktion. Dies ist z.B. durch

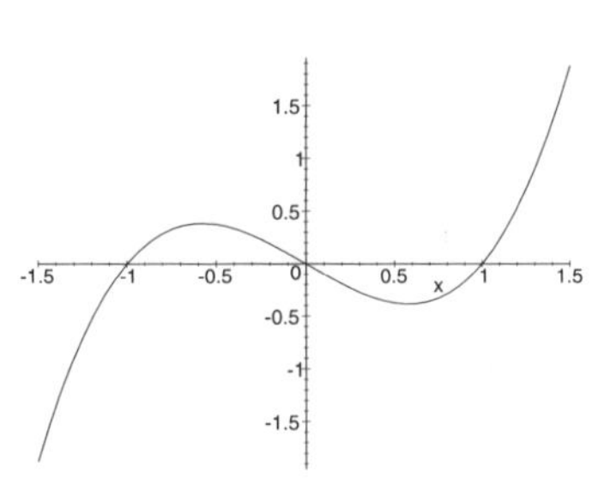

Abb. 2.34 Graph zu $f(x) = x^3 - x$

$$g\colon [0.6, 1.3] \to \mathbb{R}, \quad x \mapsto x^3 - x\,,$$

machbar. Der Graph zu g befindet sich in Abbildung 2.35 (a). Die Umkehrfunktion von g kann mit Hilfe von Maple bestimmt werden. Da der Funktionsterm von g kompliziert ist, wird die Umkehrfunktion von Maple nur näherungsweise ermittelt. Man erhält mit dem weiter oben angegebenen Verfahren mit Maple für die Umkehrfunktion

```
> isolate(y=x^3-x,x);
```

das Ergebnis

$$x = \frac{1}{6}\,(108\,y + 12\sqrt{-12 + 81\,y^2})^{1/3} + \frac{2}{(108\,y+12\sqrt{-12+81\,y^2})^{1/3}}$$

Zur Probe, ob es sich um den richtigen Term handelt, werden die ursprüngliche Funktion

```
> g:=x^3-x:
```

und

$$z := \frac{1}{6}\,(108\,y + 12\sqrt{-12 + 81\,y^2})^{1/3} + \frac{2}{(108\,y+12\sqrt{-12+81\,y^2})^{1/3}}$$

definiert.

In die Funktion g wird nun zur Probe für x das obige Ergebnis z eingesetzt. Man sollte die identische Abbildung erhalten, jedoch ergibt sich

```
> subs(x=z,g);
```

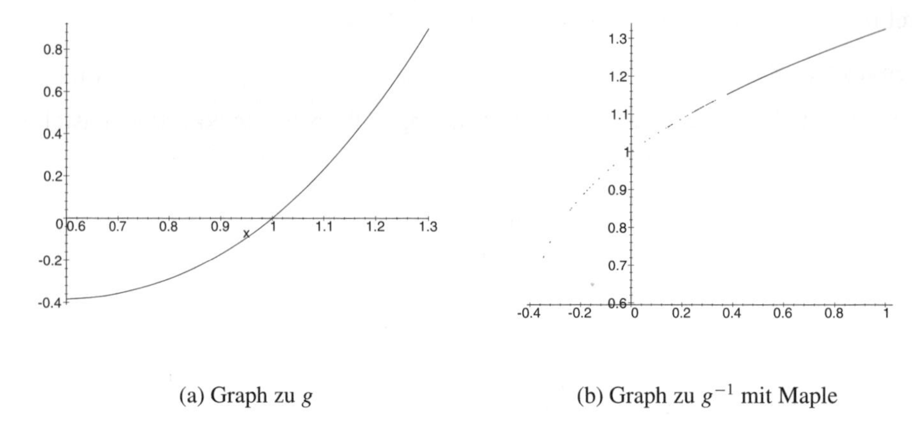

(a) Graph zu g

(b) Graph zu g^{-1} mit Maple

Abb. 2.35 Graphen zu $g(x) = x^3 - x$ und der Umkehrfunktion

die Lösung

$$\left(\frac{1}{6}\,\%1^{1/3} + \frac{2}{\%1^{1/3}}\right)^3 - \frac{1}{6}\,\%1^{1/3} - \frac{2}{\%1^{1/3}} \tag{1}$$

$$\%1 := 108\,y + 12\sqrt{-12 + 81\,y^2}.$$

Hinweis für Maple

Der Befehl `subs(x=z,g)` dient zum Ersatz der Variable x durch den Term z in der Funktion g.

Es könnte sein, dass der Term in Gleichung (1) nicht in der einfachsten Version angegeben ist. Daher wird

```
> simplify(%);
```

eingegeben. Hiermit erhält man als Ergebnis y. Ein Graph der bestimmten Umkehrfunktion ist in Abbildung 2.35 (b) dargestellt.

In dieser Abbildung ist zu erkennen, dass der Graph aufgrund der Komplexität des Funktionsterms einige Lücken besitzt, da nur eine geringe Anzahl von Funktionswerten in einer bestimmten Zeit berechnet wird.

Wenn man aus dem Graphen einer Funktion auf ihr Monotonieverhalten schließt, können Fehler auftreten, weil die Zeichnungen nicht genau genug angefertigt wurden. Ein genaueres Verfahren zur Bestimmung des maximalen Definitionsbereichs, so dass eine Funktion umkehrbar ist, wird in Kapitel 3 behandelt.

Aufgaben

1. Bestimmen Sie die Umkehrfunktion der Funktion f nach dem Schema des Hinweises aus diesem Abschnitt und überprüfen Sie das Ergebnis mit Maple.

a) $f(x) := 2x + 1$ im Intervall $[0, 4]$ b) $f(x) := \frac{1}{x}$ im Intervall $[1, 2]$

c) $f(x) := x^2 + 4$ im Intervall $[1, 4]$ d) $f(x) := x^{\frac{1}{4}}$ im Intervall $[-2, -1]$

e) $f(x) := -\frac{1}{\tan(x)}$ im Intervall $[0, \pi]$ f) $f(x) := -3x^3 + x$ im Intervall $[-\frac{1}{3}, \frac{1}{3}]$

2. Schränken Sie den Definitionsbereich von f so weit ein, dass sie eine umkehrbare Funktion wird, und bestimmen Sie die Umkehrfunktion. Überprüfen Sie Ihr Ergebnis mit Maple durch Betrachtung des Graphen.

a) $f(x) := x^3$ b) $f(x) := 3x^2 - 1$ c) $f(x) := \frac{1}{x-2}$

d) $f(x) := x^{-2}$ e) $f(x) := -\frac{3}{x^2}$ f) $f(x) := \frac{1}{\sin(x)}$

3. Der Giebel eines Satteldachs ist 8.4 m breit und 1.5 m hoch. Welche Neigung hat das Dach?

2.8 Weitere Funktionen

Beispiel 2.16 Die *Betragsfunktion* ist definiert durch

$$f\colon \mathbb{R} \to \mathbb{R}_+ , \quad x \mapsto |x| ,$$

wobei

$$|x| = \begin{cases} x & \text{für } x \geqslant 0, \\ -x & \text{für } x < 0. \end{cases} \tag{1}$$

Der Graph dieser Funktion ist in Abbildung 2.36 (a) dargestellt.

Nach Abschnitt 2.6 können Funktionen verkettet werden. Dies kann auch mit der Betragsfunktion geschehen, die auf eine Funktion angewendet werden kann, da der Definitionsbereich der Betragsfunktion alle reellen Zahlen umfasst. Wendet man f auf eine Funktion $g\colon \mathbb{R} \to \mathbb{R}$ an, so ergibt sich

$$f(g(x)) = |g(x)| = \begin{cases} g(x) & \text{für } g(x) \geqslant 0, \\ -g(x) & \text{für } g(x) < 0. \end{cases}$$

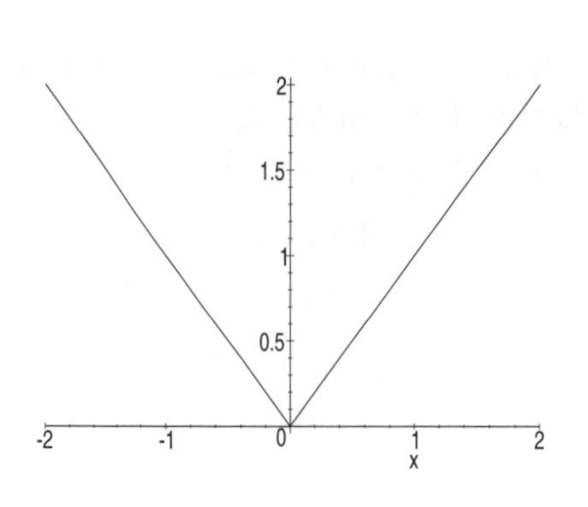

(a) Graph zur Betragsfunktion

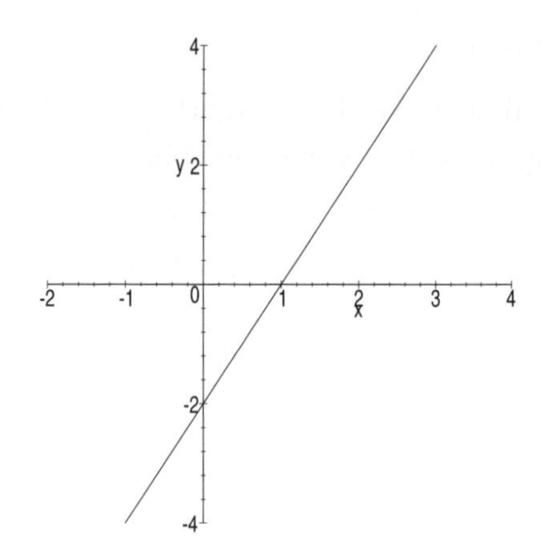

(b) Graph zu $g(x) = 2x - 2$

Abb. 2.36 Funktionsgraphen

Hinweis für Maple

Die Betragsfunktion wird unter Maple durch `abs` bezeichnet. Der in Abbildung 2.36 (a) dargestellte Graph wurde erzeugt durch den Befehl

```
> plot(abs(x),x=-2..2, scaling=constrained);
```

Hierbei wurde durch `scaling=constrained` die Skalierung der x-Achse und der y-Achse aneinander angepasst.
Die Betragsfunktion kann unter Maple mit beliebigen Funktionen g verknüpft werden. Dies geschieht durch

```
> plot(abs(g(x)),x=-2..2,scaling=constrained);
```

Beispiel 2.17 Es sei

$$g\colon \mathbb{R} \to \mathbb{R}, \quad x \mapsto 2x - 2,$$

und f die Betragsfunktion aus Beispiel 2.16. Ihr Graph ist in Abbildung 2.36 (b) dargestellt.

Für die Funktion $f(g(x))$ ergibt sich

$$f \circ g\colon \mathbb{R} \to \mathbb{R}_+, \quad x \mapsto |2x - 2|.$$

Aufgrund der Tatsache, dass $2x - 2 \geqslant 0$ für alle $x \geqslant 1$ und $2x - 2 < 0$ für alle $x < 1$

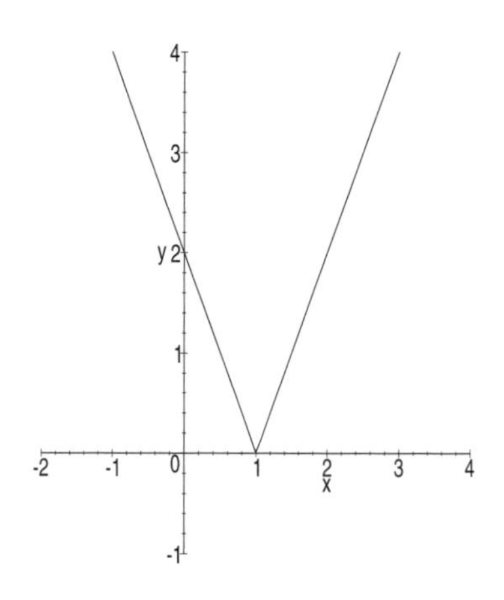

(a) Graph zu $f(g(x)) = |2x - 2|$

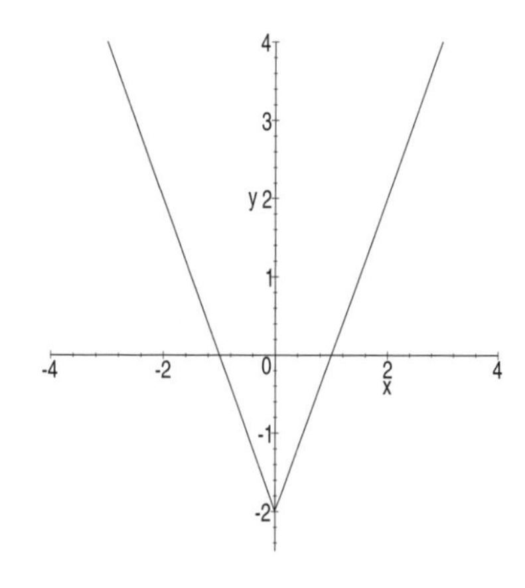

(b) Graph zu $g(f(x)) = 2|x| - 2$

Abb. 2.37 Funktionsgraphen zu den Beispielen 2.16 und 2.17

gilt, ergibt sich hiermit

$$|2x - 2| = \begin{cases} 2x - 2 & \text{für } x \geqslant 1\,, \\ -2x + 2 & \text{für } x < 1\,. \end{cases}$$

Der Graph dieser Funktion befindet sich in Abbildung 2.37 (a). Die Eingabe unter Maple für diesen Graphen lautet

```
> plot(abs(2*x-2),x=-2..4,y=-1..4,scaling=constrained);
```

Es gibt auch die Möglichkeit, eine Funktion g auf die Betragsfunktion anzuwenden. In diesem Fall gilt

$$g(f(x)) = g\,(|x|) = \begin{cases} g(x) & \text{für } x \geqslant 0\,, \\ g(-x) & \text{für } x < 0\,. \end{cases}$$

Beispiel 2.18 Für die Funktionen f und g aus Beispiel 2.17 folgt aus der Definition

$$g(f(x)) = 2|x| - 2 = \begin{cases} 2x - 2 & \text{für } x \geqslant 0\,, \\ 2 \cdot (-x) - 2 & \text{für } x < 0\,. \end{cases}$$

Der zugehörige Graph in Abbildung 2.37 (b) unterscheidet sich deutlich von dem Graphen aus Abbildung 2.37 (a).

In gewisser Hinsicht kann mit Hilfe der Betragsfunktion der Definitionsbereich anderer Funktionen erweitert werden.

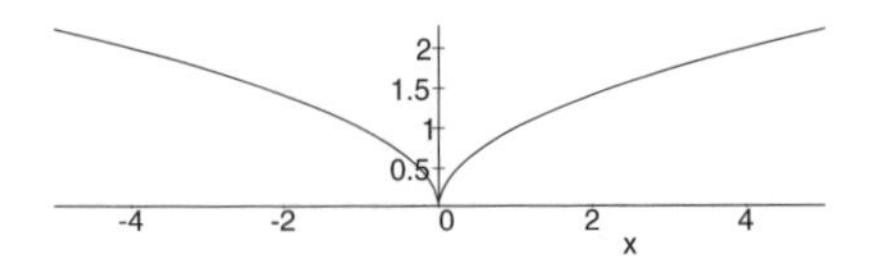

Abb. 2.38 Graph zu $f(x) = \sqrt{|x|}$

Beispiel 2.19 Es seien

$$f\colon \mathbb{R} \to \mathbb{R}_+ , \quad x \mapsto |x| , \quad \text{und} \quad g\colon \mathbb{R}_+ \to \mathbb{R}_+ , \quad x \mapsto \sqrt{x}.$$

Mit Hilfe der Verknüpfung

$$f \circ g\colon \mathbb{R} \to \mathbb{R}_+ , \quad x \mapsto \sqrt{|x|},$$

ergibt sich eine Funktion, die als maximalen Definitionsbereich $\mathbb{D}_{f \circ g} := \mathbb{R}$ besitzt. Unter Maple wurde der Graph in 2.38 erstellt durch

```
> plot(sqrt(abs(x)), x=-5..5,
    scaling=constrained, ytickmarks=4);
```

Hierbei wird durch den Befehl `ytickmark` die Anzahl der Markierungen an der y-Achse festgelegt.

Beispiel 2.20 Eine zweite besonders interessante Funktion ist die *Gauß'sche Klammerfunktion*, die folgendermaßen definiert ist: Einer Zahl $x \in \mathbb{R}$ wird die größte ganze Zahl zugeordnet, die kleiner oder gleich x ist, in Zeichen

$$[x] = \max(n \in \mathbb{N} : n \leqslant x).$$

Ein Graph dieser Funktion ist in Abbildung 2.39 dargestellt. Die einzelnen Teilstücke entsprechen halboffenen Intervallen, denn für eine natürliche Zahl n gilt $[x] = n$ für alle $x \in [n, n+1[$ und für alle reellen Zahlen mit $y \notin [n, n+1[$ gilt $[y] \neq n$.

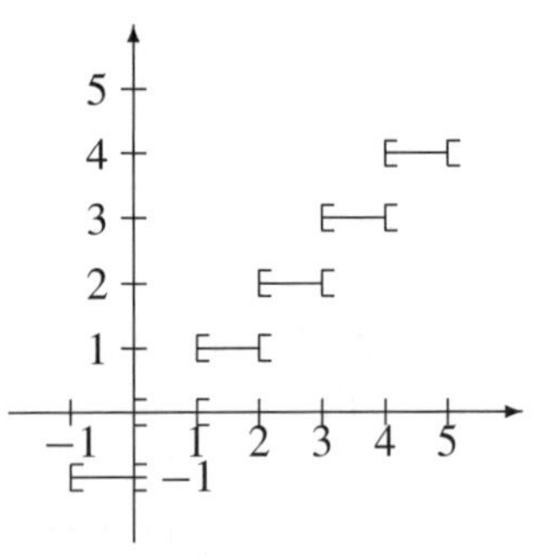

Abb. 2.39 Graph zur Gauß'schen Klammerfunktion ohne Maple

Hinweis für Maple

Die Gauß'schen Klammerfunktion kann unter Maple mit der Funktion `floor` aufgerufen werden. Ein Graph der Funktion unter Maple befindet sich in Abbildung 2.40 (a). Hierbei ist darauf zu achten, dass die Grenzen der Teilintervalle im Graphen nicht markiert sind.

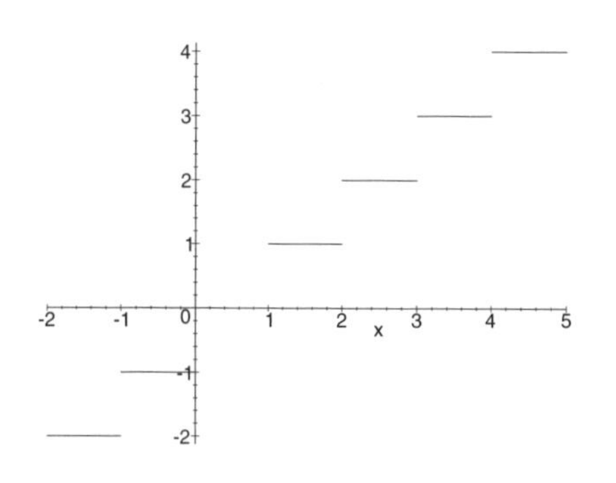

(a) Graph zur Gauß'schen Klammerfunktion

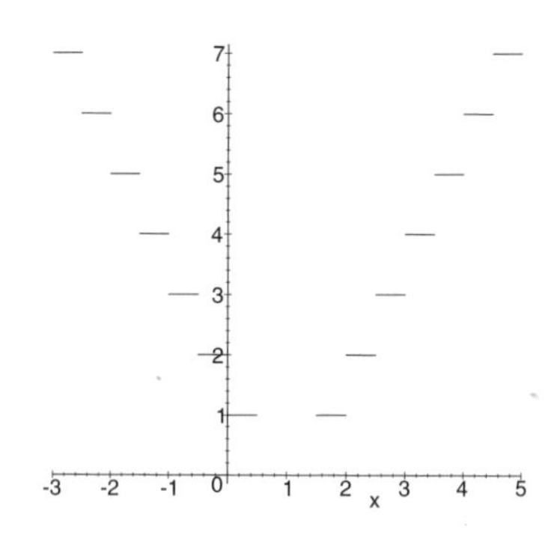

(b) Graph zu $f(g(x)) = [|2x - 2|]$

Abb. 2.40 Funktionsgraphen mit Maple

Beispiel 2.21 Auch die Gauß'sche Klammerfunktion kann mit anderen Funktionen verknüpft werden. Hierzu sei $g\colon \mathbb{R} \to \mathbb{R}$, $x \mapsto |2x-2|$, was bereits eine Verknüpfung von zwei Funktionen ist.

Die Funktion g wird nun mit der Gauß'schen Klammerfunktion f verkettet, und es ergibt sich eine Verkettung von drei Funktionen. Der Graph der neuen Funktion mit $f(g(x)) = [|2x - 2|]$ ist in Abbildung 2.40 (b) zu sehen. Man vergleiche ihn insbesondere mit Abbildungen 2.37 (a).

Aufgaben

1. Bestimmen Sie mögliche Verkettungen wie z.B. $f \circ f$, $g \circ f$ und $f \circ h$ oder $f \circ g \circ h$ der Funktion f mit den Funktionen $g(x) = |x|$ und $h(x) = [x]$. Bestätigen Sie die Ergebnisse mit Maple und betrachten Sie mit Maple die Graphen der Funktionen.

a) $f(x) := x^3$ b) $f(x) := \frac{1}{x}$ c) $f(x) := -3x + 1$

d) $f(x) := \sin(x)$ e) $f(x) := \frac{3x-1}{x^2}$ f) $f(x) := \tan(x)$

2. Zeigen Sie, dass $|x| = \sqrt{x^2}$ für alle $x \in \mathbb{R}$ gilt. Hiermit kann die Betragsfunktion definiert werden.

3 Folgen und Grenzwerte

3.1 Folgen

In Kapitel 2 besaßen alle Funktionen einen Definitionsbereich, der aus Intervallen zusammengesetzt war. In diesem Kapitel wird dies anders sein, denn eine *Folge* ist eine Funktion f mit $\mathbb{D}_f := \mathbb{N} \setminus \{0\}$. Im Allgemeinen werden die Funktionswerte für $n \in \mathbb{N} \setminus \{0\}$ mit a_n bezeichnet. Die Funktionswerte von Folgen heißen *Glieder der Folge*. Eine Folge wird als $\langle a_n \rangle := (a_n)_{n \in \mathbb{N} \setminus \{0\}}$ notiert.

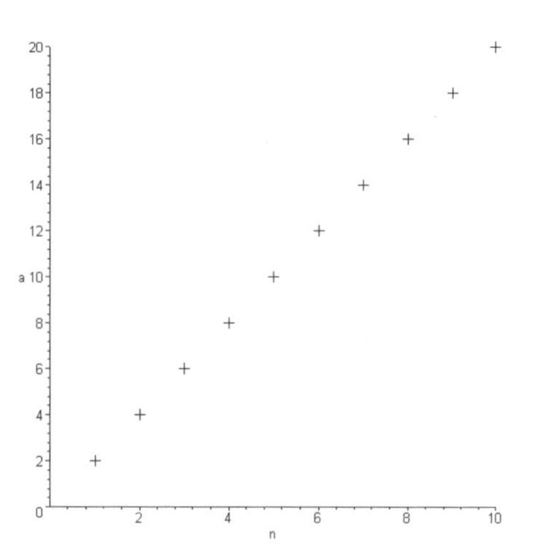

Abb. 3.1 Graph zur Folge $\langle a_n \rangle$ mit $a_n = 2n$

Beispiel 3.1 Ein Beispiel für eine Folge ist gegeben durch

$$a_n := 2 \cdot n\,,$$

d.h. $a_1 = 2\,, \quad a_2 = 4\,, \quad a_3 = 6$ usw.

Hinweis für Maple

Folgen können mit Hilfe von Maple untersucht werden. Hierzu dient der Befehl `seq`. Eine Möglichkeit für Beispiel 3.1 lautet

```
> a := n -> 2*n:
> a1:=seq(a(n),n=1..10);
```

Hierbei werden die ersten zehn Glieder der Folge angegeben, d.h.

$$a1 := 2,\ 4,\ 6,\ 8,\ 10,\ 12,\ 14,\ 16,\ 18,\ 20$$

Von dieser Folge können einzelne Glieder abgerufen werden, z.B. das erste Glied

```
> a1[1];
```

es erscheint 2.

Hinweis für Maple

Eine weitere Möglichkeit, Folgen anzugeben, besteht in der Angabe von $[n, a_n]$:

```
> a2:=[seq([n,a(n)],n=1..10)];
```

es liefert

$$a2 := [[0, 0], [1, 2], [2, 4], [3, 6], [4, 8], [5, 10], [6, 12], [7, 14], [8, 16], [9, 18], [10, 20]].$$

Ein Vorteil dieser Angabe von Gliedern besteht in der Übersichtlichkeit. Es gibt allerdings den weiteren Vorteil, dass mit Hilfe dieser Schreibweise Graphen von Folgen angefertigt werden können. Hierzu benötigt man ein weiteres Paket, das durch den Befehl `with(plots):` geladen wird. Den Graphen der Folge $a2$ erstellt man dann mit

```
> plot([a2],style=point);
```

Hierbei ergibt der Befehl `style=point` eine Darstellung des Graphen in Punktform. Ein Graph dieser Folge ist in Abbildung 3.1 dargestellt.
Falls man von einer Folge nicht ein Intervall sondern lediglich bestimmte Glieder bestimmen möchte, so kann dies durch die Angabe der Glieder in eckigen Klammern geschehen. Für die Glieder 1, 2, 5, 8 lautet dies

$$n = [1, 2, 5, 8].$$

Beispiel 3.2 In Abbildung 3.2 (a) befindet sich der Graph der Folge $\langle a_n \rangle$ mit $a_n := \frac{1}{n}$. Die Bestimmung von Gliedern dieser Folge mit Hilfe von Maple sei zur Übung überlassen.

Beispiel 3.3 Ein Graph der Folge $\langle a_n \rangle$ mit $a_n := \frac{n}{n+1}$ befindet sich in Abbildung 3.2 (b). Glieder der Folge können mit Hilfe von Maple bestimmt werden.

Der Begriff *Monotonie* aus Abschnitt 2.6 lässt sich gut auf Folgen anwenden, denn eine Folge $\langle a_n \rangle$ ist *monoton steigend*, falls $a_{n+1} \geqslant a_n$ für alle $n \in \mathbb{N} \setminus \{0\}$ gilt, und *streng monoton steigend*, falls $a_{n+1} > a_n$ für alle $n \in \mathbb{N} \setminus \{0\}$ gilt. Analog hierzu ist eine Folge *monoton fallend*, falls $a_{n+1} \leqslant a_n$ für alle $n \in \mathbb{N} \setminus \{0\}$ gilt, und *streng monoton fallend*, falls $a_{n+1} < a_n$ für alle $n \in \mathbb{N} \setminus \{0\}$ gilt. Dies ist in Aufgabe 1 zu zeigen.

Beispiel 3.4 Die Monotonie von Folgen ist oft gut an den Graphen zu erkennen. Im Fall $a_n := 2n$ ist die Folge streng monoton steigend, wie es in Abbildung 3.1 erkennbar

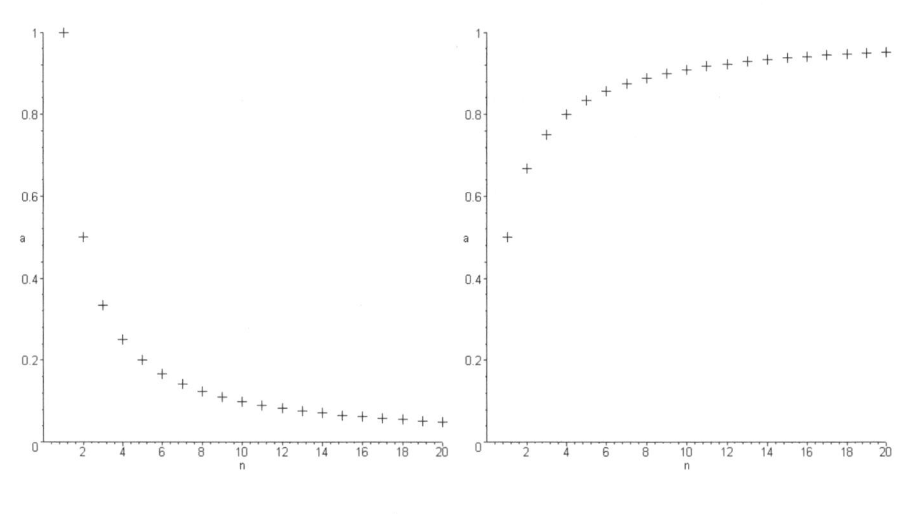

(a) Graph zur Folge $\langle a_n \rangle$ mit $a_n = \frac{1}{n}$

(b) Graph zur Folge $\langle a_n \rangle$ mit$a_n = \frac{n}{n+1}$

Abb. 3.2 Graphen zu den Beispielen 3.2 und 3.3

ist. Dies kann auch berechnet werden. Für zwei aufeinander folgende Glieder a_n und a_{n+1} gilt

$$a_{n+1} - a_n = 2(n+1) - 2n = 2 > 0\,,$$

also erfüllt die Folge die Voraussetzung.

Hinweis für Maple

Bei der Bestimmung der Monotonie von Folgen kann Maple helfen. Für die Folge $\langle a_n \rangle$ mit $a_n := \frac{1}{n}$, siehe 3.2 (a), funktioniert es wie folgt:

```
> a := n -> 1/n:
> solve({a(n) < a(n-1), n>0}, n);
```

Hier soll ermittelt werden, wann die Folge streng monoton steigend ist. Es wurde die Einschränkung $n > 0$ hinzugefügt. Das Ergebnis lautet

$$\{1 < n\}$$

Da es sich nach der Voraussetzung um eine Folge handelte, d.h. $n \in \mathbb{N} \setminus \{0\}$, lautet die Lösungsmenge $\mathbb{L} = \{2, 3, 4, \dots\}$, was zu erwarten war.
Maple kann auf diese Art bei der Bestimmung der Monotonie von Folgen mit komplexeren Termen helfen, vgl. Aufgabe 3.

Aufgaben

1. Zeigen Sie, dass die Aussage der Bemerkung über Monotonie aus der Definition von Monotonie folgt.

2. Prüfen Sie die Folgen $\langle a_n \rangle$ auf Monotonie. Bestätigen Sie Ihre Ergebnisse mit Maple.

a) $a_n := \frac{1}{n^2}$ b) $a_n := \frac{n}{n+1}$ c) $a_n := \frac{4n+1}{n+3}$

d) $a_n := \frac{2n-100}{3n-10}$ e) $a_n := 3$ f) $a_n := (-1)^n \cdot \left(1 + \frac{1}{n}\right)$

g) $a_n := 4n - n^2$ h) $a_n := \frac{n}{n^2-n+1}$ i) $a_n := \frac{1}{n} \cdot \left(1 + (-1)^{n+1}\right)$

j) $a_n := 16 \cdot \left(\frac{1}{2}\right)^n$ k) $a_n := 3 + \frac{(-1)^n}{n}$ l) $a_n := 5 + \frac{1}{10^n}$

3.2 Arithmetische und geometrische Folgen

In diesem Abschnitt werden zwei besonders interessante Folgentypen behandelt, die in der Praxis häufig auftreten.

Definition Eine *arithmetische Folge* ist eine Folge $\langle a_n \rangle$ mit $\mathbb{D}_{a_n} = \mathbb{N} \setminus \{0\}$ mit den Gliedern

$$a_n := a + (n-1)d\,,$$

wobei $a \in \mathbb{R}$ und $d \in \mathbb{R} \setminus \{0\}$ gilt.

Beispiel 3.5 Als Beispiel sei die Folge $a_n := 1 + (n-1) \cdot \frac{1}{2}$, d.h. $a = 1$ und $d = \frac{1}{2}$, gegeben. Die ersten Glieder der Folge liefert Maple nach Eingabe von

```
> a_n :=[seq([n,1+(n-1)*1/2],n=1..10)];
```

sie lauten

$$a\_n := [[1, 1], [2, \tfrac{3}{2}], [3, 2], [4, \tfrac{5}{2}], [5, 3], [6, \tfrac{7}{2}], [7, 4], [8, \tfrac{9}{2}], [9, 5], [10, \tfrac{11}{2}]].$$

Bemerkung Die arithmetischen Folgen sind die Folgen, bei denen aufeinander folgende Glieder immer dieselbe Differenz haben, wie man leicht nachrechnet:

$$a_{n+1} - a_n = a + n \cdot d - (a + (n-1) \cdot d) = d\,;$$

dies gilt für alle $n \in \mathbb{N} \setminus \{0\}$.

Sollen zwei aufeinander folgende Glieder stets denselben konstanten Quotienten haben, führt dies zu einem weiteren interessanten Folgentyp.

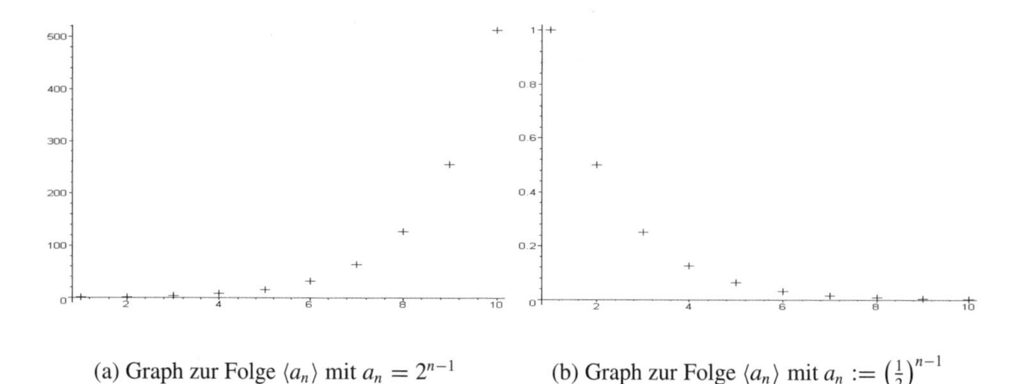

(a) Graph zur Folge $\langle a_n \rangle$ mit $a_n = 2^{n-1}$

(b) Graph zur Folge $\langle a_n \rangle$ mit $a_n := \left(\frac{1}{2}\right)^{n-1}$

Abb. 3.3 Graphen zu den Beispielen 3.6 und 3.7

Definition Eine *geometrische Folge* ist eine Folge $\langle a_n \rangle$ mit den Gliedern

$$a_n := a \cdot q^{n-1},$$

wobei $a \in \mathbb{R}$ und $q \in \mathbb{R} \setminus \{0\}$ gilt.

Beispiel 3.6 Ein Beispiel für eine geometrische Folge ist gegeben durch $\langle a_n \rangle$ mit $a_n := 2^{n-1}$, d.h. $a = 1$ und $q = 2$. Die ersten Glieder dieser Folge liefert Maple aus dem Befehl

```
> a_n := [seq([n,2^(n-1)],n=1..10)];
```

sie lauten

$$a\_n := [[1, 1], [2, 2], [3, 4], [4, 8], [5, 16], [6, 32], [7, 64], [8, 128], [9, 256], [10, 512]].$$

Ein Graph dieser Folge befindet sich in Abbildung 3.3 (a).

Beispiel 3.7 Als zweites Beispiel für eine geometrische Folge $\langle a_n \rangle$ sei $a_n := \left(\frac{1}{2}\right)^{n-1}$, d.h. $a = 1$, $q = \frac{1}{2}$, gegeben. Die ersten Glieder dieser Folge ergeben sich mit Maple zu

```
> a_n := [seq([n,(1/2)^(n-1)],n=1..5)];
```

$$a\_n := [[1, 1], [2, \tfrac{1}{2}], [3, \tfrac{1}{4}], [4, \tfrac{1}{8}], [5, \tfrac{1}{16}]]$$

Ein Graph ist in Abbildung 3.3 (b) dargestellt. Im Unterschied zu Abbildung 3.3 (a) ist hierbei zu erkennen, dass sich die Glieder für wachsendes n immer stärker an Null annähern. Dies gilt, wie mit Hilfe von Maple untersucht werden kann, generell für alle $q \in \mathbb{R}$ mit $|q| < 1$, vgl. Aufgabe 6.

Bemerkung Wie oben bereits erwähnt, ist bei geometrischen Folgen der Quotient der aufeinander folgenden Glieder konstant, wie

$$\frac{a_{n+1}}{a_n} = \frac{a \cdot q^n}{a \cdot q^{n-1}} = q$$

zeigt, da n beliebig gewählt werden kann.

Arithmetische und geometrische Folgen finden oft Anwendung in der Praxis. Dies zeigen die folgenden Beispiele:

Beispiel 3.8 Bei Bundesschatzbriefen werden die Zinsen jährlich ausgezahlt. Unter der Annahme, dass jährlich 6.5% Zinsen ausgezahlt werden und der anfänglich investierte Betrag 15000 € beträgt, ist zu berechnen, wie hoch der Kontostand nach einem Jahr, zwei Jahren, drei Jahren bzw. allgemein nach n Jahren ist.

Lösung. Da die Zinsen in jedem Jahr ausgezahlt werden, beträgt das Kapital stets 15000 €, womit $a := 15000$ gilt. Der Zinsfaktor beträgt

$$d := 6.5\% \cdot 15000 = 0.065 \cdot 15000 = 975\,.$$

Nach einem Jahr betragen die Zinsen daher 975 € und hiermit beläuft sich der Kontostand zu Beginn des zweiten Jahres auf 15000 € + 975 € = 15975 €. Da die Zinsen ausgezahlt werden, erhält man keine Zinseszinsen, nach zwei Jahren belaufen sich die Zinsen auf 2 · 975 € = 1950 € und der Kontostand zu Beginn des dritten Jahres auf 16950 €. Allgemein ergibt sich für den Kontostand a_{n+1} zu Beginn des $(n+1)$-ten Jahres mit Hilfe der Folge $\langle a_n \rangle$

$$a_{n+1} := 15000 + n \cdot 975\,,$$

es handelt sich also um eine arithmetische Folge.

Das Kapital kann mit Hilfe von Maple für beliebig viele Jahre bestimmt werden, indem

```
> a_(n+1) := seq([n+1,15000+n*0.065*15000],n=1..15);
```

für die erstern fünfzehn Jahre eingegeben wird, was zur Übung empfohlen sei. Bei dieser Folge ist die Darstellung $[n+1, a_n]$ übersichtlicher ist als die allein aus den Folgengliedern a_n bestehende Darstellung.

Beispiel 3.9 Auf dem Sparbuch erhält man Zinsen. Unter der Voraussetzung, dass man 2.5% Zinsen erhält und ein Kapital von 5000 € hat, ist zu berechnen, wie viel Geld sich nach n Jahren auf dem Sparbuch befindet.

Lösung. Im Unterschied zu Beispiel 3.8 werden hier Zinseszinsen berechnet. Das Kapital beträgt 5000 €, die Zinsen 2.5% = 0.025. Nach einem Jahr besitzt man daher

$$5000 \text{ €} + 5000 \text{ €} \cdot 0.025 = 5000 \text{ €} \cdot 1.025 = 5125 \text{ €}\,.$$

Dies wird nach einem weiteren Jahr wieder verzinst, und es ergibt sich

$$5000 \text{ €} \cdot 1.025 + (5000 \text{ €} \cdot 1.025) \cdot 0.025 = 5000 \text{ €} \cdot 1.025^2.$$

Nach einem weiteren Jahr beträgt der Kontostand $5000 \text{ €} \cdot 1.025^3$. Dies kann beliebig oft wiederholt werden, d.h. nach n Jahren besitzt man $5000 \text{ €} \cdot 1.025^n$. Bezeichnet $a := 5000$ und $q := 1.025$, so ergibt sich $a_{n+1} := a \cdot q^n$ zur Ermittlung des Kontostands nach n Jahren. Es handelt sich um eine geometrische Folge. Das a_{n+1} kann hierbei als Stand zu Beginn des $(n+1)$-ten Jahres gedeutet werden.

Unter Maple können Folgenglieder durch

```
> a_n := seq([n,5000*1.025^n],n=1..10);
```

berechnet werden.

Aufgaben

1. Zwischen den Zahlen 12 und 29 sollen sechs Zahlen gefunden werden, so dass sie den Anfang einer arithmetischen Folge bilden. Geben Sie die Folge an und bestimmen Sie mit Hilfe von Maple das Ergebnis durch die Berechnung der ersten sechs Glieder.

2. Ein Körper fällt ohne Berücksichtigung des Luftwiderstandes in der ersten Sekunde 4.9 m und in jeder folgenden 9.8 m mehr als in der vorhergehenden. Welche Strecke durchläuft der Körper in
a) drei Sekunden, b) fünf Sekunden, c) n Sekunden?

3. Zwischen den Zahlen 1 und 1025 sollen neun Zahlen gefunden werden, so dass sie den Anfang einer arithmetischen Folge bilden. Geben Sie die Folge an und bestimmen Sie mit Hilfe von Maple das Ergebnis durch die Berechnung der ersten neun Glieder.

4. Ein Ball erreicht nach dem Aufprall auf den Boden 78% seiner Ausgangshöhe.
a) Wie hoch springt er nach dem zweiten Aufprall?
b) Wie hoch springt nach beim n-ten Aufprall?

5. Als der Erfinder des Schachspiels sich eine Belohnung ausdenken sollte, wünschte er, dass auf das erste Feld des Schachbrettes ein Weizenkorn, auf das zweite zwei, auf das dritte vier und auf jedes folgende doppelt so viele Weizenkörner wie auf das vorhergehende gelegt werden sollten. Wie viele Körner sind es insgesamt?

6. Untersuchen Sie mit Maple Folgen $\langle a_n \rangle$ mit $a_n := a \cdot q^{n-1}$ für unterschiedliche $a, q \in \mathbb{R} \setminus \{0\}$, notieren Sie Ihre Beobachtungen und stellen Sie eine Theorie über das Verhalten bei unterschiedlichen a, q auf.

3.3 Der Grenzwert einer Folge

Der Grenzwert einer Folge ist ein zentraler Begriff der Analysis, der in einem großen Bereich der Analysis Verwendung findet, nämlich in Differential- und Integralrechnung, die in den folgenden Kapiteln behandelt wird.

Beispiel 3.10 Es gilt $1 = 0.\bar{9}$, wobei der Strich über der 9 „Periode“ bedeutet, d.h. die Ziffer 9 steht unendlich oft hintereinander. Um diese Gleichheit zu zeigen, schreibt man die Gleichung

$$x := 0.\bar{9}\,, \tag{1}$$

woraus durch Multiplikation beider Seiten mit 10

$$10x = 9.\bar{9} \tag{2}$$

entsteht. Subtrahiert man die Gleichung (1) von Gleichung (2), so ergibt sich

$$9x = 9\,, \quad \text{also} \quad x = 1\,. \tag{3}$$

Aus (1) und (3) folgt daher $0.\bar{9} = 1$.

Beispiel 3.10 kann auch mit Hilfe von Folgen betrachtet werden.

Es sei die Folge

$$a_n := 0.\underbrace{9\ldots9}_{n-\text{mal}}$$

gegeben, wobei die 9 genau n-mal auftritt. Diese Folge kann mit Hilfe der Zehnerpotenzen exakter notiert werden. Hierbei gilt zunächst wegen $0.9 = \frac{9}{10}$

$$\begin{aligned} 0.9 &= 1 - \frac{1}{10} \\ &= 1 - 10^{-1}. \end{aligned}$$

Mit $0.99 = \frac{99}{100}$ erhält man

$0.99 = 1 - \frac{1}{100} = 1 - 10^{-2}$.

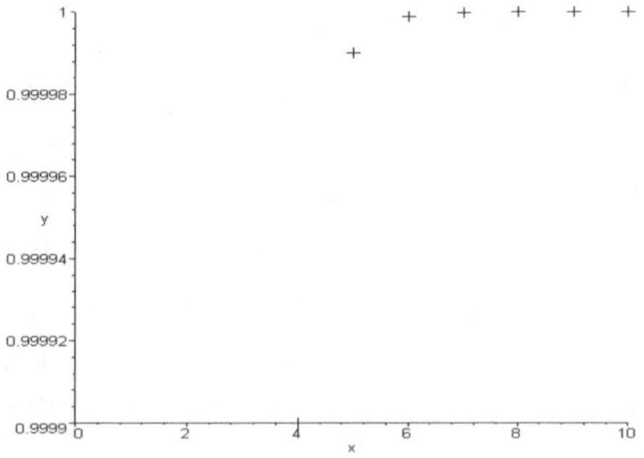

Abb. 3.4 Graph zur Folge $\langle a_n \rangle$ mit $a_n = 1 - 10^{-n}$

Durch Fortführung dieser Gedanken ergibt sich

$$0.\underbrace{9\ldots9}_{n-\text{mal}} = 1 - 10^{-n},$$

und hiermit kann obige Folge anders notiert werden:

$$a_n = 1 - 10^{-n}.$$

Das Verhalten dieser Folge lässt sich mit Hilfe von Maple untersuchen.

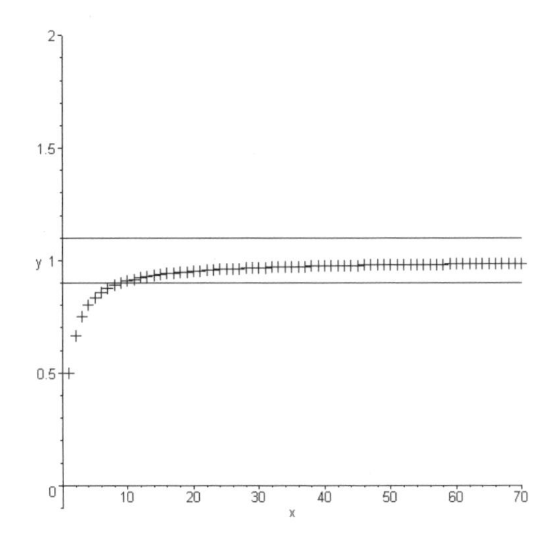

Abb. 3.5 Graph zur Folge $\langle a_n \rangle$ mit $a_n = \frac{n}{n+1}$ mit einer ε-Umgebung von 1

In Abbildung 3.4 ist ein Teil dieser Folge graphisch dargestellt und es ist zu erkennen, dass die Werte der Folge immer näher an den Wert 1 heranrücken, d.h. für eine beliebig kleine Umgebung der Breite ε (Epsilon) von 1 liegen ab einem bestimmten n alle a_n in dieser kleinen Umgebung. Dies motiviert die folgende Definition.

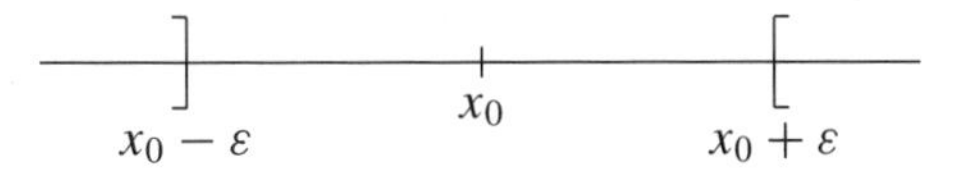

Abb. 3.6 Darstellung einer ε-Umgebung

Definition $x_0 \in \mathbb{R}$ sei eine reelle Zahl. Ein Intervall der Form $]x_0 - \varepsilon, x_0 + \varepsilon[$ mit $\varepsilon > 0$ heißt *ε-Umgebung* von x_0, vgl. Abbildung 3.6.

In den Graphen von Folgen wird die ε-Umgebung von reellen Zahlen betrachtet. Eine ε-Umgebung wird dabei über die gesamte Breite des Graphen eingezeichnet. Dies ist in Abbildung 3.5 zu erkennen.

Beispiel 3.11 In Abbildung 3.5 ist der Graph der Folge $\langle a_n \rangle$ mit $a_n := \frac{n}{n+1}$ dargestellt, zusätzlich mit einer ε-Umgebung für $\varepsilon := 0.1$ um 1.

Beispiel 3.12 In Abbildung 3.7 ist die Folge $a_n := 1 - 10^{-n}$ in zwei Skizzen zu sehen. Sie unterscheiden sich durch das betrachtete Intervall und den Maßstab auf der y-Achse. An diesen Skizzen ist zu vermuten, dass ε beliebig klein gewählt werden kann und trotzdem ab einem n_0 alle Punkte (n, a_n) mit $n \geqslant n_0$ innerhalb dieser ε-Umgebung liegen.

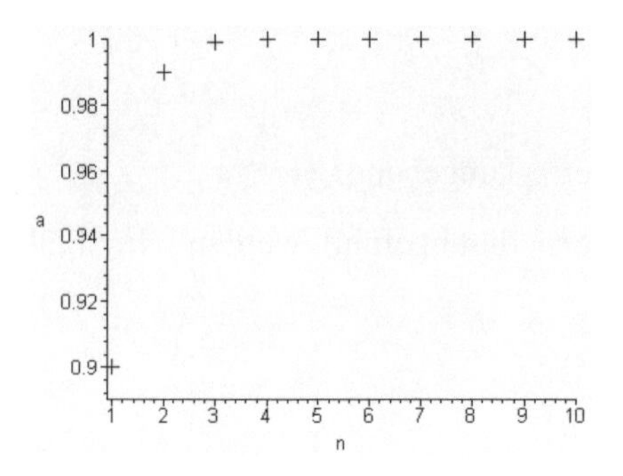

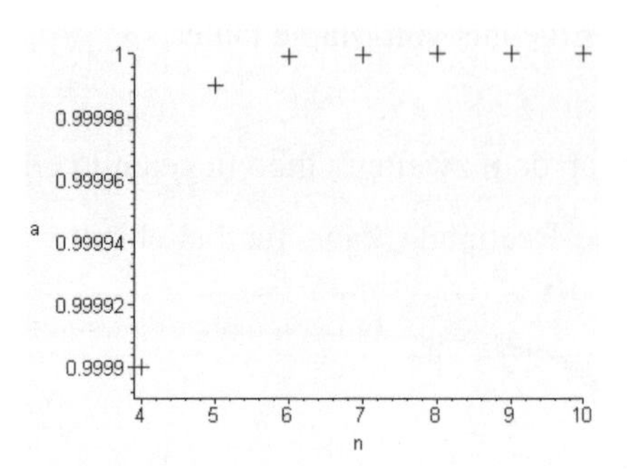

Abb. 3.7 Graphen zu $a_n = 1 - 10^{-n}$ in unterschiedlichen Maßstäben

Hinweis für Maple

Graphen von Folgen können zusammen mit einer ε-Umgebung mit Hilfe von Maple betrachtet werden, indem die Grenzen als konstante Funktionen eingegeben werden. Für die Abbildung 3.5 lauten die Befehle

```
> e1:=1.1:
> e2:=0.9:
> p1:=plot(e1,x=0..70,y=-.1..2):
> p2:=plot(e2,x=0..70,y=-.1..2):
> a_n := [seq([n,n/(n+1)],n=1..70)]:
> p3:=plot([a_n],x=0..70,y=-.1..2,
    style=point):
> display([p1,p2,p3]);
```

Die Grenzen $e1$ und $e2$ können hierbei beliebig verändert werden, um die ε-Umgebung beliebig klein zu machen.

In Beispiel 3.12 ist dargestellt worden, dass für ein beliebig kleines $\varepsilon > 0$ alle Folgenwerte ab einem bestimmten n_0 innerhalb der Epsilon-Umgebung von $x_0 = 1$ liegen. Dies kann ebenfalls mit Hilfe von Maple untersucht werden.

```
> a := 1-10^(-n);
```

Hierdurch wird die Folge a definiert. Die Eigenschaft, dass ein Wert in der ε-Umgebung von $x_0 := 1$ mit $\varepsilon := 0.1$ liegen ist gleichbedeutend mit $|a - 1| < 0.1$. Alle Folgenglieder, die diese Voraussetzung erfüllen, werden folgendermaßen bestimmt:

```
> solve({abs(a-1)<0.1,n>0},n);
```

Das Ergebnis von Maple lautet

$$\{1. < n\}$$

d.h. ab dem zweiten Glied liegen alle Glieder in der ε-Umgebung.

Diese Rechnung kann für beliebige ε-Umgebungen durchgeführt werden. Im Fall $\varepsilon := 10^{-10}$ erhält man

```
> solve({abs(a-1)<10^(-10),n>0},n);
```

$$\{\frac{\ln(10000000000)}{\ln(10)} < n\}$$

Dieses Ergebnis ist unübersichtlich, da hier ein Quotient von Logarithmen steht (vgl. Abschnitt 3.5.2), kann jedoch folgendermaßen übersichtlicher gestaltet werden:

```
> simplify(ln(10000000000)/ln(10));
```

liefert 10, d.h. ab dem elften Folgenglied (einschließlich) liegen alle weiteren Werte in der betrachteten ε-Umgebung. Es sei empfohlen, dieses Verfahren auch auf andere Folgen anzuwenden, vgl. Aufgabe 2 a).

Definition Eine Zahl $g \in \mathbb{R}$ heißt *Grenzwert* einer Folge a_n, wenn für jedes (beliebig kleine) $\varepsilon > 0$ ein $n_0 \in \mathbb{N} \setminus \{0\}$ existiert, so dass alle Folgenglieder a_n ab dem Glied a_{n_0}, d.h. für $n \geqslant n_0$, innerhalb der ε-Umgebung von g liegen. Ein Grenzwert wird durch

$$\lim_{n\to\infty} a_n$$

bezeichnet (*Limes* für n gegen unendlich).

Eine Folge, die einen Grenzwert $g \in \mathbb{R}$ besitzt, heißt *konvergent*. Besitzt eine Folge keinen Grenzwert, so heißt sie *divergent*.

Hinweis für Maple

Grenzwerte von Folgen können mit Hilfe von Maple bestimmt werden. Für eine Folge $\langle a_n \rangle$ lautet der Befehl

```
> limit(an,n=infinity);
```

Der Befehl `Limit` führt die ihm übergebenen Argumente nicht aus, d.h.

```
> Limit(an,n=infinity);
```

liefert $\lim\limits_{n\to\infty} an$, ohne den Wert des Grenzwertes anzugeben (falls dieser existiert).

Beispiel 3.13 Die Folge $\langle a_n \rangle$ mit $a_n = 1 - 10^{-n}$ ist konvergent und besitzt als Grenzwert $g = 1$, d.h. $\lim\limits_{n\to\infty} a_n = 1$. Dieses Ergebnis liefert Maple, indem

```
> a := 1-10^(-n);
> Limit(a,n=infinity)=limit(a,n=infinity);
```

eingegeben wird. Man erhält

$$\lim_{n\to\infty} 1 - 10^{(-n)} = 1$$

Diese Aussage bestätigt man folgendermaßen: Es sei $\varepsilon > 0$ beliebig klein gewählt. Da $1 - 10^{-n} < 1$ gilt, genügt es, die Umgebung zwischen $1 - \varepsilon$ und 1 zu betrachten, d.h. es muss $1 - \varepsilon < 1 - 10^{-n}$ gelten. Diese Ungleichung ist gleichbedeutend mit $\varepsilon > 10^{-n}$ bzw. $10^n > \frac{1}{\varepsilon}$. Es ist egal, wie klein $\varepsilon > 0$ gewählt wurde und wie groß damit $\frac{1}{\varepsilon}$ ist, denn es gibt sicherlich eine Zahl n_0, so dass

$$10^n > \frac{1}{\varepsilon} \quad \text{für alle } n \geqslant n_0 \tag{1}$$

gilt.

Bemerkung Mit Hilfe der Logarithmusfunktion, die in Abschnitt 3.5 behandelt wird, und der Monotonie der Logarithmusfunktion folgt $\log_{10}(10^n) = n > \log_{10}\frac{1}{\varepsilon}$ aus (1), wodurch die Behauptung explizit bewiesen ist.

Hinweis Mit Folgen lässt sich die Menge der reellen Zahlen beschreiben: Eine Folge $\langle a_n \rangle$ von Zahlen heißt *Cauchy-Folge* (benannt nach *Augustin Louis Cauchy* (1789–1857)), wenn für jedes $\varepsilon > 0$ ein $N \in \mathbb{N}$ mit $|a_n - a_m| < \varepsilon$ für alle $m, n \geqslant N$ existiert. Die Menge der reellen Zahlen ist über die Menge *konvergenter Cauchy-Folgen* rationaler Zahlen definierbar, vgl. [Fo99a], §5.

Beispiel 3.14 Es sei die Folge $\langle a_n \rangle$ mit $a_n := \frac{1}{n}$ gegeben. Die Vermutung liegt nahe, dass $\lim\limits_{n\to\infty} a_n = 0$ gilt und dies kann am Graphen untermauert werden, wie Abbildung 3.8 zeigt. Die dort eingezeichnete ε-Umgebung kann beliebig klein gewählt werden, was ähnlich zu Beispiel 3.12 mit Maple gezeigt werden kann.

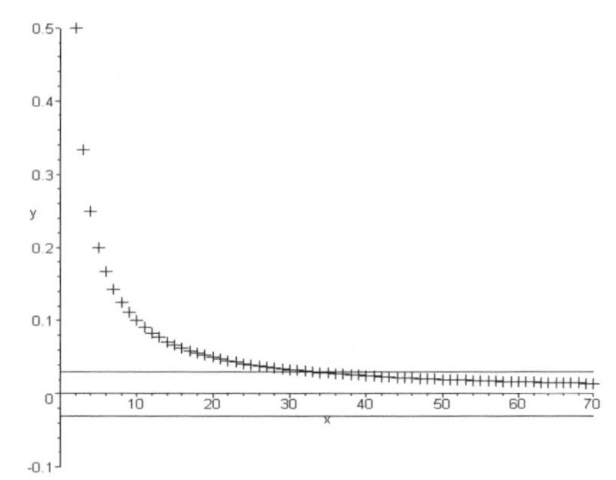

Abb. 3.8 Graph zu $a_n = \frac{1}{n}$ mit ε-Umgebung von 0: $\varepsilon = 0.03$

Es ist zu beachten, dass nicht jede Folge konvergiert. Ein Beispiel hierfür ist die Folge $\langle a_n \rangle$ mit $a_n := n$, die für größer werdendes n unendlich groß wird.

Andererseits gibt es ebenfalls Folgen, die für wachsendes n nicht gegen unend-

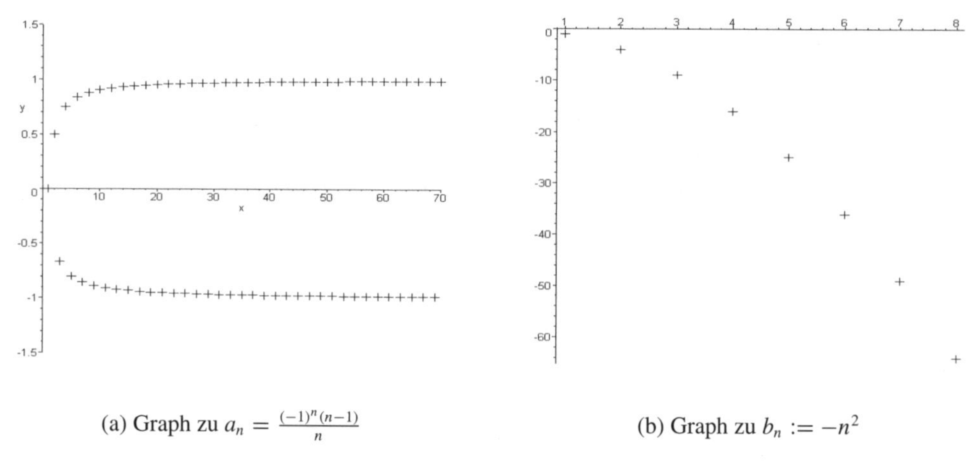

(a) Graph zu $a_n = \frac{(-1)^n(n-1)}{n}$

(b) Graph zu $b_n := -n^2$

Abb. 3.9 Graphen zu Folgen

lich laufen, sie heißen *beschränkt*, jedoch trotzdem keinen Grenzwert besitzen. Ein Beispiel hierfür ist $a_n := \frac{(-1)^n \cdot (n-1)}{n}$; diese Folge ist in Abbildung 3.9 (a) dargestellt.

Beispiel 3.15 Ein Graph der Folge $\langle a_n \rangle$ mit $a_n := 2n$ ist in Abbildung 3.1 dargestellt. Diese Folge ist divergent und verläuft gegen das Unendliche, d.h. für jede Zahl $S \in \mathbb{R}_+$ existiert ein n_0 mit $a_n > S$ für alle $n > n_0$.

Beispiel 3.16 Abbildung 3.9 (b) zeigt den Graphen der Folge $\langle b_n \rangle$ mit $b_n := -n^2$. Auch diese Folge ist divergent, verläuft hingegen im Gegensatz zur Folge aus Beispiel 3.15 gegen das negative Unendliche, d.h. für jede Zahl $S \in \mathbb{R}_-$ existiert ein n_0 mit $b_n < S$ für alle $n > n_0$.

Definition Folgen, die die Bedingungen der Folgen aus den Beispielen 3.15 und 3.16 erfüllen, heißen *bestimmt divergent*. Die bestimmte Divergenz wird bezeichnet durch

$$\lim_{n \to \infty} a_n = \infty \quad \text{(Beispiel 3.15)} \quad \text{oder} \quad \lim_{n \to \infty} b_n = -\infty \quad \text{(Beispiel 3.16)}.$$

Hinweis für Maple

Die bestimmte Divergenz von Folgen wird von Maple angegeben. Für die Folge $\langle a_n \rangle$ mit $a_n := n$ erhält man unter Maple

```
> Limit(n,n=infinity) = limit(n,n=infinity);
```

$$\lim_{n\to\infty} n = \infty$$

und für $\langle b_n \rangle$ mit $b_n := -n$ erhält man

```
> limit(-n,n=infinity) = limit(-n,n=infinity);
```

$$\lim_{n\to\infty} -n = -\infty$$

Ist eine Folge $\langle c_n \rangle$ divergent, so dass für alle $k \in \mathbb{R}$ ein $n_0 \in \mathbb{N} \setminus \{0\}$ mit $|c_n| > k$ für alle $n \geqslant n_0$ existiert, jedoch nicht bestimmt divergent, z.B. $c_n := (-1)^n \cdot n$, so gibt Maple nach Eingabe von

```
> limit((-1)^n*n,n=infinity);
```

die Meldung *undefined*. Für Folgen, die divergent sind, andererseits nicht vom Betrag der Folgenglieder gegen das Unendliche verlaufen, wird ein Intervall angegeben, in dem sich die Werte der Folge befinden. Für die Folge $\langle d_n \rangle$ mit $d_n := \sin(n)$, vgl. Abbildung 3.10 (a), erhält man aus

`> limit(sin(n),n=infinity);` das Resultat $-1..1$.

Mit Maple lassen sich auch die Grenzwerte der Folgen aus den Beispielen 3.15 und 3.16 bestimmen, vgl. Aufgabe 8.

Der Grenzwert einer Folge ist eindeutig bestimmt. Wäre dies nicht so, gäbe es zwei Grenzwerte g_1 und g_2 mit $g_1 \neq g_2$. Wählt man $\varepsilon := \frac{|g_1-g_2|}{4}$, so gibt es ein $n_0 \in \mathbb{N} \setminus \{0\}$, so dass alle a_n mit $n \geqslant n_0$ in beiden ε-Umgebungen von g_1 und g_2 liegen, also in der Schnittmenge dieser ε-Umgebungen. Wie Abbildung 3.10 (b) zeigt, können die ε jedoch so gewählt werden, dass die ε-Umgebungen eine leere Schnittmenge haben, was einen Widerspruch bedeutet. Also muss der Grenzwert einer Folge eindeutig bestimmt sein.

Eine besondere Rolle spielen Folgen mit dem Grenzwert Null.

Definition Eine Folge $\langle a_n \rangle$ heißt *Nullfolge*, wenn ihr Grenzwert Null ist, d.h. $\lim\limits_{n\to\infty} a_n = 0$.

Beispiel 3.17 Die konstante Folge $\langle a_n \rangle$ mit $a_n := 0$ ist eine Nullfolge, denn es gilt selbstverständlich $\lim\limits_{n\to\infty} 0 = 0$.

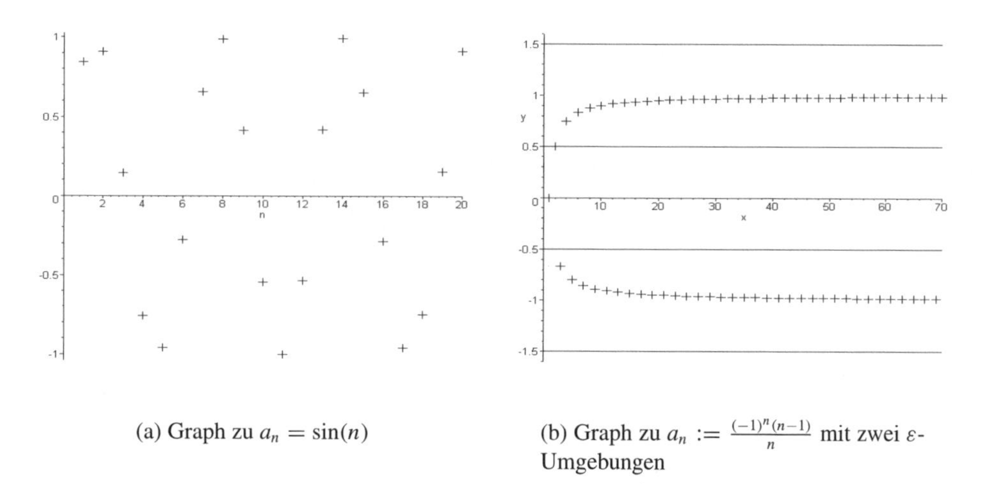

(a) Graph zu $a_n = \sin(n)$

(b) Graph zu $a_n := \frac{(-1)^n(n-1)}{n}$ mit zwei ε-Umgebungen

Abb. 3.10 Graphen zu Folgen

Beispiel 3.18 Die Folge $\langle b_n \rangle$ mit $b_n := 10^{-n}$ ist eine Nullfolge. Die Überlegung zur Konvergenz dieser Folge wurde bereits in Beispiel 3.12 durchgeführt, da an dieser Stelle für die Folge $\langle a_n \rangle$ mit $a_n := 1 - 10^{-n}$ der Betrag der Differenz $|a_n - 1| = 1 - a_n = b_n$ betrachtet wurde, um die ε-Umgebungen zu untersuchen.

Nach Beispiel 3.13 besitzt die Folge $\langle a_n \rangle$ den Grenzwert $g = 1$. Die Folge

$$g - a_n = 1 - (1 - 10^{-n}) = 10^{-n}$$

ist nach Beispiel 3.17 eine Nullfolge. Diese Aussage gilt allgemein:

Satz *Eine Folge $\langle a_n \rangle$ besitzt genau dann den Grenzwert g, wenn die Folge $\langle g - a_n \rangle$ eine Nullfolge ist.*

Dieser Satz ist für den Nachweis von Grenzwerten hilfreich.

Beispiel 3.19 Es sei die Folge $\langle a_n \rangle$ mit $a_n := 1 - \frac{1}{n}$ gegeben. Es gilt

$$g := \lim_{n \to \infty} a_n = 1 \,,$$

da es sich bei $b_n := g - a_n = 1 - (1 - \frac{1}{n}) = \frac{1}{n}$ um eine Nullfolge handelt.

Einige Folgen treten sehr häufig auf. Zur Übung sei empfohlen, sie mit Maple zu untersuchen und die Grenzwerte zu bestätigen.

Bemerkung Grenzwerte häufig auftretender Folgen:

$$\lim_{n\to\infty} \tfrac{1}{n} = 0\,, \quad \lim_{n\to\infty} \tfrac{1}{n^2} = 0\,, \quad \lim_{n\to\infty} \tfrac{1}{n^k} = 0 \quad \text{für alle } k \in \mathbb{N},$$

$$\lim_{n\to\infty} \frac{1}{\sqrt{n}} = 0\,, \quad \lim_{n\to\infty} \sqrt[n]{a} = 1 \quad \text{für alle } a \in \mathbb{R}_+ \setminus \{0\},$$

$$\lim_{n\to\infty} p^n = 0 \quad \text{für } p \text{ mit } |p| < 1\,,$$

$$\lim_{n\to\infty} p^n = \infty \quad \text{für } p \text{ mit } p > 1\,.$$

Mit Hilfe der Bemerkung können die Grenzwerte komplizierterer Folgen auf die Grenzwerte ihrer Bestandteile zurückgeführt werden. Als Beispiel sei die Folge $\langle c_n \rangle$ mit $c_n := -\frac{1}{n} + \frac{1}{\sqrt{n}}$ betrachtet. Es liegt nahe, die Summanden $a_n := -\frac{1}{n}$ und $b_n := \frac{1}{\sqrt{n}}$ einzeln zu betrachten. Es gilt $\lim\limits_{n\to\infty} a_n = 0$ und $\lim\limits_{n\to\infty} b_n = 0$, was erahnen lässt, dass der Grenzwert der Summenfolge c_n ebenfalls Null beträgt. Dies motiviert die folgende Definition.

Definition Es seien die Folgen $\langle a_n \rangle$ und $\langle b_n \rangle$ gegeben.
Die *Summenfolge* $\langle a_n + b_n \rangle$ ist definiert durch die Glieder $a_n + b_n$.
Die *Differenzfolge* $\langle a_n - b_n \rangle$ ist definiert durch die Glieder $a_n - b_n$.
Die *Produktfolge* $\langle a_n \cdot b_n \rangle$ ist definiert durch die Glieder $a_n \cdot b_n$.
Die *Quotientenfolge* $\langle \frac{a_n}{b_n} \rangle$ ist definiert durch die Glieder $\frac{a_n}{b_n}$, wobei $b_n \neq 0$ sein muss.

Mit Maple können die Grenzwerte für Summen-, Differenz-, Produkt- und Quotientenfolgen berechnet werden. Für die Folgen $\langle a_n \rangle$ und $\langle b_n \rangle$ mit

$$a_n := 2 + \tfrac{1}{n} \quad \text{und} \quad b_n := -1 + \tfrac{1}{\sqrt{n}}$$

erhält man für $\lim\limits_{n\to\infty} a_n + \lim\limits_{n\to\infty} b_n$ nach Eingabe des Befehls

```
> limit(an,n=infinity)+limit(bn,n=infinity);
```

das Resultat

$$1\,; \tag{1}$$

und für $\lim\limits_{n\to\infty} (a_n + b_n)$ liefert

```
> limit(an+bn,n=infinity);
```

das Ergebnis

$$1\,. \tag{2}$$

Für $\lim\limits_{n\to\infty} a_n - \lim\limits_{n\to\infty} b_n$ gilt

```
> limit(an,n=infinity)-limit(bn,n=infinity);
```

$$3 \tag{3}$$

und für $\lim\limits_{n\to\infty}(a_n - b_n)$ ergibt sich

```
> limit(an-bn,n=infinity);
```

$$3 \tag{4}$$

Für $\lim\limits_{n\to\infty}(a_n) \cdot \lim\limits_{n\to\infty}(b_n)$ erhält man

```
> limit(an,n=infinity)*limit(bn,n=infinity);
```

$$-2 \tag{5}$$

und $\lim\limits_{n\to\infty}(a_n \cdot b_n)$ lautet

```
> limit(an*bn,n=infinity);
```

$$-2 \tag{6}$$

Schließlich ergibt sich für $\dfrac{\lim\limits_{n\to\infty}(a_n)}{\lim\limits_{n\to\infty}(b_n)}$

```
> limit(an,n=infinity)/limit(bn,n=infinity);
```

$$-2 \tag{7}$$

und für $\lim\limits_{n\to\infty}\left(\frac{a_n}{b_n}\right)$

```
> limit(an/bn,n=infinity);
```

$$-2 \tag{8}$$

Auffällig ist die Übereinstimmung der Grenzwerte in den Gleichungen (1) und (2), in (3) und (4), (5) und (6) bzw. in (7) und (8). Dies gilt für alle konvergenten Folgen.

Grenzwertsatz *Die Folgen $\langle a_n\rangle$ und $\langle b_n\rangle$ seien konvergent. Dann gilt:*

a) Grenzwertsatz für Summen- und Differenzfolgen
Die Folgen $\langle a_n \pm b_n\rangle$ sind konvergent und es gilt

$$\lim_{n\to\infty}(a_n \pm b_n) = \lim_{n\to\infty} a_n \pm \lim_{n\to\infty} b_n\,.$$

b) Grenzwertsatz für Produktfolgen
Die Folge $\langle a_n \cdot b_n\rangle$ ist konvergent und es gilt

$$\lim_{n\to\infty}(a_n \cdot b_n) = \lim_{n\to\infty} a_n \cdot \lim_{n\to\infty} b_n\,.$$

c) Grenzwertsatz für Quotientenfolgen
Die Folge $\langle a_n : b_n\rangle$ ist konvergent und, sofern $\lim_{n\to\infty} b_n \neq 0$ und $b_n \neq 0$ für alle $n \in \mathbb{N} \setminus \{0\}$, gilt

$$\lim_{n\to\infty}\frac{a_n}{b_n} = \frac{\lim\limits_{n\to\infty} a_n}{\lim\limits_{n\to\infty} b_n}\,.$$

Die Beweise werden hier nicht geführt; sie können in [Fo99a], §4 nachgelesen werden.

Die Folge aus Beispiel 3.13 kann ebenfalls mit Hilfe des Grenzwertsatzes bestimmt werden, denn es gilt

$$\lim_{n\to\infty}\left(1-10^{-n}\right)=\lim_{n\to\infty}1-\lim_{n\to\infty}10^{-n}=1-0=1\,,$$

womit sich das Ergebnis bestätigt. Es gilt allgemein:

Bemerkung Es sei $\langle a_n\rangle$ eine konvergente Folge und $a\in\mathbb{R}$ beliebig. Dann gelten die folgenden Regeln, die sich aus dem Grenzwertsatz ergeben.

$$\lim_{n\to\infty}(a\pm a_n)=a\pm\lim_{n\to\infty}a_n\,,\qquad\text{(Summen-/Differenzregel)}$$

$$\lim_{n\to\infty}(a\cdot a_n)=a\cdot\lim_{n\to\infty}a_n\,,\qquad\text{(Produktregel)}$$

$$\lim_{n\to\infty}\frac{a}{a_n}=\frac{a}{\lim\limits_{n\to\infty}a_n}\,,\qquad\text{(Quotientenregel)}$$

falls ein $n_0\in\mathbb{N}$ mit $a_n\neq 0$ für alle $n\geqslant n_0$ existiert und $\lim\limits_{n\to\infty}a_n\neq 0$ gilt.

Für den Beweis der Bemerkung vergleiche man Aufgabe 7.

Beispiel 3.20 Es sei die Folge $\langle a_n\rangle$ mit $a_n:=\frac{-2n+1}{n+3}$ gegeben. Auf den ersten Blick ist es unklar, ob die Folge einen Grenzwert besitzt, denn es gilt

$$\lim_{n\to\infty}(-2n+1)=-\infty\quad\text{und}\quad\lim_{n\to\infty}(n+3)=\infty\,.$$

Die Folge $\langle a_n\rangle$ besitzt jedoch einen Grenzwert, wie mit Hilfe von Maple bestätigt werden kann. Dieser wird mit einem Trick bestimmt, denn es gilt

$$a_n=\frac{-2n+1}{n+3}=\frac{n(-2+\frac{1}{n})}{n(1+\frac{3}{n})}=\frac{-2+\frac{1}{n}}{1+\frac{3}{n}}\,.$$

Damit wird die Grenzwertbestimmung der Folge $\langle a_n\rangle$ auf die Grenzwertbestimmung von Nullfolgen zurückgeführt. Es folgt

$$\lim_{n\to\infty}a_n=\lim_{n\to\infty}\frac{-2+\frac{1}{n}}{1+\frac{3}{n}}=\frac{\lim\limits_{n\to\infty}(-2+\frac{1}{n})}{\lim\limits_{n\to\infty}(1+\frac{3}{n})}=\frac{-2+\lim\limits_{n\to\infty}\frac{1}{n}}{1+3\cdot\lim\limits_{n\to\infty}\frac{1}{n}}=\frac{-2}{1}=-2\,.$$

Aufgaben

1. Bestimmen Sie, welche Folgenterme der Folge $\langle a_n\rangle$ innerhalb der angegebenen ε-Umgebung von x_0 liegen. Bestätigen Sie Ihre Ergebnisse mit Hilfe von Maple.

a) $a_n:=\frac{1}{n},\quad x_0:=0,\ \varepsilon:=\frac{1}{15}$.

b) $a_n:=\frac{1}{n^2},\quad x_0:=0,\ \varepsilon:=\frac{1}{3}\ (\varepsilon:=\frac{1}{10},\ \varepsilon:=\frac{1}{100})$.

c) $a_n := 2 + \frac{(-1)^n}{n}$, $x_0 := 2$, $\varepsilon := \frac{1}{3}$ ($\varepsilon := \frac{1}{10}$, $\varepsilon := \frac{1}{100}$).

d) $a_n := \frac{1}{2n}(1 - (-1)^n)$, $x_0 := 0$, $\varepsilon := \frac{1}{3}$ ($\varepsilon := \frac{1}{10}$, $\varepsilon := \frac{1}{100}$).

2. a) Stellen Sie eine Vermutung über die Grenzwert g der Folgen $\langle a_n \rangle$ aus Aufgabe 2 in Abschnitt 3.1 auf. Bestimmen Sie danach für unterschiedliche ε-Umgebungen von g das $n_0 \in \mathbb{N} \setminus \{0\}$ mit $a_n \in]g - \varepsilon, g + \varepsilon[$ für alle $n \geqslant n_0$ mit Maple.
b) Bestätigen Sie mit Hilfe von Maple Ihre Ergebnisse aus Teil a).

3. Bilden Sie von je zwei der Folgen $\langle a_n \rangle$ die Summen-, Differenz-, Produkt- und (wenn möglich) die Quotientenfolgen. Berechnen Sie die Grenzwerte der Folgen und bestätigen Sie Ihre Ergebnisse mit Hilfe von Maple.

a) $a_n := \frac{1}{n}$ b) $b_n := \frac{3}{n}$ c) $c_n := 2 + \frac{1}{n}$
d) $d_n := \frac{(-1)^n}{n}$ e) $e_n := 3 + \frac{1}{10^n}$ f) $f_n := 4 - \frac{1}{10^n}$

4. Bilden Sie von den Folgen $\langle a_n \rangle$ aus Aufgabe 2 in Abschnitt 3.1 die Summen-, Differenz-, Produkt- und (wenn möglich) die Quotientenfolgen. Betrachten Sie mit Hilfe von Maple die Graphen der Folgen und bestimmen Sie gegebenenfalls die Grenzwerte mit Hilfe des Grenzwertsatzes. Bestätigen Sie die Ergebnisse mit Maple.

5. Bestimmen Sie mit Hilfe des Grenzwertsatzes die Grenzwerte und bestätigen Sie die Ergebnisse mit Maple.

a) $a_n := \frac{n+1}{n}$ b) $a_n := \frac{n^3+n}{n^4}$ c) $a_n := \frac{1}{n} \cdot \left(n + \frac{1}{n}\right)$
d) $a_n := \left(2 + \frac{1}{n}\right) \cdot \left(2 - \frac{1}{n}\right)$ e) $a_n := \frac{\frac{1}{n}+n}{n}$ f) $a_n := \frac{3+\frac{1}{n}}{4-\frac{(-1)^n}{n}}$

6. Untersuchen Sie die Folgen $\langle a_n \rangle$ auf Konvergenz und bestimmen Sie gegebenenfalls die Grenzwerte. Überprüfen Sie Ihre Ergebnisse mit Maple.

a) $a_n := \frac{n^2+n-2}{n-1}$ b) $a_n := \frac{n-5}{n^2+n-30}$
c) $a_n := n^4 - 53n^3 - n^2 + 1$ d) $a_n := \frac{3n^2+4n+7}{9n^2+7n}$
e) $a_n := (-1)^n \cdot \frac{3n^2+4n+7}{9n^2+7n}$ f) $a_n := \frac{(4n+1)\cdot(2n+3)}{7n^2+4n+2}$
g) $a_n := \frac{(n^2+1)^2}{2n} \cdot \frac{2n^2-8}{3n^2+4n}$ h) $a_n := \frac{1}{n^5} \cdot \left(n^4 + \frac{(2n^6+7)\cdot(6n^3+1)}{(4n+2)\cdot(2n^3+8)}\right)$

7. Beweisen Sie mit Hilfe des Grenzwertsatzes die Bemerkung über Grenzwertregeln am Ende dieses Abschnitts.

8. Bestimmen Sie die Grenzwerte der Folgen aus den Beispielen 3.15 bis 3.18 und 3.20 mit Maple.

3.4 Stetigkeit

Die Stetigkeit einer Funktion ist ein zentraler Begriff der Analysis. Er bedeutet anschaulich, dass ein entsprechender Funktionsgraph gezeichnet werden kann, ohne den Stift abzusetzen. Ein Beispiel für Funktionsgraphen stetiger Funktionen befindet sich in Abbildung 3.11 (a) für

$$f(x) := \tfrac{3}{4}x\,,$$

wohingegen Abbildung 3.11 (b) den Graphen der nicht stetigen Funktion

$$f(x) := \begin{cases} x+2 & \text{für } x < 1\,, \\ 3 & \text{für } x = -1\,, \\ -\frac{1}{2}x + \frac{3}{2} & \text{für } x > -1 \end{cases}$$

zeigt. Ein weiteres Beispiel für eine nicht stetige Funktion ist in Abschnitt 2.8 durch die Gauß'sche Klammerfunktion gegeben.

Die Entscheidung, ob eine Funktion f an einer Stelle x_0 stetig ist, kann wie folgt getroffen werden: Nähert man sich von links dem Wert x_0 an, so nähern sich die zugehörigen Funktionswerte an einen Wert y_1 an. Nähert man sich hingegen von rechts dem Wert x_0, so nähern sich die zugehörigen Funktionswerte unter Umständen an einen Wert y_2 an. Falls $y_1 = y_2 = f(x_0)$ gilt, so ist die Funktion „stetig". Dies ist in Abbildung 3.11 (a) erfüllt, wohingegen in Abbildung 3.11 (b) $y_1 \neq y_2$ gilt.

Die Annäherung an x_0 kann mit Hilfe von Grenzwerten von Folgen beschrieben werden. Für eine beliebige Nullfolge $\langle a_n \rangle$ gilt $\lim\limits_{n\to\infty} a_n = 0$ und damit folgt $\lim\limits_{n\to\infty} (x_0 + a_n) = x_0$. Zusätzlich kann hierbei noch unterschieden werden, ob man sich von links oder von rechts an x_0 annähert. Hierzu wählt man Nullfolgen $\langle a_n \rangle$ mit $a_n > 0$ für alle $n \geqslant n_0$ für ein $n_0 \in \mathbb{N}$ und bildet $\lim\limits_{n\to\infty} (x_0 + a_n)$ und $\lim\limits_{n\to\infty} (x_0 - a_n)$.

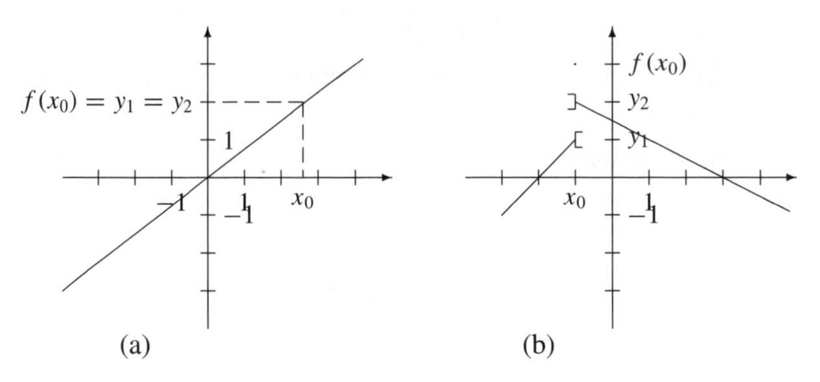

Abb. 3.11 Stetige und unstetige Funktion

Diese Schreibweise wird oft abgekürzt durch

$$\lim_{h \searrow 0} (x_0 + h) \quad \text{für den } \textit{rechtsseitigen Grenzwert}$$

und

$$\lim_{h \searrow 0} (x_0 - h) \quad \text{für den } \textit{linksseitigen Grenzwert}\,,$$

wobei $h \searrow 0$ für $h \to 0$ und $h > 0$ steht. Es ist zu beachten, dass h für eine *beliebige Nullfolge* $\langle a_n \rangle$ steht, für die ein $n_0 \in \mathbb{N}$ mit $a_n > 0$ für alle $n \geqslant n_0$ existiert (d.h. ab einem bestimmten Glied sind alle Folgenglieder positiv).

Die Abbildungen 3.11 (a) und (b) unterscheiden sich dadurch, dass im Fall (a)

$$\lim_{h \searrow 0} f(x_0 + h) = f(x_0) = \lim_{h \searrow 0} f(x_0 - h)$$

gilt, wohingegen im Fall (b)

$$\lim_{h \searrow 0} f(x_0 + h) \neq f(x_0) \neq \lim_{h \searrow 0} f(x_0 - h)$$

gilt. Dies führt zu folgendem Begriff.

Definition Eine Funktion $f\colon \mathbb{D}_f \to \mathbb{R},\ x \mapsto f(x)$ heißt *stetig* an einer Stelle $x_0 \in \mathbb{D}_f$, wenn für alle Nullfolgen h mit $h \searrow 0$ gilt:

$$\lim_{h \searrow 0} f(x_0 + h) = f(x_0) = \lim_{h \searrow 0} f(x_0 - h)\,.$$

Es ist nicht nur eine, sondern es sind prinzipiell alle Nullfolgen zu betrachten. Als Beispiel dafür, dass es sinnvoll ist, alle Nullfolgen zu betrachten, sei die Funktion

$$f\colon \mathbb{R} \to \mathbb{R}, \qquad x \mapsto \begin{cases} 0\,, & \text{für } x = 0\,, \\ \sin\left(\frac{1}{x}\right) & \text{für } x \neq 0\,, \end{cases}$$

gewählt. Die Stelle $x_0 := 0$ soll auf Stetigkeit untersucht werden. Ein Graph der Funktion ist in Abbildung 2.26 dargestellt. Zunächst sei die Folge $\langle a_n \rangle$ mit $a_n := \frac{1}{2\pi n}$ gewählt. Unter Maple geschieht dies folgendermaßen:

```
> f := x -> sin(1/x):

> a_n := 1/(2*n*Pi):

> seq(f(a_n),n=1..5);
```

es erscheint 0, 0, 0, 0, 0, und

```
> seq(f(-a_n), n=1..5);
```

mit dem Ergebnis 0, 0, 0, 0, 0. Dies kann für beliebige $n \in \mathbb{N} \setminus \{0\}$ durchgeführt werden, was zur Übung empfohlen wird. Daher gilt

$$f(0 + a_n) = \sin(2\pi n) = 0\,, \quad \text{also} \quad \lim_{n \to \infty} f(a_n) = 0 = f(0)\,,$$

und

$$f(0 - a_n) = \sin(-2\pi n) = 0\,, \quad \text{also} \quad \lim_{n\to\infty} f(-a_n) = 0 = f(0)\,.$$

Diese Rechnung zeigt, dass für diese spezielle Nullfolge die Funktion f im Ursprung die Bedingung der obigen Definition erfüllt.

Wählt man zu obiger Funktion jedoch die Folge $b_n := \frac{2}{(4n+1)\cdot\pi}$, so ergibt sich, wie mit Maple analog zur letzten Rechnung bestimmt werden kann,

$$f(0 + b_n) = \sin\left(\tfrac{4n+1}{2}\pi\right) = 1\,,$$

also

$$\lim_{n\to\infty} f(b_n) = 1 \neq 0 = f(0)\,,$$

und

$$f(0 - b_n) = \sin\left(-\tfrac{4n+1}{2}\pi\right) = -1\,,$$

also

$$\lim_{n\to\infty} f(-b_n) = -1 \neq 0 = f(0)\,.$$

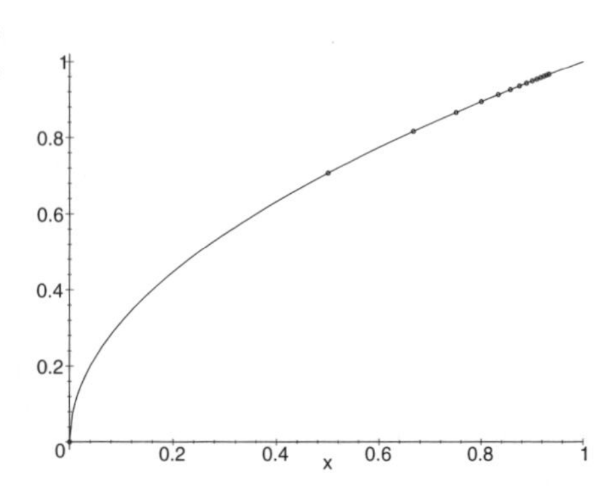

Abb. 3.12 Funktionsgraph mit Folge

Dies zeigt, dass die Funktion f im Ursprung *nicht* stetig ist. Die Untersuchung mit nur einer Nullfolge ist also unzureichend. Auf derartige Fälle wird jedoch gesondert hingewiesen.

Bei der Untersuchung einer Funktion f auf Stetigkeit an der Stelle x_0 bedeutet die Annäherung an x_0 durch $x_0 \pm h$ und die Betrachtung der Funktionswerte $f(x_0 \pm h)$ anschaulich eine Folge von Punkten $(x_0 \pm h | f(x_0 \pm h))$ auf dem Funktionsgraphen, die sich der kritischen Stelle x_0 nähern, siehe Abbildung 3.12.

Beispiel 3.21 Die Funktion f mit $f(x) := x^2$ und $\mathbb{D}_f := \mathbb{R}$ ist stetig für alle $x_0 \in \mathbb{D}_f$. Als Beispiel sei $x_0 := 1$ betrachtet, es gilt

$$\lim_{h\searrow 0} f(1 + h) = \lim_{h\searrow 0}(1 + h)^2 = \lim_{h\searrow 0}(1 + 2h + h^2) = 1 = f(1)$$

und

$$\lim_{h\searrow 0} f(1 - h) = \lim_{h\searrow 0}(1 - h)^2 = \lim_{h\searrow 0}(1 - 2h + h^2) = 1 = f(1)\,.$$

Hinweis für Maple

Die Stetigkeit von Funktionen an bestimmten Stellen kann mit Hilfe von Maple untersucht werden. Hierzu können der rechtsseitige und der linksseitige Grenzwert bestimmt werden:

`limit(f(x),x0,right);` für $\lim_{h \searrow 0} f(x_0 + h)$

und

`limit(f(x),x0,left);` für $\lim_{h \searrow 0} f(x_0 - h)$.

Es kann auch die Schreibweise `Limit` verwendet werden. Man erhält hierbei unter Maple

```
> Limit(f(x),x0,right);
```

$$\lim_{x \to 0+} f(x)$$

und

```
> Limit(f(x),x0,left);
```

$$\lim_{x \to 0-} f(x)$$

wobei die Schreibweise für den linksseitigen und rechtsseitigen Grenzwert durch „–“ bzw. „+“ gegeben ist.

Maple bestätigt das Ergebnis aus Beispiel 3.21 durch

```
> Limit(x^2,x=0,right)=limit(x^2,x=1,right);
```

$$\lim_{x \to 0+} x^2 = 1$$

und

```
> Limit(x^2,x=0,left)=limit(x^2,x=1,left);
```

$$\lim_{x \to 0-} x^2 = 1$$

Beispiel 3.22 Die Funktion $f(x) := |x|$ mit $\mathbb{D}_f := \mathbb{R}$ besitzt an der Stelle $x_0 := 0$ einen Knick. Sie ist dort jedoch trotzdem stetig, denn es gilt $f(0) = 0$, und mit Maple ergibt sich

```
> Limit(abs(x),x=0,right)=limit(abs(x),x=0,right);
```

$$\lim_{x \to 0+} |x| = 0$$

und

```
> Limit(abs(x),x=0,left)=limit(abs(x),x=0,left);
```

$$\lim_{x \to 0-} |x| = 0$$

Beispiel 3.23 Ein Beispiel für eine unstetige Funktion ist gegeben durch die Gauß'sche Treppenfunktion $f(x) := [x]$ an den Stellen $x_0 \in \mathbb{N}$, denn z.B. für $x_0 := 1$ gilt: Maple liefert aus

```
> Limit(floor(x),x=1,right)=limit(floor(x),x=1,right);
```

das Ergebnis

$$\lim_{x \to 0+} \text{floor}(x) = 1$$

und aus

```
> Limit(floor(x),x=1,left)=limit(floor(x),x=1,left);
```

den Grenzwert

$$\lim_{x \to 0+} \text{floor}(x) = 0\,.$$

Beispiel 3.24 Eine zusammengesetzte Funktion f sei gegeben durch

$$f(x) := \begin{cases} x & \text{für } x < 0\,, \\ x^2 & \text{für } x \geqslant 0\,. \end{cases}$$

Es soll untersucht werden, ob die Funktion f an der Stelle $x_0 := 0$ stetig ist. Mit Maple erhält man

```
> Limit(x,x=0,left)=limit(x,x=0,left);
```

$$\lim_{x \to 0-} x^2 = 0$$

und

```
> Limit(x^2,x=0,right)=limit(x^2,x=0,right);
```

$$\lim_{x \to 0+} x^2 = 0$$

Dies lässt vermuten, dass f an der Stelle x_0 stetig ist.

Um das Ergebnis von Maple zu bestätigen, sei eine beliebige Nullfolge mit positiven Gliedern gewählt. Dann gilt

$$\lim_{h \searrow 0} f(x_0 + h) = \lim_{h \searrow 0} f(h) = \lim_{h \searrow 0} h = 0 = f(0)\,,$$

und

$$\lim_{h \searrow 0} f(x_0 - h) = \lim_{h \searrow 0} f(-h) = \lim_{h \searrow 0} (-h)^2 = 0 = f(0)$$

Daher ist die Funktion f tatsächlich stetig im Ursprung.

Hinweis für Maple

Mit Maple kann die Überprüfung der Existenz von linksseitigem und rechtsseitigem Limes gleichzeitig durchgeführt werden. Dies geschieht, indem der Zusatz *left* bzw. *right* im `limit`-Befehl weggelassen wird. Für Beispiel 3.21 ergibt sich hiermit

```
> limit(x^2,x=0);
```

$$0$$

Für Beispiel 3.23 erhält man hingegen

```
> limit(floor(x),x=1);
```

$$\mathit{undefined}$$

Hierbei ist zu berücksichtigen, dass nur angegeben wird, dass die Funktion nicht stetig ist. Der linksseitige und der rechtsseitige Grenzwert werden hingegen nicht angegeben. Hierzu ist der Zusatz für den linksseitigen und den rechtsseitigen Grenzwert zu verwenden.

Beispiel 3.25 Die Funktion $f(x) := \frac{\sin(x)}{x}$ mit $\mathbb{D}_f := \mathbb{R} \setminus \{0\}$ ist an der Stelle $x_0 := 0$ nicht definiert. Kann die Funktion f so ergänzt werden, dass sie auch an der Stelle x_0 stetig ist?

Um diese Frage zu beantworten, sind die Existenz von $\lim\limits_{h \searrow 0} f(0+h)$ sowie $\lim\limits_{h \searrow 0} f(0-h)$ zu überprüfen. Hierzu sei zunächst die Folge $\langle a_n \rangle$ mit $a_n := \frac{1}{n}$ gewählt. Mit Hilfe von Maple kann sodann die Folge $\langle f(a_n) \rangle$ mit

$$f(a_n) = \frac{\sin\left(\frac{1}{n}\right)}{\frac{1}{n}}$$

betrachtet werden und man erhält den Graphen in Abbildung 3.13 (a). Ein analoges Ergebnis erhält man für $\langle b_n \rangle$ mit $b_n := -\frac{1}{n}$.

Dies führt zur Vermutung $\lim\limits_{h \to 0} f(h) = 1$, die mit beliebigen Nullfolgen h unter Maple untermauert werden kann. Dies sei zur Übung empfohlen, vgl. Aufgabe 8.

Unter Maple kann auch der Grenzwert $\lim\limits_{h \to 0} f(h)$ bestimmt werden:

```
> limit(sin(x)/x,x=0);
```

liefert das Ergebnis 1. Daher ist die Funktion g mit

$$g(x) := \begin{cases} \frac{\sin(x)}{x} & \text{für } x \in \mathbb{R} \setminus \{0\}\,, \\ 1 & \text{für } x = 0\,, \end{cases} \qquad \text{stetig an der Stelle } x_0 = 0.$$

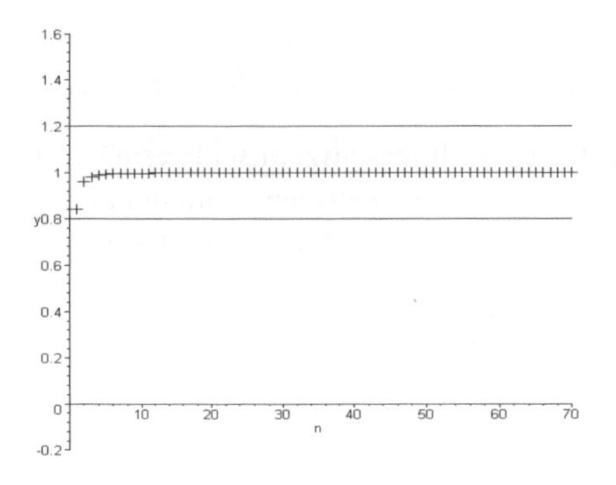

(a) Graph zu $\frac{\sin\left(\frac{1}{n}\right)}{\frac{1}{n}}$ mit ε-Umgebung von 1: $\varepsilon = 0.1$

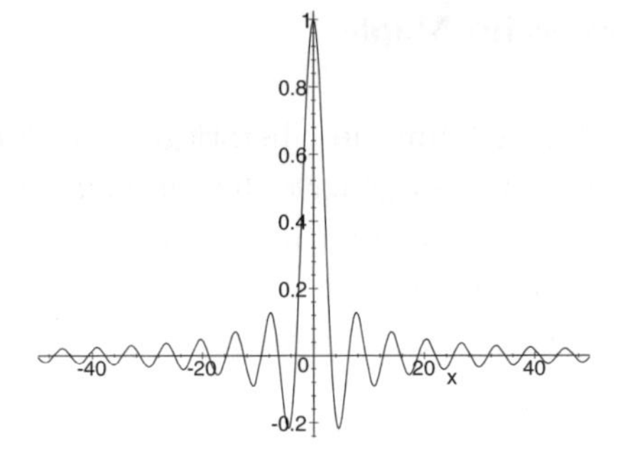

(b) Graph zu $f(x) = \frac{\sin(x)}{x}$ für$x \in \mathbb{R} \setminus \{0\}$

Abb. 3.13 Graphen zu Beispiel 3.25

Die Vermutung $\lim\limits_{h \to 0} f(h) = 1$ kann auch mit Hilfe der Abbildung 3.13 (b) aufgestellt werden, dies ist jedoch nicht sicher. Man vergleiche hierzu auch das Beispiel der Funktion $f(x) = \sin\left(\frac{1}{x}\right)$ zu Beginn dieses Abschnitts.

Hinweis für Maple

Mit dem bisherigen Verfahren können nur einzelne Stellen auf Stetigkeit untersucht werden.
Um zu bestimmen, ob eine Funktion in ihrem gesamten Definitionsbereich stetig ist, kann der Befehl `iscont` verwendet werden. Vor der ersten Benutzung von `iscont` ist `readlib(iscont)` auszuführen.
Mit

```
> iscont(floor(x),x=0..1);
```

wird sodann die Gauß'sche Klammerfunktion zwischen 0 und 1 auf Stetigkeit geprüft. Die boolesche Rückmeldung von Maple lautet *true*, obwohl an der Stelle $x_0 := 1$ eine Sprungstelle vorliegt. Dies liegt daran, dass das offene Intervall]0, 1[betrachtet wird. Um geschlossene Intervalle zu betrachten, ist der Zusatz `closed` zu verwenden:

```
> iscont(floor(x),x=0..1,closed);
```

liefert das Resultat *false*.

Hinweis für Maple

Um Funktionen im maximalen Definitionsbereich in den reellen Zahlen zu testen, kann der Befehl `discont` verwendet werden. Er wird geladen durch `readlib(discont)`. Für die Funktion f mit $f(x) := \frac{1}{x}$ ergibt sich aus

```
> discont(1/x,x);
```

die Menge der Unstetigkeitsstelle $\{0\}$.
Falls man die Gauß'sche Klammerfunktion betrachtet, erhält man

```
> discont(floor(x),x);
```

$$\{\_Z7^{\sim}\}$$

Hier wird ein allgemeiner Ausdruck angegeben. Um zu erfahren, um welche Zahlen es sich handelt, kann der Befehl `about` verwendet werden. Man erhält aus

```
> about(_Z7);
```

die Rückmeldung

```
Originally _Z7, renamed _Z7~:
  is assumed to be:  integer
```

Dies bedeutet, dass $\_Z7$ für alle ganzen Zahlen steht und damit bei allen ganzen Zahlen Unstetigkeitsstellen vorliegen.

Aufgaben

1. Untersuchen Sie die Stetigkeit der Funktion f und bestimmen Sie Definitionslücken mit Hilfe von Maple. Ermitteln Sie gegebenenfalls die stetige Fortsetzung der Funktionen. Betrachten Sie auch Graphen.

a) $f(x) := [2x]$ b) $f(x) := 3\left[\frac{x}{4}\right]$ c) $f(x) := \frac{1}{4}[3x]$

d) $f(x) := \left[\frac{x}{2}\right] + \left[\frac{x}{4}\right]$ e) $f(x) := \frac{1}{x} + x$ f) $f(x) := \frac{x^2}{x-1}$

g) $f(x) := \frac{1}{\sin(x)}$ h) $f(x) := \frac{|x|}{x}$ i) $f(x) := \frac{1}{\tan(x)}$

j) $f(x) := \frac{3x^2+4x+5}{7x^3-4x}$ k) $f(x) := \frac{1}{x^2-7x+12}$ l) $f(x) := \frac{1}{x^2+2x+5}$

m) $f(x) := \frac{x}{x^4-x^2}$ n) $f(x) := \frac{x^2}{x^2-4}$ o) $f(x) := \frac{2x^2+5}{x^2-1}$

2. Betrachten Sie die Graphen der trigonometrischen Funktionen und ihrer Umkehrfunktionen mit Hilfe von Maple und untersuchen Sie sie dann auf Stetigkeit. Bestätigen Sie Ihre Ergebnisse durch Grenzwertbestimmung mit Hilfe von Maple.

3. Bestimmen Sie für die Funktionen f den maximalen Definitionsbereich $\mathbb{D}_f$, erstellen Sie mit Maple die Graphen der Funktionen und untersuchen Sie ihre Stetigkeit.

Bestätigen Sie Ihre Ergebnisse durch Grenzwertbestimmung mit Hilfe von Maple.

a) $f(x) := -\sqrt{x}$ b) $f(x) := \sqrt{|x|}$ c) $f(x) := \sqrt{x+1}$
d) $f(x) := \sqrt{1-x^2}$ e) $f(x) := \frac{1}{\sqrt{1-x^2}}$ f) $f(x) := \frac{1}{\sqrt{|x|}}$

4. Bestimmen Sie für die Funktionen f den maximalen Definitionsbereich und die Art der Definitionslücken. Bestätigen Sie Ihre Ergebnisse mit Hilfe von Maple durch links- und rechtsseitige Grenzwertbestimmung. Geben Sie die stetige Fortsetzung von f an, falls es sich um eine stetig hebbare Lücke handelt.

a) $f(x) := \frac{x^2-x}{x-1}$ b) $f(x) := \frac{x-1}{x^2-x}$ c) $f(x) := \frac{x^2+2x+1}{x+1}$
d) $f(x) := \frac{x^2-2x+1}{x^2-x}$ e) $f(x) := \frac{x-1}{x^3-x}$ f) $f(x) := \frac{x}{x^2-x}$
g) $f(x) := \frac{x}{x^2} + \frac{x}{x^3}$ h) $f(x) := \frac{x^6-x^4}{x^4-x^2}$ i) $f(x) := \frac{3x^4-9x^2}{x^2-3}$

5. Bestimmen Sie den maximalen Definitionsbereich der Funktion f und untersuchen Sie mit Hilfe von Maple, ob eine stetige Fortsetzung der Funktion möglich ist.

a) $f(x) := \frac{\sin(x)}{2x}$ b) $f(x) := \frac{\sin(\frac{x}{2})}{x}$ c) $f(x) := \frac{\sin(x^2)}{x^2}$
d) $f(x) := \frac{\tan(x)}{x-\pi}$ e) $f(x) := \frac{x}{\sin(x)}$ f) $f(x) := \frac{x^n}{\tan(x)}, n \in \mathbb{N}$

6. Untersuchen Sie die Existenz von $\lim\limits_{h\to 0} \frac{\sin(h)}{h}$ für verschiedene Nullfolgen h analog zu Beispiel 3.25.

3.5 Exponentialfunktion und Logarithmusfunktion

In Beispiel 3.25 wurde im letzten Abschnitt die Funktion $\left(\frac{\sin(x)}{x}\right)$ im Ursprung stetig fortgesetzt. Eine stetige Fortsetzung wird in diesem Abschnitt an unendlich vielen Stellen durchgeführt, um eine Funktion über die reellen Zahlen zu erhalten. Es handelt sich hierbei um häufig auftretende Funktionen, die auch in der Natur eine Rolle spielen.

3.5.1 Exponentialfunktion

Es sei eine reelle Zahl $a > 0$ vorgegeben. Diese Zahl kann beliebig oft mit sich selbst multipliziert werden und man erhält

$$a^p = \underbrace{a \cdot \ldots \cdot a}_{p-\text{mal}}. \tag{1}$$

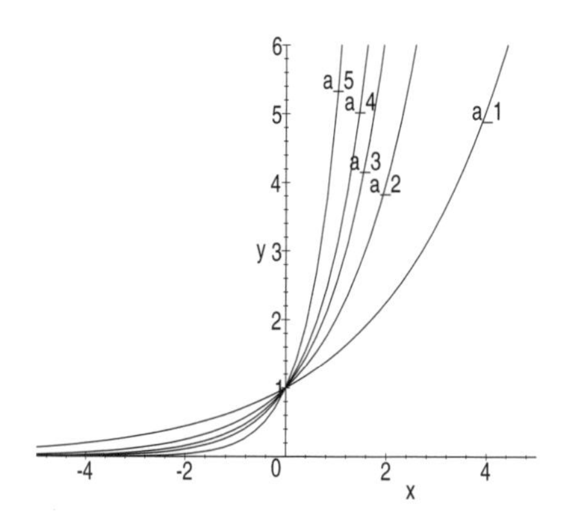

(a) Graphen zu Exponentialfunktionen mit $a > 1$

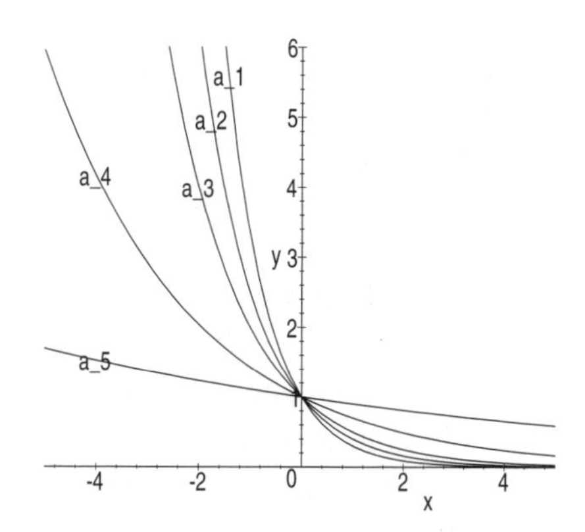

(b) Graphen zu Exponentialfunktionen mit $a < 1$

Abb. 3.14 Graphen zu Exponentialfunktionen

Andererseits kann auch eine Zahl x gesucht werden, die q-mal mit sich selbst multipliziert die Zahl a ergibt, d.h. $a = x^q$. Um die Zahl x zu bestimmen, muss die q-te Wurzel auf beiden Seiten der Gleichung gezogen werden und man erhält

$$\sqrt[q]{a} = a^{\frac{1}{q}} = x\,. \tag{2}$$

Diese q-te Wurzel ist für ein beliebiges $q \in \mathbb{N} \setminus \{0\}$ möglich. Die Terme (1) und (2) können ebenfalls miteinander multipliziert werden und damit ergeben sich Potenzen $a^{p/q}$ mit $p \in \mathbb{N}$ und $q \in \mathbb{N} \setminus \{0\}$. Dies liefert eine Abbildung

$$\exp_a\colon\ \mathbb{Q}_+ \to \mathbb{R}_+\,, \quad x \mapsto a^x\,,$$

wobei bei der Wahl des Wertebereichs berücksichtigt wurde, dass aufgrund von $a > 0$ auch $a^x > 0$ für alle $x \in \mathbb{Q}_+$ gilt.

Es gibt ebenfalls die Möglichkeit, die Zahlen $\frac{1}{a^x} = a^{-x}$ für $x \in \mathbb{Q}_+$ zu betrachten. Hiermit kann der Definitionsbereich der soeben eingeführten Funktion auf die rationalen Zahlen erweitert werden, d.h.

$$\exp_a\colon\ \mathbb{Q} \to \mathbb{R}_+\,, \quad x \mapsto a^x\,.$$

Die rationalen Zahlen liegen *dicht* in den reellen Zahlen und die Funktionswerte der $\exp_a$-Funktion liegen ebenfalls dicht in den reellen Zahlen. (Anschaulich bedeutet dies, dass in jedem noch so kleinen reellen Intervall unendlich viele rationale Zahlen liegen. Für mathematischen Hintergrund vgl. [Arm90], p. 30.) Daher kann man zeigen, dass die Funktion $\exp_a$ *stetig fortgesetzt* werden kann, so dass die *Exponentialfunktion zur Basis a*

$$\exp_a\colon\ \mathbb{R} \to \mathbb{R}_+\,, \quad x \mapsto a^x\,,$$

entsteht.

Die Exponentialfunktionen zur Basis a verhält sich für verschiedene $a > 0$ unterschiedlich. Ist $a > 1$, so ist die Exponentialfunktion auf $\mathbb{R}$ streng monoton steigend, wie in Abbildung 3.14 (a) erkennbar ist. An den Basen $a_1 := 1.5$, $a_2 := 2$, $a_3 := 2.5$, $a_4 := 3$, $a_5 := 5$ ist ebenfalls zu erkennen, dass die Funktion $\exp_a$ im positiven Definitionsbereich umso schneller gegen das Unendliche verläuft, je größer a ist.

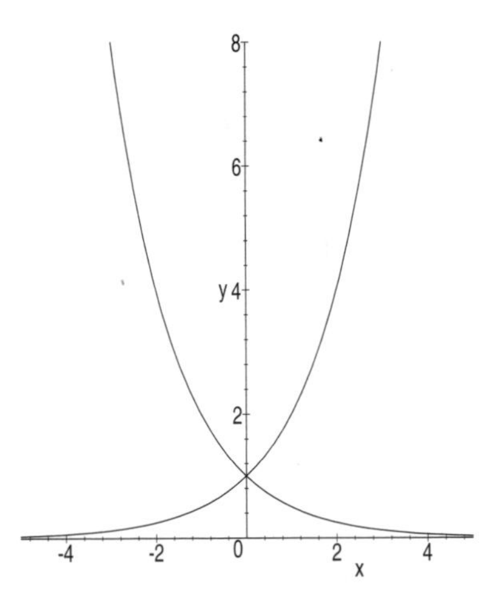

Abb. 3.15 Graphen zu $\exp_2$ und $\exp_{\frac{1}{2}}$

Für $0 < a < 1$ ist die Exponentialfunktion zur Basis a auf $\mathbb{R}$ streng monoton fallend. Dies ist in Abbildung 3.14 (b) dargestellt. In diesem Fall ist die Funktion umso stärker fallend, je kleiner a ist, wie in Abbildung 3.14 (b) an $a_1 := 0.3$, $a_2 := 0.4$, $a_3 := 0.5$, $a_4 := 0.7$ und $a_5 := 0.9$ sichtbar ist.

Der Fall $a = 1$ wird im Folgenden nicht behandelt werden, da es sich um eine konstante Funktion handelt.

Der Graph einer Funktion $\exp_{\frac{1}{a}}$ mit $a > 1$ kann durch Spiegelung an der y-Achse aus dem Graphen der Funktion $\exp_a$ erhalten werden. Dies ist in Abbildung 3.15 für den Fall $a = 2$ dargestellt.

Für alle $a > 0$ gilt $a^0 = 1$. Hieraus folgt $\exp_a(0) = 1$ für alle Exponentialfunktionen, d.h. die Graphen aller Exponentialfunktionen verlaufen durch den Punkt $(0|1)$. Dies ist in den Abbildungen 3.14 (a) und (b) sichtbar.

Da für alle $a > 0$ gerade $\exp_a(1) = a$ gilt, kann hiermit auch am Graphen der Wert a so genau abgelesen werden, wie es der Maßstab zulässt.

Hinweis für Maple

Eine Exponentialfunktion mit beliebiger Basis a kann unter Maple eingegeben werden durch a^x. Der Graph in Abbildung 3.14 (a) wurde erstellt durch Eingabe von

```
> plot([seq(a^x,a=[1.5,2,2.5,3,5])],
    x=-5..5,y=0..6,scaling=constrained);
```

Für die Exponentialfunktion gilt für beliebige $x_1, x_2 \in \mathbb{R}$ die Gleichung

$$\exp_a(x_1) \cdot \exp_a(x_2) = a^{x_1} \cdot a^{x_2} = a^{x_1+x_2} = \exp_a(x_1 + x_2)\,.$$

Hinweis für Maple

Die gerade genannte Regel lässt sich mit Hilfe von Maple bestätigen. Hierzu dient der Befehl `combine`, der zur Zusammenfassung und Vereinfachung von Termen benutzt wird. Um Potenzen zu vereinfachen, wird die Option `power` benutzt.

Es ergibt sich aus

```
> combine(a^x*a^y,power);
```

das Ergebnis $a^{(x+y)}$.

Für die Division von Potenzen mit gleicher Basis liefert

```
> combine(a^x/a^y,power);
```

den Term $a^{(x-y)}$.

Wird eine Potenz in weiteres Mal potenziert, so erhält man aus

```
> combine((a^x)^y,power);
```

das Resultat $(a^x)^y$.

Damit die Exponenten multiplizert werden, ist $y \in \mathbb{Z}$ zu wählen:

```
> assume(y,integer);
> combine((a^x)^y,power);
```

liefert $a^{(x\,y\tilde{})}$.

Hier wurde ein Potenzgesetz angewandt. Die Tilde ˜ an y deutet hierbei an, dass die Variable eingeschränkt ist.

Mit Hilfe des Befehls `assume` können weitere Einschränkungen vorgenommen werden. Um Einschränkungen der Variable y anzeigen zu lassen, ist der Befehl `about(y);` zu verwenden.

Zur Vereinfachung von Wurzeltermen kann der Befehl `combine` mit der Option `radical` verwendet werden.

Mit Hilfe des Befehls `?combine` können mögliche Optionen unter Maple abgerufen werden. Dies sei zur Übersicht über alle Möglichkeiten empfohlen.

Eine Umkehrung des Befehls `combine` ist `expand`. Hiermit erhält man z.B.

```
> expand(a^(x+y),power);
```

$$a^x\, a^y$$

Exponentialfunktionen treten in der Natur auf, wobei die Funktionen häufig von der Form

$$f\colon \mathbb{R} \to \mathbb{R}, \quad x \mapsto k \cdot \exp_a(x) = k \cdot a^x,$$

sein können, um bestimmte Voraussetzungen zu erfüllen. Wenn weiterhin nur die Ergebnisse zu bestimmten Zeitpunkten – z.B. am Ende eines Jahres – interessant sind, dann kann eine Folge $\langle a_n \rangle$ mit

$$a_n = k \cdot \exp_a(n) = k \cdot a^n$$

betrachtet werden, d.h. bis auf eine feste Konstante sind dies geometrische Folgen.

Beispiel 3.26 Eine Wassermelone wiegt heute 120 g. Bis zur Reife verdoppelt sich das Gewicht in jeder Woche. Durch welche Funktion lässt sich das Gewicht beschreiben und wie groß ist das Gewicht nach zwei, drei, vier und fünf Wochen?

Lösung. Es sind k und a für die Funktion $f(x) := k \cdot a^x$ mit $\mathbb{D}_f := \mathbb{R}_+$ zu bestimmen. Hierbei ist zu berücksichtigen, dass x zunächst für die Anzahl der verstrichenen Wochen steht. Beim Start, für $x_0 := 0$, beträgt das Gewicht der Wassermelone 120 g. Da $a^0 = 1$ für ein beliebiges a gilt, folgt $a_0 = k = 120$. Hiermit ist die *Startgröße* k bestimmt.

Es fehlt noch die Bestimmung des *Wachstumsfaktors* a. Da sich das Gewicht in jeder Woche verdoppelt, folgt $a = 2$. Die Funktionsvorschrift lautet somit

$$f(x) = 120 \cdot 2^x = 120 \cdot \exp_2(x).$$

Da das Gewicht nach ganzen Wochen interessiert, wird nach obiger Bemerkung zur Bestimmung des Gewichts nach n Wochen die Folge

$$a_n := 120 \cdot 2^n \quad n \in \mathbb{N}$$

betrachtet. Das Gewicht nach zwei Wochen bestimmt sich mit Hilfe von $a_2 = 120 \cdot 2^2 = 480$ zu 480 g, und nach drei Wochen ergibt sich das Gewicht mit $a_3 = 120 \cdot 2^3 = 960$ zu 960 g.

Die Funktion erlaubt jedoch nicht nur die Bestimmung des Gewichts nach einer ganzen Anzahl von Wochen, sondern zu beliebigen Zeitpunkten, wenn Zahlen $x \notin \mathbb{N}$ verwendet werden.

In Beispiel 3.26 wurde eine Exponentialfunktion mit $a > 1$ betrachtet. In der Natur treten häufig Exponentialfunktionen mit $0 < a < 1$ auf, wie Aufgabe 2 zeigt.

Eine Exponentialfunktion, die in den folgenden Kapiteln öfter auftreten wird, ist mit der *Euler'schen Zahl* $e = 2.71828\ldots$ verbunden, bei der es sich wie bei der Zahl π um eine tranzendente Zahl handelt. Diese Zahl ist benannt nach dem Mathematiker *Leonhard Euler* (1707–1783).

Die Exponentialfunktion zur Basis e wird im Allgemeinen durch exp ohne Index e bezeichnet und heißt *Exponentialfunktion*. Auch unter Maple wird diese Funktion als `exp` eingegeben. Der Graph der Exponentialfunktion befindet sich in Abbildung 3.16.

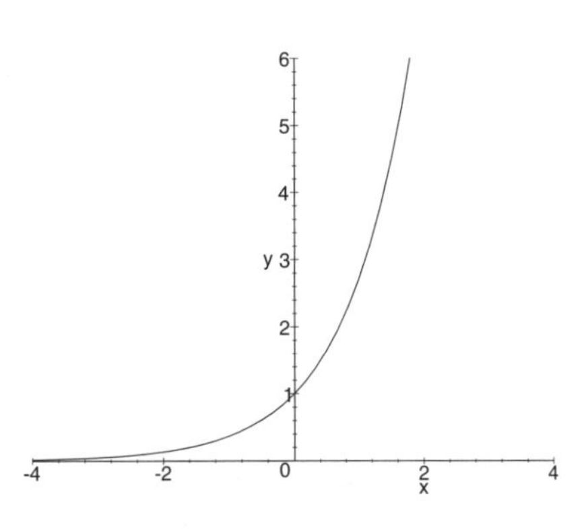

Abb. 3.16 Graph zu exp

Hinweis Eine Möglichkeit, zur Euler'schen Zahl e zu gelangen, besteht darin, die Folge $\langle a_n \rangle$ mit

$$a_n := \left(1 + \tfrac{1}{n}\right)^n$$

zu betrachten. Diese Folge besitzt den Grenzwert e, wie man unter Maple durch Definition von `E:=exp(1):` und Eingabe von

```
> evalb(limit((1+1/n)^n,n=infinity)=E);
```

mit dem Ergebnis

$$true$$

bestätigen kann.

Hinweis für Maple

Die Funktion `evalb` dient zur Bewertung des Ausdrucks als *boolean*. Der Ausdruck enthält einen relativen Operator. Als Ergebnis erhält man *true*, wenn eine wahre Aussage vorliegt, oder *false*, falls eine falsche Aussage vorliegt.

Alternativ kann der Grenzwert der Folge $\langle a_n \rangle$ folgendermaßen bestimmt werden:

```
> Limit((1+1/n)^n,n=infinity)=limit((1+1/n)^n,
    n=infinity);
```

liefert $\lim\limits_{n\to\infty} (1 + \frac{1}{n})^n = e$.

Eine weitere Möglichkeit zur Definition der Exponentialfunktion zur Basis e besteht über die *Exponentialreihe*, vgl. hierzu [Fo99a], §8, Aufgabe 6 dieses Abschnitts und Aufgabe 10 in Abschnitt 4.2.

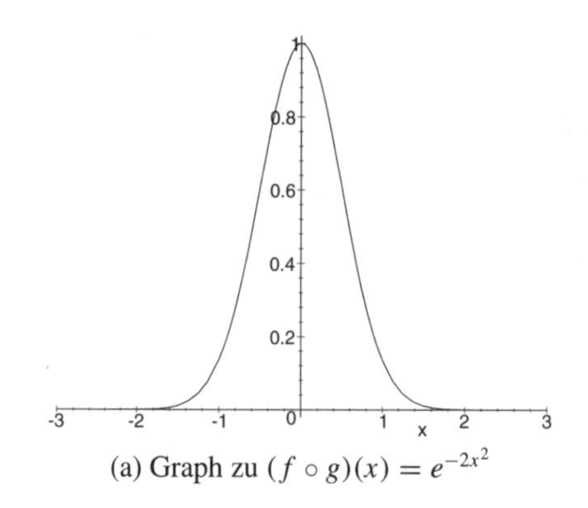

(a) Graph zu $(f \circ g)(x) = e^{-2x^2}$

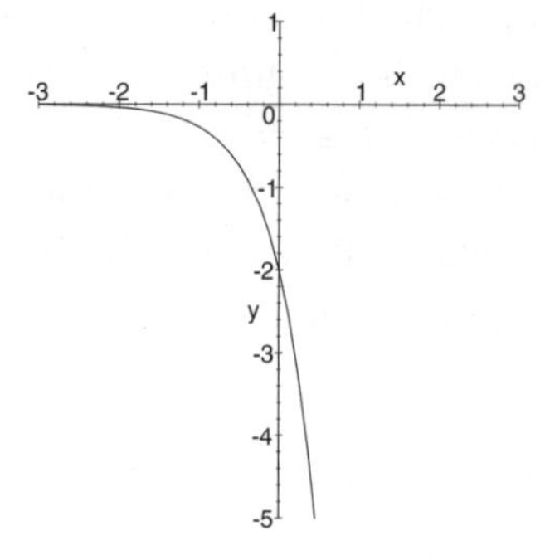

(b) Graph zu $(g \circ f)(x) = -2\exp(2x)$

Abb. 3.17 Graphen zu den Beispielen 3.27 und 3.28

Die Exponentialfunktion spielt eine besondere Rolle in den Naturwissenschaften, da sie häufig als Lösung von *Differentialgleichungen* auftritt. Dies wird in Abschnitt 4.2.6 kurz behandelt.

Die Exponentialfunktion tritt häufig mit anderen Funktionen verkettet auf.

Beispiel 3.27 Es seien $f, g\colon \mathbb{R} \to \mathbb{R}$ mit $f(x) := \exp(x)$ und $g(x) := -2 \cdot x^2$. Nun wird die Funktion

$$(f \circ g)(x) = \exp(-2x^2) = e^{-2x^2}$$

betrachtet. Der Graph dieser Funktion befindet sich in Abbildung 3.17 (a).

Beispiel 3.28 Mit den Funktionen f und g aus Beispiel 3.27 erhält man ebenfalls die Verknüpfung

$$\begin{aligned}(g \circ f)(x) &= -2\,(\exp(x))^2 \\ &= -2\left(e^x\right)^2 \\ &= -2e^{2x} = -2\exp(2x).\end{aligned}$$

Der Graph dieser Funktion ist dem Graphen der Exponentialfunktion ähnlich, er ist jedoch an der x-Achse gespiegelt und durch den Faktor 2 im Exponenten gestaucht. Dies ist in Abbildung 3.17 (b) zu erkennen.

3.5.2 Logarithmusfunktion

Da die Exponentialfunktion $\exp_a$ für ein beliebiges $a \in \mathbb{R}_+ \setminus \{0\}$ auf dem gesamten Definitionsbereich $\mathbb{R}$ streng monoton verläuft, ist sie umkehrbar. Diese Umkehrfunktion heißt *Logarithmusfunktion*

$$\log_a\colon \mathbb{R}_+ \to \mathbb{R}, \quad x \mapsto \log_a(x).$$

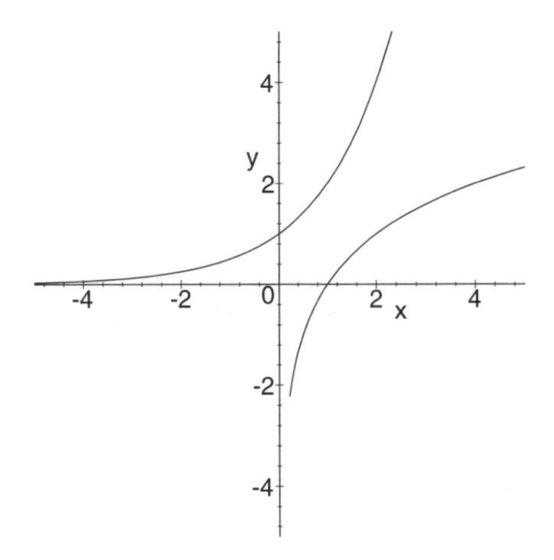

Abb. 3.18 Graphen zu $\exp_2$ und ihrer Umkehrfunktion $\log_2$

Die Graphen einer Logarithmusfunktion und der zugehörigen Exponentialfunktion sind in Abbildung 3.18 dargestellt.

Hinweis für Maple

Unter Maple wird die Logarithmusfunktion zur Basis a durch `log[a]` bezeichnet. Falls die Basis 10 gewählt wird, lautet die Bezeichnung `log10`.

Beispiel 3.29 Es ist der Term der Umkehrfunktion der Abbildung $f\colon [-3, 3] \to \mathbb{R}$ mit $f(x) := 3 \cdot \exp_{2.5}(x) = 3 \cdot 2.5^x$ in $\mathbb{D}_f := [-3, 3]$ zu bestimmen.

Lösung. Die Umkehrfunktion berechnet sich nach dem Schema aus Abschnitt 2.7:
1) Da die Funktion f im Intervall $[-3, 3]$ streng monoton ist, genügt es, die Funktionswerte

$$f(-3) = \tfrac{12}{25} \quad \text{und} \quad f(3) = \tfrac{75}{4}$$

zu bestimmen. Es gilt $\mathbb{W}_f = \left[\tfrac{12}{25}, \tfrac{75}{4}\right]$.
2) Die Gleichung $y = 3 \cdot 2.5^x$ ist nach x aufzulösen. Man erhält

$$y = 3 \cdot 2.5^x \Leftrightarrow \tfrac{1}{3}y = 2.5^x \Leftrightarrow \log_{2.5}\left(\tfrac{1}{3}y\right) = x\,.$$

3) Die Umkehrfunktion lautet als Funktion der Variablen y

$$f^{-1}(y) = \log_{2.5}\left(\tfrac{1}{3}y\right).$$

4) Die Umkehrfunktion lautet nach 1) bis 3)

$$f^{-1}\colon \left[\tfrac{12}{25}, \tfrac{75}{4}\right] \to [-3, 3]\,, \quad x \mapsto \log_{2.5}\left(\tfrac{1}{3}x\right).$$

Bei der Logarithmusfunktion handelt es sich um eine Umkehrfunktion der Exponentialfunktion, d.h. $\log_a(\exp_a(x)) = x$ für alle $x \in \mathbb{R}$ und $\exp(\log(x)) = x$ für alle $x \in \mathbb{R}_+$.

Hieraus folgt die Regel

$$\log_a(x_1 \cdot x_2) = \log_a(x_1) + \log_a(x_2)$$

für beliebige $x_1, x_2 \in \mathbb{R}_+$. Dies ergibt sich mit Hilfe der Exponentialfunktion, denn es gilt für alle $x_1, x_2 \in \mathbb{R}_+$

$$\begin{aligned}\exp_a(\log_a(x_1) + \log_a(x_2)) &= \exp_a(\log_a(x_1)) \cdot \exp_a(\log_a(x_2)) \\ &= x_1 \cdot x_2 = \exp_a(\log_a(x_1 \cdot x_2)) .\end{aligned}$$

Analog zur Exponentialfunktion handelt es sich bei der Logarithmusfunktion zur Basis e ebenfalls um eine besondere Funktion. Sie wird durch ln bezeichnet, das ist die Abkürzung für *logarithmus naturalis*. Was an dieser Funktion natürlich ist, wird in Abschnitt 4.2.6 erklärt.

Hinweis für Maple

Unter Maple kann der natürliche Logarithmus als Umkehrfunktion der Exponetialfunktion bestimmt werden. Dies geschieht durch

```
> isolate(y=exp(x),x);
```

$$x = \ln(y)$$

Für den natürlichen Logarithmus können unter Maple die Regeln für die Multiplikation von Potenzen bzw. der Addition von Logarithmen mit `combine` durchgeführt werden. Als Option ist hierbei `ln` zu verwenden.

Für die Summe zweier Logarithmusterme erhält man

```
> combine(ln(x)+ln(y),ln,symbolic);
```

$$\ln(x\, y)$$

Die zusätzliche Option `symbolic` erzwingt eine Umformung, falls sie nötig ist und geht davon aus, dass diese Umformungen zulässig sind. Bei der folgenden Umformung ist die Option `anything` anzugeben, damit jede Möglichkeit für den Typ des Faktors a berücksichtigt wird.

```
> combine(a*ln(x),ln,anything,symbolic);
```

$$\ln(x^a)$$

Mit der Option `ln` können auch Regeln für Logarithmusfunktionen zu beliebigen Basen ermittelt werden. Für die Basis a erhält man

```
> combine(log[a](x)+log[a](y),ln);
```

$$\frac{\ln(x)}{\ln(a)} + \frac{\ln(y)}{\ln(a)}$$

wobei die Regel $\log_a(x) = \frac{\ln(x)}{\ln(a)}$ verwendet wurde. Dieser Term kann noch vereinfacht werden:

```
> simplify(%);
```

$$\frac{\ln(x) + \ln(y)}{\ln(a)}$$

Durch erneute Anwendung des Befehls `combine` erhält man hieraus:

```
> combine(%,ln,symbolic);
```

$$\frac{\ln(x\,y)}{\ln(a)}$$

Hiermit wurde der Term vereinfacht.

Beispiel 3.30 Es soll die Funktion $f\colon \mathbb{R}_+ \setminus \{0\} \to \mathbb{R}$ mit $f(x) := x^x$ betrachtet werden. Wenn der Grenzwert $\lim\limits_{x\to 0} x^x$ existiert, macht es Sinn, die Funktion f auf $\mathbb{R}_+$ fortzusetzen.

Zunächst sei für $a \in \mathbb{R}_+ \setminus \{0\}$ die Funktion f_a mit $f_a(x) := a^x$ mit $\mathbb{D}_{f_a} := \mathbb{R}_+$ gegeben. Hier gilt $f_a(0) = 1$, und dies legt die Möglichkeit $0^0 := 1$ nahe. Unter Maple erhält man

```
> limit(x^x,x=0,right);
```

das Ergebnis 1, wodurch die Möglichkeit unterstützt wird.

Mit Hilfe der Exponential- und Logarithmusfunktion ergibt sich

$$x^x = \exp\left(\ln\left(x^x\right)\right) = \exp\left(x \cdot \ln(x)\right).$$

Kann man zeigen, dass $\lim\limits_{x\searrow 0} x \cdot \ln(x) = 0$ gilt, dann folgt hieraus die Behauptung, denn es gilt $\exp(0) = 1$. Unter Maple erhält man

```
> limit(x*ln(x),x=0,right);
```

$$0$$

wodurch die Vermutung unterstützt wird. Diese Vermutung wird in Beispiel 3.42 genauer untersucht.

Aufgaben

1. Die Beiträge für eine Hausratversicherung steigen jährlich um 3%. Zu Beginn sind 350 € pro Jahr zu zahlen. Wie hoch sind die Beiträge in den ersten fünf Jahren?

2. Ein Pkw verliert in jedem Jahr etwa 25% seines Zeitwertes. Wie groß ist der Wert eines Pkw in den ersten Jahren, wenn der Neuwert des Fahrzeugs 20000 € beträgt?

3. In einem See nimmt die Beleuchtungsstärke um 40% pro Meter Wassertiefe ab. An der Wasseroberfläche werden 4500 Lux gemessen. Bestimmen Sie die Beleuchtungsstärke in 5 m und 10 m Tiefe.

4. Bestimmen Sie die Umkehrfunktionen der angegebenen Funktionen im Definitionsbereich $\mathbb{D} := [-3, 3]$.

a) $f(x) := 0.8 \cdot 4^x$ b) $f(x) := \frac{1}{4} \cdot 3^x$ c) $f(x) := \frac{1}{8} \cdot 2^x$

d) $f(x) := e^{5x}$ e) $f(x) := e^{-x^2}$ f) $f(x) := e^{1/x}$

5. Bestimmen Sie mit Hilfe von Maple die Grenzwerte $\lim\limits_{x \searrow 0} f(x)$ für

a) $f(x) := \frac{\ln(x)}{x}$ b) $f(x) := \frac{\exp(x)}{\ln(x)}$

c) $f(x) := \exp\left(\frac{1}{x^k}\right)\ k \in \mathbb{Q}$ d) $f(x) := \frac{\exp(x)}{x^k},\ k \in \mathbb{N}$

6. Stellen Sie eine Vermutung über $\lim\limits_{n\to\infty} \left(1 + \frac{x}{n}\right)^n$ auf und bestätigen Sie sie mit `evalb`.

3.6 Grenzwerte von Funktionen

In den Abbildungen 2.9 und 2.11 ist zu erkennen, dass sich die Graphen von Funktionen für sehr groß werdendes $x \in \mathbb{D}_f$, d.h. für die gegen das Unendliche verlaufende Variable x, unterschiedlich verhalten. Der Grenzwert der y-Werte wird mit $\lim\limits_{x\to\infty} f(x)$ bezeichnet, sofern er existiert. Analog steht $\lim\limits_{x\to-\infty} f(x)$ für den Grenzwert der y-Werte (sofern existent), wenn die Variable x gegen das negative Unendliche läuft.

Hinweis Bei der Betrachtung der Grenzwerte $\lim\limits_{x\to\infty} f(x)$ handelt es sich im engeren Sinne um die Betrachtung von $\lim\limits_{n\to\infty} f(a_n)$ mit Folgen, für die $\lim\limits_{n\to\infty} a_n = \infty$ gilt. Dieser Hintergrund wird durch die oben definierte Schreibweise abgekürzt. Analoges gilt für $\lim\limits_{x\to-\infty} f(x)$.

Die Schreibweise für bestimmt divergente Funktionen wird von der Schreibweise bestimmt divergenter Folgen übernommen, vgl. die Bemerkung zur bestimmten Divergenz aus Abschnitt 3.3.

Hinweis für Maple

Die Limites $\lim\limits_{x\to\infty} f(x)$ und $\lim\limits_{x\to\infty} f(x)$ einer Funktion f mit $\mathbb{D}_f := \mathbb{R}$ werden unter Maple bestimmt durch

```
> limit(f(x),x=infinity);
```

und

```
> limit(f(x),x=-infinity);
```

Beispiel 3.31 Für die Funktion $f\colon \mathbb{R} \to \mathbb{R}$ mit $f(x) := x^2 - x - 2$ aus Abbildung 2.9 ergibt sich mit dieser Schreibweise mit Hilfe von Maple

```
> f := x^2-x-2;
```

$$f := x^2 - x - 2$$

```
> limit(f,x=infinity);
```

$$\infty$$

```
> limit(f,x=-infinity);
```

$$\infty$$

Analog lässt sich mit Hilfe von Maple für $g\colon \mathbb{R} \setminus \{0\} \to \mathbb{R}$ mit $g(x) := \frac{1}{x}$ aus Abbildung 2.11

$$\lim_{x\to\infty} g(x) = 0 = \lim_{x\to-\infty} g(x)$$

zeigen. Dies sei zur Übung überlassen.

Beispiel 3.32 In Abbildung 3.19 (a) sind die Graphen der Funktionen $f_2(x) := x^2$, $f_4(x) := x^4$ und $f_6(x) := x^6$ mit $\mathbb{D} := \mathbb{R}$ dargestellt. Für alle drei Funktionen gilt

$$\lim_{x\to\infty} f_2(x) = \lim_{x\to\infty} f_4(x) = \lim_{x\to\infty} f_6(x) = +\infty$$

und

$$\lim_{x\to-\infty} f_2(x) = \lim_{x\to-\infty} f_4(x) = \lim_{x\to-\infty} f_6(x) = +\infty.$$

Dies kann für weitere Exponenten $n = 2k$ mit $k \in \mathbb{N} \setminus \{0\}$ mit Maple überprüft werden, wie hier an einigen Beispielen gezeigt wird:

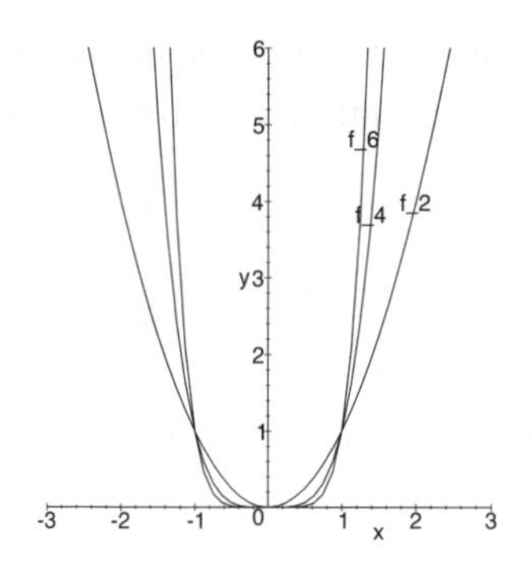

(a) Graphen zu Beispiel 3.32

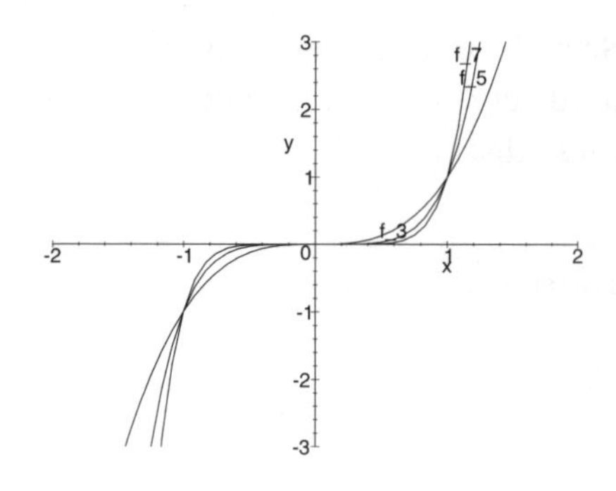

(b) Graphen zu Beispiel 3.33

Abb. 3.19 Graphen zu den Beispielen 3.32 und 3.33

```
> seq((limit(x^(2*k),x=infinity),k=1..10));
```

$$\infty, \infty, \infty, \infty, \infty, \infty, \infty, \infty, \infty, \infty$$

Analog lässt es sich für $x \to -\infty$ bestätigen.

In Abbildung 3.19 (a) fällt auf, dass der Graph von f_6 steiler gegen das Unendliche verläuft als die Graphen von f_2 und f_4 und der Graph von f_4 verläuft „schneller" gegen das Unendliche als der Graph von f_2.

Beispiel 3.33 Abbildung 3.19 (b) zeigt die Graphen der Funktionen $f_3(x) := x^3$ und $f_5(x) := x^5$ und $f_7(x) := x^7$ mit $\mathbb{D} := \mathbb{R}$. Nach den Graphen scheint

$$\lim_{x\to+\infty} f_3(x) = \lim_{x\to+\infty} f_5(x) = \lim_{x\to+\infty} f_7(x) = +\infty$$

und

$$\lim_{x\to-\infty} f_3(x) = \lim_{x\to-\infty} f_5(x) = \lim_{x\to-\infty} f_7(x) = -\infty$$

zu gelten. Diese Vermutung kann mit Hilfe von Maple analog zu Beispiel 3.31 bestätigt werden. Wie in Beispiel 3.31 ist der Verlauf der Funktionswerte gegen das Unendliche umso „schneller", je größer der Exponent n ist.

Zusammenfassend kann man allgemein formulieren:

Bemerkung Für Funktionen $f_n\colon \mathbb{R} \to \mathbb{R},\ x \mapsto x^n$ mit geradem Exponenten $n \in \mathbb{N} \setminus \{0\}$ (d.h. $n = 2 \cdot k$ mit $k \in \mathbb{N} \setminus \{0\}$) gilt

$$\lim_{x\to\pm\infty} f_n(x) = +\infty\,.$$

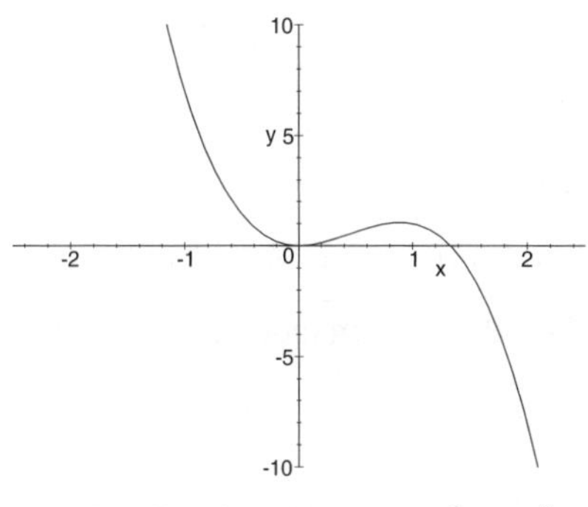

(a) Der Graph zu $f(x) = -3x^3 + 4x^2$

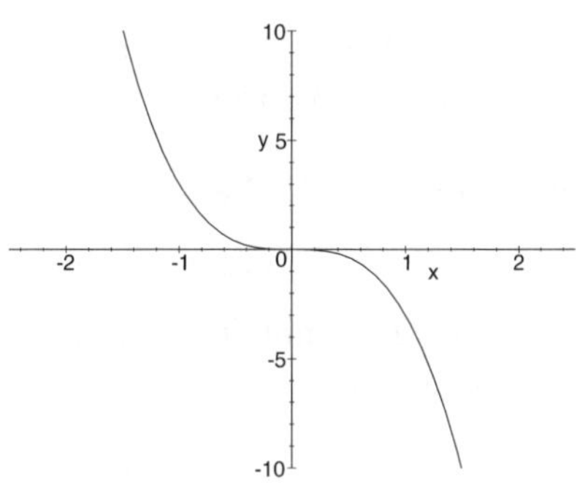

(b) Der Graph zu $g(x) = -3x^3$

Abb. 3.20 Graphen zu Beispiel 3.34

Für Funktionen $f_n\colon \mathbb{R} \to \mathbb{R}$, $x \mapsto x^n$ mit ungeradem Exponenten $n \in \mathbb{N} \setminus \{0\}$ (d.h. $n = 2 \cdot k + 1$ mit $k \in \mathbb{N}$) gilt

$$\lim_{x\to+\infty} f_n(x) = +\infty \quad \text{und} \quad \lim_{x\to-\infty} f_n(x) = -\infty\,.$$

Je größer n ist, desto schneller verlaufen die Funktionswerte gegen das Unendliche.

Beispiel 3.34 Es sei $f(x) := -3x^3 + 4x^2$ mit $\mathbb{D}_f := \mathbb{R}$ gegeben. Die Abbildung 3.20 (a) legt die Vermutung $\lim\limits_{x\to+\infty} f(x) = -\infty$ und $\lim\limits_{x\to-\infty} f(x) = \infty$ nahe. Dies kann mit Maple bestätigt werden:

```
> limit(-3*x^3+4*x^2,x=infinity);
```

$$-\infty$$

und

```
> limit(-3*x^3+4*x^2,x=-infinity);
```

$$\infty$$

Aufgrund des Koeffizienten -3 ergibt sich unter Verwendung des Ergebnisses aus Beispiel 3.33

$$\lim_{x\to+\infty} -3x^3 = -3 \cdot \lim_{x\to+\infty} x^3 = -\infty$$

und

$$\lim_{x\to-\infty} -3x^3 = -3 \cdot \lim_{x\to-\infty} x^3 = \infty\,,$$

was durch Verwendung von Maple bestätigt werden kann. Es gilt

$$\lim_{x\to+\infty} f(x) = \lim_{x\to+\infty} -3x^3 \quad \text{und} \quad \lim_{x\to-\infty} f(x) = \lim_{x\to-\infty} -3x^3.$$

In Beispiel 3.34 genügte es, den Term höchsten Grades zu betrachten. Dies gilt für alle ganzrationalen Funktionen.

Bemerkung Um das Verhalten der Werte einer Funktion

$$f(x) := a_n x^n + \ldots + a_1 x + a_0 \quad \text{mit } \mathbb{D}_f := \mathbb{R}$$

für $x \to \pm\infty$ zu ermitteln, genügt es, das Verhalten des Summanden höchsten Grades zu bestimmen, d.h.

$$\lim_{x\to\pm\infty} f(x) = a_n \lim_{x\to\pm\infty} x^n .$$

Die Bestimmung des Verhaltens der Grenzwerte ganzrationaler Funktionen f für $\lim\limits_{x\to\pm\infty} f(x)$ ist somit möglich. Um die Grenzwerte gebrochenrationaler Funktionen zu bestimmen, sind zusätzliche Überlegungen vorzunehmen.

Beispiel 3.35 Gegeben sei die Funktion $f\colon \mathbb{R} \to \mathbb{R},\ x \mapsto \frac{2x-1}{x^2+1}$. Für diese Funktion soll $\lim\limits_{x\to\pm\infty} f(x)$ bestimmt werden. Nach Abbildung 2.13 ist zu vermuten, dass $\lim\limits_{x\to\pm\infty} f(x) = 0$ gilt. Maple bestätigt diese Vermutung:

```
> Limit((2*x-1)/(x^2+1),x=infinity)
    = limit((2*x-1)/(x^2+1),x=infinity);
```

liefert

$$\lim_{x\to\infty} \frac{2x-1}{x^2+1} = 0$$

Die Bestimmung des Grenzwertes für $x \to -\infty$ mit Maple sei zur Übung empfohlen.

Um die Vermutung bzgl. der Grenzwerte zu bestätigen, werden die Funktionsterme $2x-1$ und x^2+1 vereinfacht. Für die Limites $x \to \pm\infty$ dieser Terme genügt es nach obiger Bemerkung, die Summanden mit den höchsten Exponenten zu betrachten. Dies führt zu

$$\lim_{x\to\pm\infty} f(x) = \lim_{x\to\pm\infty} \frac{2x-1}{x^2+1} = \lim_{x\to\pm\infty} \frac{2x}{x^2} = \lim_{x\to\pm\infty} \frac{2}{x} = 0 .$$

Dieses Ergebnis kann mit Hilfe von Maple bestätigt werden, was zur Übung empfohlen ist.

Beispiel 3.36 Es soll untersucht werden, ob für die Funktion $f(x) := -\frac{2x^3+1}{x^2-4}$ mit Definitionsbereich $\mathbb{R} \setminus \{-2, 2\}$ die Grenzwerte $\lim\limits_{x\to\pm\infty} f(x)$ existieren. Der Graph der Funktion in Abbildung 2.12 (b) legt die Vermutung $\lim\limits_{x\to+\infty} f(x) = -\infty$ und $\lim\limits_{x\to-\infty} f(x) = +\infty$ nahe. Mit ähnlichen Überlegungen wie in Beispiel 3.35 ergibt sich

$$\lim_{x\to+\infty} f(x) = \lim_{x\to+\infty} -\frac{2x^3+1}{x^2-4} = \lim_{x\to+\infty} -\frac{2x^3}{x^2} = -\lim_{x\to+\infty} 2x = -\infty$$

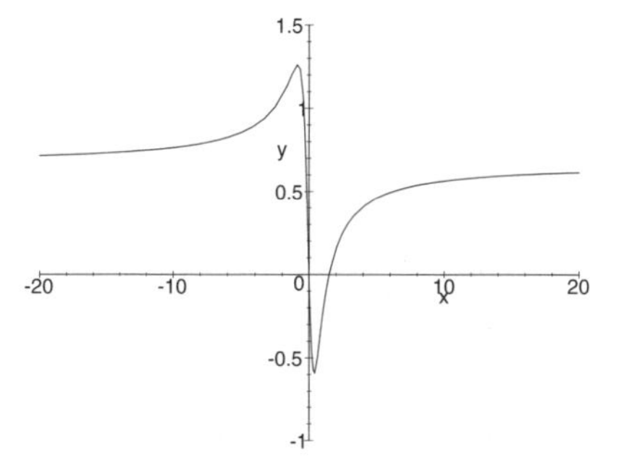

(a) Graph zu Beispiel 3.37

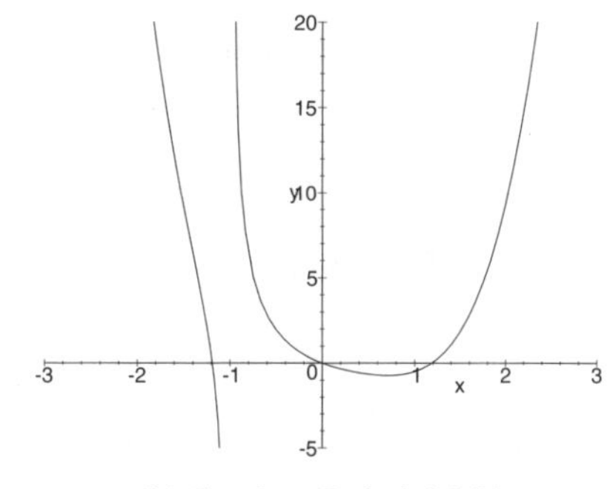

(b) Graph zu Beispiel 3.38

Abb. 3.21 Graphen zu den Beispielen 3.37 und 3.38

und

$$\lim_{x\to-\infty} f(x) = \lim_{x\to-\infty} -\tfrac{2x^3+1}{x^2-4} = \lim_{x\to-\infty} -\tfrac{2x^3}{x^2} = -\lim_{x\to-\infty} 2x = +\infty\,,$$

womit die Vermutung bestätigt ist. Es sei die Bestätigung des Ergebnisses mit Maple empfohlen.

Beispiel 3.37 Ein Graph der Funktion $f(x) := \frac{2x^2-3x}{3x^2+1}$ mit $\mathbb{D}_f := \mathbb{R}$ ist in Abbildung 3.21 (a) dargestellt. Hier ist der Grenzwert nicht deutlich erkennbar. Es ergibt sich

$$\lim_{x\to\pm\infty} f(x) = \lim_{x\to\pm\infty} \tfrac{2x^2-3x}{3x^2+1} = \lim_{x\to\pm\infty} \tfrac{2x^2}{3x^2} = \tfrac{2}{3}.$$

Dies lässt sich durch Ausschnittvergrößerungen im Graphen und durch Bestimmung der Grenzwerte unter Maple bestätigen.

Beispiel 3.38 In Abbildung 3.21 (b) ist ein Graph der Funktion $f\colon\ \mathbb{R}\setminus\{-1\}$ mit $x \mapsto \frac{x^5-2x}{x+1}$, zu sehen. Er legt die Vermutung $\lim_{x\to\pm\infty} f(x) = +\infty$ nahe. Die Rechnung

$$\lim_{x\to\pm\infty} f(x) = \lim_{x\to\pm\infty} \tfrac{x^5-2x}{x+1} = \lim_{x\to\pm\infty} \tfrac{x^5}{x} = \lim_{x\to\pm\infty} x^4 = +\infty$$

bestätigt diese Vermutung. Mit Maple erhält man dieselben Ergebnisse.

Aus den Beispielen 3.35 bis 3.38 könnnen einige Regeln für die Bestimmung von Grenzwerten $x \to \pm\infty$ gebrochenrationaler Funktionen abgelesen werden.

Bemerkung Die Grenzwerte einer gebrochenrationalen Funktion f mit

$$f(x) := \frac{a_n x^n + \ldots + a_1 x + a_0}{b_m x^m + \ldots + b_1 x + b_0} \quad \text{mit } a_n \neq 0 \text{ und } b_m \neq 0$$

lauten:

(1) Falls $n < m$, vgl. Beispiel 3.34, so gilt

$$\lim_{x\to\pm\infty} f(x) = 0\,.$$

(2) Falls $n = m$, vgl. Beispiel 3.36, so gilt

$$\lim_{x\to\pm\infty} f(x) = \tfrac{a_n}{b_n} .$$

(3) Falls $n > m$:

(a) ist $n - m$ gerade, so gilt

$$\lim_{x\to\pm\infty} f(x) = \text{sign}\left(\tfrac{a_n}{b_m}\right) \cdot \infty ,$$

wobei $\text{sign}\left(\tfrac{a_n}{b_m}\right)$ (sprich: Signum) das Vorzeichen des Quotienten $\tfrac{a_n}{b_m}$ ist. Für beliebige $x \in \mathbb{R}$ gilt:

$$\text{sign}(x) := \begin{cases} -1 \text{ falls } x < 0 , \\ 1 \text{ falls } x \geqslant 0 . \end{cases}$$

(b) ist $n - m$ ungerade, vgl. Beispiel 3.35, so gilt

$$\lim_{x\to+\infty} f(x) = \text{sign}\left(\tfrac{a_n}{b_m}\right) \cdot \infty \quad \text{und} \quad \lim_{x\to-\infty} f(x) = -\text{sign}\left(\tfrac{a_n}{b_m}\right) \cdot \infty .$$

Es sei empfohlen, die Aussagen in dieser Bemerkung mit Hilfe von Maple zu bestätigen, vgl. Aufgabe 6 a).

Hinweis Die Grenzwertbestimmung kann auch analog zu Beispiel 3.41 in Abschnitt 3.3 durchgeführt werden, vgl. Aufgabe 6 b). Hiermit kann ebenfalls der Schluss in den Beispielen 3.32, 3.33 und der darauf folgenden Bemerkung für den Verlauf gegen das Unendliche gezogen werden, vgl. Aufgabe 6 c).

Bisher wurden Grenzwerte von rationalen und gebrochenrationalen Funktionen behandelt. Die Bestimmung der Limites für $x \to \pm\infty$ kann jedoch auch für andere Funktionen erfolgen.

Beispiel 3.39 Es sei $f\colon \mathbb{R}_+ \to \mathbb{R}_+, x \mapsto \sqrt{x}$. Aufgrund des eingeschränkten Definitionsbereichs von f kann nur der Limes für $x \to +\infty$ bestimmt werden. Hier gilt $\lim\limits_{x\to+\infty} f(x) = +\infty$. Dieses Ergebnis erhält man auch mit Hilfe von Maple. Betrachtet man den Graphen in Abbildung 2.30, so liegt die Vermutung $\lim\limits_{x\to+\infty} f(x) = +\infty$ nicht nahe.

Beispiel 3.40 Für die Funktion $f\colon \mathbb{R} \to \mathbb{R}_+, x \mapsto \exp(x)$, erhält man mit Hilfe von Maple

```
> limit(exp(x),x=infinity);
```

$$\infty \qquad (1)$$

und

```
> limit(exp(x),x=-infinity);
```

$$0 \tag{2}$$

Dieses Verhalten ist an dem Graphen der Exponentialfunktion erkennbar.

Beispiel 3.41 Mit Hilfe der Grenzwerte der Exponentialfunktion können die Grenzwerte $\lim_{x\to 0}\ln(x)$ und $\lim_{x\to\infty}\ln(x)$ bestimmt werden, da die Logarithmusfunktion die Umkehrfunktion der Exponentialfunktion ist. Aus (1) und (2) folgen

$$\lim_{x\to\infty}\ln(x) = \infty \quad \text{und} \quad \lim_{x\to-\infty}\ln(x) = 0\,.$$

Diese Ergebnisse können mit Hilfe von Maple bestätigt werden.

Beispiel 3.42 Nun soll die noch ausstehende Behauptung $\lim_{x\searrow 0}(x\cdot\ln(x)) = 0$ von Beispiel 3.35 aus Abschnitt 3.5 bewiesen werden. Hierbei wird ein Trick benutzt. Es gilt

$$x\cdot\ln(x) = \frac{\ln\left(\left(\frac{1}{x}\right)^{-1}\right)}{\frac{1}{x}} = -\frac{\ln\left(\frac{1}{x}\right)}{\frac{1}{x}}.$$

Damit folgt

$$\lim_{x\searrow 0}(x\cdot\ln(x)) = -\lim_{x\searrow 0}\frac{\ln\left(\frac{1}{x}\right)}{\frac{1}{x}} = -\lim_{x\to\infty}\frac{\ln(x)}{x}.$$

Definiert man $y := \ln(x)$, woraus $x = \exp(y)$ folgt, so gilt

$$\frac{\ln(x)}{x} = \frac{y}{\exp(y)}, \quad \text{also} \quad \lim_{x\to\infty}\frac{\ln(x)}{x} = \lim_{y\to\infty}\frac{y}{\exp(y)}.$$

Wie auch an einem Graphen der Funktion $\frac{y}{\varepsilon(y)}$ erkennbar ist und mit Maple durch

```
> Limit(y/exp(y),y=infinity)
     = limit(y/exp(y),y=infinity);
```

am Ergebnis bestätigt werden kann, ist $\lim_{y\to\infty}\frac{y}{e^y} = 0$.

Mit diesem Ergebnis folgt $\lim_{x\searrow 0}(x\cdot\ln(x)) = 0$.

Hinweis Um das Ergebnis $\lim_{y\to\infty}\frac{y}{\exp(y)} = 0$ von Maple zu beweisen benötigt man die Darstellung der Exponentialfunktion durch die *Exponentialreihe*, vgl. [Fo99a], §8 und Aufgabe 10 in 4.2. Diese Exponentialreihe erklärt das Ergebnis von Aufgabe 4.

Beispiel 3.43 Es soll $\lim_{x\to\infty}\frac{\ln(x)}{\exp(x)}$ bestimmt werden. Maple liefert aus

```
> Limit(ln(x)/exp(x),x=infinity)
     = limit(ln(x)/exp(x),x=infinity);
```

das Ergebnis $\lim\limits_{x\to\infty} \frac{\ln(x)}{e^x} = 0$. Um dieses Ergebnis zu bestätigen wird die Umformung

$$\frac{\ln(x)}{\exp(x)} = \frac{x}{\exp(x)} \cdot \frac{\ln(x)}{x} \quad \text{für } x \neq 0$$

durchgeführt. Hiermit ergibt sich

$$\lim_{x\to\infty} \frac{\ln(x)}{\exp(x)} = \lim_{x\to\infty} \left(\frac{x}{\exp(x)} \cdot \frac{\ln(x)}{x}\right) = \lim_{x\to\infty} \left(\frac{x}{\exp(x)}\right) \cdot \lim_{x\to\infty} \left(\frac{\ln(x)}{x}\right) \overset{\circledast}{=} 0,$$

wobei an der Stelle $\circledast$ die Teilergebnisse aus Beispiel 3.42 benutzt wurden.

Bemerkung Nicht alle Funktionen $f\colon \mathbb{R} \to \mathbb{R}$ besitzen einen Grenzwert für $x \to \pm\infty$ oder sind bestimmt divergent. Ein Beispiel für eine solche Funktion ist die Sinusfunktion $f(x) := \sin(x)$, die periodisch ist, womit kein Grenzwert existieren kann. Unter Maple erhält man hierfür aus

```
> limit(sin(x),x=infinity);
```

das Ergebnis $-1..1$. Hier gibt Maple das Intervall $[-1, 1]$ an, in dem alle Funktionswerte liegen.

Für die Tangensfunktion erhält man unter Maple aus

```
> limit(tan(x),x=infinity);
```

die Meldung *undefined*, da die Funktion nicht beschränkt ist.

Weitere ähnliche Beispiele befinden sich in Aufgabe 3.

Aufgaben

1. Betrachten Sie Graphen der Funktionen $f_n(x) := x^n$ aus den Beispielen 3.31 und 3.32 für weitere $n \in \mathbb{N} \setminus \{0\}$ mit Hilfe von Maple.

2. Geben Sie die maximalen Definitionsbereiche der folgenden Funktionen an und bestimmen Sie die Grenzwerte $x \to \pm\infty$. Überprüfen Sie die Ergebnisse mit Maple.

a) $f(x) := \frac{x}{1+x^2}$ b) $f(x) := \frac{2x}{4+x^2}$ c) $f(x) := \frac{-3x^2}{1+x^2}$

d) $f(x) := \frac{2x^3}{x^2\cdot(x+1)}$ e) $f(x) := \frac{7x-x^3}{4-x^2}$ f) $f(x) := \frac{7x-x^3}{4-x^3}$

g) $f(x) := \frac{x}{1-x^2}$ h) $f(x) := \frac{-2x}{3x+2}$ i) $f(x) := \frac{x^2}{(x-1)^2}$

j) $f(x) := \frac{x\cdot(x+2)}{(1-x^2)(x+2)}$ k) $f(x) := \frac{x\cdot(x+2)^2}{(1-x^2)(x+2)}$ l) $f(x) := \frac{x\cdot(x+2)^3}{(1-x^2)(x+2)}$

3. Geben Sie die maximalen Definitionsbereiche der folgenden Funktionen an und bestimmen Sie die Grenzwerte $x \to \pm\infty$, falls diese existieren. Überprüfen Sie die Ergebnisse mit Maple.

a) $f(x) := \frac{3}{x} + \frac{4x}{5-x}$ b) $f(x) := 3x^2 + \frac{4x-20}{3x-15}$ c) $f(x) := \frac{\sin(x)}{x}$
d) $f(x) := \frac{\sin(x)}{x} \cdot \frac{9x^2}{3x}$ e) $f(x) := \exp(5x)$ f) $f(x) := \exp(-x^2)$
g) $f(x) := \exp(\frac{1}{x})$ h) $f(x) := \frac{x+1}{\sqrt{x}}$ i) $f(x) := \tan(x)$

4. Bestimmen Sie $\lim\limits_{x\to\infty} \frac{x^n}{\exp(x)}$ für beliebiges $n \in \mathbb{N} \setminus \{0\}$ mit Hilfe von Maple. Wie deuten Sie dieses Ergebnis?

5. Bestätigen Sie die Ergebnisse aus den Beispielen 3.35 bis 3.39 und 3.41 mit Hilfe von Maple.

6. a) Bestätigen Sie den Inhalt der Bemerkung bzgl. der Grenzwerte gebrochenrationaler Funktionen mit Hilfe von Maple.
Hinweis. Unter Maple existiert die `sign`-Funktion. Ein Beispiel für die Eingabe ist `sign(-2);`.
b) Zeigen Sie analog zu Beispiel 3.20 in Abschnitt 3.3 die Bemerkung nach Beispiel 3.38 (Grenzwerte gebrochenrationaler Funktionen).
c) Verwenden Sie Maple, um mit Teil a) die Aussagen aus den Beispielen 3.32 und 3.33 und der daraus folgenden Bemerkung bzgl. des Verlaufes für $x \to \pm\infty$ zu folgern.

7. Bestimmen Sie mit Hilfe von Maple die Grenzwerte $\lim\limits_{x\to\pm\infty} f(x)$ der Funktionenschar

$$f\colon \mathbb{R} \setminus \{0\} \to \mathbb{R}, \quad \exp\left(\frac{1}{x^k}\right) \quad \text{mit } k \in \mathbb{Z}\,.$$

Betrachten Sie auch die Graphen der Funktionen mit Hilfe von Maple. Welche Funktionen haben stetig hebbare Definitionslücken? Geben Sie in diesem Fall die stetige Fortsetzung an.

4 Differentialrechnung

4.1 Differenzierbarkeit einer Funktion

4.1.1 Sekanten und Tangenten

Die beiden wesentlichen Begriffe dieses Abschnitts lassen sich am besten mit Hilfe von Kreisen einführen, für die sie bereits bekannt sind. Eine *Sekante* an einen Kreis ist eine Gerade, die den Kreis in zwei Punkten schneidet, siehe Abbildung 4.1 a).

Es gibt ebenfalls die Möglichkeit, dass eine Gerade einen Kreis in genau einem Punkt berührt. Dies ist in Abbildung 4.1 b) dargestellt. Solche Geraden heißen *Tangenten*.

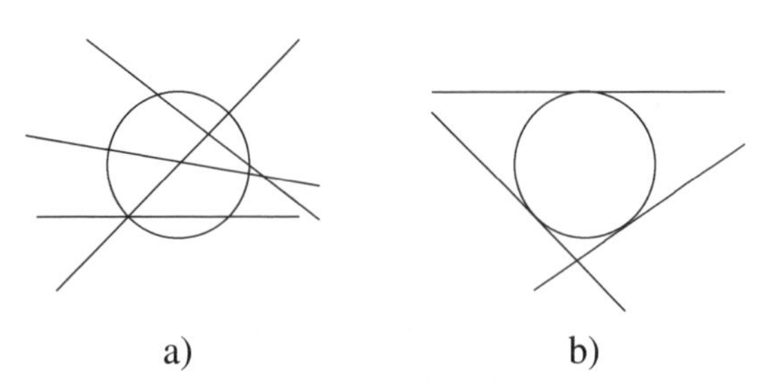

Abb. 4.1 Sekanten und Tangenten an Kreise

Um die Begriffe *Sekante* und *Tangente* auf Funktionsgraphen übertragen zu können, sei zunächst Abbildung 4.2 betrachtet. Hier sieht man eine von der Seite betrachtete Straße, die einen Berg hoch führt. Wenn die Steigung der Straße auf dieser Strecke bestimmt werden soll, gibt es zwei unterschiedliche Verfahren.

Um die durchschnittliche Steigung dieser Straße zu ermitteln, kann durch die Punkte $(x_1|y_1)$ und $(x_2|y_2)$ eine Gerade gelegt werden, deren Steigung

$$m = \frac{y_2 - y_1}{x_2 - x_1} = \frac{150\text{m}}{1000\text{m}} = \frac{3}{20}$$

lautet, vgl. Abbildung 4.3 (a). Hierbei handelt es sich um eine *Sekante* in den Punkten $(x_1|y_1)$ und $(x_2|y_2)$ sowie zusätzlich im Punkt $(x_3|y_3)$.

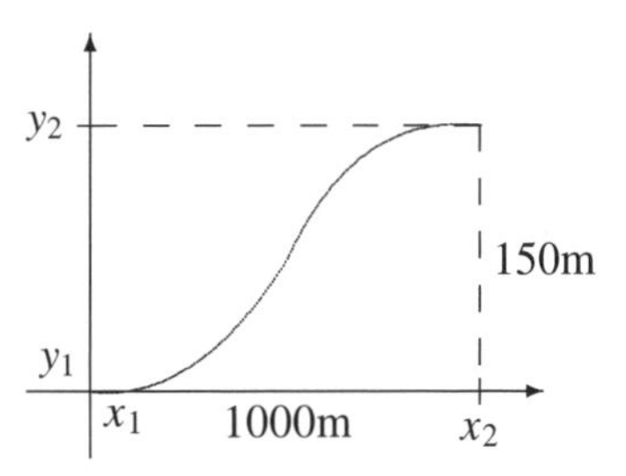

Abb. 4.2 Straße an einem Berg

Oft ist es interessanter, die Steigung an einer bestimmten Stelle wie x_4 in Abbildung 4.3 (b) zu bestimmen. Hierzu benötigt man eine Gerade, die den Graphen der Straße an der Stelle x_4 nicht nur schneidet, sondern berührt (d.h. sich an den Graphen „anschmiegt“) und

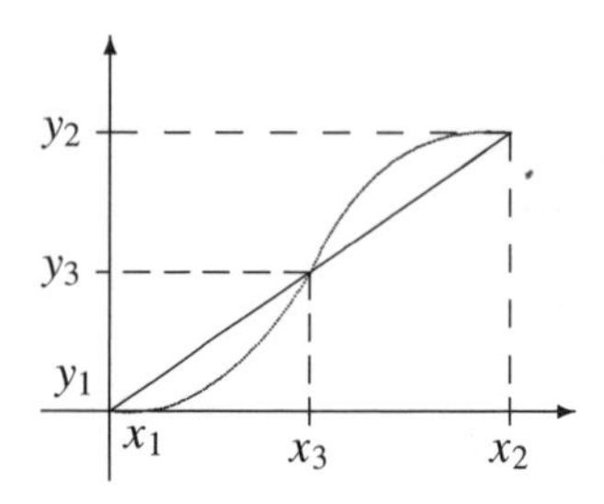

(a) Straße an einem Berg mit Sekante

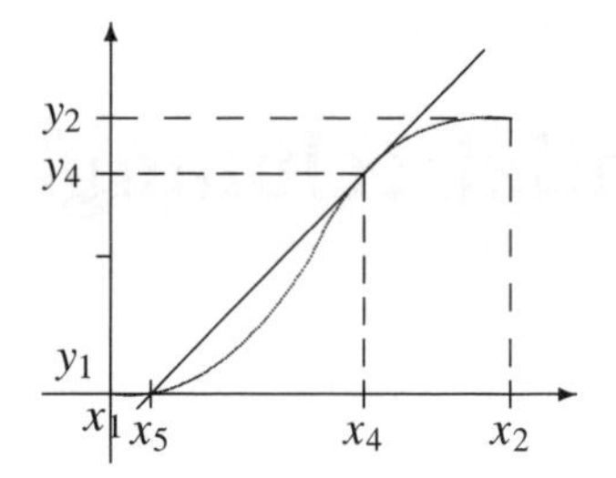

(b) Straße an einem Berg mit Tangente

Abb. 4.3 Bestimmung der Steigung einer Straße am Berg

daher dieselbe Steigung wie der Graph an der Stelle x_4 besitzt, vgl. Abbildung 4.3 (b). Hierbei handelt es sich um die *Tangente* im Punkt $(x_4|y_4)$.

Anders als im Fall der Tangente eines Kreises kann es bei einem Funktionsgraphen sein, dass die Tangente den Funktionsgraphen in einem weiteren Punkt schneidet. Dies ist in Abbildung 4.3 (b) an der Stelle $(x_5|0)$ der Fall.

Die soeben durchgeführten Überlegungen führen zur folgenden anschaulichen Definition.

Definition $f\colon \mathbb{D}_f \to \mathbb{R}$ sei eine stetige Funktion. Kann in einem Punkt $(x_0|f(x_0))$ eine eindeutige Tangente $y := mx + b$ angelegt werden, so heißt m die *Steigung* der Funktion an der Stelle x_0.

Es ist zu beachten, dass nicht an jede Funktion in jedem Punkt eine eindeutige Tangente angelegt werden kann, wie z.B. für $f(x) := |x|$ im Punkt an der Stelle $x_0 := 0$ in Abbildung 2.36 sichtbar ist. Ein weiteres Beispiel ist durch die Gauß'sche Klammerfunktion $f(x) := [x]$ (vgl. Abbildung 2.39) für $x_0 \in \mathbb{N}$ gegeben, da auch in diesem Fall unklar ist, wo die Tangente angelegt werden soll. Dies liegt daran, dass die Funktion f unstetig ist.

Die oben gegebene Definition ist anschaulich verständlich, jedoch ist bisher nicht klar, was die genaue Definition von *die Gerade berührt den Graphen* ist. Dies soll im folgenden Abschnitt dargestellt werden.

4.1.2 Der Ableitungsbegriff

Damit die Steigung mathematisch exakt betrachtet werden kann, muss auf Folgen und Grenzwerte zurückgegriffen werden. Dies kann mit Hilfe von Maple anschaulich durchgeführt werden.

Beispiel 4.1 In Abbildung 4.4 (a) ist die Funktion $f\colon \mathbb{R} \to \mathbb{R}$, $x \mapsto x^2 + 1$ mit der Tangente im Punkt $(0|1)$ und einigen Sekanten durch den Punkt $(0|1)$ und einen weiteren Punkt $(h|h^2 + 1)$ mit $h > 0$ auf dem Graphen eingezeichnet. Diese Sekanten besitzen die Steigung

$$m = \tfrac{y_2 - y_1}{x_2 - x_1} = \tfrac{h^2+1-1}{h-0} = h$$

und daher lauten die Gleichungen der Sekanten

$$y = h \cdot x + 1\,. \tag{1}$$

Je näher h gegen 0 läuft, desto mehr nähert sich die Steigung der Sekante der Steigung der Tangente $y = 1$ an. Die Steigung dieser Tangente ist gleich 0, und die Annäherung der Steigungen der Sekanten an die Steigung der Tangente kann mit Hilfe des Grenzwertes durch $\lim\limits_{h \searrow 0} h = 0$ beschrieben werden. Analog kann dies ebenfalls für Sekanten durch die Punkte $(0|1)$ und $(-h|(-h)^2 + 1)$ mit $h > 0$ durchdacht werden, und es ergibt sich $\lim\limits_{h \searrow 0}(-h) = 0$, vgl. Aufgabe 1.

Hinweis Es ist zu beachten, dass zur Bestimmung der Steigung eines Graphen an einer Stelle x_0 nicht die komplette Gleichung der Tangente benötigt wird, sondern lediglich die Steigung der Tangente. Im Folgenden beschränken sich ähnliche Rechnungen auf die Bestimmung der Steigung der Tangente.

Die Steigungen der Sekanten des Graphen einer Funktion f in den Punkten $(x_1|f(x_1))$ und $(x_2|f(x_2))$ ergeben sich analog zu Beispiel 4.1 durch den *Differenzenquotienten*

$$\frac{f(x_2) - f(x_1)}{x_2 - x_1}.$$

Setzt man $x_1 := x$ und $x_2 := x+h$ in die Gleichung für den Differenzenquotienten ein, so ergibt sich die Steigung der Sekante durch die Punkte $(x|f(x))$ und $(x+h|f(x+h))$ zu

$$m := \frac{f(x_0 + h) - f(x_0)}{(x_0 + h) - x_0} = \frac{f(x_0 + h) - f(x_0)}{h}. \tag{2}$$

Die Sekante hat die Funktionsvorschrift $g(x) := mx + b$. Für die Schnittstelle x_0 der Graphen von f und g gilt

$$g(x_0) = f(x_0) \Leftrightarrow mx_0 + b = f(x_0) \Leftrightarrow b = f(x_0) - mx_0\,. \tag{3}$$

Aus (2) und (3) ergibt sich für die Funktionsvorschrift der Sekante

$$g(x) = mx + f(x_0) - mx_0 = \frac{f(x_0 + h) - f(x_0)}{h} \cdot x + f(x_0) - \frac{f(x_0 + h) - f(x_0)}{h} \cdot x_0\,.$$

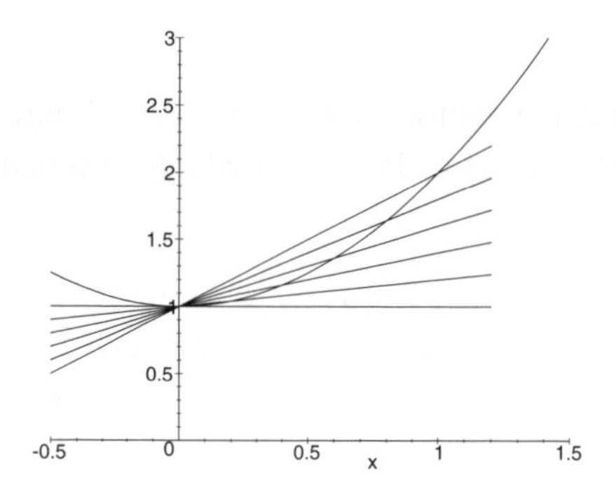

(a) Der Graph von $f(x) = x^2 + 1$ mit Sekanten und Tangente am Ursprung

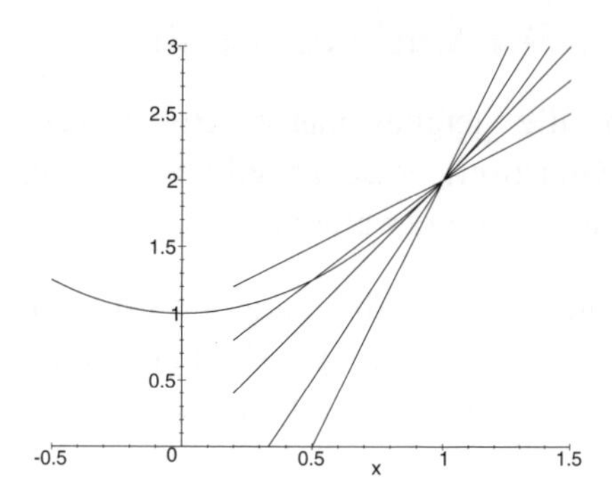

(b) Graph zu $f(x) = x^2 + 1$ mit Sekanten und Tangente an der Stelle $x_0 = 1$

Abb. 4.4 Funktionsgraphen mit Sekanten und Tangenten

Beispiel 4.2 Es werden die Tangente und Sekanten von $f(x) := x^2 + 1$ mit $\mathbb{D}_f := \mathbb{R}$ an der Stelle $x_0 := 1$ betrachtet. Die Sekanten schneiden den Graphen von f im Punkt $(1|2)$ und einem weiteren Punkt mit der x-Koordinate $1 + h$.

Mit Maple können Sekanten und Tangenten an den Graphen einer Funktion f durch die Punkte x_0 und $x_0 + h$ mit $h > 0$ bestimmt werden. Für die Funktion

```
> f := x -> x^2+1:
```

erhält man die Steigung der Sekanten durch den Punkt $(x_0|f(x_0))$ und den Punkt $(x_0 + h|f(x_0 + h))$ durch

```
> m := (f(x0+h)-f(x0))/h;
```

$$m := \frac{(x0 + h)^2 - x0^2}{h}$$

Der Term lässt sich vereinfachen:

```
> m:=simplify(%);
```

liefert das Ergebnis

$$m := 2\,x0 + h\,.$$

Es gilt $x_0 := 1$, und damit folgt die y-Koordinate

```
> simplify(f(1+h));
```

$$2 + 2h + h^2$$

Dies bedeutet, dass die Sekante die Punkte $(1|2)$ und $(1 + h|h^2 + 2h + 2)$ durchläuft. Die Steigung dieser Sekante lautet

$$m = h + 2\,. \tag{4}$$

Mit $\lim\limits_{h \searrow 0}(h+2) = 2$ berechnet sich die mögliche Steigung der Funktion f im Punkt $(1|2)$ zu 2. Die Steigung nähert sich an die Tangentensteigung an, was in Abbildung 4.4 für $h \in \{-1, -0.5, 0, 1, 2\}$ zu erkennen ist. Dasselbe ergibt sich durch $\lim\limits_{h \searrow 0}(-h+2) = 2$ und sei zur Übung überlasssen.

Um das in Beispiel 4.2 vorgestellte Verfahren allgemein formulieren zu können, sei jetzt $f\colon \mathbb{R} \to \mathbb{R}$ eine beliebige Funktion und $x_0 \in \mathbb{D}_f$. Um die Tangente bzw. die Steigung des Graphen der Funktion f im Punkt x_0 zu bestimmen, sei eine Sekante durch die Punkte $(x_0|f(x_0))$ und $(x_0+h|f(x_0+h))$ mit $h > 0$ des Graphen betrachtet, vgl. Abbildung 4.5. Die Steigung m dieser Sekante lautet

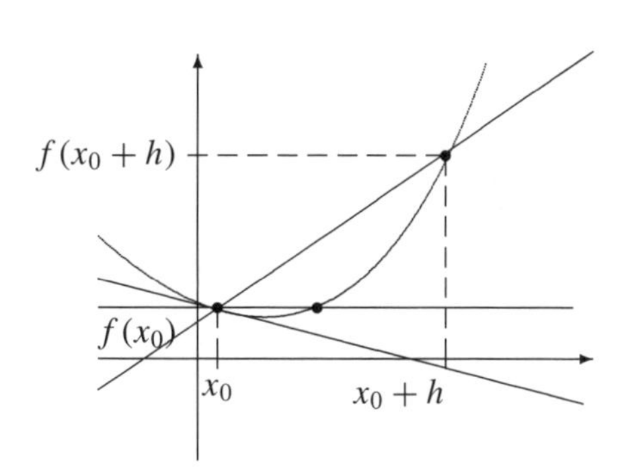

Abb. 4.5 Graph von f mit Sekanten und Tangente in x_0

$$m = \frac{f(x_0+h)-f(x_0)}{h}.$$

Um die Existenz der Tangente (bzw. einer Tangentensteigung) am Graphen von f im Punkt x_0 zu überprüfen, bildet man wie weiter oben den Grenzwert, wobei zwischen dem *linksseitigen Limes*

$$\lim_{h \searrow 0} \frac{f(x_0-h)-f(x_0)}{-h}$$

und dem *rechtsseitigen Limes*

$$\lim_{h \searrow 0} \frac{f(x_0+h)-f(x_0)}{h},$$

unterschieden werden muss.

Die Tangente kann nach den obigen Überlegungen genau dann an den Graphen von f an der Stelle x_0 angelegt werden, wenn der rechtsseitige und der linksseitige Limes übereinstimmen. Die Steigung der Tangente ist damit gleich dem rechts- bzw. linksseitigen Grenzwert. Dies führt zu einem zentralen Begriff der Analysis.

Definition $f\colon \mathbb{D}_f \to \mathbb{R}$ sei eine Funktion und $x_0 \in \mathbb{D}_f$. Die Funktion f heißt *linksseitig differenzierbar* an der Stelle x_0, wenn der *linksseitige Grenzwert*

$$f'_-(x_0) := \lim_{h \searrow 0} \frac{f(x_0-h)-f(x_0)}{-h}$$

existiert, und *rechtsseitig differenzierbar* an der Stelle x_0, wenn der *rechtsseitige Grenzwert*

$$f'_+(x_0) := \lim_{h \searrow 0} \frac{f(x_0+h)-f(x_0)}{h}$$

existiert. Die Funktion f heißt *differenzierbar* an der Stelle x_0, wenn sie linksseitig und rechtsseitig differenzierbar ist und $f'_+(x_0) = f'_-(x_0)$ gilt.

Ist eine Funktion f an der Stelle x_0 differenzierbar, dann wird

$$f'(x_0) := \lim_{h \to 0} \tfrac{f(x_0+h)-f(x_0)}{h}$$

für beliebige Nullfolgen h gesetzt und heißt die *Ableitung* bzw. die *lokale Ableitung* von f an der Stelle x_0.

Man definiert nun exakt:

Definition Eine *Tangente* an den Graphen der in $x_0 \in \mathbb{D}_f$ differenzierbaren Funktion $f\colon \mathbb{D}_f \to \mathbb{R}$ an der Stelle x_0 ist die eindeutig bestimmte Gerade, die durch den Punkt $(x_0|f(x_0))$ verläuft und die Steigung $f'(x_0)$ besitzt.

Beispiel 4.3 Gegeben sei die Funktion $f(x) := x^2$ mit $\mathbb{D}_f := \mathbb{R}$ und die Stelle $x_0 := 1$. Man rechnet

$$f'_+(1) := \lim_{h \searrow 0} \tfrac{(1+h)^2-1}{h} = \lim_{h \searrow 0} \tfrac{h^2+2h}{h} = \lim_{h \searrow 0}(h+2) = 2$$

und

$$f'_-(1) := \lim_{h \searrow 0} \tfrac{(1-h)^2-1}{-h} = \lim_{h \searrow 0} \tfrac{h^2-2h}{-h} = \lim_{h \searrow 0}(-h+2) = 2\,,$$

d.h. f ist an der Stelle $x_0 = 1$ differenzierbar, und es gilt $f'(1) = 2$. Dieses Ergebnis lässt sich mit Maple bestätigen.

Definiert man

```
> f := x -> x^2:
```

so ergibt sich für den rechtsseitigen Grenzwert

```
> limit((f(1+h)-f(1))/h,h=0,right);
```

der Wert 2. Die Bestimmung des linksseitige Grenzwerts sei zur Übung überlassen.

Analog kann die Behauptung für beliebige $x_0 \in \mathbb{R}$ gezeigt werden, was ebenfalls mit Maple zur Übung überlassen sei.

Hinweis Wie im vorangegangenen Beispiel erkennbar war, muss die Variable h nach Möglichkeit aus dem Nenner gekürzt werden, da durch die Zahl 0 nicht dividiert werden darf. Dies wird in den folgenden Beispielen ebenfalls erkennbar sein und sollte immer berücksichtigt werden, da sonst der Grenzwert nicht durch Einsetzen von $h = 0$ bestimmt werden kann.

Beispiel 4.4 Die Funktion $f(x) := |x|$ mit $\mathbb{D}_f := \mathbb{R}$ ist, wie man anhand der Abbildung 2.36 vermuten kann, an der Stelle $x_0 = 0$ rechtsseitig und linksseitig differenzierbar, jedoch gilt $f'_+(0) \neq f'_-(0)$. Dies wird bestätigt durch

$$f'_+(0) = \lim_{h \searrow 0} \tfrac{|0+h|-|0|}{h} = \lim_{h \searrow 0} \tfrac{h}{h} = 1$$

und

$$f'_-(0) = \lim_{h \searrow 0} \tfrac{|0-h|-|0|}{-h} = \lim_{h \searrow 0} \tfrac{h}{-h} = -1\,.$$

Beispiel 4.5 Nun sei die in Beispiel 4.2 gewählte Funktion $f(x) := x^2 + 1$ an der Stelle $x_0 := 1$ betrachtet. Es ergibt sich analog zu (2)

$$f'_+(1) = \lim_{h \searrow 0} \tfrac{(1+h)^2+1-(1^2+1)}{h} = \lim_{h \searrow 0}(2+h) = 2$$

und

$$f'_-(1) = \lim_{h \searrow 0} \tfrac{(1-h)^2+1-(1^2+1)}{-h} = \lim_{h \searrow 0}(2-h) = 2\,,$$

also ist f an der Stelle $x_0 = 1$ differenzierbar und es gilt $f'(1) = 2$. Analog kann die Differenzierbarkeit von f an beliebigen Stellen $x_0 \in \mathbb{R}$ bewiesen werden, vgl. Aufgabe 5 b).

Die Ergebnisse aus den Beispielen 4.4 und 4.5 können mit Maple bestätigt werden, vgl. Aufgabe 6 a).

4.1.3 Die Ableitungsfunktion

Nachdem Ableitungen von Funktionen an einzelnen Punkten bestimmt wurden und dabei wie in den Beispielen 4.1, 4.2 und 4.3 Funktionen auftreten können, die für alle $x_0 \in \mathbb{R}$ differenzierbar sind, stellt sich die Frage, ob die Menge der erhaltenen Punkte $(x_0|f'(x_0))$ in einem Zusammenhang stehen, oder anders formuliert: Gibt es eine Funktion, mit der die Menge der Punkte der Ableitung beschrieben werden kann?

Um diese Frage zu beantworten, sei $f(x) := x^2$ ausgewählt. Es wird der Differenzenquotient der Funktion f mit beliebigem $x \in \mathbb{D}_f$ betrachtet, d.h.

$$\tfrac{f(x+h)-f(x)}{h} = \tfrac{(x+h)^2-x^2}{h} = 2x + h\,.$$

Die Bildung des Limes liefert

$$\lim_{h \to 0}(2x + h) = 2x\,.$$

Man beachte, dass dies für beliebige $x \in \mathbb{R}$ und beliebige Nullfolgen h gilt, daher macht es Sinn, die folgende Funktion zu definieren:

$$f'\colon\ \mathbb{R} \to \mathbb{R}, \quad x \mapsto f'(x) := 2x\,.$$

Diese Funktion f' heißt die *Ableitungsfunktion* oder einfach *Ableitung* der Funktion f mit $f(x) = x^2$.

Beispiel 4.6 Als Beispiel sei die Funktion $f : \mathbb{R} \to \mathbb{R}$ mit $f(x) := 2x+1$ betrachtet. Diese Gerade hat die Steigung 2. Mit dem Limes ergibt sich

$$f'(x) = \lim_{h\to\infty} \tfrac{f(x+h)-f(x)}{h} = \lim_{h\to 0} \tfrac{2(x+h)+1-(2x+1)}{h} = \lim_{h\to 0} \tfrac{2h}{h} = \lim_{h\to 0} 2 = 2\,,$$

wodurch die konstante Steigung 2 bestätigt wurde.

Beispiel 4.7 Ein weiteres Beispiel sei gegeben durch die Funktion $f : \mathbb{R} \to \mathbb{R}$ mit $f(x) := 2x^3 + x - 2$. Hier ergibt sich

$$\begin{aligned} f'(x) &= \lim_{h\to 0} \tfrac{f(x+h)-f(x)}{h} \\ &= \lim_{h\to 0} \tfrac{2(x+h)^3+(x+h)-2-(2x^3+x-2)}{h} \\ &= \lim_{h\to 0} \tfrac{6x^2h+6xh^2+2h^3+h}{h} \\ &= \lim_{h\to 0} (6x^2 + 6xh + 2h^2 + 1) \\ &= \lim_{h\to 0} (6x^2 + 6xh + 2h^2 + 1) = 6x^2 + 1\,. \end{aligned}$$

Beispiel 4.8 Nachdem zunächst Polynome betrachtet wurden, sei nun

$$f : \mathbb{R} \setminus \{0\} \to \mathbb{R}, \qquad x \mapsto \tfrac{1}{x}$$

gegeben. Die Ableitung bestimmt man zu

$$\begin{aligned} f'(x) &= \lim_{h\to 0} \tfrac{f(x+h)-f(x)}{h} = \lim_{h\to\infty} \frac{\frac{1}{x+h} - \frac{1}{x}}{h} \\ &= \lim_{h\to 0} \frac{\frac{x-(x+h)}{x(x+h)}}{h} = \lim_{h\to 0} \tfrac{-h}{hx(x+h)} \\ &= \lim_{h\to 0} \tfrac{-1}{x(x+h)} = -\tfrac{1}{x^2}. \end{aligned}$$

Beispiel 4.9 Für die Funktion $f : \mathbb{R}_+ \setminus \{0\} \to \mathbb{R}$, $x \mapsto \sqrt{x}$, ergibt sich

$$\begin{aligned} f'(x) &= \lim_{h\to 0} \tfrac{f(x+h)-f(x)}{h} = \lim_{h\to 0} \tfrac{\sqrt{x+h}-\sqrt{x}}{h} \\ &\overset{\circledast}{=} \lim_{h\to 0} \tfrac{(\sqrt{x+h}-\sqrt{x})(\sqrt{x+h}+\sqrt{x})}{h(\sqrt{x+h}+\sqrt{x})} \\ &= \lim_{h\to 0} \tfrac{(x+h)-x}{h(\sqrt{x+h}+\sqrt{x})} \\ &= \lim_{h\to 0} \tfrac{1}{\sqrt{x+h}+\sqrt{x}} = \tfrac{1}{2\sqrt{x}}. \end{aligned}$$

An der Stelle ⊛ wurde der Bruch so erweitert, dass im Zähler die Wurzel wegfällt und so der Faktor h gekürzt werden konnte. Es fällt auf, dass die Funktion f auch für $x = 0$ definiert werden könnte, die Ableitungsfunktion f' jedoch nicht. Das liegt daran, dass der Graph der Wurzelfunktion f im Punkt (0|0) eine senkrechte Tangente hat, und die Steigung einer senkrechten Gerade ist nicht definiert.

Beispiel 4.10 Ein deutlich schwierigeres Beispiel ist gegeben durch die Funktion

$$f\colon \mathbb{R} \to \mathbb{R}, \qquad x \mapsto \sin(x)\,.$$

Um die Ableitung der Sinusfunktion zu bestimmen, wird einerseits der Zusammenhang

$$\sin(x_1) - \sin(x_2) = 2\cos\left(\tfrac{1}{2}(x_1 + x_2)\right) \cdot \sin\left(\tfrac{1}{2}(x_1 - x_2)\right) \qquad \circledast$$

Dieser Zusammenhang lässt sich mit Maple nachweisen. Bei Eingabe von

```
> expand(2*cos(.5*(x1+x2))*sin(.5*(x1-x2)));
```

erhält man das Ergebnis

$$2\cos(.5\,x1)\cos(.5\,x2)^2\sin(.5\,x1) - 2\cos(.5\,x1)^2\cos(.5\,x2)\sin(.5\,x2)$$
$$- 2\sin(.5\,x1)^2\sin(.5\,x2)\cos(.5\,x2) + 2\sin(.5\,x1)\sin(.5\,x2)^2\cos(.5\,x1)\,.$$

Dieser Term lässt sich durch Verwendung des Befehls `combine` mit der Option `trig` für trigonometrische Funktionen zusammenfassen. Mit

```
> combine(%,trig);
```

erhält man

$$\sin(1.0\,x1) - \sin(1.0\,x2).$$

Hiermit ist die Gleichung ⊛ nachgewiesen. Auf ihren Beweis wird hier nicht eingegangen, vgl. hierzu [Fo99a], §14.

In der folgenden Rechnung wird an der Stelle (1) die Aussage ⊛ mit $x_1 := x + h$ und $x_2 := x$ benötigt. Außerdem wird das Ergebnis aus Beispiel 3.4. e) an der Stelle (2) benutzt. Hiermit ergibt sich

$$\begin{aligned} f'(x) &= \lim_{h\to 0} \frac{f(x+h)-f(x)}{h} = \lim_{h\to 0} \frac{\sin(x+h)-\sin(x)}{h} \\ &\overset{(1)}{=} \lim_{h\to 0} \frac{2\cos\left(\frac{1}{2}(x+h+x)\right)\cdot\sin\left(\frac{1}{2}(x+h-x)\right)}{h} = \lim_{h\to 0} \frac{\cos\left(\frac{1}{2}(2x+h)\right)\cdot\sin\left(\frac{h}{2}\right)}{\frac{h}{2}} \\ &= \lim_{h\to 0} \cos\left(x + \tfrac{h}{2}\right) \cdot \lim_{h\to 0} \frac{\sin\left(\frac{h}{2}\right)}{\frac{h}{2}} \overset{(2)}{=} \cos(x)\cdot 1 = \cos(x)\,. \end{aligned}$$

Auf ähnliche Art ergibt sich für $f(x) := \cos(x)$ die Ableitung $f'(x) = -\sin(x)$, vgl. Aufgabe 5 f).

Es liegt nahe, einige Regeln zu finden, die die Bestimmung von Ableitungen erleichtern. Diese werden in Abschnitt 5.2 folgen.

Hinweis für Maple

Mit Hilfe von Maple können Ableitungen von Funktionen bestimmt werden. Dies geht mit `diff(f(x),x);` Verwendet man `Diff`, so wird der Befehl angegeben. Für die Funktion f mit $f(x) = 3x$ erhält man mit

```
> Diff(3*x,x)=diff(3*x,x);
```

das Ergebnis

$$\frac{\partial}{\partial x}(3\,x) = 3\,,$$

wobei bei dieser Schreibweise die Variable, nach der abgeleitet wurde, mit angegeben wird.

Zur Übung sei es empfohlen, die Ableitungen der Funktionen aus den Beispielen 4.6 bis 4.10 mit Maple zu bestimmen, siehe Aufgabe 7.

Die Stetigkeit von Funktionen ist in der Differentialrechnung eine notwendige Bedingung, wie der folgende Satz zeigt.

Satz *Eine an der Stelle $x_0 \in \mathbb{D}_f$ differenzierbare Funktion f ist stetig an der Stelle x_0.*

Dies bedeutet, dass eine Funktion notwendigerweise stetig sein muss, um differenzierbar zu sein. Diese Voraussetzung ist jedoch nicht hinreichend, wie $f(x) = |x|$ an der Stelle $x_0 = 0$ zeigt. Die Funktion f ist an dieser Stelle stetig, aber nicht differenzierbar, wie in Beispiel 4.4 gezeigt wurde.

Um den Satz zu beweisen, sei f eine Funktion, die an der Stelle $x_0 \in \mathbb{D}_f$ differenzierbar ist. Dann gilt für alle Nullfolgen h

$$f'(x) = \lim_{h\to 0} \tfrac{f(x+h)-f(x)}{h} \in \mathbb{R}\,.$$

Dies bedeutet, dass für alle h unter einer Grenze h_0 alle Differenzenquotienten vom Betrag kleiner als eine Grenze M sind, d.h.

$$\left|\tfrac{f(x_0+h)-f(x_0)}{h}\right| < M \quad \text{für alle } h < h_0\,.$$

Daraus folgt

$$|f(x_0+h) - f(x_0)| < M \cdot |h| \quad \text{für alle } h < h_0\,.$$

Aufgrund von $h \to 0$ geht die rechte Seite der Gleichung gegen null und damit auch die linke Seite, da sie kleiner als die rechte Seite und nicht negativ ist. Dies bedeutet jedoch $\lim\limits_{h\to 0} f(x_0+h) = f(x_0)$. Da die Nullfolge h beliebig war, ist f hiermit an der Stelle x_0 stetig und der Satz ist bewiesen.

Die von nun an betrachteten Funktionen sind immer differenzierbar, also auch stetig, sofern nicht das Gegenteil extra erwähnt wird.

Aufgaben

1. Zeigen Sie analog zu den Beispielen 4.1 und 4.2, dass für die Funktion $f\colon \mathbb{R} \to \mathbb{R}$, $x \mapsto x^2 + 1$ die Sekantensteigungen durch die Punkte $(0|1)$ und $(-h|(-h)^2 + 1)$ mit $h > 0$ auf dem Graphen von f für den Limes $h \to 0$ gegen die Tangentensteigung an den Graphen von f im Punkt $(0|1)$ konvergieren.

2. Worin besteht der Unterschied zwischen einer Ableitungsfunktion und einer lokalen Ableitung einer Funktion? Beschreiben Sie den Vorteil der Ableitungsfunktion gegenüber der lokalen Ableitung.

3. Bestimmen Sie analog zu Abbildung 4.4 Sekanten und Tangenten der Funktionen:

a) $f(x) := x^2$ an der Stelle $x_0 := -2$ ($x_0 := \frac{1}{2}$, $x_0 := 3$, $x_0 := -4$)

b) $f(x) := x^2 + 1$ an der Stelle $x_0 := -1$ ($x_0 := -\frac{1}{2}$, $x_0 := 2$, $x_0 := -\frac{3}{2}$)

c) $f(x) := \frac{1}{x}$ an der Stelle $x_0 := 2$ ($x_0 := -\frac{1}{2}$, $x_0 := \frac{1}{4}$, $x_0 := -10$)

d) $f(x) := x^3$ an der Stelle $x_0 := -1$ ($x_0 := \frac{1}{2}$, $x_0 := 3$, $x_0 := -4$)

e) $f(x) := \frac{1}{x^2}$ an der Stelle $x_0 := -2$ ($x_0 := \frac{1}{2}$, $x_0 := 3$, $x_0 := -4$)

4. a) Berechnen Sie für die Funktionen aus Aufgabe 3 für dieselben $x_0 \in \mathbb{D}_f$ die Werte $f'_+(x_0)$, $f'_-(x_0)$ und zeigen Sie, dass $f'_+(x_0) = f'_-(x_0)$ gilt. Bestätigen Sie die Ergebnisse mit Maple.
b) Bestimmen Sie mit Maple die Ableitungsfunktionen der Funktionen aus Aufgabe 3.

5. Geben Sie den maximalen Definitionsbereich der folgenden Funktionen an und bestimmen Sie dann die Ableitungsfunktion:

a) $f(x) := -3x$ b) $f(x) := x^2 + 1$ c) $f(x) := \frac{1}{2}x^2 + 4x + 2$

d) $f(x) := x^3 - 1$ e) $f(x) := 5\sqrt{x}$ f) $f(x) := \cos(x)$

6. a) Bestimmen Sie mit Maple die links- und rechtsseitigen Grenzwerte der Funktionen aus den Beispielen 4.4 und 4.5.
b) Geben Sie mit Hilfe von Maple die Ableitungsfunktion der Funktion aus Beispiel 4.5 an.

7. Bestimmen Sie mit Hilfe von Maple die Ableitungen der Funktionen der Beispiele 4.6 bis 4.10.

4.2 Ableitungsregeln

Insbesondere in den Beispielen 4.8, 4.9 und 4.10 stellte sich heraus, dass die Bestimmung von Ableitungen nicht einfach ist. Daher bietet es sich an, Regeln zu finden, mit denen Ableitungen von einigen Funktionen einfacher zu ermitteln sind.

4.2.1 Einleitung

Häufig treten Funktionen auf, in denen sich Terme der Form $a \cdot x^n$ mit $a \in \mathbb{R} \setminus \{0\}$ und $n \in \mathbb{Q} \setminus \{0\}$ befinden. Einige Funktionen dieser Art traten bereits im letzten Abschnitt auf:

$$\begin{aligned} f(x) &:= x^2 \Rightarrow f'(x) = 2x\,, \\ f(x) &:= 2x^3 \Rightarrow f'(x) = 6x^2\,, \\ f(x) &:= \tfrac{1}{x} = x^{-1} \Rightarrow f'(x) = -\tfrac{1}{x^2} = -1 \cdot x^{-2}\,, \\ f(x) &:= \sqrt{x} = x^{\frac{1}{2}} \Rightarrow f'(x) = \tfrac{1}{2\sqrt{x}} = \tfrac{1}{2} \cdot x^{-\frac{1}{2}}\,. \end{aligned}$$

Wie in allen Beispielen erkennbar ist, hat sich der Exponent in der Ableitung jeweils um 1 verringert. Der Vorfaktor hat sich ebenfalls geändert. Um diesen genau zu bestimmen, wird der allgemeine Fall $f(x) := a \cdot x^n$ betrachtet. Mit Maple erhält man hierfür die Ableitung

```
> diff(a*x^n,x);
```

$$\frac{a\,x^n\,n}{x}$$

Das Ergebnis muss jedoch noch vereinfacht werden, da der Term nicht so weit wie möglich zusammengefasst ist. Dies erfolgt durch

```
> simplify(%);
```

und liefert das Ergebnis $a\,x^{(n-1)}\,n$. Um das mit Maple bestimmte Ergebnis zu bestätigen, wird zuerst ein Differenzenquotient betrachtet. Im Differenzenquotienten tritt der Term $(x+h)^n$ auf. Im Fall $n = 2$ ergibt sich

$$(x+h)^2 = x^2 + 2xh + h^2,$$

und für $n = 3$ erhält man

$$(x+h)^3 = x^3 + 3x^2h + 3xh^2 + h^3.$$

Für größere Exponenten $n \in \mathbb{N}$ ergeben sich immer kompliziertere Summen von Termen, deren Vorfaktoren *Binomialfaktoren* bzw. *Binomialkoeffizienten* sind. Die Binomialkoeffizienten werden häufig in der Stochastik verwendet und können mit Maple berechnet werden.

Für $n = 0$ ergibt sich

```
> (a+b)^0;
```

$$1$$

für $n = 1$ gilt

```
> (a+b)^1;
```

$$a + b$$

Für $n = 2$ erhält man zunächst

```
> (a+b)^2;
```

$$(a + b)^2$$

Um die Klammer aufgelöst zu erhalten, wird

```
> expand(%);
```

eingegeben, und man erhält

$$a^2 + 2\,a\,b + b^2$$

Analog erhält man für $n = 3$

```
> expand((a+b)^3);
```

$$a^3 + 3\,a^2\,b + 3\,a\,b^2 + b^3$$

und für $n = 4$

```
> expand((a+b)^4);
```

$$a^4 + 4\,a^3\,b + 6\,a^2\,b^2 + 4\,a\,b^3 + b^4$$

Die Koeffizienten dieser Summe können in einer Dreiecksform notiert werden:

$$\begin{array}{ccccccccc} & & & & 1 & & & & \\ & & & 1 & & 1 & & & \\ & & 1 & & 2 & & 1 & & \\ & 1 & & 3 & & 3 & & 1 & \\ 1 & & 4 & & 6 & & 4 & & 1 \end{array}$$

Hierbei ist zu erkennen, dass ein Koeffizient als Summe der beiden schräg über ihm stehenden Koeffizienten gegeben ist, wie das Beispiel $1 + 2 = 3$ in der zweiten und dritten Zeile zeigt. Das Dreieck für die Binomialkoeffizienten kann auf diese Weise fortgesetzt werden, und man erhält hiermit

$$
\begin{array}{ccccccccccccc}
 & & & & & & 1 & & & & & & \\
 & & & & & 1 & & 1 & & & & & \\
 & & & & 1 & & 2 & & 1 & & & & \\
 & & & 1 & & 3 & & 3 & & 1 & & & \\
 & & 1 & & 4 & & 6 & & 4 & & 1 & & \\
 & 1 & & 5 & & 10 & & 10 & & 5 & & 1 & \\
1 & & 6 & & 15 & & 20 & & 15 & & 6 & & 1 \\
\cdot & \cdot & \cdot & \cdot & \cdot & \cdot & \cdot & \cdot & \cdot & \cdot & \cdot & \cdot & \cdot
\end{array}
$$

wobei durch $\cdot$ die unendliche Fortsetzung angedeutet ist. Dieses Dreieck heißt *Pascal'sches Dreieck*, benannt nach dem Mathematiker *Blaise Pascal* (1623-1662).

Binomialkoeffizienten können allgemein berechnet werden. Nummeriert man die Zeilen im Pascal'schen Dreieck von oben mit Null beginnend und die Koeffizienten in jeder Zeile von links nach rechts mit Null beginnend, so können die Koeffizienten an den Stellen $\binom{\text{Zeile}}{\text{Spalte}}$ durch

$$\binom{n}{p} := \frac{n!}{k!(n-k)!}$$

(sprich „n über p") berechnet werden. Hierbei steht $n!$ (n-*Fakultät*) für das Produkt

$$n! := n \cdot (n-1) \cdot (n-2) \cdot \ldots \cdot 2 \cdot 1 \quad \text{für } n \in \mathbb{N} \setminus \{0\}$$

und

$$0! := 1\,.$$

Mit dieser Schreibweise sieht das Pascal'sche Dreieck folgendermaßen aus:

$$
\begin{array}{ccccccc}
 & & & \binom{0}{0} & & & \\
 & & \binom{1}{0} & & \binom{1}{1} & & \\
 & \binom{2}{0} & & \binom{2}{1} & & \binom{2}{2} & \\
\binom{3}{0} & & \binom{3}{1} & & \binom{3}{2} & & \binom{3}{3} \\
\cdot & \cdot & \cdot & \cdot & \cdot & \cdot & \cdot
\end{array}
$$

Die Potenzen der Summe $a + b$ können damit so beschrieben werden:

$$(a+b)^n = \binom{n}{0} a^n + \binom{n}{1} a^{n-1} b + \binom{n}{2} a^{n-2} b^2 + \ldots + \binom{n}{n-1} a b^{n-1} + \binom{n}{n} b^n. \quad (1)$$

Um die Schreibweise abzukürzen wird das *Summenzeichen* $\sum$ verwendet. Hiermit kann z.B.

$$\sum_{i=1}^{10} i = 1 + \ldots + 10 \tag{2}$$

notiert werden. Diese Schreibweise ist so zu verstehen, dass für i alle Werte von 1 bis 10 einzusetzen und die entstehenden Terme zu addieren sind. Zur Übung dieser Schreibweise mit Summenzeichen seien die Aufgaben 9 bis 11 empfohlen.

Hinweis für Maple

Summen lassen sich unter Maple mit Hilfe des Befehls `sum` berechnen. Die Summe aus Gleichung (2) erhält man mit Maple durch

```
> Sum(i,i=1..10)=sum(i,i=1..10);
```

das Ergebnis

$$\sum_{i=1}^{10} i = 55$$

Überträgt man die Schreibweise mit dem Summenzeichen auf Gleichung (1), so ergibt sich

$$(a+b)^n = \sum_{i=0}^{n} \binom{n}{i} a^{n-i} b^i, \quad \text{wobei } a^0 = 1 = b^0 \text{ benutzt wird.}$$

Die Binomialkoeffizienten haben eine besondere Rolle in der Kombinatorik, vgl. [He97]. Für eine anschauliche Darstellung von Binomialkoeffizienten s. [Enz97]: *Der siebte Tag*.

Hinweis für Maple

Binomialkoeffizienten lassen unter Maple durch `binomial` berechnen. Um den Binomialkoeffizienten $\binom{n}{k}$ zu ermitteln, ist

```
> binomial(n,k);
```

einzugeben.
Die *Fakultät* $n!$ einer Zahl n kann unter Maple durch Eingabe von

```
> n!;
```

bestimmt werden.

Hinweis Eine schöne Darstellung des Paskal'schen Dreiecks findet sich in [Vi01], 9.1.

Für $(x+h)^n$ folgt aus dem Palscal'schen Dreieck, dass der Koeffizient des Terms $x^{n-1}h$ gleich n und von $x^{n-2}h^2$ gleich $\frac{1}{2}n(n-1)$ ist. Hiermit ergibt sich

$$\begin{aligned} f'(x) &= \lim_{h\to 0} \frac{f(x+h)-f(x)}{h} = \lim_{h\to 0} \frac{a(x+h)^n - ax^n}{h} \\ &= a \cdot \lim_{h\to 0} \frac{x^n + nx^{n-1}h + \frac{1}{2}n(n-1)x^{n-2}h^2 + \ldots + h^n - x^n}{h} \\ &= a \cdot \lim_{h\to 0} \frac{nx^{n-1}h + \frac{1}{2}n(n-1)x^{n-2}h^2 + \ldots + h^n}{h} \\ &= a \cdot \lim_{h\to 0} \left(nx^{n-1} + \tfrac{1}{2}n(n-1)x^{n-2}h + \ldots + h^{n-1}\right), \end{aligned}$$

wobei alle Summanden außer dem ersten h als Faktor enthalten. Daraus folgt, dass der Limes für alle Summanden außer dem ersten gleich Null ist, und damit gilt

$$f'(x) = a \cdot n \cdot x^{n-1}.$$

Diese Regel kann analog für negative ganzzahlige Exponenten bewiesen werden. Zur Bestätigung dieser Regel für rationale Exponenten sind zusätzliche Überlegungen nötig, vgl. Aufgabe 12. Damit ist obige Angabe von Maple bestätigt:

> Die Funktion $f\colon \mathbb{D}_f \to \mathbb{R},\ x \mapsto a \cdot x^n$ mit $a \in \mathbb{R} \setminus \{0\}$ und $n \in \mathbb{Q} \setminus \{0\}$ ist für alle $x \in \mathbb{D}_f$ differenzierbar, und es gilt
>
> $$f'(x) = a \cdot n \cdot x^{n-1}.$$

Hinweis Es ist zu beachten, dass die Regel zur Ableitung von Termen $a \cdot x^n$ mit $a \in \mathbb{R}$ auch für $n = 0$ gilt. Auf die Funktionsvorschrift $f(x) = a \cdot x^0 = a$ angewandt liefert sie $f'(x) = a \cdot 0 \cdot x^{-1} = 0$. Das unterstützt die Erkenntnis, dass eine konstante Funktion die Steigung Null hat.

Mit Maple können Summen mit Binomialkoeffizienten ebenfalls berechnet werden.

Gibt man

```
> sum(binomial(4,i)*3^(4-i)*2^i,i=0..4);
```

ein, so erhält man das Ergebnis 625. Es lässt sich jedoch auch die Regel für die Bestimmung der Potenzen $(a+b)^n$ bestätigen. Gibt man

```
> sum(binomial(n,i)*a^(n-i)*b^i,i=0..n);
```

ein, so erhält man als Ergebnis

$$(1 + \tfrac{b}{a})^n\, a^n.$$

Dieses Ergebnis unterscheidet sich noch von der oben angegebenen Gleichung. Vereinfacht man den Term durch

```
> simplify(%);
```

so erhält man das Ergebnis

$$(a+b)^n,$$

wodurch das oben stehende Ergebnis bestätigt wird.

Eine andere Herleitung für die soeben ermittelte Ableitungsregel befindet sich in Abschnitt 4.2.

Um Polynome mit mehreren Summanden ableiten zu können, benötigt man eine Regel für die Ableitung von Summen von Funktionen.

4.2.2 Summenregel

Bei der Differentiation der Summe von Funktionen wäre es angenehm, wenn es genügte, alle Summanden einzeln abzuleiten und dann die Ableitungen der Summanden zu addieren. Dies ist tatsächlich der Fall, wie der folgende Satz zeigt.

Satz *Es seien $u, v\colon \mathbb{D} \to \mathbb{R}$ differenzierbare Funktionen und f die Summe oder die Differenz von u und v, also $f(x) := u(x) \pm v(x)$. Dann ist f für alle $x \in \mathbb{D}$ differenzierbar und es gilt:*

$$f(x) = u(x) \pm v(x) \Rightarrow f'(x) = u'(x) \pm v'(x).$$

Um dies einzusehen, rechnet man mit Hilfe des Differenzenquotienten

$$\begin{aligned} f'(x) &= \lim_{h\to 0} \tfrac{u(x+h)\pm v(x+h)-(u(x)\pm v(x))}{h} = \lim_{h\to 0} \tfrac{u(x+h)-u(x)\pm(v(x+h)-v(x))}{h} \\ &= \lim_{h\to 0} \tfrac{u(x+h)-u(x)}{h} \pm \lim_{h\to 0} \tfrac{v(x+h)-v(x)}{h} = u'(x) \pm v'(x), \end{aligned}$$

was zu beweisen war.

Bemerkung Die soeben bewiesene Regel lässt sich auf mehrere Summanden verallgemeinern, d.h. für

$$f(x) := f_1(x) + \ldots + f_n(x)$$

mit differenzierbaren Funktionen $f_1, \ldots, f_n$ gilt

$$f'(x) = f_1'(x) + \ldots + f_n'(x).$$

Damit können insbesondere auch Polynome abgeleitet werden, indem die Summanden einzeln abgeleitet werden.

Beispiel 4.11 Es sei $f\colon \mathbb{R} \to \mathbb{R}$, $x \mapsto 5x^3 + 7x^2 = u(x) + v(x)$ mit $u(x) := 5x^3$ und $v(x) := 7x^2$. Es gilt $u'(x) = 15x^2$ und $v'(x) = 14x$ und damit ergibt sich

$$f'(x) = u'(x) + v'(x) = 15x^2 + 14x\,.$$

Dieses Ergebnis lässt sich mit Maple bestätigen:

```
> diff(5*x^3+7*x^2,x);
```

$$15\,x^2 + 14\,x$$

Beispiel 4.12 Für die Funktion $f\colon \mathbb{R} \to \mathbb{R}$, $x \mapsto \sin(x) - x = u(x) - v(x)$ mit $u(x) := \sin(x)$ und $v(x) := x$ gilt $u'(x) = \cos(x)$ und $v'(x) = 1$. Hiermit ergibt sich

$$f'(x) = u'(x) - v'(x) = \cos(x) - 1\,.$$

Beispiel 4.13 Durch $f(x) := 3x^2 + 4x + 2$ mit $\mathbb{D}_f := \mathbb{R}$ ist eine Funktion mit den drei Summanden $f_1(x) := 3x^2$, $f_2(x) := 4x$ und $f_3(x) := 2$ gegeben. Für die einzelnen Summanden gilt $f_1'(x) = 6x$, $f_2'(x) = 4$ und $f_3'(x) = 0$ und damit folgt

$$f'(x) = f_1'(x) + f_2'(x) + f_3'(x) = 6x + 4\,.$$

Die Bestätigung der Beispiele 4.12, 4.13 durch Maple sei empfohlen, s. Aufgabe 6.

4.2.3 Produktregel

Die Ableitung des Produktes zweier differenzierbarer Funktionen $u, v\colon \mathbb{D} \to \mathbb{R}$ ist komplexer als die Ableitung einer Summe, da im Unterschied zur Summe die Ableitung des Produktes $f(x) := u(x) \cdot v(x)$ ungleich dem Produkt der Ableitungen von u und v ist. Um dies zu erkennen, sei der Limes eines Differenzenquotienten betrachtet. Es gilt

$$\begin{aligned}
f'(x) &= \lim_{h\to 0} \tfrac{u(x+h)\cdot v(x+h) - u(x)\cdot v(x)}{h}\\
&= \lim_{h\to 0} \tfrac{u(x+h)v(x+h) + \mathbf{u(x+h)v(x) - u(x+h)v(x)} - u(x)v(x)}{h}\\
&= \lim_{h\to 0} \tfrac{(u(x+h)-u(x))v(x) + u(x+h)(v(x+h)-v(x))}{h}\\
&= \lim_{h\to 0} \tfrac{u(x+h)-u(x)}{h} \cdot v(x) + \lim_{h\to 0} u(x+h) \cdot \tfrac{v(x+h)-v(x)}{h}\\
&= u'(x)\cdot v(x) + u(x)\cdot v'(x)\,.
\end{aligned}$$

Hierbei wurde an der in Fettschrift hervorgehobenen Stelle der Trick angewendet, dass derselbe Term addiert und wieder subtrahiert wurde.

Mit Hilfe dieser Rechnung ergibt sich:

Satz *Es seien $u, v\colon \mathbb{D} \to \mathbb{R}$ differenzierbare Funktionen und f das Produkt von u und v. Dann ist f für alle $x \in \mathbb{D}$ differenzierbar und es gilt:*

$$f(x) := u(x)\cdot v(x) \Rightarrow f'(x) = u'(x)\cdot v(x) + u(x)\cdot v'(x).$$

Beispiel 4.14 Die Funktion $f\colon \mathbb{R} \to \mathbb{R}$ mit $f(x) := x \cdot \cos(x)$ besteht aus den Faktoren $u(x) := x$ und $v(x) := \cos x$, für die $u'(x) = 1$ und $v'(x) = -\sin(x)$ gilt. Hiermit ergibt sich

$$f'(x) = u'(x) \cdot v(x) + u(x) \cdot v'(x) = \cos(x) - x \cdot \sin(x)\,,$$

was mit Maple bestätigt werden kann:

```
> diff(x*cos(x),x);
```

$$\cos(x) - x\sin(x)$$

Beispiel 4.15 Die Funktion $f(x) := 1$ mit $\mathbb{D}_f := \mathbb{R} \setminus \{0\}$ kann man durch $f(x) = x \cdot \frac{1}{x} =: u(x) \cdot v(x)$ darstellen. Hierbei sollte man für alle $x \in \mathbb{D}_f$ das Ergebnis $f'(x) = 0$ erhalten. Es gilt $u'(x) = 1$ und $v'(x) = -\frac{1}{x^2}$, also

$$f'(x) = u'(x) \cdot v(x) + u(x) \cdot v'(x) = 1 \cdot \tfrac{1}{x} - x \cdot \tfrac{1}{x^2} = \tfrac{1}{x} - \tfrac{1}{x} = 0\,.$$

Beispiel 4.16 Für $f(x) := x^5 = x^3 \cdot x^2 = u(x) \cdot v(x)$ mit $u(x) := x^3$ und $v(x) := x^2$ gilt $u'(x) = 3x^2$ und $v'(x) = 2x$. Hiermit folgt

$$f'(x) = u'(x) \cdot v(x) + u(x) \cdot v'(x) = 3x^4 \cdot x^2 + x^3 \cdot 2x = 5x^4$$

und das Ergebnis stimmt mit dem zu erwartenden Ergebnis entsprechend der Regel aus der Einleitung dieses Abschnitts überein.

Beispiel 4.17 Mit Hilfe der Produktregel lässt sich ähnlich wie in Beispiel 4.16 die Ableitungsregel aus der Einleitung beweisen. Im Fall $f_2(x) := x^2$ lässt sich die Funktion f zerlegen in $f_2(x) = x \cdot x$. Mit Hilfe der Produktregel erhält man

$$f_2'(x) = 1 \cdot x + x \cdot 1 = 2x\,.$$

Für $f_3(x) := x^3 = x^2 \cdot x$ ergibt sich

$$f_3'(x) = 2x \cdot x + x^2 \cdot 1 = 3x^2\,.$$

So kann man immer weiter vorgehen. Ist für $f_n(x) := x^n$ mit $n \in \mathbb{N} \setminus \{0\}$ bereits $f'(x) = n \cdot x^{n-1}$ bewiesen, so gilt für $f_{n+1}(x) = x^{n+1} = x^n \cdot x$ gerade

$$f_{n+1}'(x) = n \cdot x^{n-1} \cdot x + x^n \cdot 1 = (n+1) \cdot x^n\,,$$

womit die Regel bewiesen ist.

Die Ergebniss der Beispiel 4.15 bis 4.17 können analog zu Beispiel 4.14 mit Maple bestätigt werden, siehe Aufgabe 6.

Hinweis Das in Beispiel 4.17 geschilderte Verfahren tritt häufig in Beweisen in der Mathematik auf und heißt *vollständige Induktion.* Man zeigt die Behauptung für eine natürliche Zahl n_0 (in obigem Fall $n = 2$) und führt sodann einen Schluss von einer natürlichen Zahl n auf die nächstgrößere Zahl $n+1$ durch, wobei n eine *beliebige* Zahl ist. Hierdurch ist die Behauptung für alle Zahlen

$$n_0, n_0+1, n_0+2, n_0+3 \ldots$$

bewiesen. Vgl. hierzu Beispiel 5.7 und die Aufgaben 3 und 4 in Abschnitt 5.2 und die Lösung von Aufgabe 4 d) in Abschnitt 5.4.

4.2.4 Quotientenregel

Nachdem im letzten Abschnitt bereits gezeigt wurde, dass die Ableitung eines Produktes $u \cdot v$ zweier Funktionen $u, v\colon \mathbb{D} \to \mathbb{R}$ ungleich dem Produkt der Ableitungen der Funktionen u und v ist, kann Ähnliches ebenfalls für den Quotienten $f := \frac{u}{v}$ erwartet werden. Ein Beispiel hierfür ist gegeben durch $f(x) := \frac{1}{x}$ mit $f'(x) = -\frac{1}{x^2}$ aus Beispiel 4.8.

Um die Regel zu finden, sei

$$f(x) := \frac{u(x)}{v(x)} \tag{1}$$

gegeben mit eingeschränktem Definitionsbereich, so dass $v(x) \neq 0$ gilt. Mit Hilfe von $f(x) = \frac{u(x)}{v(x)} = u(x) \cdot \frac{1}{v(x)}$ kann dies auf das Produkt zweier Funktionen zurückgeführt werden und es bleibt daher die Ableitung von $\frac{1}{v(x)}$ zu finden. Es gilt

$$\begin{aligned}\left(\frac{1}{v(x)}\right)' &= \lim_{h\to 0} \frac{\frac{1}{v(x+h)} - \frac{1}{v(x)}}{h} = \lim_{h\to 0} \frac{v(x)-v(x+h)}{v(x+h)\cdot v(x)\cdot h} \\ &= -\lim_{h\to 0} \frac{v(x+h)-v(x)}{h} \cdot \lim_{h\to 0} \frac{1}{v(x+h)\cdot v(x)} \\ &= -v'(x) \cdot \frac{1}{(v(x))^2} = -\frac{v'(x)}{(v(x))^2}.\end{aligned}$$

Aus dieser Gleichung ergibt sich mit Hilfe der Produktregel aus (1)

$$f'(x) = \frac{u'(x)}{v(x)} - \frac{u(x)\cdot v'(x)}{(v(x))^2} = \frac{u'(x)\cdot v(x) - u(x)\cdot v'(x)}{(v(x))^2},$$

woraus die *Quotientenregel* folgt:

Satz *Sind $u, v\colon \mathbb{D} \to \mathbb{R}$ in $\mathbb{D}$ differenzierbare Funktionen und gilt $v(x) \neq 0$ für alle $x \in \mathbb{D}$, so ist der Quotient $f := \frac{u}{v}$ in $\mathbb{D}$ differenzierbar und es gilt für alle $x \in \mathbb{D}$:*

$$f'(x) = \frac{u'(x)\cdot v(x) - u(x)\cdot v'(x)}{(v(x))^2}.$$

Die Quotientenregel sieht der Produktregel bis auf den Nenner ähnlich, es ist jedoch darauf zu achten, dass die Terme im Zähler subtrahiert und nicht, wie im Fall der Produktregel, addiert werden.

Beispiel 4.18 Es sei $f\colon \mathbb{R} \setminus \{0\} \to \mathbb{R}$, $x \mapsto \frac{x^2+1}{1-x}$, gegeben. Hier gilt $f := \frac{u}{v}$ mit $u(x) := x^2 + 1$ und $v(x) := 1 - x$ und man erhält $u'(x) = 2x$ bzw. $v'(x) = -1$. Mit

Hilfe der Quotientenregel ergibt sich daher

$$f'(x) = \frac{2x\cdot(1-x)-(x^2+1)\cdot(-1)}{(1-x)^2} = \frac{2x-2x^2+x^2+1}{(1-x)^2} = \frac{-x^2+2x+1}{(1-x)^2}$$

und $\mathbb{D}_{f',\max} = \mathbb{D}_f = \mathbb{R} \setminus \{0\}$. Dieses Ergebnis kann mit Maple bestätigt werden:

```
> diff((x^2+1)/(1-x),x);
```

$$2\,\frac{x}{1-x} + \frac{x^2+1}{(1-x)^2}$$

Dieses Ergebnis lässt sich noch vereinfachen:

```
> simplify(%);
```

$$-\frac{-2\,x+x^2-1}{(-1+x)^2}$$

Damit stimmt das Ergebnis unter Maple mit dem oben bestimmten Term überein.

Beispiel 4.19 Für die Funktion $f(x) := \frac{\sin(x)}{x}$ sei $u(x) := \sin(x)$ und $v(x) := x$. Der maximale Definitionsbereich ist $\mathbb{R} \setminus \{0\}$. Er ist unabhängig von der Tatsache, dass man ableiten will. Es ergibt sich $u'(x) = \cos(x)$ und $v'(x) = 1$ und damit folgt

$$f'(x) = \frac{u'(x)v(x)-u(x)v'(x)}{(v(x))^2} = \frac{\cos(x)\cdot x-\sin(x)}{x^2} \quad \text{und } \mathbb{D}_{f',\max} = \mathbb{D}_f\,.$$

Beispiel 4.20 Ein interessantes Beispiel ist gegeben durch $f(x) := \tan(x)$ mit Definitionsbereich $\mathbb{R}\setminus\{(2\cdot n+1)\cdot\pi \,:\, n \in \mathbb{Z}\}$. Um die Ableitung dieser Funktion zu bestimmen, benutzt man $\tan(x) = \frac{\sin(x)}{\cos(x)}$ und dann ist $u(x) := \sin(x)$ und $v(x) := \cos(x)$, woraus $u'(x) = \cos(x)$ und $v'(x) = -\sin(x)$ folgt. Es gilt

$$f'(x) = \frac{\cos(x)\cdot\cos(x)-\sin(x)\cdot(-\sin(x))}{(\cos(x))^2} = \frac{(\cos(x))^2+(\sin(x))^2}{(\cos(x))^2} = \frac{1}{(\cos(x))^2}\,.$$

Mit Maple können die Ergebnisse der Beispiele 4.19 und 4.20 bestätigt werden, siehe Aufgabe 6.

4.2.5 Kettenregel

In den letzten Abschnitten wurden Summen, Differenzen, Produkte und Quotienten von Funktionen abgeleitet. Verkettete Funktionen stehen noch aus. Ein Beispiel ist die Funktion $f(x) := \sin\left(\frac{1}{x}\right)$, die nach Abschnitt 2.5 die Verkettung der Funktionen $g(x) := \frac{1}{x}$ und $k(x) := \sin(x)$ ist, d.h.

$$f(x) = k(g(x)) = \sin\left(\tfrac{1}{x}\right).$$

Um eine Funktion $f = k \circ g$ abzuleiten, sei der Differenzenquotient betrachtet:

$$\frac{k(g(x+h))-k(g(x))}{h}.$$

Es kann angenommen werden, dass $g(x+h) \neq g(x)$ gilt, da sonst auch der Differenzenquotient gleich Null ist. Für hinreichend kleines h sind

$g(x)$ und $g(x+h)$ verschiedene reelle Zahlen, also kann der Bruch mit $g(x+h)-g(x) \neq 0$ erweitert werden und man erhält

$$\frac{[k(g(x+h))-k(g(x))]\cdot(g(x+h)-g(x))}{h\cdot(g(x+h)-g(x))} = \frac{k(g(x+h))-k(g(x))}{g(x+h)-g(x)} \cdot \frac{g(x+h)-g(x)}{h}.$$

Hiermit ergibt sich das Produkt zweier Differenzenquotienten. Ist die Funktion g an der Stelle x differenzierbar und die Funktion k an der Stelle $g(x)$ differenzierbar, so kann der Limes für $h \to 0$ betrachtet werden und es gilt

$$f'(x) = \lim_{h\to 0} \frac{k(g(x+h))-k(g(x))}{g(x+h)-g(x)} \cdot \lim_{h\to 0} \frac{g(x+h)-g(x)}{h} = k'(g(x)) \cdot g'(x).$$

Dies führt zur *Kettenregel*:

Satz *Es seien* $g\colon \mathbb{D}_g \to \mathbb{R}$ *und* $k\colon \mathbb{D}_k \to \mathbb{R}$ *Funktionen mit* $g(\mathbb{D}_g) \subset \mathbb{D}_k$. *Ist* g *an der Stelle* $x_0 \in \mathbb{D}_g$ *differenzierbar und* k *an der Stelle* $g(x_0) \in \mathbb{D}_k$ *differenzierbar, so ist die Funktion* $f := k \circ g$ *an der Stelle* x_0 *differenzierbar und es gilt*

$$f'(x_0) = k'\big(g(x_0)\big) \cdot g'(x_0).$$

Die Ableitungen verketteter Funktionen sind komplex und schwierig zu ermitteln. Maple ist bei der Bestimmung von Ableitungen verketteter Funktionen hilfreich, wie im folgenden Beispiel erkennbar ist.

Beispiel 4.21 Es sei $g\colon \mathbb{R} \setminus \{0\} \to \mathbb{R}$, $x \mapsto \frac{1}{x}$ und $k\colon \mathbb{R} \to \mathbb{R}$, $u \mapsto \sin(u)$. Selbstverständlich liegt $g(\mathbb{D}_g) \subset \mathbb{D}_k$. Um $k'(g(x))$ zu bestimmen wird $u := g(x)$ gesetzt, man erhält $k(u) = \sin(u)$ und die Ableitung von k lautet $k'(u) = \cos(u)$. Wird nun $u = g(x) = \frac{1}{x}$ zurückersetzt, so ergibt sich $k'(g(x)) = \cos\left(\frac{1}{x}\right)$. Zusätzlich gilt $g'(x) = -\frac{1}{x^2}$ und insgesamt erhält man

$$f'(x) = -\cos\left(\tfrac{1}{x}\right) \cdot \tfrac{1}{x^2}.$$

Dieses Ergebnis lässt sich mit Maple bestätigen. Zunächst werden die Funktionen definiert:

```
> g := x -> 1/x:   k := u -> sin(u):
```

Sodann wird die Ableitung der Verkettung dieser Funktionen berechnet:

`> diff(k(g(x)),x);` und man erhält das Ergebnis

$$-\frac{\cos(\frac{1}{x})}{x^2}.$$

Beispiel 4.22 Die Funktion $f(x) := (2x+3)^2$ kann durch $k\big(g(x)\big)$ mit $g\colon \mathbb{R} \to \mathbb{R}$, $x \mapsto 2x+3$ und $k\colon \mathbb{R} \to \mathbb{R}$, $u \mapsto u^2$ dargestellt werden. Es gilt $g(\mathbb{D}_g) \subset \mathbb{D}_k$. Für die Funktion k gilt $k'(u) = 2u$. Durch die Substitution $u := g(x)$ ergibt sich $k'(g(x)) = 2(2x+3) = 4x+6$. Ferner gilt $g'(x) = 2$ und damit ergibt sich

$$f'(x) = (4x+6) \cdot 2 = 8x + 12.$$

Die Ableitung kann auch mit den zuvor behandelten Methoden bestimmt werden, denn es gilt $f(x) = 4x^2 + 12x + 9$ und hiermit ergibt sich die Ableitung $f'(x) = 8x + 12$, d.h. mit der Kettenregel ergibt sich dieselbe Lösung wie mit der Summenregel.

In diesem Beispiel war das Ausmultiplizieren der Potenz $(2x+3)^2$ möglich. Es können jedoch höhere Potenzen und komplexere Terme innerhalb der Klammern auftreten, wie das folgende Beispiel zeigt.

Beispiel 4.23 Für $f\colon \mathbb{R} \to \mathbb{R},\ x \mapsto (3x^2 + x)^4$, wäre das Auflösen der Klammern sehr kompliziert. Setzt man hingegen $g\colon \mathbb{R} \to \mathbb{R},\ x \mapsto 3x^2 + 4$, und $k\colon \mathbb{R} \to \mathbb{R}$, $u \mapsto u^4$, so rechnet man $k'(u) = 4u^3$. Außerdem gilt $g'(x) = 6x + 1$ und dies führt zu

$$f'(x) = 4(3x^2 + x)^3 \cdot (6x + 1) = (24x + 4)(3x^2 + x)^3 .$$

Beispiel 4.24 Es sei $f\colon \mathbb{R} \to \mathbb{R},\ x \mapsto \frac{1}{x^2+1}$. Diese Funktion ist darstellbar durch $f := k \circ g$ mit $g\colon \mathbb{R} \to \mathbb{R},\ x \mapsto x^2 + 1$ und $k\colon \mathbb{R} \to \mathbb{R},\ u \mapsto \frac{1}{u}$. Es gilt $k'(u) = -\frac{1}{u^2}$, woraus folgt $k'(g(x)) = -\frac{1}{g^2(x)} = -\frac{1}{(x^2+1)^2}$. Ferner gilt $g'(x) = 2x$, damit ist

$$f'(x) = -\frac{1}{(x^2+1)^2} \cdot 2x = -\frac{2x}{(x^2+1)^2} .$$

Die Ergebnisse in den Beispielen 4.22, 4.23 und 4.24 lassen sich mit Maple bestätigen, vgl. Aufgabe 6.

Anhand der Beispiele 4.21 und 4.24 ist erkennbar, dass die Kettenregel die Ableitung einiger Funktionen ermöglicht, für die die zuvor ermittelten Ableitungsregeln zu keiner Lösung führen würden.

In den Beispielen 4.11 bis 4.24 waren die Ableitungen f' der Funktionen f in ihrem gesamten Definitionsbereich $\mathbb{D}_{f'}$ stetig. Differenzierbare Funktionen $f\colon \mathbb{D}_f \to \mathbb{R}$, deren Ableitung $f'\colon \mathbb{D}_{f'} \to \mathbb{R}$ im gesamten Definitionsbereich stetig ist, heißen *stetig differenzierbar*.

Nicht alle Funktionen sind stetig differenzierbar:

Beispiel 4.25 Gegeben sei die Funktion

$$f\colon \mathbb{R} \to \mathbb{R}, \quad x \mapsto \begin{cases} x^2 \cdot \cos\left(\frac{1}{x}\right), & \text{falls } x \neq 0, \\ 0, & \text{falls } x = 0 . \end{cases}$$

Diese Funktion ist differenzierbar, die Ableitung lautet

$$f'(x) = \begin{cases} 2x \cdot \cos\left(\frac{1}{x}\right) + \sin\left(\frac{1}{x}\right), & \text{falls } x \neq 0, \\ 0, & \text{falls } x = 0 . \end{cases}$$

In Abschnitt 3.4 stellte sich heraus, dass die Funktion $g(x) := \sin\left(\frac{1}{x}\right)$ an der Stelle $x_0 := 0$ nicht stetig ist. Mit denselben Argumenten ist f' an der Stelle x_0 nicht stetig. Daher ist f an der Stelle x_0 nicht stetig differenzierbar.

Das Ergebnis lässt sich mit teilweise Maple bestätigen. Die Funktion

```
> f := x -> x^2*cos(1/x):
```

besitzt die Ableitung

```
> diff(f(x),x);
```

$$2\,x\cos\left(\frac{1}{x}\right) + \sin\left(\frac{1}{x}\right)$$

Hierbei ist jedoch zu beachten, dass der Definitionsbereich der Funktion nicht berücksichtigt wurde. Diese Überlegungen sind zusätzlich durchzuführen.

Ist eine Funktion $f\colon \mathbb{D}_f \to \mathbb{R}$ stetig differenzierbar, so lässt sich mit Hilfe der Ableitung f' die *Monotonie* der Funktion untersuchen.

Bemerkung Die Funktion $f\colon \mathbb{D}_f \to \mathbb{R}$ sei stetig differenzierbar und $I \subset \mathbb{D}_f$ zusammenhängend.

a) f ist *streng monoton steigend* in I, falls $f'(x_0) > 0$ für alle $x_0 \in I$ gilt.

b) f ist *monoton steigend* in I, falls $f'(x_0) \geqslant 0$ für alle $x_0 \in I$ gilt.

c) f ist *streng monoton fallend* in I, falls $f'(x_0) < 0$ für alle $x_0 \in I$ gilt.

d) f ist *monoton steigend* in I, falls $f'(x_0) \leqslant 0$ für alle $x_0 \in I$ gilt.

Zur Untersuchung der Monotonie von stetig differenzierbaren Funktionen sei es im Folgenden empfohlen, diese Eigenschaft zu testen.

Achtung Die Bedingung $f'(x_0) > 0$ für alle $x_0 \in I$ aus Teil a) der Bemerkung ist *hinreichend*, aber nicht *notwendig* für die streng monotone Steigung. Gemeint ist hiermit, dass, falls diese Bedingung gilt, die Funktion streng monoton steigend ist. Andererseits existieren Funktionen, für die *nicht* $f'(x_0) > 0$ für alle $x_0 \in I$ gilt, die jedoch streng monoton steigend sind. Ein Beispiel hierfür ist gegeben durch $f\colon \mathbb{R} \to \mathbb{R}$ mit $x \mapsto x^3$. Diese Funktion ist streng monoton steigend für alle $x_0 \in \mathbb{R}$, jedoch gilt $f'(0) = 0$.

Dies gilt ebenfalls für die Aussagen b) bis d) der Bemerkung.

Beispiel 4.26 Es soll die Monotonie der Funktion

$$f\colon \mathbb{R} \to \mathbb{R}, \quad x \mapsto x^3 - 2x\,,$$

mit Maple untersucht werden. Hierzu ist zunächst die erste Ableitung zu bestimmen:

```
> f1 := unapply(diff(f(x),x),x);
```

$$f1 := x \to 3\,x^2 - 2$$

Hinweis für Maple

Der Befehl `unapply(Ausdruck,x)` erzeugt eine Funktion aus dem Ausdruck mit der Variablen x. Dies ist notwendig, da `diff` einen Term, aber keine Funktion erzeugt.

Um die Monotonie zu untersuchen ist festzustellen, an welchen Stellen $f1 \leqslant 0$ und $f1 \geqslant 0$ gilt. Dies ergibt unter Maple mit

```
> solve(f1(x)>=0);
```

zu

$$\text{RealRange}(-\infty,\ -\tfrac{1}{3}\,\sqrt{6}),\ \text{RealRange}(\tfrac{1}{3}\,\sqrt{6},\ \infty).$$

Dies bedeutet, dass $f1(x) \geqslant 0$ für alle $x \in \left]-\infty, -\frac{1}{3}\sqrt{6}\right] \cup \left[\frac{1}{3}\sqrt{6}, \infty\right[$ gilt. Zusätzlich erhält man für

```
> solve(f1(x)<0);
```

das Ergebnis

$$\text{RealRange}(\text{Open}(-\tfrac{1}{3}\,\sqrt{6}),\ \text{Open}(\tfrac{1}{3}\,\sqrt{6})),$$

was für das offene Intervall $\left]-\frac{1}{3}\sqrt{6}, \frac{1}{3}\sqrt{6}\right[$ steht, vgl. Abbildung 4.6 (a).

Die in Beispiel 4.12 durchgeführte Untersuchung hat Grenzen, wie man an der Funktion $f\colon \mathbb{R} \to \mathbb{R}$, $x \mapsto \cos(x)$, sehen kann. Für diese Funktion erhält man unter Maple

```
> f1 := unapply(diff(f(x),x),x);
```

$$f1 := -\sin$$

Zu

```
> solve(0<=f1(x));
```

wobei <= unter Maple für $\leqslant$ steht, werden keine Lösungen angegeben, obwohl sie existieren.

Um obige Bemerkung beweisen zu können, muss auf einen wichtigen Satz der Analysis zurückgegriffen werden:

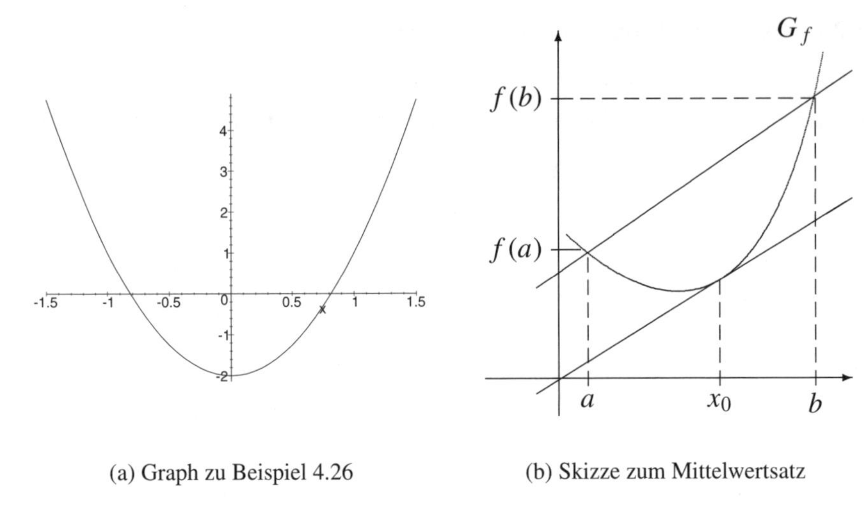

(a) Graph zu Beispiel 4.26 (b) Skizze zum Mittelwertsatz

Abb. 4.6 Funktionsgraph und Skizze zum Mittelwertsatz

Mittelwertsatz *Es sei $f\colon [a,b] \to \mathbb{R}$ mit $a < b$ eine stetige, in $]a,b[$ differenzierbare Funktion. Dann existiert ein $x_0 \in]a,b[$, so dass*

$$\frac{f(b) - f(a)}{b - a} = f'(x_0).$$

Anschaulich bedeutet der Mittelwertsatz, dass die Steigung der Sekante durch die Punkte $(a|f(a))$ und $(b|f(b))$ gleich der Steigung der Tangente am Punkt $(x_0|f(x_0))$ des Graphen von f ist. Dies ist in Abbildung 4.6 (b) dargestellt.

Zum Beweis des Mittelwertsatzes siehe [Fo99a], §16.

4.2.6 Ableitung von Logarithmus- und Exponentialfunktion

In Abschnitt 3.7 wurden die Exponentialfunktion sowie ihre Umkehrfunktion, die natürliche Logarithmusfunktion, vorgestellt. Wie dort bereits angedeutet wurde, besitzen diese Funktionen besondere Ableitungen, die nun einerseits graphisch und andererseits unter Verwendung eines Tricks rechnerisch bestimmt werden.

Zunächst wird die Exponentialfunktion betrachtet. In Abbildung 4.7 befindet sich der Graph zu $f(x) := \exp(x)$ mit einer Vielzahl an markierten Punkten, an denen die Tangenten angelegt sind. Die Steigungen m_t der Tangenten $y = m_t \cdot x + b$ an den

Punkten $(x|\exp(x))$ des Graphen lauten

$$\begin{aligned} x &:= 0 \;\;\;\Rightarrow m_t = 1 \\ x &:= 0.5 \Rightarrow m_t = \exp(0.5) \\ x &:= 1.5 \Rightarrow m_t = \exp(1.5) \\ x &:= -1 \Rightarrow m_t = \exp(-1) \\ x &:= -2 \Rightarrow m_t = \exp(-2)\,. \end{aligned}$$

Bei all diesen Punkten fällt auf, dass die Steigung m_t der Tangenten gleich der y-Koordinate der Punkte des Graphen ist, an denen die Tangenten angelegt sind. Dies lässt sich mit Maple für beliebig viele Punkte bestätigen. Es bedeutet, dass die Steigung der Tangente gleich dem Funktionswert der Exponentialfunktion an dieser Stelle ist. Für die Steigung der Tangente gilt andererseits $m = \exp'(x)$, und dies legt nahe, dass der Funktionswert der Exponentialfunktion an einer beliebigen Stelle gleich dem Wert der Ableitungsfunktion an derselben Stelle ist, mathematisch formuliert

$$f(x) = \exp(x) \Rightarrow f'(x) = \exp(x).$$

Dies ist ein überraschendes Ergebnis: Die Funktion f ist gleich der Ableitungsfunktion f'. Das Ergebnis lässt sich mit Maple bestätigen:

```
> diff(exp(x),x);
```

$$e^x$$

Aufgrund seiner Ableitung nimmt die Exponentialfunktion eine besondere Stellung in der Natur ein, denn häufig tritt der Fall auf, dass eine Änderung in einem System eine Periodizität aufweist. Dies führt sodann zu einer *Differentialgleichung*, in der die Funktion in einem gewissen Verhältnis zu ihrer Ableitung steht. Die Lösungen vieler Differentialgleichungen enthalten die Exponentialfunktion. Zum mathematischen Hintergrund der Differentialgleichungen vgl. [Fo99b], Kapitel II. Differentialgleichungen können ebenfalls mit Maple gelöst werden, wie in [Wa02], 6.13 zu lesen ist, und zur graphischen Darstellung mit einem Computer vgl. [V-L01].

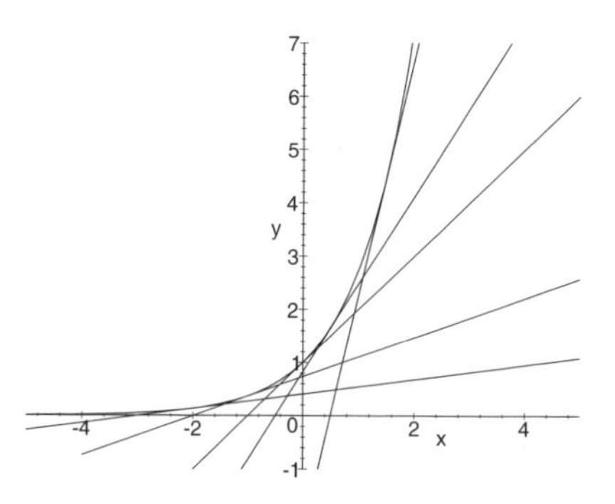

Abb. 4.7 Graph zu $f(x) = \exp(x)$ mit Tangenten

Beispiel 4.27 Die Exponentialfunktion kann mit anderen Funktionen verkettet auftreten, etwa $f\colon \mathbb{R} \to \mathbb{R}$, $x \mapsto \exp(-x^2)$. Es handelt sich um die Verkettung $f = k \circ g$ mit $k(x) := \exp(x)$ mit $\mathbb{D}_k := \mathbb{R}$ und $g(x) := -x^2$ mit $\mathbb{D}_g := \mathbb{R}$. Es ergeben sich die Ableitungen $k'(x) = \exp(x)$ sowie $g'(x) = -2x$ und hiermit folgt

$$f'(x) = k'\big(g(x)\big) \cdot g'(x) = -\exp\left(-x^2\right) \cdot 2x\,.$$

Dasselbe Ergebnis erhält man ebenfalls mit Hilfe von Maple. Durch

```
> g := x -> -x^2:  k := x -> exp(x):  f := x -> k(g(x)):
```

werden die Funktionen definiert, und mit

```
> diff(f(x),x);
```

$$-2\,x\,e^{(-x^2)}$$

erhält man die Ableitung der Funktion f.

Mit einer weiteren Überraschung ist die Ableitung von $f(x) := \ln(x)$ verbunden. Maple liefert das Ergebnis

```
> diff(ln(x),x);
```

$$\frac{1}{x}$$

Dieses Ergebnis soll nun mathematisch bestätigt werden. Der verwendete Trick bei der Bestimmung der Ableitung besteht darin, dass die Logarithmusfunktion die Umkehrfunktion der Exponentialfunktion ist, d.h. es gilt für alle $x \in \mathbb{D}_{\ln} := \mathbb{R}_+ \setminus \{0\}$

$$x = \exp(\ln(x))\,. \tag{1}$$

Auf diesen Term wird sodann die Kettenregel zur Bestimmung der Ableitung angewandt und hiermit folgt

$$1 = (\exp(\ln(x)))' = \exp(\ln(x)) \cdot \ln'(x) \overset{(1)}{=} x \cdot \ln'(x).$$

Hieraus folgt:

$$f(x) = \ln(x) \Rightarrow f'(x) = \tfrac{1}{x}\,.$$

Das Überraschende ist, dass aus der Logarithmusfunktion durch Differentiation eine gebrochenrationale Abbildung entsteht.

Aufgaben

1. Bestimmen Sie die Ableitungen der folgenden Funktionen f mit $\mathbb{D}_f := \mathbb{R}$, und bestätigen Sie die Ergebnisse mit Maple.

a) $f(x) := 2x + 5$ b) $f(x) := \frac{1}{3}x^3 + 2$ c) $f(x) := \frac{1}{2}x^2 + 4x + 2$

d) $f(x) := 10x^2 + 4x + 1$ e) $f(x) := x^2 - 1$ f) $f(x) := 3x^2 + 2$

2. Geben Sie den maximal möglichen Definitionsbereich $\mathbb{D}_f \subset \mathbb{R}$ der Funktionen f an und bestimmen Sie dann die erste Ableitung. Bestätigen Sie Ihre Ergebnisse mit Maple.

a) $f(x) := 3x^5 + 7$
b) $f(x) := 4x^6 + 8x^5 + 9$
c) $f(x) := (x+1)^2$
d) $f(x) := x^4 \cdot (x^5 - 3x)$
e) $f(x) := (x-1)^2 \cdot (x+2)^3$
f) $f(x) := \frac{1}{4}x^4 + \frac{1}{3}x^3$
g) $f(x) := (2x + 7x^4) \cdot (3x - 5x^2)$
h) $f(x) := (x^3 - 2x^2 + 1)(x^4 - 5x^2)$
i) $f(x) := \frac{2x}{x+1}$
j) $f(x) := \frac{4x}{x^2+1}$
k) $f(x) := \frac{3x^2+4x^4}{3x^2-4x^4}$
l) $f(x) := \frac{2x-7x^2}{4x^2+7x}$
m) $f(x) := \frac{1}{x+2}$
n) $f(x) := \frac{(x+1)^2}{x \cdot (x+1)}$
o) $f(x) := \frac{\sin(x)}{x^2}$
o) $f(x) := \frac{(\sin(x))^2}{\cos(x)}$

3. Der Definitionsbereich sei $\mathbb{R}$. Ermitteln Sie die Ableitungen. Verwenden Sie Maple zur Kontrolle der Ergebnisse.

a) $f(x) := \sin(3x + 4)$
b) $f(x) := 2 \cdot \sin(2x + 4)$
c) $f(x) := \exp(1 - x^2)$
d) $f(x) := (x^3 - 4x)^5$
e) $f(x) := \exp\left(\left(x^3 - 4x\right)^5\right)$
f) $f(x) := \exp(\cos(x))$

4. Bestimmen Sie die Ableitungen der folgenden Funktionen im angegebenen Definitionsbereich und bestätigen Sie die Ergebnisse mit Maple.

a) $f(x) := \sin\left(\frac{x}{1+x}\right), \mathbb{D}_f := \mathbb{R} \setminus \{-1\}$
b) $f(x) := \cos\left(\frac{x}{1+x}\right)^2, \mathbb{D}_f := \mathbb{R} \setminus \{-1\}$
c) $f(x) := \tan(\pi \cdot x), \mathbb{D}_f :=]-\frac{1}{2}, \frac{1}{2}[$
d) $f(x) := \sin(x^2) + \left(\sin(x)\right)^2, \mathbb{D}_f := [-\pi, \pi]$
e) $f(x) := \frac{1}{\sin(x)}, \mathbb{D}_f :=]0, \pi[$
f) $f(x) := \left(\tan(x)\right)^2, \mathbb{D}_f :=]-\frac{\pi}{2}, \frac{\pi}{2}[$
g) $f(x) := \exp(\sqrt{x+1}), \mathbb{D}_f := \mathbb{R}^{\geqslant -1}$

5. Bilden Sie aus den Aufgaben 1 bis 4 Summen, Differenzen, Produkte, Quotienten und Verkettungen von Funktionen (auch aus drei oder mehr Funktionen), und bestimmen Sie mit Maple die Ableitungen der Funktionen.

6. Bestätigen Sie die Ergebnisse aus den Beispielen 4.12, 4.13, 4.15, 4.16, 4.17, 4.19, 4.20, 4.22, 4.23 und 4.24 mit Maple.

7. Untersuchen Sie die Funktionen aus den Aufgaben 1 bis 4 mit Hilfe von Maple auf Monotonie.

8. Bestimmen Sie folgende Summen mit Maple.

a) $\sum_{i=1}^{10} 3i$ b) $\sum_{i=1}^{20} 2i - 3$ c) $\sum_{i=1}^{5} 3i^2$ d) $\sum_{i=6}^{20} 3i^2$

e) $\sum_{i=-10}^{50} \frac{i+4}{i^2}$ f) $\sum_{i=1}^{20} i(3i-1)$ g) $\sum_{i=1}^{25} \frac{i^3+i}{3i}$ h) $\sum_{i=1}^{25} \frac{3i}{i^3+i}$

9. a) Bestimmen Sie mit Maple Glieder der *Reihe* $\sum_{i=1}^{n} i$ für verschiedene $n \in \mathbb{N} \setminus \{0\}$. Lässt sich an den Ergebnissen eine Regel zur Berechnung der Reihenglieder erkennen, so dass man nicht alle Glieder addieren muss?

b) Stellen Sie eine allgemeine Vermutung über den Ausdruck $\sum_{i=1}^{n} i$ auf.

c) Verwenden Sie Maple zur Berechnung von Summen $\sum_{i=0}^{n} \frac{1}{i}$ für unterschiedliche $n \in \mathbb{N} \setminus \{0\}$.

d) Betrachten Sie mit Maple die Summen $\sum_{i=0}^{n} \frac{1}{i^2}$ für verschiedene $n \in \mathbb{N} \setminus \{0\}$.

e) Vergleichen Sie die Ergebnisse aus den Aufgaben b) und c) miteinander. Was fällt hierbei auf? Formulieren Sie eine Vermutung.

f) Für Summen von Folgen $\langle a_n \rangle$ lässt sich unter Umständen ein Limes betrachten: $\lim_{n\to\infty} \sum_{i=1}^{n} a_i$. Diese Summen werden kürzer notiert durch $\sum_{i=1}^{\infty} a_i$. Wendet man dies auf die Folge $\langle a_i \rangle$ mit $a_i := \frac{1}{i^2}$ an, so ergibt sich

$$\sum_{i=1}^{\infty} \frac{1}{i^2}. \tag{1}$$

Dies geht unter Maple mit `sum(1/i^2, i=1..infinity);`. Bestimmen Sie die Summe $\sum_{i=1}^{\infty} \frac{1}{i^k}$ für verschiedenes $k \in \mathbb{N}$ mit Maple. Was fällt hierbei auf?

10. Ähnlich zu geometrischen Folgen wird eine *Reihe* r_n durch $r_n := \sum_{i=0}^{n} q^i$ definiert.

a) Bestimmen Sie für $q \in \{-2, -1.5, -1, -\frac{1}{2}, 0, \frac{1}{2}, 1, 1.5, 2\}$ mit Maple für verschiedene $n \in \mathbb{N}$ Reihenglieder, und stellen Sie hiermit eine Vermutung über $\sum_{i=0}^{\infty} q^i$ in Abhängigkeit von q auf. Überprüfen Sie Ihre Vermutung mit Maple.

b) Berechnen Sie mit Maple $(1-q)\cdot\sum_{i=0}^{n} q^i$ für unterschiedliche n und q. Was fällt hierbei auf?
c) Folgern Sie mit Hilfe des Ergebnisses aus b), dass für beliebige $q \in \mathbb{R}$ und $n \in \mathbb{N}$ $\sum_{i=0}^{n} q^i = \frac{1-q^{n+1}}{1-q}$ gilt, und bestätigen Sie dies mit Maple.

d) Berechnen Sie mit Teil c) $\sum_{i=0}^{\infty} q^i$, und überprüfen Sie die Ergebnisse mit Maple.

11. a) Bestimmen Sie mit Maple die Summe $\sum_{i=0}^{n} \frac{1}{i!}$ für verschiedene $n \in \mathbb{N}$. Lässt sich hiermit eine Vermutung über den Grenzwert der Reihe $\sum_{i=0}^{\infty} \frac{1}{i!}$ formulieren? Bestätigen Sie Ihre Vermutung mit Maple unter Verwendung von `evalb`.
b) Berechnen Sie jeweils einige Glieder der Reihe $\sum_{i=0}^{n} \frac{x^i}{i!}$ für die Werte $x \in \{-3, -2, 0, 2, 3\}$, und deuten Sie die Ergebnisse. Formulieren Sie eine Beschreibung für $\sum_{i=0}^{\infty} \frac{x^i}{i!}$ mit beliebigem $x \in \mathbb{R}$ und bestätigen Sie Ihre Vermutung mit Maple.
c) Folgern Sie aus dem Ergebnis von Teil b), dass $\lim_{x\to\infty} \frac{x}{\exp(x)} = 0$ gilt.
Hinweis. Die hier ermittelte Darstellung der Exponentialfunktion ist die *Taylor'sche Reihe*, die im Allgemeinen zur Definition der Exponentialfunktion verwendet wird, vgl. [Fo99a], §§8, 22.

12. Es soll eine Ableitungsregel für Funktionen f mit $f(x) := x^{\frac{p}{q}}$ und $\mathbb{D} = \mathbb{R}\setminus\{0\}$ für $p \in \mathbb{Z}$ und $q \in \mathbb{N}\setminus\{0\}$ hergeleitet werden. Dies wird in einigen Schritten geschehen.
a) Berechnen Sie mit Maple das Produkt $(a^{\frac{1}{q}} - b^{\frac{1}{q}}) \cdot \sum_{i=1}^{q} a^{\frac{q-i}{q}} b^{\frac{i-1}{q}}$ für verschiedene $a, b \in \mathbb{R}$ und verschiedene $q \in \mathbb{N}\setminus\{0\}$. Formuliern Sie eine allgemeine Vermutung über das Ergebnis.
b) Berechnen Sie für die Funktion k mit $k(x) := x^{\frac{1}{q}}$ den Differenzenquotient

$$\frac{k(x_0+h)-k(x_0)}{h}$$

für beliebiges $x_0 \in \mathbb{D}$ und verwenden Sie mit Hilfe von $a := x_0 + h$ und $b := x_0$ das Ergebnis von Teil a). Vereinfachen Sie den Term so weit wie möglich.
c) Zeigen Sie, dass $k'(x) = \frac{1}{q} \cdot x^{\frac{1}{q}-1}$ gilt.
d) Verwenden Sie die Kettenregel, um für die Funktion f zu zeigen: $f'(x) = \frac{p}{q} \cdot x^{\frac{p}{q}-1}$.

4.3 Lokale Extremstellen

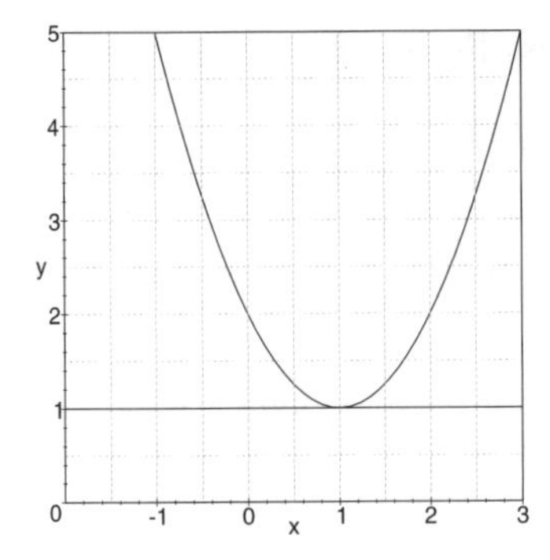

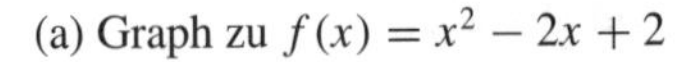

(a) Graph zu $f(x) = x^2 - 2x + 2$

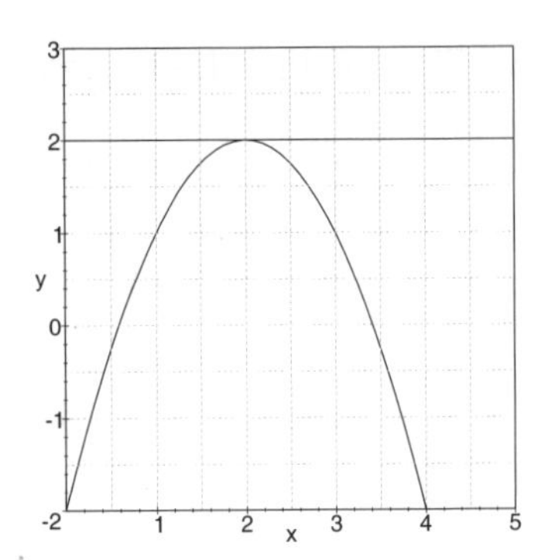

(b) Graph zu $g(x) = -x^2 + 4x - 2$

Abb. 4.8 Tangente im Scheitelpunkt von Parabeln

Parabeln besitzen einen ausgezeichneten Punkt, den Scheitelpunkt. Dieser Punkt ist dadurch hervorgehoben, dass die Tangente im Scheitelpunkt waagerecht verläuft. Ist $f: \mathbb{D}_f \to \mathbb{R}$ eine quadratische Funktion, so gilt für die x-Koordinate x_0 des Scheitelpunktes $f'(x_0) = 0$.

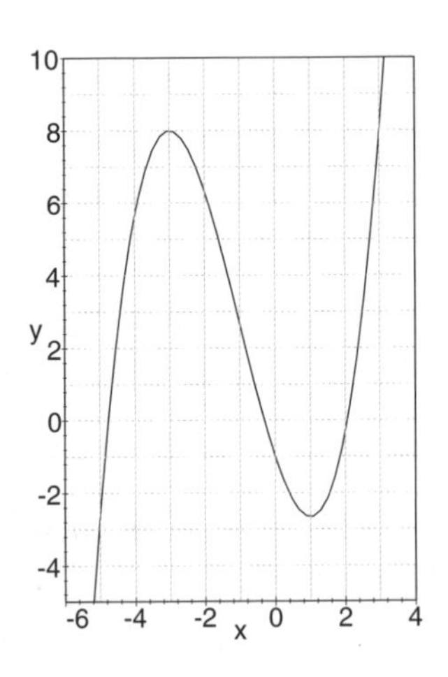

Abb. 4.9 Graph zu $f(x) = \frac{1}{3}x^3 + x^2 - 3x - 1$

In Abbildung 4.8 befinden sich zwei Graphen quadratischer Funktionen mit den Tangenten an den Scheitelpunkten. Der Funktionswert $f(x_e) = 1$ der Funktion $f(x) := x^2 - 2x + 2$ für $x_e := 1$, dargestellt in Abbildung 4.8 (a), ist ein *Extremwert* der Funktion f, da er der kleinste Funktionswert ist. Der Funktionswert $g(x_e) = 2$ für $x_e := 2$ der Funktion $g(x) := -x^2 + 4x - 2$ ist ein *Extremwert* der Funktion g, da er extrem groß ist.

Die Extremwerte der Funktionen f und g unterscheiden sich dadurch, dass es sich bei $f(1) = 3$ für die Funktion f um ein *globales Minimum* handelt, da es keinen kleineren Funktionswert von f gibt. Für $g(2) = 2$ der Funktion g handelt es sich um ein *globales Maximum*, da es keinen größeren Funktionswert gibt.

Hinweis für Maple

Die Graphen in den Abbildungen 4.8 und 4.9 haben Besonderheiten. Einerseits wurde ein Gitter eingebaut, um die Lage der Extremwerte besser wahrnemen zu können. Ein Gitter kann mit dem Befehl `coordplot` erstellt werden. Die Syntax dieses Befehls ist komplex und wird am Beispiel der Abbildung 4.9 (a) erklärt, wo der Befehl für die Erstellung des Gitters

```
> gitter := coordplot(cartesian,[-2..3,0..5],
    view=[-2..3,0..5], grid=[11,11],
    color=[gray,gray]):
```

lautet. Der Befehl `cartesian` bedeutet, dass ein Kartesisches Koordinatensystem benutzt wird. Hier können noch weitere Koordinatensysteme verwendet werden, wie unter `?coordplot` nachgeschlagen werden kann.
Durch das Intervall `[-2..3,0..5]` werden der horizontale und vertikale Bereich des darzustellenden Gitternetzes definiert. Die Intervallangabe wird durch `view=[-2..3,0..5]` noch einmal durchgeführt, da ansonsten die Darstellung über den Vorgabebereich `[-10..10,-10..10]` stattfindet. Für genauere Information hierzu siehe [Wa02], 5.1.5.
`grid=[11,11]` gibt die Anzahl der horizontalen und der vertikalen Linien des Gitternetzes an. Hierbei ist zu beachten, dass der Rand an beiden Seiten mitzuzählen ist, auch wenn die Linien unter den Achsen des Koordinatensystems liegen.
Mit `color=[gray,gray]` wird die Farbe der Gitterlinien festgelegt.
Um das Koordinatensystem deutlich vom Gitternetz unterscheiden zu können wurde im Graphen der Funktion der Zusatz `axes=box` verwendet. Zuvor wurde bei allen Graphen die Grundeinstellung `normal` benutzt. Weitere Optionen sind `frame` für Koordinatenachsen links und unterhalb des Graphen sowie `none` für keine Darstellung der Achsen.
Der Graph der Funktion wurde erstellt durch

```
> p1 := plot(x^2-2*x+2, x=-2..3, y=0..5,
    color=black, scaling=constrained, axes=box):
    p2 := plot(1, x=-2..3, color=black):
    display(p1,gitter,p2);
```

Beispiel 4.28 In Abbildung 4.9 ist der Graph der Funktion

$$f\colon \mathbb{R} \to \mathbb{R}, \quad x \mapsto \tfrac{1}{3}x^3 + x^2 - 3x - 1\,,$$

dargestellt. Um die *Extremstellen* zu ermitteln, ist die ersten Ableitung zu bestimmen:

```
> f := x -> 1/3*x^3+x^2-3*x-1:
    f1 := unapply(diff(f(x),x),x);
```

$$f1 := x \to x^2 + 2x - 3$$

Die Nullstellen der ersten Ableitung lauten $x_{e1} := -3$ und $x_{e2} := 1$, wie unter Maple durch

```
> solve(f1(x)=0);
```

gezeigt werden kann. In Abbildung 4.9 ist zu erkennen, dass es sich bei den Extremwerten $f(x_{e1}) = 8$ und $f(x_{e2}) = -\frac{8}{3}$ nicht um globale Extrema handelt, da $\lim\limits_{x\to\infty} f(x) = +\infty$ und $\lim\limits_{x\to-\infty} f(x) = -\infty$ gilt. Wählt man jedoch die Umgebungen um die Stellen x_{e1} und x_{e2} klein genug, so handelt es sich bei den Funktionswerten $f(x_{e1})$ und $f(x_{e2})$ um Extremwerte der Funktion f innerhalb dieser Umgebungen. Die Funktionswerte heißen daher *lokale Extremwerte*.

Definition Gegeben sei eine Funktion $f\colon \mathbb{D}_f \to \mathbb{R}$ und $x_e \in \mathbb{D}_f$.

1) Der Funktionswert $f(x_e)$ heißt

   globales Maximum | *globales Minimum*

   der Funktion f, falls gilt:

   $$f(x) \leqslant f(x_e) \;\Big|\; f(x) \geqslant f(x_e)$$

   für alle $x \in \mathbb{D}_f$.

2) Der Funktionswert $f(x_e)$ heißt

   lokales Maximum | *lokales Minimum*

   der Funktion f, falls es eine Umgebung $U \subset \mathbb{D}_f$ gibt, so dass gilt:

   $$f(x) \leqslant f(x_e) \;\Big|\; f(x) \geqslant f(x_e)$$

   für alle $x \in U$.

3) Ist $f(x_e)$ ein lokales Maximum oder lokales Minimum, so heißt x_e eine *lokale Extremstelle* der Funktion f. Der zugehörige Punkt

   $H(x_e|f(x_e))$ heißt *Hochpunkt* | $T(x_e|f(x_e))$ heißt *Tiefpunkt*.

Zu Beginn dieses Abschnitts und in Beispiel 4.28 wurde die Steigung der Funktion an den Extremstellen betrachtet. Dies führt zum *notwendigen Kriterium* bzw. zur *notwendigen Bedingung* für Extremstellen.

Satz *Die Funktion* $f\colon \mathbb{D}_f \to \mathbb{R}$ *sei an der Stelle* $x_e \in \mathbb{D}_f$ *differenzierbar. Eine notwendige Bedingung für ein lokales Extremum ist* $f'(x_e) = 0$.

Hinweis Die Bedingung aus obigem Satz ist *notwendig*, jedoch nicht *hinreichend*, wie das Beispiel $f(x) := x^3 + 1$ zeigt. Es gilt $f'(x) = 3x^2 = 0$ genau dann, wenn $x = 0$ ist. Wie in Abbildung 4.10 erkennbar ist, handelt es sich jedoch nicht um ein lokales Extremum. Es handelt sich um einen *Sattelpunkt*.

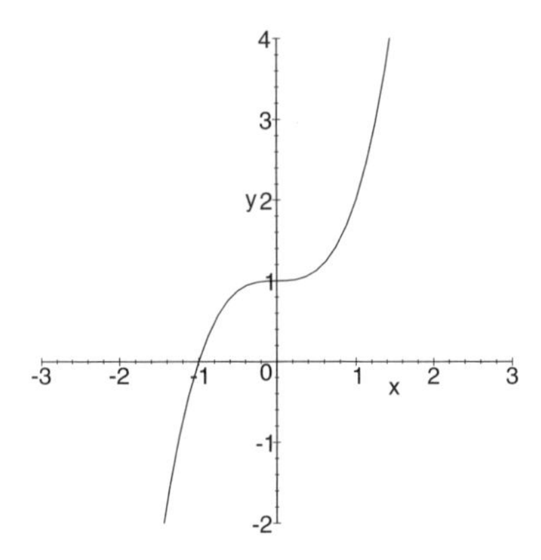

Abb. 4.10 Graph zu $f(x) = x^3 + 1$

Aufgaben

1. Ermitteln Sie zu den Funktionen in den Aufgaben aus Abschnitt 4.2 die Extremstellen und bestätigen Sie diese Ergebnisse mit Maple.

2. Betrachten Sie die Graphen zu den Funktionen aus Aufgabe 1 in einem geeigneten Koordinatensystem, siehe hierzu den Hinweis in Abschnitt 4.3.

4.4 Krümmung und lokale Extremstellen

4.4.1 Krümmung

Die Ableitung einer Funktion f dient zur Bestimmung der *Steigung* des Funktionsgraphen. Neben der Steigung eines Funktionsgraphen existiert eine weitere interessante Größe: die Krümmung des Funktionsgraphen. Damit ist folgendes Phänomen gemeint: Man stelle sich vor, dass man von links nach rechts (also in Richtung der x-Achse) mit einem Fahrrad den Funktionsgraphen entlangfährt. Wo der Fahrradlenker

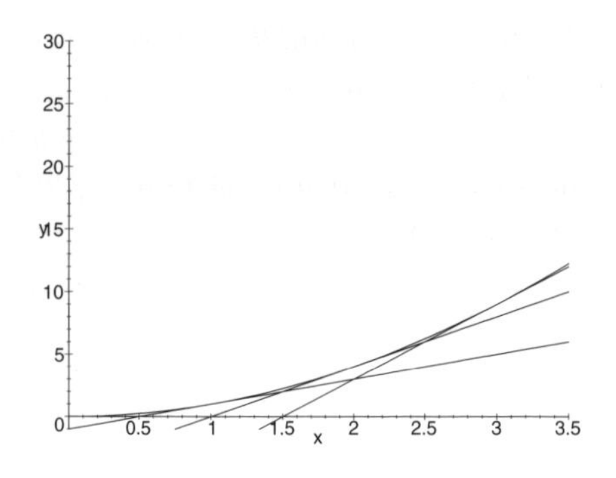

(a) Graph zu $f(x) = x^2$ mit Tangenten

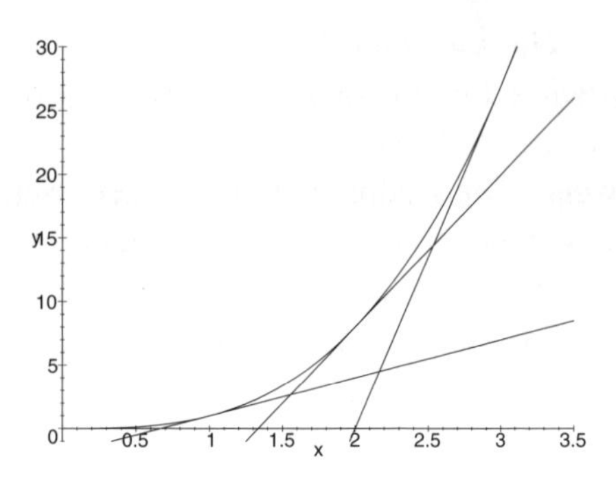

(b) Graph zu $g(x) = x^3$ mit Tangenten

Abb. 4.11 Funktionsgraphen mit Tangenten

nach rechts gedreht ist, dort ist die Funktion rechtsgekrümmt. Lenkt man nach links, ist der Graph linksgekrümmt.

In den Abbildungen 4.11 (a) und (b) befinden sich die Graphen der im Intervall $[x_1, x_2] = [0, 1]$ streng monoton steigenden Funktionen $f(x) := x^2$ und $g(x) := x^3$ mit demselben Maßstab. Beide Graphen sind im betrachteten Intervall linksgekrümmt. Für diese Funktionen gilt $f(0) = 0 = g(0)$ und $f(1) = 1 = g(1)$, in den Funktionswerten an diesen Stellen stimmen sie überein. Um die Steigungen der Funktionen zu betrachten, seien zunächst die Ableitungen bestimmt:

$$f'(x) = 2x \quad \text{und} \quad g'(x) = 3x^2$$

und hieraus folgt

$$f'(0) = 0 = g'(0),$$

jedoch

$$f'(1) = 2 \lneqq 3 = g'(1).$$

Die Steigung der Funktion g wächst scheinbar „stärker" an als die Steigung der Funktion f. Dies ist an den Tangenten in den Abbildungen 4.11 (a) und (b) erkennbar. Andererseits scheint der Graph der Funktion g anschaulich gesehen stärker *gekrümmt* zu sein als der Graph der Funktion f. Die *Krümmung* des Funktionsgraphen steht im Zusammenhang mit der Veränderung der Steigung des Funktionsgraphen.

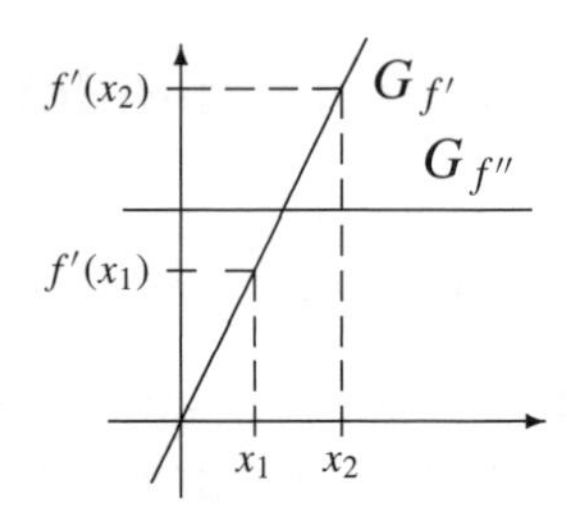

Abb. 4.12 Graphen von Ableitungen von $f(x) = x^2$

Wie sich die Steigung $f'(x) = 2x$ der Funktion f mit Variation der Variablen $x \in \mathbb{D}_f$ verändert, ist am Graphen der Ableitungsfunktion in Abbildung 4.12 erkennbar. Die Krümmung des Funktionsgraphen von f zwischen den Punkten x_1 und x_2 kann mit Hilfe eines Steigungsdreiecks im Graphen der Funktion f' ermittelt werden, denn sie ist bestimmt durch die Veränderung der Steigung im Intervall $[x_1, x_2]$. Diese Veränderung ist jedoch eindeutig bestimmt durch die Berechnung des Differenzenquotienten $\frac{f'(x_2)-f'(x_1)}{x_2-x_1} = 2$, d.h. der Steigung der Geraden. Hiermit ist die Krümmung der Funktion $f(x) = x^2$ bestimmt. Allgemein kann man festhalten, dass eine positive Krümmung einer Linkskrümmung des Graphen entspricht.

Komplizierter scheint das Problem im Fall der Funktion $g'(x) = 3x^2$, die in Abbildung 4.13 dargestellt ist. Bestimmt man die Krümmung mit Hilfe des Differenzenquotienten $\frac{g'(x_2)-g'(x_1)}{x_2-x_1}$, so erhält man die *durchschnittliche* Krümmung des Funktionsgraphen im Intervall $[x_1, x_2]$. Die Krümmung des Graphen verändert sich jedoch in diesem Intervall. Um die *lokale Krümmung* des Funktionsgraphen an der Stelle x_1 zu bestimmen, muss x_2 „immer näher an x_1 herangerückt" werden. Dies führt analog zu Abschnitt 4.1 zum Limes für eine beliebige Nullfolge, $\lim\limits_{h\to 0} \frac{g'(x_1+h)-g'(x_1)}{h}$. Hiermit wurde die Ableitung der ersten Ableitungsfunktion g' von g an der Stelle x_1 gebildet, in Zeichen $(g')'(x_1) = g''(x_1)$. Da die Funktion g' an beliebigen Punkten differenzierbar ist, kann die Ableitung $g''(x_0)$ für alle $x_0 \in \mathbb{D}_g$ gebildet werden. Dies führt sodann zur *zweiten Ableitungsfunktion*

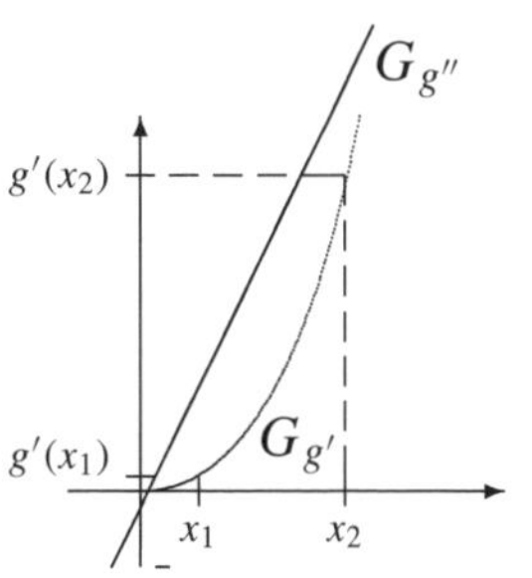

Abb. 4.13 Graphen von Ableitungen von $g(x) = x^3$

$$g'' \colon \mathbb{D}_g \to \mathbb{R}, \quad x \mapsto 6x\,,$$

da die bereits zur Bildung der ersten Ableitung erarbeiteten Regeln selbstverständlich auch für den Schritt von der ersten zur zweiten Ableitung benutzt werden können, wenn die Voraussetzungen für die Differenzierbarkeit erfüllt sind.

Die *zweite Ableitung* der Funktion g entspricht also der Krümmung des Funktionsgraphen von g.

Definition Ist für eine Funktion $f\colon \mathbb{D}_f \to \mathbb{R}$ die zweite Ableitung f'' stetig für alle x_0 in einem Intervall $I \subset \mathbb{D}_f$, so heißt f *zweimal stetig differenzierbar* in I. Dies ist gleichbedeutend damit, dass die Funktion f' stetig differenzierbar ist.

Hinweis Die Funktion $f\colon \mathbb{D}_f \to \mathbb{R}$ sei an der Stelle $x_0 \in \mathbb{D}_f$ zweimal stetig differenzierbar. Der Wert $f''(x_0)$ steht für die *Krümmung* des Funktionsgraphen an der Stelle x_0.

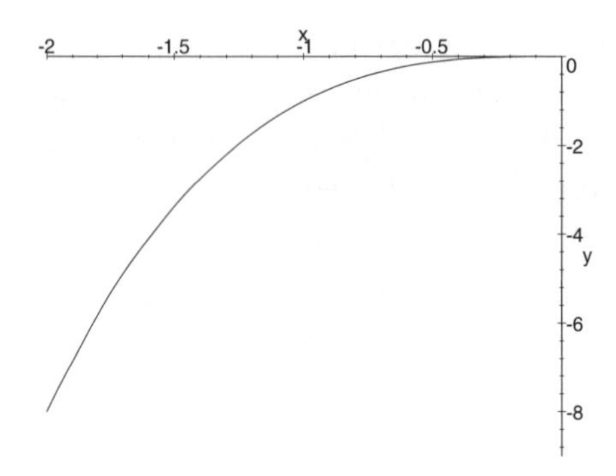

Abb. 4.14 Graph zu $g(x) = x^3$ im Intervall $[-2, 0]$

In den Beispielen der stetig differenzierbaren Funktionen $f(x) = x^2$ und $g(x) = x^3$ sind die Funktionsgraphen linksgekrümmt und die zweite Ableitung der Funktion ist in diesem Bereich positiv.

Für g ist der Graph im Intervall $]-\infty, 0[$ rechtsgekrümmt, wie in Abbildung 4.14 angedeutet ist. In diesem Intervall gilt $g''(x) = 6x < 0$.

Die Beobachtung, dass für einen an einer Stelle $x_0 \in \mathbb{D}_f$ rechtsgekrümmten Funktionsgraphen f die zweite Ableitung negativ ist, gilt für alle zweifach stetig differenzierbaren Funktionen. Hierzu sei die Lösung von Aufgabe 1 empfohlen. Diese Beobachtungen lassen sich folgendermaßen zusammenfassen:

Hinweis Die Funktion f sei im Intervall $I \subset \mathbb{R}$ zweimal stetig differenzierbar. Dann gilt:

Der Graph von f ist

linksgekrümmt,	rechtsgekrümmt,

wenn

$f''(x) > 0$ für alle $x \in I$	$f''(x) < 0$ für alle $x \in I$

gilt.

Achtung Die Bedingung $f''(x_0) > 0$ für alle $x \in I$ ist *hinreichend*, aber nicht *notwendig*. Ein Beispiel für eine Funktion, die linksgekrümmt ist, für die jedoch nicht $f''(x_0) > 0$ für alle $x \in I$ gilt, ist $f\colon \mathbb{R} \to \mathbb{R}, x \mapsto x^4$ mit $I = [-1, 1]$. An der Stelle $x_0 = 0$ gilt $f''(x_0) = 0$, der Graph von f ist jedoch linksgekrümmt.

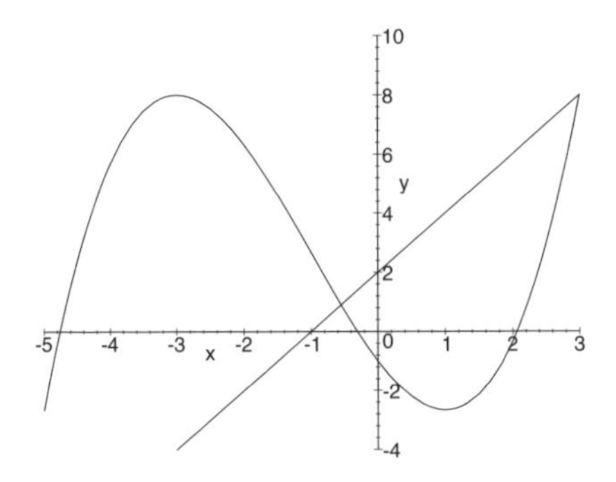

Abb. 4.15 Graphen zu $f(x) = \frac{1}{3}x^3 + x^2 - 3x - 1$ und $f''(x)$

Hinweis für Maple

Die zweite Ableitung einer zweifach differenzierbaren Funktion f nach der Variablen x lässt sich mit Maple durch

```
> diff(f(x),x$2);
```

bestimmen. Allgemein lässt sich die n-te Ableitung einer n-fach differenzierbaren Funktion f unter Maple bestimmen durch

```
> diff(f(x),x$n);
```

Mit `unapply` werden analog zur ersten Ableitung Funktionen aus den Ableitungstermen erzeugt.

Beispiel 4.29 Es sei $f(x) := \frac{1}{3}x^3 + x^2 - 3x - 1$ mit $\mathbb{D}_f := \mathbb{R}$ gegeben. Die Graphen der Funktion und ihrer zweiten Ableitung sind in Abbildung 4.15 zu sehen und legen die Vermutung nahe, dass an der Stelle $x_0 := -1$ die Krümmung von rechts auf links wechselt.

Um rechnerisch zu bestimmen, an welchen Stellen der Graph linksgekrümmt ist, müssen die zweifache stetige Differenzierbarkeit gezeigt und die Ungleichung $f''(x) > 0$ gelöst werden. Dies lässt sich unter Maple folgendermaßen durchführen:

```
> f := x -> 1/3*x^3+x^2-3*x-1:
    f2 := unapply(diff(f(x),x$2),x);
```

$$f2 := x \to 2x + 2$$

Die Funktion $f2$ ist stetig, und damit ist f zweimal stetig differenzierbar. Durch

```
> solve(f2(x)>0);
```

mit dem Ergebnis

$$\text{RealRange(Open}(-1),\ \infty)$$

erfährt man, dass das Intervall, in dem der Graph linksgekrümmt ist, das Intervall $I_1 :=]-1, \infty[$ ist. Analog erhält man mit

```
> solve(f2(x)<0);
```

dass f im Intervall $I_2 :=]-\infty, -1[$ rechtsgekrümmt ist. An der Stelle -1 ergibt

```
> f2(-1);
```

die Lösung 0, also ist die Krümmung gleich null.

Definition Die Funktion $f\colon \mathbb{D}_f \to \mathbb{R}$ sei an der Stelle $x_w \in \mathbb{D}_f$ zweimal stetig differenzierbar mit $f''(x_w) = 0$. Wechselt an der Stelle x_w die zweite Ableitung ihr Vorzeichen bzw. der Graph der Funktion das Krümmungsverhalten von linksgekrümmt auf rechtsgekrümmt oder umgekehrt, so heißt x_w *Wendestelle* der Funktion f. Der Punkt $(x_w | f(x_w))$ heißt *Wendepunkt* der Funktion f.

Ist die Funktion f an der Stelle $x_w \in \mathbb{D}_f$ zweimal stetig differenzierbar und gilt $f''(x_w) = 0$, so gilt:

Wenn f'' an der Stelle x_w einen

(+/−)-Vorzeichenwechsel | (−/+)-Vorzeichenwechsel

hat, dann liegt an der Stelle x_w ein

links-rechts-Wendepunkt | *rechts-links-Wendepunkt*

vor.

Hinweis Bei der Wahl der Umgebung eines Wendepunktes ist zu beachten, dass diese Umgebung relativ klein zu wählen ist, da noch ein zweiter Wendepunkt in der Umgebung des ersten Wendepunktes liegen kann, wie in Beispiel 4.31 zu sehen ist.

In Beispiel a) lag bei der Funktion f an der Stelle x_w eine links-rechts-Wendestelle vor.

Beispiel 4.30 Die zweimal stetig differenzierbare Funktion g mit $g(x) := x^3$ ist im Intervall $I_1 :=]-\infty, 0[$ rechtsgekrümmt, da $g''(x) = 6x < 0$ für alle $x \in I_1$ gilt, und im Intervall $I_2 :=]0, +\infty[$ linksgekrümmt, da $g''(x) = 6x > 0$ für alle $x \in I_2$ gilt. Daher handelt es sich an der Stelle $x_0 = 0$ aufgrund von $g''(x_0) = 0$ um einen rechts-links-Wendepunkt.

Beispiel 4.31 Es sei die Funktion

$$f\colon \mathbb{R} \to \mathbb{R}, \qquad x \mapsto \sin(x),$$

gegeben. Der Graph der Funktion in Abbildung 4.16 legt die Vermutung nahe, dass an der Stelle $x_0 = 0$ ein links-rechts-Wendepunkt vorliegt. Die Ableitungen lauten $f'(x) = \cos(x)$ und $f''(x) = -\sin(x)$ und sind stetig. Wählt man zunächst $x_1 = -\frac{3\pi}{2}$ und $x_2 = \frac{3\pi}{2}$, so gilt

$$f''(x_1) = -\sin(x_1) = -1 < 0$$

und

$$f''(x_2) = -\sin(x_2) = 1 > 0,$$

woraus folgt, dass eine rechts-links-Wendestelle vorliegt. Dieses Ergebnis ist falsch, da im Intervall $]0, \frac{3\pi}{2}[$ an der Stelle $\tilde{x}_2 = \pi$ und im Intervall $]-\frac{3\pi}{2}, 0[$ an der Stelle $\tilde{x}_1 = -\pi$ weitere Wendestellen vorliegen. Wählt man hingegen ein $x_1 \in]-\pi, 0[$, so gilt $f''(x_1) > 0$. Wird zusätzlich ein $x_2 \in]0, \pi[$ gewählt, so folgt $f''(x_2) < 0$. Hiermit folgt dann, dass an der Stelle $x_0 = 0$ ein Vorzeichenwechsel der zweiten Ableitung von Plus nach Minus stattfindet, somit ein links-rechts-Wendepunkt bei $(0|0)$ vorliegt. Dieses Ergebnis stimmt und wird durch Abbildung 4.16 unterstützt.

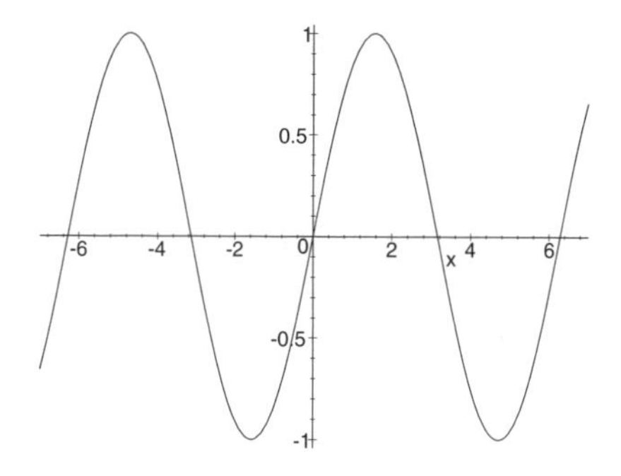

Abb. 4.16 Graph zu $f(x) = \sin(x)$

Mit ähnlichen Überlegungen wie in Beispiel 4.31 können alle Wendepunkte der Sinusfunktion oder auch der Kosinusfunktion bestimmt werden, vgl. Aufgabe 2 f).

Die Wendestellen der Sinusfunktion können ebenfalls mit Maple berechnet werden. Dies geht mit `fsolve`. Da bei transzendenten Funktionen hierbei nur eine Nullstelle angegeben wird, sollte der betrachtete Bereich eingeschränkt werden. Dies ist durch

```
> fsolve(-sin(x)=0,x=5..7);
```

möglich. Das Ergebnis lautet 6.283185307.

4.4.2 Lokale Extremstellen – hinreichende Bedingung

In Abschnitt 4.3 wurden notwendige Bedingungen zur Bestimmung von lokalen Extremstellen behandelt. Mit Hilfe der Krümmung des Funktionsgraphen können hinreichende Bedingungen formuliert werden und damit explizit lokale und globale Extrema bestimmt werden.

Um zwischen einem Maximum und einem Minimum unterscheiden zu können, ist die Krümmung zu betrachten. Der Graph von $f(x) := x^2 - 2x + 2$ in Abbildung 4.8 (a) ist in einer Umgebung des Minimums *linksgekrümmt*, wohingegen der Graph der Funktion g mit $g(x) := -x^2 + 4x - 2$ in Abbildung 4.8 (b) in einer Umgebung des Maximums *rechtsgekrümmt* ist. Nach der zweiten Bemerkung in Abschnitt 4.4 ist der Graph einer Funktion f an der Stelle x_e linksgekrümmt genau dann, wenn $f''(x_e) > 0$ gilt. Hiermit kann das *hinreichende Kriterium* zur Bestimmung von lokalen Extremstellen formuliert werden:

Bemerkung Ist die Funktion $f\colon \mathbb{D}_f \to \mathbb{R}$ an der Stelle $x_e \in \mathbb{D}_f$ zweimal differenzierbar und gilt $f'(x_e) = 0$, so gilt:

Falls

$$f''(x_e) < 0, \quad \Big| \quad f''(x_e) > 0,$$

so liegt ein

$$\textit{lokales Maximum} \quad \Big| \quad \textit{lokales Minimum}$$

an der Stelle x_e vor.

Achtung Die Bedingung $f''(x_e) > 0$ ist hinreichend, jedoch nicht notwendig für ein lokales Maximum. Ein Gegenbeispiel lautet $f(x) := x^4$ an der Stelle $x_e := 0$. Es handelt sich um ein lokales Minimum, jedoch gilt $f''(0) = 0$.

Dies gilt ebenfalls für die Bedingung $f''(x_e) < 0$ und lokale Maxima.

Beispiel 4.32 Die Funktion f mit

```
> f := x -> x^2-2*x+2:
```

hat (wie sich nach Abbildung 4.8 (a) vermuten lässt) ein lokales Minimum an der Stelle $x_e := 1$. Um dies zu zeigen, sind die ersten beiden Ableitungen zu bestimmen. Unter Maple erhält man die ersten beiden Ableitungen durch

```
> f1 := unapply(diff(f(x),x),x);
```

$$f1 := x \to 2\,x - 2$$

und

```
> f2 := unapply(diff(f(x),x$2),x);
```

$$f2 := 2$$

Es gilt $f'(x) = 0$ genau dann, wenn $x = x_e$ ist. Da $f''(x) > 0$ für alle $x \in \mathbb{R}$ gilt, ist $T(1|1)$ ein Tiefpunkt.

Beispiel 4.33 Die Funktion f mit

```
> f := x -> -4/3*x^3+x+1:
```

soll unter Maple auf Extremstellen untersucht werden. Hierzu werden die ersten beiden Ableitungen bestimmt:

```
> f1 := unapply(diff(f(x),x),x);
```

$$f1 := x \to -4\,x^2 + 1$$

und

```
> f2 := unapply(diff(f(x),x$2),x);
```

$$f2 := x \to -8\,x$$

Nun wird die erste Ableitung auf Nullstellen untersucht:

```
> E := solve(f1(x)=0);
```

$$E := \frac{1}{2},\ \frac{-1}{2}$$

Um zu überprüfen, ob an den Stellen $x_{e1} := \frac{1}{2}$ und $x_{e2} := -\frac{1}{2}$ Extremstellen vorliegen, werden diese Werte in die Funktion der zweiten Ableitung eingesetzt. Hierbei dient die oben eingeführte Variable E der Vereinfachung der Schreibweise, denn durch `E[1]` wird der erste der beiden Werte $\frac{1}{2}$ bezeichnet. Damit erhält man die Funktionswerte der zweiten Ableitung an den Stellen x_{e1} und x_{e2} unter Maple zu

```
> f2(E[1]);
```

$$-4$$

womit an der Stelle x_{e1} ein Maximum vorliegt, und

```
> f2(E[2]);
```

$$4$$

womit an der Stelle x_{e2} ein Minimum vorliegt. Die Funktionswerte an den Stellen x_{e1} und x_{e2} ergeben sich zu

```
> f(E[1]);
```

$$\frac{4}{3}$$

und

```
> f(E[2]);
```

$$\frac{2}{3}$$

Damit ist $H\left(\frac{1}{2}|\frac{4}{3}\right)$ ein Hochpunkt und $T\left(-\frac{1}{2}|\frac{2}{3}\right)$ ein Tiefpunkt.

Da $\lim\limits_{x\to\infty} f(x) = -\infty$ und $\lim\limits_{x\to-\infty} f(x) = \infty$ gilt, handelt es sich bei den lokalen Extremstellen nicht um globale Extremstellen.

4.4.3 Wendepunkte – hinreichende Bedingung

Im letzten Abschnitt wurde eine Bemerkung über hinreichende Bedingungen für die Vorlage von Wendepunkten genannt. Ein Nachteil dieser Bedingung liegt, wie in Beispiel 4.33 erkennbar ist, darin, dass Funktionswerte aus einer Umgebung des Wendepunkts bzgl. ihres Vorzeichens zu untersuchen sind. Wird das Intervall zu groß gewählt, z.B. $]-\frac{\pi}{2},\frac{\pi}{2}[$ in Beispiel 4.33, so findet in diesem Intervall evtl. ein weiterer Vorzeichenwechsel der zweiten Ableitung statt.

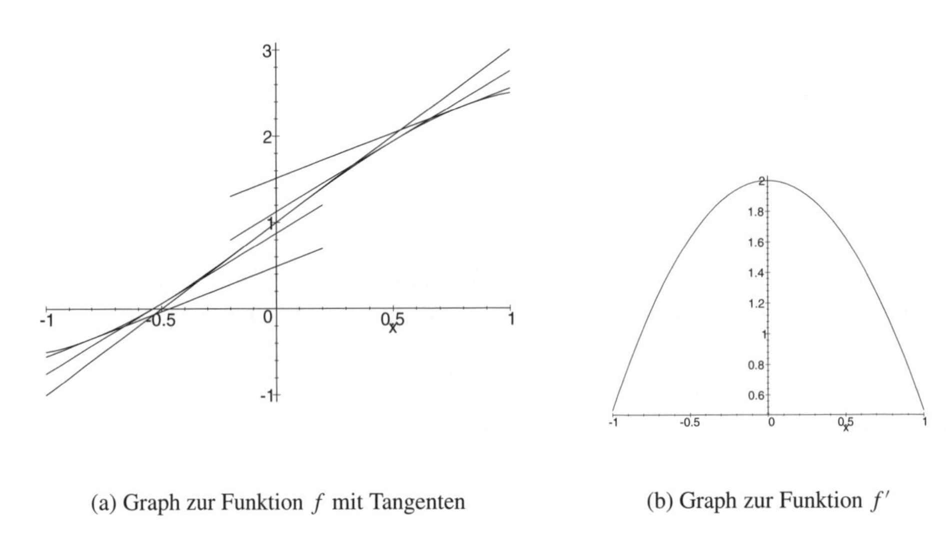

(a) Graph zur Funktion f mit Tangenten (b) Graph zur Funktion f'

Abb. 4.17 Graphen zu einer Funktion f mit links-rechts-Wendepunkt

Vorteilhaft ist es, ein hinreichendes Verfahren zur Bestimmung von Wendestellen zu entwickeln, in dem genau eine Stelle $x_w \in \mathbb{D}$ untersucht wird. Dies kann mit Hilfe der Abbildung 4.17 verstanden werden. In Abbildung 4.17 (a) ist der Graph einer Funktion mit einem links-rechts-Wendepunkt zu sehen. An den eingezeichneten Tangenten ist zu erkennen, dass die Tangente im Wendepunkt die maximale Steigung besitzt. Dies bedeutet, dass die erste Ableitung eine Extremstelle besitzt, was in Abbildung 4.17 (b) zu erkennen ist. Wird die Ableitungsfunktion der Funktion f durch $g := f'$ notiert, so gilt als hinreichende Bedingung für die Existenz eines Wendepunkts an der Stelle x_w

$$g'(x_w) = 0 \quad \text{und} \quad g''(x_w) < 0\,.$$

Notiert man dies mit der Funktion f, so folgt

$$f''(x_w) = 0 \quad \text{und} \quad f'''(x_w) < 0$$

als hinreichende Bedingung für einen links-rechts-Wendepunkt. Hierbei ist zu beachten, dass die Funktion f dreimal differenzierbar sein muss.

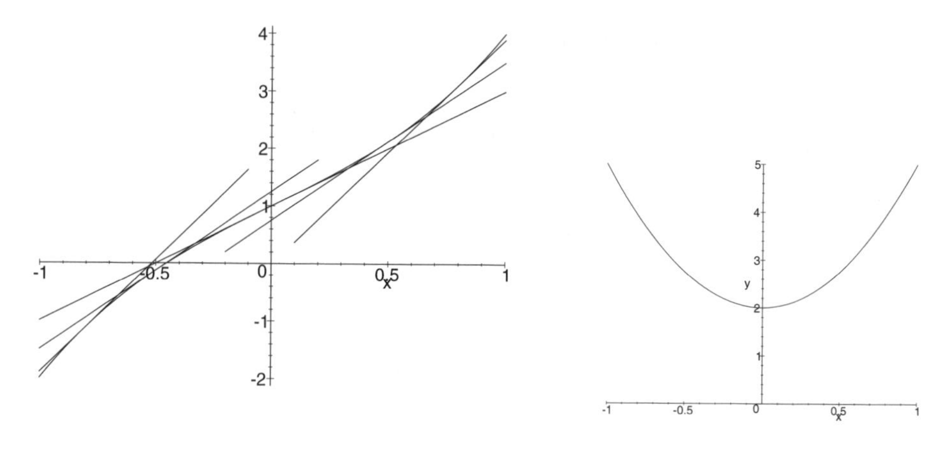

(a) Graph zur Funktion f mit Tangenten

(b) Graph zur Funktion f'

Abb. 4.18 Graphen zu einer Funktion f mit rechts-links-Wendepunkt

Für einen rechts-links-Wendepunkt an der Stelle x_w ergibt sich analog, wie in Abbildung 4.18 dargestellt ist, als hinreichende Bedingung

$$f''(x_w) = 0 \quad \text{und} \quad f'''(x_w) > 0\,.$$

Zusammenfassend erhält man somit:

Bemerkung Ist die Funktion $f\colon \mathbb{D} \to \mathbb{R}$ an der Stelle $x_w \in \mathbb{D}$ dreimal differenzierbar und gilt $f''(x_w) = 0$, so gilt:

Falls

$$f'''(x_w) < 0, \quad \Big| \quad f'''(x_w) > 0,$$

so liegt ein

links-rechts-Wendepunkt | *rechts-links-Wendepunkt*

an der Stelle x_w vor.

Achtung Die Bedingung $f'''(x_w) < 0$ ist hinreichend, jedoch nicht notwendig für einen links-rechts-Wendepunkt. Ein Gegenbeispiel lautet $f(x) := x^5$ an der Stelle $x_w := 0$. Es handelt sich um einen links-rechts-Wendepunkt, jedoch gilt $f'''(x_w) = 0$.

Dies gilt ebenfalls für die Bedingung $f'''(x_w) > 0$ und rechts-links-Wendepunkte.

Beispiel 4.34 Die Funktion f mit

```
> f := x -> x^3+2*x+1:
```

soll auf Wendestellen zu untersucht werden. Die ersten drei Ableitungen der Funktion sind

```
> f1 := unapply(diff(f(x),x),x);
```

$$f1 := x \rightarrow 3\,x^2 + 2$$

und

```
> f2 := unapply(diff(f(x),x$2),x);
```

$$f2 := x \rightarrow 6\,x$$

sowie

```
> f3 := unapply(diff(f(x),x$3),x);
```

$$f3 := 6$$

Für eine Wendestelle sind die Nullstellen der zweiten Ableitung zu bestimmen:

```
> solve(f2(x)=0, x);
```

Das Ergebnis ist $x_w := 0$, und mit der dritten Ableitung folgt, dass es sich in $W(0|1)$ um einen links-rechts-Wendepunkt handelt.

Ein Graph dieser Funktion befindet sich in Abbildung 4.18 (a).

Aufgaben

1. Ermitteln Sie die globalen Extrema der Funktionen aus den Aufgaben aus Abschnitt 4.2. Bestätigen Sie diese Ergebnisse mit Maple.

2. Bestimmen Sie in $\mathbb{D}_f := \mathbb{R}$ alle lokalen Extremstellen, Wendestellen und das Krümmungsverhalten der Funktionen und bestätigen Sie die Ergebnisse mit Maple.

a) $f(x) := -x^3 + 2x + 1.5$ b) $f(x) := x^4 + 3x^2 + 7$

c) $f(x) := \frac{1}{6}x^4 - 4x^2 + 5x + 12$ d) $f(x) := \frac{1}{20}x^5 - \frac{1}{6}x^3 + 2x - 18$

e) $f(x) := 3x^4 - 16x^3 + 24x^2$ f) $f(x) := \cos(x)$

3. Bestimmen Sie zu den Funktionen aus den Aufgaben in den Abschnitten 1 und 2 dieses Kapitels und den Funktionen aus den Aufgaben in Kapitel 2 die lokalen Extrem- und Wendepunkte. Verwenden Sie Maple zur Bestätigung dieser Ergebnisse.

4.5 Kurvendiskussion

4.5.1 Einleitung

In diesem Abschnitt werden die Ergebnisse der letzten Abschnitte angewendet. Einige Vorgänge der Natur lassen sich mit Hilfe von mathematischen Funktionen beschreiben. Geht es um das Verständnis dieser Vorgänge oder auch um Vorhersagen, so müssen diese Funktionen genauer untersucht werden.

Beispiel 4.35 Um einen Umweg zu vermeiden, sollen Kleinigkeiten zwischen zwei Freunden mit Hilfe eine Schleuder über eine 19 m hohe Mauer geworfen werden. Hierfür wurde eine auf dem Boden stehende Schleuder entwickelt.

Wie in der Physik festgestellt wurde, kann die Bahn eines schiefen Wurfes durch eine quadratische Funktion beschrieben werden. Aufgrund des Schleuderwinkels und der Schleudergeschwindigkeit wurde ermittelt, dass die Bahn der geschleuderten Objekte mit Hilfe der Funktion

```
> f := x -> -x^2+9*x:
```

mit $\mathbb{D}_f := \mathbb{R}_+$ beschrieben werden kann, wobei die Variable x eine Länge in Metern angibt und der Funktionswert $f(x)$ ebenfalls eine Länge in Metern darstellt. Das Koordinatensystem ist so gelegt, dass bei (0|0) der Abwurfpunkt ist. Das Problem ist: Können mit Hilfe dieser Maschine Objekte über die Mauer geschleudert werden? Wenn ja, wie weit muss die Maschine von der Mauer entfernt sein?

Um diese Fragen zu beantworten, muss ermittelt werden, ob der höchste Punkt der oben angegebenen Wurfkurve höher als die Mauer liegt, über die etwas geschleudert werden soll. Falls dies der Fall ist, so ist das Maximum dieser Bahn möglichst über die Mauer zu legen. Dies ist in Abbildung 4.19 dargestellt.

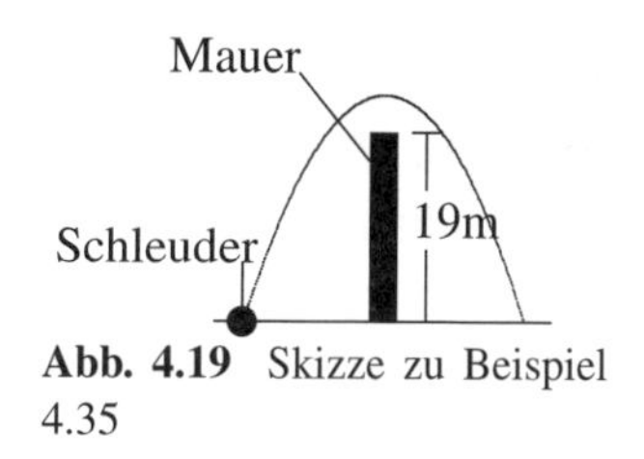

Abb. 4.19 Skizze zu Beispiel 4.35

Um den höchsten Punkt der Bahn zu bestimmen, sei die folgende Überlegung betrachtet. Das Maximum $(x_0|y_0)$ einer differenzierbaren Kurve hat die Eigenschaft, dass die angelegte Tangente an diesen Punkt waagerecht verläuft, also $f'(x_0) = 0$ gilt und die zweite Ableitung an der Stelle negativ ist. Hierzu werden die ersten beiden Ableitungen der Funktion f berechnet:

```
> f1 := unapply(diff(f(x),x),x);
```

$$f1 := x \to -2x + 9$$

und

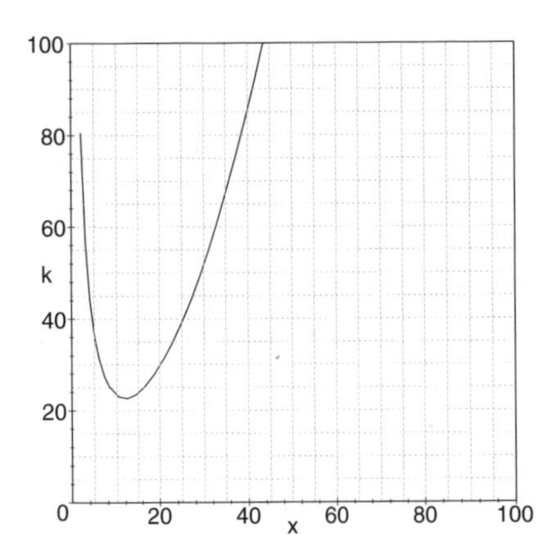

Abb. 4.20 Graph zu $k(x)$

```
> f2 := unapply(diff(f(x),x$2),x);
```

$$f2 := -2$$

Jedes lokale Extremum ist ein lokales Maximum. Es gilt

```
> solve(f1(x)=0,x);
```

$$\frac{9}{2},$$

d.h. $f'(x_0) = 0$ genau dann, wenn $x_0 = \frac{9}{2}$ ist, also das Schleudergerät einen Abstand von 4.5 m zum Fußpunkt der Mauer hat. Um die Höhe des Wurfes an dieser Stelle zu ermitteln, ist der Wert $f(4.5)$ zu bestimmen. Es gilt $f(4.5) = 20.25$. Der Wurf erreicht somit eine maximale Höhe von 20.25 m und kann die Mauer überqueren, wenn der Abstand der Schleuder von der Mauer 4.5 m beträgt.

Beispiel 4.36 Die Gesamtkosten in einem Wirtschaftsbereich können durch die *Gesamtkostenfunktion* K beschrieben werden, die häufig durch ein Polynom dargestellt werden kann, z.B.

$$K(x) := \tfrac{1}{20}x^3 + x + 172.8 \quad \text{mit } \mathbb{D}_K := \mathbb{R}_+ ,$$

wobei die Variable x die Anzahl der angeforderten Objekte bezeichnet. Die Stückkosten können mittels

$$k(x) := \tfrac{K(x)}{x} = \tfrac{1}{20}x^2 + 1 + \tfrac{172.8}{x} \quad \text{mit } \mathbb{D}_k = \mathbb{R}_+ \setminus \{0\}$$

berechnet werden; $k(x)$ heißt die *Stückkostenfunktion*. Der Graph ist in Abbildung 4.20 dargestellt.

Unter Maple können die Funktionen K und k folgendermaßen eingegeben werden:

```
> K := x -> 1/20*x^3+x+172.8:  k := x -> K(x)/x:
```

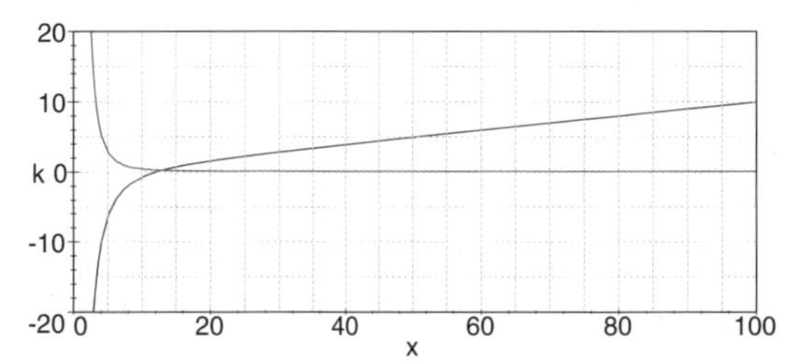

Abb. 4.21 Graph zu k' und zu k''

Bildet man die Ableitungen, so wird hingegen der Term angegeben. Um diesen Term übersichtlicher zu erhalten, sollte `simplify` benutzt werden. Man erhält

```
> k11 := simplify(diff(k(x),x));
```

$$k11 := .1000000000 \frac{x^3 - 1728.}{x^2}$$

Um die Ableitungsfunktion zu erhalten, ist noch

```
> k1 := unapply(k11,x):
```

einzugeben. Analog erhält man die zweite Ableitung durch

```
> k21 := simplify(diff(k(x),x$2)); k2 := unapply(k21,x);
```

Um die Extremstellen der Funktion k zu bestimmen, ist

```
> solve(k1(x)=0,x);
```

einzugeben. Die Lösung lautet

$$12., -6. - 10.39230485\, I, \ -6. + 10.39230485\, I$$

und enthält neben der Lösung $x_e := 12$ zwei komplexe Lösungen. Um zu ermitteln, um welche Art von Extremum es sich an der Stelle x_e handelt, ist

```
> k2(12);
```

einzugeben; man erhält das Ergebnis .3000000000, womit ein lokales Minimum vorliegt.

Auch wenn später eine in gewisser Hinsicht ideale Stückzahl ermittelt worden ist, kann es aufgrund von Auftragsschwankungen vorkommen, dass von dieser idealen Stückzahl kurzzeitig abgewichen werden muss. Dies soll zu annähernd gleichen Stückkosten möglich sein. Anders formuliert: Ein paar Produkte mehr oder weniger sollen nicht gleich viel teurer werden, die Stückkosten sollen möglichst geringen Schwankungen ausgesetzt sein. Die Funktion k' ist ein Maß für diese Stückkostenschwankungen. Wie in Abbildung 4.21 erkennbar ist, verläuft der Graph der Funktion k' für eine größere Stückzahl x flacher und die Schwankungen werden kleiner. Dies ist an

$$k''(x) = \frac{1}{10} + \frac{345.6}{x^3},$$

zu erkennen, denn diese Funktion gibt die Veränderungen der Funktion k' an. Sie ist in Abbildung 4.21 mit zu sehen; und es ist erkennbar, dass diese Funktion für größer werdende x-Werte gegen 0 läuft, d.h. die Veränderungen der Stückkostenschwankungen werden mit steigender Stückzahl immer kleiner. So ist je nach Wunsch das Optimum zu wählen.

4.5.2 Konzept der Kurvendiskussion

Die Beispiele des letzten Abschnitts zeigten, dass es Sinn macht, Funktionen genauer zu untersuchen. Insbesondere wurden lokale Extrem- und Wendepunkte untersucht. Verschiedene Arten dieser Punkte finden sich in Abbildung 4.22. Es existieren andererseits noch weitere interessante Gesichtspunkte, z.B. die Grenzwerte $\lim\limits_{x\to\pm\infty} f(x)$.

Hinweis In der *Kurvendiskussion* einer Funktion f sollte Folgendes berücksichtigt werden:

1. Der *Definitionsbereich* $\mathbb{D}_f$ ist anzugeben.
2. Der Funktionsgraph ist auf *Symmetrie* zu untersuchen. Hierbei kann *Punktsymmetrie* zum Ursprung auftreten (sie ist durch $f(-x) = -f(x)$ für alle $x \in \mathbb{D}_f$ gegeben) oder *Achsensymmetrie* zur y-Achse (sie ist durch $f(x) = f(-x)$ für alle $x \in \mathbb{D}_f$ gegeben).
3. Die *Nullstellen* der Funktion f sind zu bestimmen, das sind die Lösungen der Gleichung $f(x) = 0$.
4. Es ist zu untersuchen, ob *Unstetigkeitsstellen* oder *nicht differenzierbare Stellen* vorliegen. Ferner sind – falls vorhanden – *Definitionslücken* oder *Polstellen* zu untersuchen.
5. Die ersten drei *Ableitungen* der Funktion f sind zu bestimmen.
6. *Hoch- und Tiefpunkte* sind zu bestimmen, falls sie existieren.
7. *Wendepunkte* sind zu ermitteln, falls sie existieren.
8. Das *Verhalten gegen die Ränder des Definitionsbereichs* ist zu bestimmen, d.h.
   $$\lim_{x\to+\infty} f(x) \quad \text{und} \quad \lim_{x\to-\infty} f(x)\,.$$
   Damit kann untersucht werden, ob die Funktion *globale Extremwerte* besitzt.
9. Der Graph der Funktion ist anzufertigen.

In den folgenden Kurvendiskussionen werden die Graphen mit Maple erstellt. Punkt 9 der Kurvendiskussionen wird aus diesem Grund in den Beispielen ausgelassen.

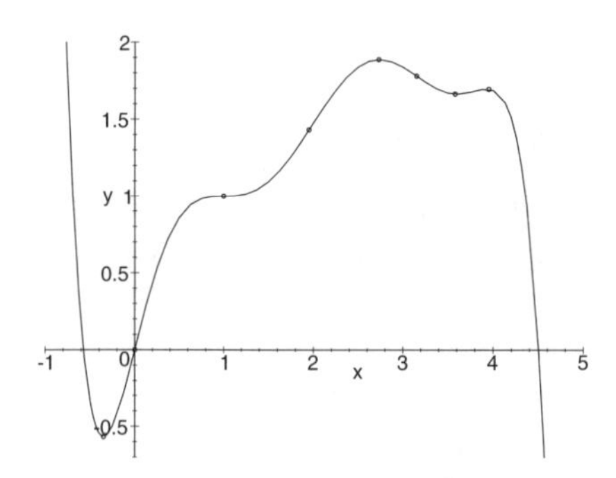

Abb. 4.22 Graph mit interessanten Punkten

Beispiel 4.37 Die Funktion f mit der Funktionsvorschrift $f(x) := \frac{1}{5}x^3 - \frac{2}{5}x^2 - 3x$ sei gegeben.

1. *Definitionsbereich*: Hier ist der maximal mögliche Definitionsbereich zu wählen. In diesem Beispiel ist $\mathbb{D}_f := \mathbb{R}$, da es sich um eine ganzrationale Funktion handelt.

2. *Symmetrie*: Diese Funktion ist nicht symmetrisch, da z.B. $f(1) = -3\frac{1}{5}$, jedoch $f(-1) = 2\frac{2}{5}$ gilt. Hiermit können die Voraussetzungen für Punktsymmetrie und Spiegelsymmetrie nicht erfüllt werden.

3. *Nullstellen*:

$$f(x) = 0 \Leftrightarrow \tfrac{1}{5}x\left(x^2 - 2x - 15\right) = 0 \Leftrightarrow x = 0 \text{ oder } x = -3 \text{ oder } x = 5\,.$$

4. Da es sich um eine ganzrationale Funktion handelt, gibt es keine *Unstetigkeitsstellen, nicht differenzierbare Stellen, Definitionslücken* oder *Polstellen.*

5. *Ableitungen*: Die ersten drei Ableitungen lauten

$$f'(x) = \tfrac{3}{5}x^2 - \tfrac{4}{5}x - 3\,, \quad f''(x) = \tfrac{6}{5}x - \tfrac{4}{5} \quad \text{und} \quad f'''(x) = \tfrac{6}{5}\,.$$

6. *Lokale Extremstellen*: Es werden lokale Maxima und Minima der Funktion berechnet. Hierzu benötigt man Nullstellen der ersten Ableitung. Es gilt

$$f'(x) = 0 \Leftrightarrow \tfrac{3}{5}\left(x^2 - \tfrac{4}{3}x - 5\right) = 0\,,$$

woraus sich die Lösungen $x_{e1} = 3$ und $x_{e2} = -\frac{5}{3}$ ergeben. Für die zweite Ableitung an diesen Stellen ergibt sich:
$f''(3) = \frac{14}{5} > 0$ und $f(3) = -7\frac{1}{5}$, damit liegt bei $T(3| - 7\frac{1}{5})$ ein Tiefpunkt vor.
$f''(-\frac{5}{3}) = -\frac{14}{5} < 0$ und $f(-\frac{5}{3}) = 2\frac{26}{27}$, damit liegt bei $H(-\frac{5}{3}|2\frac{26}{27})$ ein Hochpunkt vor.

7. Wendepunkte: Hierzu sind die Nullstellen der zweiten Ableitung zu bestimmen. Es gilt

$$f''(x_w) = 0 \Leftrightarrow \tfrac{6}{5}x_w - \tfrac{4}{5} = 0 \Leftrightarrow x_w = \tfrac{2}{3}\,.$$

Weiter gilt $f'''(x_w) = \frac{6}{5}$, und somit handelt es sich um einen Wechsel von Rechtskrümmung zur Linkskrümmung. Es gilt $f(\frac{2}{3}) = -2\frac{16}{135}$, d.h. die Funktion f besitzt einen rechts-links-Wendepunkt bei $W(\frac{2}{3}| -2\frac{16}{135})$.

8. Verhalten im Unendlichen: Es gilt

$$\lim_{x\to+\infty} f(x) = \lim_{x\to+\infty} \tfrac{1}{5}x^3\left(1 - \tfrac{2}{x} - \tfrac{15}{x^2}\right) = \lim_{x\to+\infty} \tfrac{1}{5}x^3 = +\infty\,,$$
$$\lim_{x\to-\infty} f(x) = \lim_{x\to-\infty} \tfrac{1}{5}x^3\left(1 - \tfrac{2}{x} - \tfrac{15}{x^2}\right) = \lim_{x\to-\infty} \tfrac{1}{5}x^3 = -\infty\,.$$

Dies hat zur Folge, dass keine globalen Extrema existieren.

Maple kann diese Ergebnisse bestätigen, was zur Übung empfohlen sei, s. Aufgabe 5.

Beispiel 4.38 Die Funktionsvorschrift lautet $f(x) := \frac{x^3}{x^2-1}$.

1. Definitionsbereich: Aus dem maximal möglichen Definitionsbereich sind die Nullstellen des Nenners auszuschließen. Es ergibt sich

$$x^2 - 1 = 0 \Leftrightarrow x = \pm 1$$

und hiermit folgt $\mathbb{D}_f = \mathbb{R} \setminus \{-1, 1\}$.

2. Symmetrie: Es gilt für alle $x \in \mathbb{D}_f$

$$f(-x) = \tfrac{(-x)^3}{(-x)^2-1} = -\tfrac{x^3}{x^2-1} = -f(x),$$

also ist der Graph von f punktsymmetrisch zum Ursprung.

3. Nullstellen: Die Nullstellen von f werden bestimmt durch die Nullstellen des Zählers, wenn es sich nicht um Definitionslücken handelt. Für den Zähler gilt

$$x^3 = 0 \Leftrightarrow x = 0\,,$$

und da die Definitionslücken -1 und 1 lauten, gilt $f(0) = 0$.

4. Die Definitionslücken $x_1 = -1$ und $x_2 = 1$ sind genauer zu untersuchen. Wegen der Nullstelle bei 0 beschränkt man sich zunächst auf das Intervall $]-\infty, 0[$ (oder auf eine andere offene Umgebung von $x_1 = -1$, die keine Nullstellen von f enthält). Zähler und Nenner des Funktionsterms werden einzeln auf ihre Vorzeichen untersucht. Es gilt $x^3 < 0$ für alle $x < 0$ und $x^2 - 1 < 0$ für alle $x \in]-1, 0[$ sowie $x^2 - 1 > 0$ für alle $x \in]-\infty, -1[$. Hieraus folgt

$$f(x) = \tfrac{x^3}{x^2-1} < 0 \quad \text{für alle } x \in]-\infty, -1[$$

und

$$f(x) > 0 \quad \text{für alle } x \in]-1, 0[\,.$$

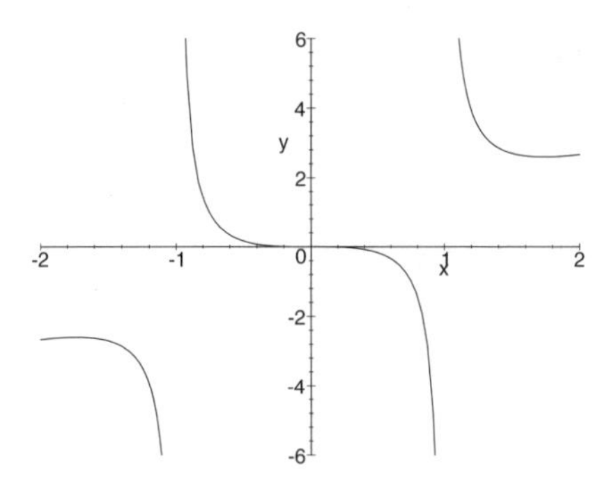

Abb. 4.23 Graph zu $f(x) = \frac{x^3}{x^2-1}$

Somit gilt

$$\lim_{x \searrow -1} f(x) = +\infty \quad \text{und} \quad \lim_{x \nearrow -1} f(x) = -\infty \, .$$

Daher handelt es sich bei $x_1 := -1$ um eine Polstelle mit Vorzeichenwechsel von Minus zu Plus. Aus Symmetriegründen liegt dann bei $x_2 := 1$ eine Polstelle mit Vorzeichenwechsel von Minus zu Plus vor.

5. Ableitungen:

$$f'(x) = \tfrac{x^2(x^2-3)}{(x^2-1)^2}\, , \quad f''(x) = \tfrac{2x(x^2+3)}{(x^2-1)^3} \quad \text{und} \quad f'''(x) = -6\, \tfrac{x^4+6x^2+1}{(x^2-1)^4}$$

besitzen den maximalen Definitionsbereich $\mathbb{D}_{f'} := \mathbb{R} \setminus \{-1, 1\} =: \mathbb{D}_{f''}$ und sind stetig im Definitionsbereich.

6. Lokale Extremstellen: Hierzu werden die Nullstellen des Zählers der ersten Ableitung bestimmt:

$$f'(x) = 0 \Leftrightarrow x^2(x^2 - 3) = 0\, ,$$

was für

$$x_{e1} := 0 \quad \text{oder} \quad x_{e2,e3} := \pm\sqrt{3}$$

erfüllt ist. Da sich bei diesen drei Stellen keine Definitionslücken befinden, kann die zweite Ableitung an diesen Stellen betrachtet werden. Es gilt

$$f''(0) = 0\, ,$$

daher muss für diesen Fall der Vorzeichenwechsel der zweiten Ableitung in Punkt 7 betrachtet werden. Für die anderen Nullstellen der ersten Ableitung ergibt sich

$$f''(x_{e2}) = f''(\sqrt{3}) = \tfrac{3\sqrt{3}}{2} > 0 \quad \text{und} \quad f(\sqrt{3}) = \tfrac{3\sqrt{3}}{2}\, ,$$

somit ist $T(\sqrt{3}|\frac{3\sqrt{3}}{2})$ ein Tiefpunkt. Analog ergibt sich für $x_{e3} = -\sqrt{3}$

$$f''(x_{e3}) = -\tfrac{3\sqrt{3}}{2} < 0 \quad \text{und} \quad f(-\sqrt{3}) = -\tfrac{3\sqrt{3}}{2}$$

und $H(-\sqrt{3}, -\frac{3\sqrt{3}}{2})$ ist ein Hochpunkt.

7. Wendepunkte: Für die Bestimmung der Wendepunkte werden die Nullstellen der zweiten Ableitung benötigt. Hierzu werden zunächst die Nullstellen des Zählers berechnet und dann überprüft, ob es sich um eine Nullstelle des Nenners handelt. Es gilt

$$x(x^2+3)=0 \Leftrightarrow x=0 \text{ oder } x^2+3=0\,.$$

Der zweite Term besitzt keine Nullstelle, daher ist die einzige mögliche Wendestelle bei $x_w := 0$. Um die Art des Wendepunktes zu bestimmen, wird die dritte Ableitung an der Stelle x_w berechnet. Man erhält $f'''(x_w) = -6 < 0$, womit folgt, dass es sich bei $H(0|0)$ um einen links-rechts-Wendepunkt handelt.

An der Stelle x_w gilt nach Punkt 6 auch $f'(x_w) = 0$, daher ist die Tangente an den Graphen von f an der Stelle waagerecht. Ein solcher Punkt (erste und zweite Ableitung Null, kein lokaler Extrempunkt) heißt *Sattelpunkt* der Funktion f.

8. Verhalten im Unendlichen: Es gilt

$$\lim_{x\to+\infty} f(x) = +\infty \quad \text{und} \quad \lim_{x\to-\infty} f(x) = -\infty\,,$$

also existieren keine globalen Extrema.

Die Ergebnisse aus Beispiel 4.38 können mit Maple bestätigt werden. Hierbei ist der Vorteil von Maple bei der Bestimmung der Ableitungen deutlich, da es sich um komplexe Terme handelt. Dies sei zur Übung empfohlen, vgl. Aufgabe 5.

Aufgaben

1. Führen Sie die Kurvendiskussionen für die Funktionen f im angegebenen Definitionsbereich durch. Verwenden Sie hierbei Maple zur Unterstützung.

a) $f(x) := x^3 + 4x - 16$, $\mathbb{D}_f := \mathbb{R}$

b) $f(x) := 3x^4 - 16x^3 + 24x^2$, $\mathbb{D}_f := \mathbb{R}$

c) $f(x) := 12x - x^3$, $\mathbb{D}_f := \mathbb{R}$

d) $f(x) := x^3 - 9x$, $\mathbb{D}_f := \mathbb{R}$

e) $f(x) := (x+1)^2 \cdot (x-3)$, $\mathbb{D}_f := [-4, 4]$

f) $f(x) := \frac{3}{2}x^2 - \frac{1}{16}x^4$, $\mathbb{D}_f := [-5, 5]$

g) $f(x) := (x^2 - x - 6) \cdot (x - 7)$, $\mathbb{D}_f := \mathbb{R}$

h) $f(x) := (x-1)^2 \cdot (x+1)^2$, $\mathbb{D}_f := [-3, 3]$

2. Diskutieren Sie die Funktionen aus den Beispielen der Kapitel 2 und 3 mit Hilfe von Maple.

3. Diskutieren Sie die Funktionen aus den Aufgaben in Abschnitt 4.2. Verwenden Sie Maple zur Unterstützung.

4. Bestimmen Sie den maximalen Definitionsbereich und führen Sie dann eine Kurvendiskussion durch. Bestätigen Sie die Ergebnisse mit Maple.

a) $f(x) := \frac{x}{1+x^2}$ b) $f(x) := \frac{2x}{4+x^2}$ c) $f(x) := \frac{1}{1+x^2}$

d) $f(x) := \frac{2x}{x\cdot(x+1)}$ e) $f(x) := \frac{7x-x^3}{4-x^4}$ f) $f(x) := \frac{2}{4-x^2}$

g) $f(x) := \frac{x}{1-x^2}$ h) $f(x) := \frac{x}{(1-x)^2}$ i) $f(x) := \frac{-2x}{1-x^2}$

j) $f(x) := \frac{x^2}{(x-1)^2}$ k) $f(x) := \frac{x\cdot(x+2)}{(1-x^2)(x+2)}$ l) $f(x) := \frac{1}{x\cdot\left(\left(\ln(x)\right)^2-1\right)}$

5. Bestätigen Sie die Ergebnisse aus den Beispielen 4.37 und 4.38, indem Sie die Kurvendiskussion mit Maple durchführen.

4.6 Andere Aufgabentypen

4.6.1 Extremwertaufgaben

In Extremwertaufgaben sind Größen zu optimieren. Zum Beispiel sollen die Kosten für ein Produkt möglichst klein werden oder das Volumen eines Körpers soll möglichst groß werden, damit viel hineinpasst. Hierzu werden Nebenbedingungen benötigt, da es sich bei den zu optimierenden Größen im Allgemeinen um Funktionen mit mehr als einer Variablen handelt.

Beispiel 4.39 Aus einem quadratischen Stück Pappe der Kantenlänge 0.5 m soll eine Schachtel mit möglichst großem Volumen hergestellt werden, vgl. Abbildung 4.24.

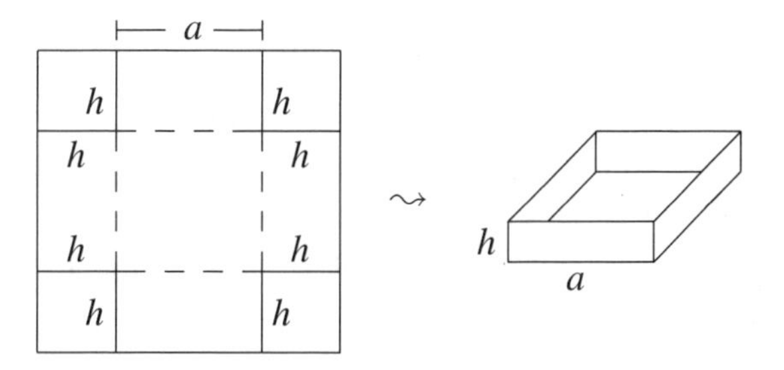

Abb. 4.24 Herstellung einer Schachtel

Lösung. Zur Herstellung der Schachtel werden an den Ecken Quadrate der Seitenlänge h abgetrennt und anschließend entsteht durch Faltung entlang der gestrichelten Linien eine Schachtel mit quadratischer Grundfläche der Länge a und Höhe h. (Die Klebeflächen können hierbei vernachlässigt werden, da sie keinen Einfluss auf das Volumen haben.) Das Volumen dieser Schachtel ist von der Seitenlänge a und der Höhe h abhängig und kann daher als Funktion der Variablen a und h aufgefasst werden, in Zeichen

$$V(a,h) = a^2 \cdot h\,. \tag{1}$$

Die Einheiten der Variablen werden bei der Bestimmung der Lösung vernachlässigt und erst am Ende hinzugefügt. Eine Funktion mit zwei Variablen kann nicht so einfach optimiert werden. Daher wird ein Zusammenhang gesucht, mit dem eine Variable durch die andere Variable ausgedrückt werden kann. Da die Pappe eine Kantenlänge von $\frac{1}{2}$ m hat, ergibt sich aus Abbildung 4.24

$$a + 2h = \tfrac{1}{2} \Rightarrow h = -\tfrac{a}{2} + \tfrac{1}{4}\,, \tag{2}$$

mit (1) erhält man die Funktion V mit

$$V(a) := a^2 \cdot \left(-\tfrac{a}{2} + \tfrac{1}{4}\right) = -\tfrac{1}{2}a^3 + \tfrac{1}{4}a^2,$$

also hängt die Volumenfunktion lediglich von einer Variablen a ab. Der Definitionsbereich der Funktion ist einzuschränken, da die Kantenlänge zwischen 0 m und $\frac{1}{2}$ m liegen muss, d.h. $\mathbb{D}_V :=]0, \frac{1}{2}[$.

Das Volumen soll möglichst groß werden, d.h. es ist das globale Maximum der Funktion V zu finden. Hierzu werden die erste und die zweite Ableitung benötigt:

$$V'(a) = -\tfrac{3}{2}a^2 + \tfrac{1}{2}a \quad \text{und} \quad V''(a) = -3a + \tfrac{1}{2}\,.$$

Sodann werden die lokalen Extrema bestimmt:

$$V'(a) = 0 \Leftrightarrow \tfrac{1}{2}a(-3a + 1) = 0\,.$$

Hierfür existieren zwei Möglichkeiten, $a_1 := 0$ und $a_2 := \frac{1}{3}$. Der erste Fall kann nicht auftreten, da a_1 nicht im Definitionsbereich von V liegt. Somit ist lediglich zu untersuchen, um welche Art von Extremum es sich an der Stelle $a_2 = \frac{1}{3} \approx 0.333$ handelt. Man rechnet

$$V''\left(\tfrac{1}{3}\right) = -1 + \tfrac{1}{2} = -\tfrac{1}{2} < 0\,,$$

daher handelt es sich um ein *lokales Maximum*. Am Graphen von V in Abbildung 4.25 ist zu erkennen, dass es sich aufgrund des eingeschränkten Definitionsbereichs um das *globale Maximum* handelt.

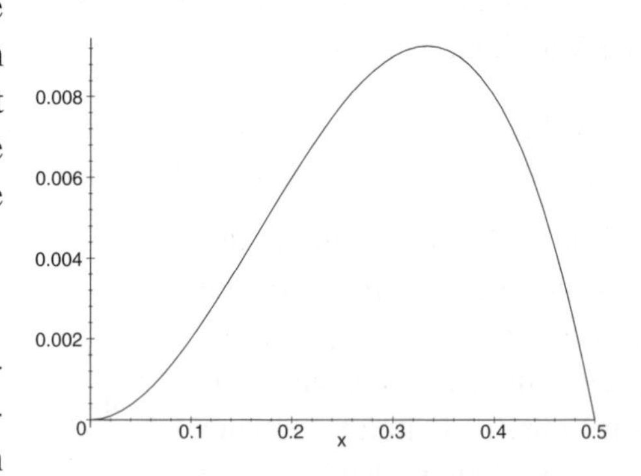

Abb. 4.25 Graph zu $V(x) = -\frac{1}{2}x^3 + \frac{1}{4}x^2$

Nun müssen noch die Höhe h sowie das Volumen der Schachtel bestimmt werden. Die Höhe berechnet man mit Hilfe von (2) zu

$$h = -\tfrac{a}{2} + \tfrac{1}{4} = \tfrac{1}{12} \approx 0.083\,,$$

und für das Volumen gilt

$$V\left(\tfrac{1}{3}\right) = -\tfrac{1}{54} + \tfrac{1}{36} = \tfrac{1}{108} \approx 0.009259\,.$$

Um das Volumen der Schachtel zu optimieren, sollten Quadratecken der Länge 33.3 cm entfernt werden, womit man eine Schachtel mit der Höhe 8.3 cm und dem Volumen 9259 cm^3 erhält.

Das Ergebnis ist unabhängig davon, ob a oder h als Variable gewählt werden. Hierzu sei die Bearbeitung von Aufgabe 1 empfohlen.

Die zur Lösung in Beispiel 4.39 verwendeten Schritte sind im Allgemeinen stets zur Lösung von Extremwertproblemen zu verwenden:

Hinweis Schema zur Lösung von *Extremwertproblemen*, dargestellt mit Hilfe von Beispiel 4.39:

1. Welche Größe soll optimiert werden? $\rightsquigarrow$ Volumen der Schachtel.
2. Die zu optimierende Größe ist als *Zielfunktion* von Variablen darzustellen. $\rightsquigarrow V(a,h) = a^2 \cdot h$.
3. Mit Hilfe von Nebenbedingung(en) sind alle Variablen durch eine einzige auszudrücken. $\rightsquigarrow h = -\frac{1}{2}a + \frac{1}{4}$.
4. Die Zielfunktion ist als Funktion einer Variablen zu notieren und ihr Definitionsbereich ist anzugeben. $\rightsquigarrow V(a) := -\frac{1}{2}a^3 + \frac{1}{4}a^2$, $\mathbb{D}_V :=]0, \frac{1}{2}[$.
5. Die Zielfunktion ist auf lokale und globale Extremstellen zu überprüfen. Hierbei ist auf den Definitionsbereich zu achten. $\rightsquigarrow$ lokales und globales Maximum an der Stelle $\left(\frac{1}{3} | \frac{1}{108}\right)$, jedoch *nicht* in $(0|0)$.
6. Ergebnis auch als Satz formulieren und hierbei die Maßeinheiten angeben.

Punkt 3 ist nicht in allen Fällen zu bearbeiten und die Punkte 2 und 4 können manchmal zusammengefasst werden. Dies ist z.B. in den Beispielen 4.40 und 4.43 der Fall.

Beispiel 4.40 Für die Folge $\langle a_n \rangle$ mit $a_n := n + \frac{3}{n}$ soll $n \in \mathbb{N}$ bestimmt werden, so dass der Wert a_n minimal wird.

Lösung. 1. Eine natürliche Zahl ist so zu wählen, dass die Folge a_n einen möglichst kleinen Wert annimmt.
2. und 4. Bei der Lösung wird der Trick verwendet, aus einer Folge eine Funktion mit Definitionsbereich $\mathbb{R}_+ \setminus \{0\}$ zu machen, d.h.

$$f(x) := x + \frac{3}{x} \quad \text{mit} \quad \mathbb{D}_f := \mathbb{R}_+ \setminus \{0\}.$$

5. Um das lokale Minimum zu bestimmen, werden die ersten beiden Ableitungen benötigt:

$$f'(x) = 1 - \frac{3}{x^2} \quad \text{und} \quad f''(x) = \frac{6}{x^3}\,.$$

Es ergibt sich

$$f'(x) = 0 \Leftrightarrow x^2 = 3$$

und da $\mathbb{D}_f = \mathbb{R}_+ \setminus \{0\}$ gilt, folgt $x_e = \sqrt{3}$. Ferner gilt

$$f''(x_e) = \frac{2}{\sqrt{3}} = \frac{2}{3}\sqrt{3} > 0\,,$$

daher liegt an der Stelle x_e ein lokales Minimum vor.

Es ist jedoch zu beachten, dass x_e keine natürliche Zahl ist. Daher ist $n_e \in \mathbb{N}$ zu bestimmen, so dass $f(n_e)$ für natürliche Zahlen einen maximalen Wert annimmt. Betrachtet man den Graphen von f in Abbildung 4.26, so liegt es aufgrund der Monotonie der Funktion f nahe, die dem Maximum am nächsten liegenden natürlichen Zahlen $n_1 = 1$ und $n_2 = 2$ zu betrachten. Es gilt

$$f(1) = a_1 = 1 + \tfrac{3}{1} = 4$$

und

$$f(2) = a_2 = 2 + \tfrac{3}{2} = 3\tfrac{1}{2}\,,$$

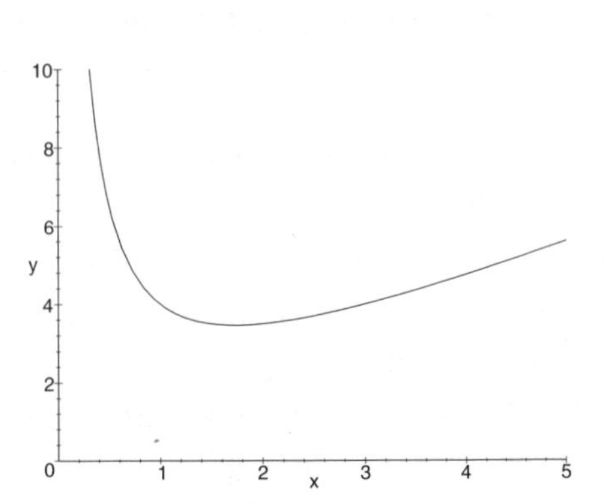

Abb. 4.26 Graph zu $f(x) = x + \frac{3}{x}$

daher gilt $a_2 < a_1$ und es folgt:
6. Das globale Minimum der Folge a_n ist für $n_e = 2$ gegeben.

Beispiel 4.41 Aus einem Faden der Länge $l = 40$ cm soll ein Rechteck mit möglichst großem Flächeninhalt gebildet werden.

Lösung. 1. Die Fläche des Rechtecks soll möglichst groß sein.
2. Die Fläche ist gegeben durch $A(x, y) = x \cdot y$, wie in Abbildung 4.27 zu erkennen ist.
3. Als Nebenbedingung ergibt sich $2x+2y = 40$, da die Länge des Fadens vorgegeben ist. Hieraus folgt $y = 20 - x$.

4. Aus dem Ergebnis von Punkt 3. ergibt sich

$$A(x) := x \cdot (20 - x) = -x^2 + 20x \quad \text{mit} \quad \mathbb{D}_A := [0, 20],$$

da die Breite höchstens die Hälfte der Länge des Fadens betragen kann.
5. Die Ableitungen der Funktion A lauten

$$A'(x) = -2x + 20 \quad \text{und} \quad A''(x) = -2\,.$$

Um das lokale Extremum zu bestimmen, berechnet man

$$A'(x) = 0 \Leftrightarrow -2x' + 20 = 0 \Leftrightarrow x = 10$$

und da $A''(x) = -2$ für alle $x \in \mathbb{D}_A$ gilt, handelt es sich um ein lokales Maximum.

Für die zweite Seite y des Rechtecks ergibt sich $y = 20 - x = 10$, und hiermit folgt

$$A(10) = -100 + 200 = 100\,.$$

6. Der Flächeninhalt des Rechtecks ist optimal, wenn es sich um ein *Quadrat* mit Seitenlänge 10 cm und einem Flächeninhalt von 100 cm^2 handelt.

Diese Antwort kann auch folgendermaßen verallgemeinert werden, da die spezielle Länge des Fadens nicht für die Struktur des Rechtecks von Bedeutung war: Ein Rechteck mit vorgegebenem Umfang hat einen maximalen Flächeninhalt, wenn es ein Quadrat ist.

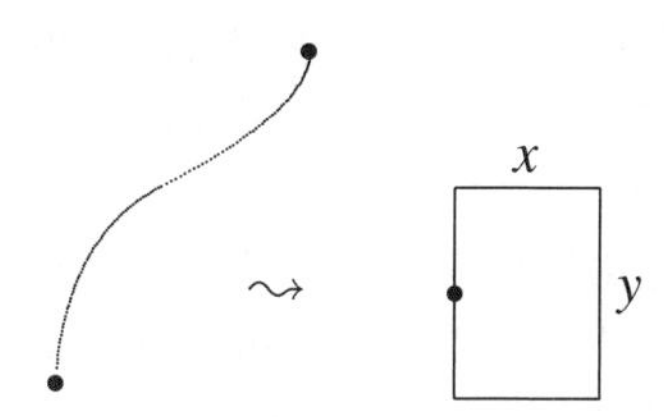

Abb. 4.27 Abbildung zu Beispiel 4.41

Beispiel 4.42 In eine Kugel vom Radius $R := 3$ cm soll ein Zylinder mit maximalem Volumen eingesetzt werden, vgl. Abbildung 4.28.

Lösung. 1. Das Volumen eines Zylinders soll möglichst groß sein.
2. Das Volumen eines Zylinders kann berechnet werden durch

$$V(r, h) = \pi \cdot r^2 \cdot h\,.$$

3. Wie in Abbildung 4.28 erkennbar ist, kann mit Hilfe des Satzes von Pythagoras die folgende Nebenbedingung aufgestellt werden:

$$\left(\tfrac{h}{2}\right)^2 + r^2 = 3^2 \Rightarrow r^2 = 9 - \left(\tfrac{h}{2}\right)^2.$$

4. Mit Hilfe der Nebenbedingung ergibt sich als Zielfunktion

$$V(h) := \pi \cdot \left(9 - \left(\tfrac{h}{2}\right)^2\right) \cdot h = 9\pi h - \tfrac{\pi}{4} \cdot h^3.$$

Da der Zylinder in die Kugel eingesetzt wird, folgt für den Definitionsbereich $\mathbb{D}_V := [0, 6]$.
5. Die Ableitungen der Funktion V lauten

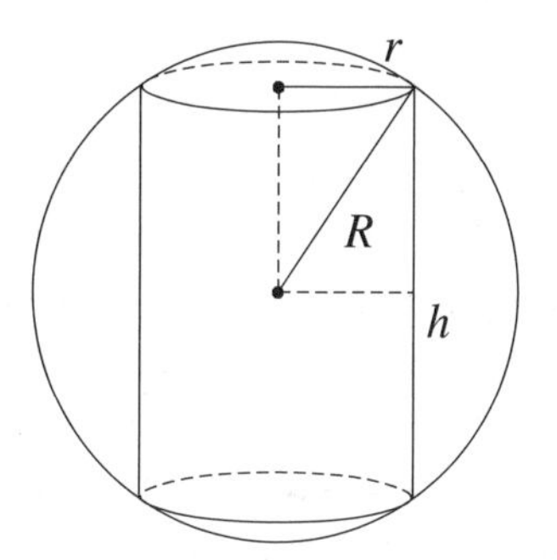

Abb. 4.28 Abbildung zu Beispiel 4.42

$$V'(h) = 9\pi - \tfrac{3}{4}\pi h^2 \quad \text{und} \quad V''(h) = -\tfrac{3}{2}\pi h\,.$$

Die Nullstellen der ersten Ableitung lauten

$$V'(h) = 0 \Leftrightarrow h^2 = 12$$

und aufgrund des Definitionsbereichs von V lautet die einzige Nullstelle der ersten Ableitung $h_e = 2\sqrt{3}$. Es gilt $V''(2\sqrt{3}) = -3\sqrt{3} < 0$, also liegt ein lokales Maximum vor. Die y-Koordinate des Hochpunktes lautet

$$V(2\sqrt{3}) = 12 \cdot \pi \cdot \sqrt{3}$$

und für den Radius r gilt

$$r^2 = 9 - \left(\tfrac{2\sqrt{3}}{2}\right)^2 = 6\,, \quad \text{also} \quad r = \sqrt{6}.$$

Das zweite lokale Extremum liegt nicht im Definitionsbereich.

6. Um das Volumen des in die Kugel eingebauten Zylinders zu optimieren, muss sein Radius $\sqrt{6}$ cm $\approx$ 2.45 cm betragen. Hiermit ergeben sich eine Höhe von $2\sqrt{3}$ cm $\approx$ 1.73 cm und ein Volumen von $12\sqrt{3}\pi$ cm $\approx$ 65.30 cm.

Beispiel 4.43 Der Gewinn des Handels mit einem Produkt, dessen Produktkosten in € durch die Funktion $K(x) := \frac{1}{100}x^3 - \frac{3}{2}x^2 + 120x + 1000$ mit $\mathbb{D}_K := \mathbb{R}_+ \setminus \{0\}$ bestimmt sind, soll optimal, in diesem Fall also maximal werden. x beschreibt dabei die Anzahl der produzierten Objekte. Der Preis ist durch $p(x) := 120 - \frac{3}{10}x$ gegeben. Hierbei ist zu erkennen, dass der Preis des Produktes mit steigender Anzahl der verkauften Objekte sinkt.

Lösung. 1. Um den Gewinn zu bestimmen, müssen die Produktkosten vom Erlös abgezogen werden. Hierbei ist der Erlös gegeben durch das Produkt aus Preis p des Produktes und der Anzahl x der verkauften Objekte, in Zeichen $E(x) := p(x) \cdot x$.

2. Die Funktion des Gewinns ist gegeben durch

$$G(x) := E(x) - K(x).$$

Der Definitionsbereich der Funktion p lautet $\mathbb{D}_p :=]0, 400]$, da der Preis größer oder gleich Null und die Anzahl der Produkte größer oder gleich Null sein muss. Man sieht, dass die auftretenden Funktionsterme insofern Sinn machen, als an ihnen folgende Zusammenhänge abgelesen werden können: Je mehr Objekte produziert werden, desto kleiner kann der Preis sein.

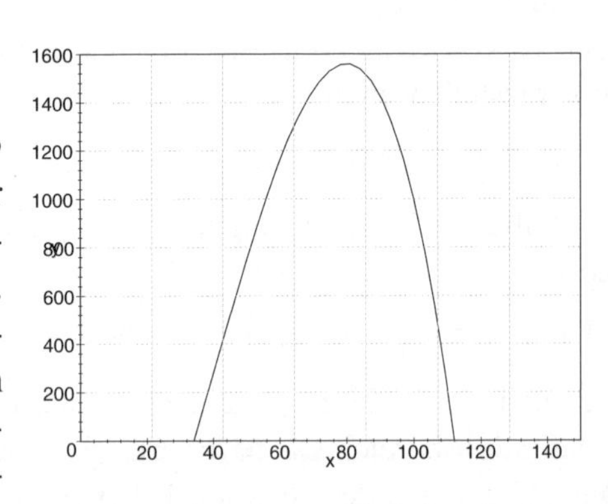

Abb. 4.29 Graph zu $G(x) = \frac{6}{5}x^2 - \frac{1}{100}x^3 - 1000$

4. Es ergibt sich $E(x) = 120x - \frac{3}{10}x^2$ und man erhält

$$G(x) = E(x) - K(x) = \tfrac{6}{5}x^2 - \tfrac{1}{100}x^3 - 1000$$

mit einem Definitionsbereich $\mathbb{D}_G :=]0, 400]$.

5. Von der Funktion G ist das globale Maximum zu bestimmen. Hierzu braucht man zunächst die ersten beiden Ableitungen

$$G'(x) = \tfrac{12}{5}x - \tfrac{3}{100}x^2 \quad \text{und} \quad G''(x) = \tfrac{12}{5} - \tfrac{3}{50}x\,,$$

dies liefert

$$G'(x) = 0 \Leftrightarrow x_1 = 0 \text{ oder } x_2 = 80\,.$$

Da $0 \notin \mathbb{D}_G$ gilt, ist lediglich die Stelle x_2 zu untersuchen und es folgt $G''(x_2) < 0$, also handelt es sich an der Stelle $x_2 = 80$ um ein lokales Maximum. Dieses lokale Maximum ist auch ein globales Maximum, wie sich zeigt, wenn man $\lim_{x \to 0} G(x)$ und $G(400)$ berechnet. Beide Werte sind negativ und ein negativer Gewinn stellt sicher nicht das wirtschaftlich anzustrebende Ziel dar. Daher ist die Anzahl der Objekte mit 80 optimal und es ergibt sich hiermit

$$p(80) = 96 \quad \text{und} \quad G(80) = 1560\,.$$

6. Bei einer Menge von 80 Objekten beträgt der Preis 96 € und der Gewinn 1560 €. Dies ist am Graphen von G in Abbildung 4.29 zu erkennen.

Maple kann bei der Bestimmung der Lösungen der Beispiele 4.39 bis 4.43 stark helfen, vgl. Aufgabe 11.

4.6.2 Funktionenscharen

Häufig werden in der Analysis nicht nur einzelne, sondern eine ganze *Schar* von Funktionen untersucht. Ein Beispiel einer Schar ist die Menge linearer Funktionen $f\colon \mathbb{R} \to \mathbb{R}$ mit

$$f(x) = m \cdot x + b\,,$$

wenn hier nicht nur die Variable x, sondern auch die Parameter $m, b \in \mathbb{R}$ als Variablen betrachtet werden. Dies kann gekennzeichnet werden durch

$$f_{m,b}(x) := m \cdot x + b\,.$$

Die Schar der quadratischen Funktionen

$$f_{a,b,c}(x) := a \cdot x^2 + b \cdot x + c$$

mit Parametern $a, b, c \in \mathbb{R}$ und $a \neq 0$ wurde bereits in Abschnitt 3.6 untersucht. Dabei wurden jeweils zwei Parameter konstant gehalten und der dritte variiert. Selbstverständlich können nicht unendlich viele Graphen in eine Skizze aufgenommen werden, daher werden einige Parameter zur Darstellung ausgewählt. Dies wird auch im Folgenden geschehen.

Die Nullstellen und die Scheitelpunkte innerhalb der oben genannten Scharen werden mit Veränderung der Parameter verschoben, was auch in den folgenden Beispielen zu erkennen ist.

Beispiel 4.44 Es sei die Schar quadratischer Funktionen

$$f_p(x) := x^2 + p \cdot x \quad \text{mit } p \in \mathbb{R} \quad \text{und } \mathbb{D}_{f_p} := \mathbb{R}$$

betrachtet. Hierbei ist zu beachten, dass die „eigentliche“ Variable x lautet und durch p ein zusätzlicher Parameter gegeben ist. Die Funktionenschar kann mit Maple untersucht werden:

```
> fp := x -> x^2+p*x:
```

definiert die Funktion. Die Nullstellen der Funktion werden durch

```
> solve(fp(x),x);
```

zu $x_{01} := 0$ und $x_{02} := -p$ bestimmt.

Die beiden ersten Ableitungen der Funktion f_p lauten

```
> fp1 := unapply(diff(fp(x),x),x);
```

$$fp1 := x \to 2x + p$$

und

```
> fp2 := unapply(diff(fp(x),x$2),x);
```

$$fp2 := 2$$

Hiermit folgt

```
> solve(fp1(x),x);
```

$$-\frac{1}{2}p$$

und da $f_p''(x) = 2 > 0$ für alle $x \in \mathbb{D}_{f_p}$ gilt, liegt an der Stelle $-\frac{1}{2}p$ ein *lokales Minimum* vor. Dies gilt für alle p.

Beispiel 4.45 Es sei die Funktionenschar

$$f_p(x) := \frac{-p-x^4}{4x^2} = -\frac{p}{4x^2} - \frac{x^2}{4}$$

mit $p \in \mathbb{R} \setminus \{0\}$ gegeben. Für diese Funktion wird im Folgenden eine Kurvendiskussion nach dem Schema aus Abschnitt 4.4 durchgeführt.

1. Der maximale Definitionsbereich lautet $\mathbb{D}_{f_p} := \mathbb{R} \setminus \{0\}$, da der Nenner $4x^2$ die Nullstelle 0 besitzt.

2. Es gilt

$$f_p(x) = \frac{-p-x^4}{4x^2} = \frac{-p-(-x)^4}{4\cdot(-x)^2} = f_p(-x)$$

für alle $x \in \mathbb{D}_{f_p}$, da in f_p lediglich gerade Exponenten auftreten. Somit ist f_p achsensymmetrisch zur y-Achse.

3. Um die Nullstellen der Funktion zu bestimmen, wird der Zähler betrachtet:

$$-p - x^4 = 0 \Leftrightarrow x_{01} = \sqrt[4]{-p} \text{ oder } x_{02} = -\sqrt[4]{-p}.$$

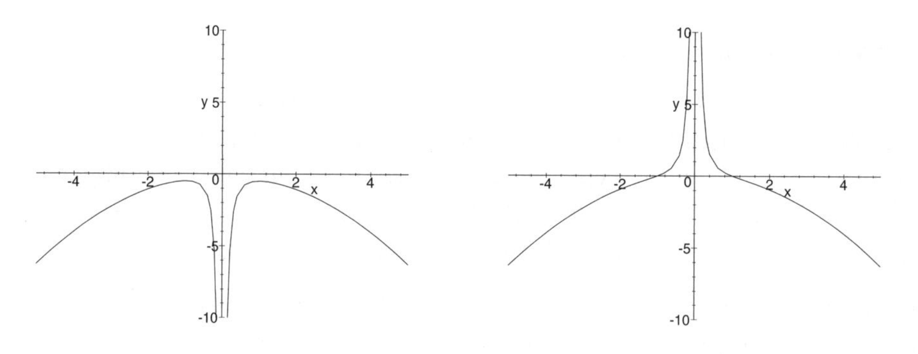

(a) Graph zu $f_1(x) = \frac{-1-x^4}{4x^2}$ (b) Graph zu $f_{-1}(x) = \frac{1-x^4}{4x^2}$

Abb. 4.30 Abbildungen von $f_p(x) = \frac{-p-x^4}{4x^2}$ für $p > 0$ und $p < 0$

Diese Nullstellen treten lediglich auf, falls $p < 0$ gilt, da für $p > 0$ eine negative Zahl unter der Wurzel steht, und liegen im Definitionsbereich. Für negative p sind $x = \sqrt[4]{-p}$ und $x = -\sqrt[4]{p-}$ die Nullstellen. Für positive p gibt es keine Nullstellen. $p = 0$ ist von vornherein ausgeschlossen.

4. Da nur gerade Exponenten in den Potenzen der Variablen x auftreten, gilt $\lim\limits_{\substack{x\to 0\\ x>0}} f_p(x) = \lim\limits_{\substack{x\to 0\\ x<0}} f_p(x)$ und hiermit folgt

$$\lim_{\substack{x\to 0\\ x>0}} \left(-\frac{p}{4x^2} - \frac{x^2}{4}\right) = \lim_{\substack{x\to 0\\ x<0}} \left(-\frac{p}{4x^2} - \frac{x^2}{4}\right) = \begin{cases} -\infty, & \text{falls } p > 0\,, \\ \infty, & \text{falls } p < 0\,. \end{cases}$$

Dies ist in den Abbildungen 4.30 (a) und 4.30 (b) zu erkennen. Also an der Stelle 0 eine Polstelle ohne Vorzeichenwechsel nach ∞ vor.

5. Die ersten beiden Ableitungen der Funktion lauten

$$f_p'(x) = \frac{p}{2x^3} - \frac{x}{2} \quad \text{und} \quad f_p''(x) = \frac{-3p}{2x^4} - \frac{1}{2}$$

und sind stetig im Definitionsbereich $\mathbb{D} := \mathbb{R} \setminus \{0\}$.

6. Zur Bestimmung der lokalen Extrema werden zunächst die Nullstellen der ersten Ableitung bestimmt:

$$f_p'(x) = 0 \Leftrightarrow \frac{p}{2x^3} - \frac{x}{2} = 0 \Leftrightarrow x = \pm\sqrt[4]{p}.$$

Diese Werte sind nur für $p > 0$ definiert, d.h. für $p < 0$ gibt es keine lokalen Extrema. Mit Hilfe der zweiten Ableitung erhält man

$$f_p''(\sqrt[4]{p}) = f_p''(-\sqrt[4]{p}) = -\frac{3}{2} - \frac{1}{2} = -2 < 0$$

und daher liegen für $p > 0$ bei $\left(\sqrt[4]{p}| - \frac{\sqrt{p}}{2}\right)$ und $\left(-\sqrt[4]{p}| - \frac{\sqrt{p}}{2}\right)$ Hochpunkte vor.

7. Die Wendestellen berechnen sich

$$f_p''(x) = 0 \Leftrightarrow x^4 = -3p \Leftrightarrow x = \pm\sqrt[4]{-3p},$$

daher können lediglich für $p < 0$ Wendepunkte existieren. Für $0 < x < \sqrt[4]{-3p}$ gilt $0 < x^4 < -3p$ (man berücksichtige, dass $p < 0$ gilt) und hiermit folgt $-\frac{3p}{2x^4} > \frac{1}{2}$ bzw. $f_p''(x) > 0$. Für $\sqrt[4]{-3p} < x$ gilt $f_p''(x) < 0$, daher handelt es sich bei $(\sqrt[4]{-3p}|f_p(\sqrt[4]{-3p}))$ um einen links-rechts-Wendepunkt.

Analog folgt für $-\sqrt[4]{-3p} < x < 0$, dass $f_p''(x) < 0$ gilt und für $x < -\sqrt[4]{-3p}$ genau $f_p''(x) > 0$ gilt. Somit handelt es sich bei $(-\sqrt[4]{-3p}|f_p(\sqrt[4]{-3p}))$ um einen rechts-links-Wendepunkt.

Diese beiden Ergebnisse sind in Abbildung 4.30 für den Fall $p = 1$ erkennbar.

8. Für alle $p \in \mathbb{R} \setminus \{0\}$ ergibt sich

$$\lim_{x\to\pm\infty} \frac{-p-x^4}{4x^2} = \lim_{x\to\pm\infty} -\frac{x^4}{4x^2} = \lim_{x\to\pm\infty} (-x^2) = -\infty\,.$$

Dies ist in Abbildung 4.30 erkennbar.

Beispiel 4.46 Hier sei die Funktionenschar mit

$$f_p(x) := \frac{1}{\sqrt{x^2-p}} = (x^2-p)^{-\frac{1}{2}} \quad \text{mit } p > 0$$

betrachtet.

1. Der maximale Definitionsbereich lautet $\mathbb{D}_{f_p} := \mathbb{R} \setminus [-p, p]$, da für $x \in]-p, p[$ ein negativer Term unter der Wurzel steht und für $x \in \{-p, p\}$ steht eine Null im Nenner.

2. Der Funktionsgraph ist achsensymmetrisch zur y-Achse, denn es gilt für alle $x \in \mathbb{D}_{f_p}$ und für alle p

$$f_p(x) = \frac{1}{\sqrt{x^2-p}} = \frac{1}{\sqrt{(-x)^2-p}} = f_p(-x)\,.$$

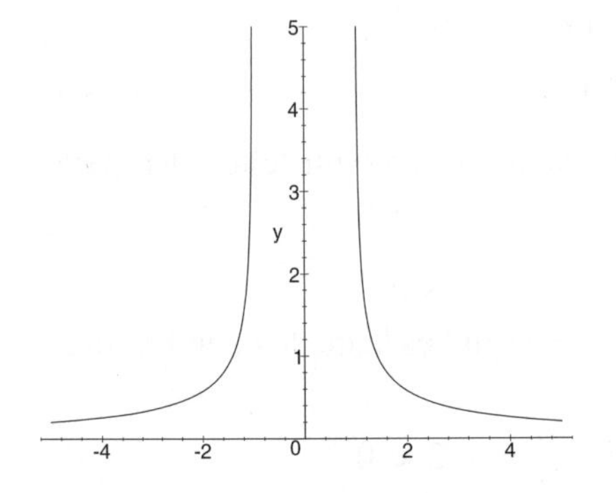

Abb. 4.31 Funktionsgraph zur Schar $f_p(x) = \frac{1}{\sqrt{x^2-p}} = (x^2-p)^{-\frac{1}{2}}$ mit $p := 1$

3. Es existieren keine Nullstellen, da der Zähler konstant 1 ist.

4. Für diese Funktionenschar ist lediglich $\lim\limits_{\substack{x \to p \\ |x|>p}} f_p(x)$ zu betrachten, da der Definitionsbereich beschränkt ist. Es gilt

$$\lim_{\substack{x \to p \\ |x|>p}} \frac{1}{\sqrt{x^2-p}} = +\infty .$$

5. Die Ableitungen lauten $f'_p(x) = \frac{x}{(x^2-p)^{\frac{3}{2}}}$ und $f''_p(x) = -\frac{2x^2+p}{(x^2-p)^{\frac{5}{2}}}$ und sind stetig im Definitionsbereich.

6. Zur Bestimmung von lokalen Extremstellen müssen die Nullstellen der ersten Ableitung bestimmt werden. Da $0 \notin \mathbb{D}_{f_p}$ für alle p gilt, existiert für keine Funktion der Schar eine Extremstelle.

7. Für die Wendestellen sind die Nullstellen der zweiten Ableitung zu bestimmen. Man erhält

$$2x^2 + p = 0$$

$$\Leftrightarrow x = \pm\sqrt{-\tfrac{p}{2}} \notin \mathbb{D}_{f_p}$$

für alle p. Daher existiert für kein Element der Schar ein Wendepunkt.

8. Es gilt

$$\lim_{x \to \pm\infty} \frac{1}{\sqrt{x^2-p}} = 0 .$$

Beispiel 4.47 Einige Funktionen der Schar mit $f_p(x) := \exp(p \cdot x)$ mit $p \in \mathbb{R} \setminus \{0\}$ sind in Abbildung 4.32 dargestellt. Sie besitzen keine lokalen Extrema und keine Wendepunkte. Auffällig ist, dass $f_p(0) = 1$ für alle p gilt. Weiterhin gilt

$$\lim_{x \to +\infty} f_p(x) = +\infty \text{ und}$$
$$\lim_{x \to -\infty} f_p(x) = 0 \text{ für alle } p > 0$$

und

$$\lim_{x \to +\infty} f_p(x) = 0 \text{ und}$$
$$\lim_{x \to -\infty} f_p(x) = +\infty \text{ für alle } p < 0 ,$$

wie mit Maple überprüft werden kann, vgl. Aufgabe 12.

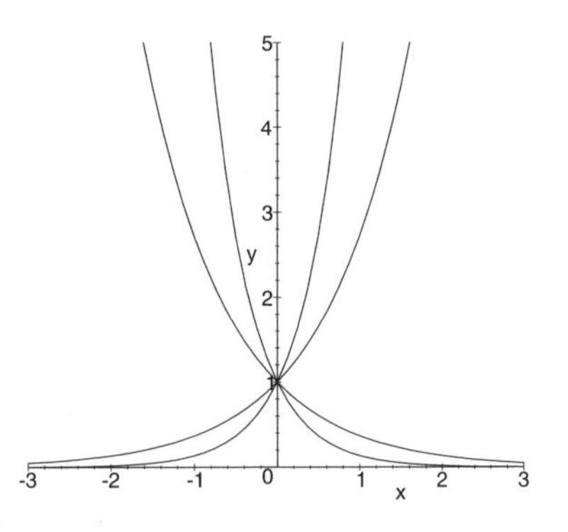

Abb. 4.32 Graphen zu $f_p(x) = \exp(p \cdot x)$

Maple kann bei der Bearbeitung der Beispiele 4.45 bis 4.47 helfen, siehe Aufgabe 12.

Für Funktionenscharen können weitere Eigenschaften existieren, wie z.B. in Abbildung 2.8 sichtbar ist. Hier ist in (b) erkennbar, dass bei Variation des Parameters b die Scheitelpunkte aller Funktionsgraphen auf einer Parabel liegen. Dies soll nun mit Hilfe der Differentialrechnung genauer untersucht werden.

Beispiel 4.48 Es soll nachgewiesen werden, dass die Scheitelpunkte der Parabelschar f_p mit

$$f_p(x) := \tfrac{1}{2}x^2 - px - 1$$

auf einer Parabel liegen.

Lösung. Unter Maple kann die Funktion f_p definiert werden durch

```
> fp := x -> 1/2*x^2-p*x-1:
```

Die erste Ableitung f_p' lautet

```
> fp1 := unapply(diff(fp(x),x),x);
```

$$fp1 := x \to x - p$$

Die Scheitelpunkte sind gegeben durch die Eigenschaft $f_p'(x_s) = 0$, unter Maple ist

```
> solve(fp2(x)=0,x);
```

einzugeben. Die Lösung lautet p, woraus $x_e = p$ folgt. Mit

```
> fp(p);
```

$$-\tfrac{1}{2}\,p^2 - 1$$

erhält man den Scheitelpunkt: $(p \mid -\frac{1}{2}p^2 - 1)$. Um zu erkennen, dass all diese Scheitelpunkte auf einer Parabel liegen, wird p als Variable betrachtet, also betrachtet man die Funktion

$$g\colon \mathbb{R} \to \mathbb{R}, \quad p \mapsto -\tfrac{1}{2}p^2 - 1\,.$$

Es handelt sich um eine Funktion zweiten Grades, d.h. eine Parabel. Zu beachten ist hierbei, dass aus dem ursprünglichen Parameter der Schar jetzt die Variable der Funktion geworden ist. Der Graph dieser Funktion ist in Abbildung 4.33 (a) dargestellt.

Beispiel 4.49 Die folgende Funktionenschar unterscheidet sich nur durch einen Faktor von der Schar aus Beispiel 4.47. Das Verhalten der Schar unterscheidet sich hingegen stark vom Verhalten der Schar aus Beispiel 4.47:

$$f_p(x) := x \cdot \exp(p \cdot x) \quad \text{mit } p \in \mathbb{R}_+ \setminus \{0\} \text{ und } \mathbb{D}_f := \mathbb{R}.$$

1. Der maximale Definitionsbereich der Funktionen dieser Schar lautet $\mathbb{D}_{f_p} := \mathbb{R}$.

2. Da die Exponentialfunktion nicht symmetrisch ist, sind die Funktionen f_p ebenfalls nicht symmetrisch.

3. Die Exponentialfunktion ist nullstellenfrei, daher folgt

$$f_p(x) = 0 \Leftrightarrow x = 0\,.$$

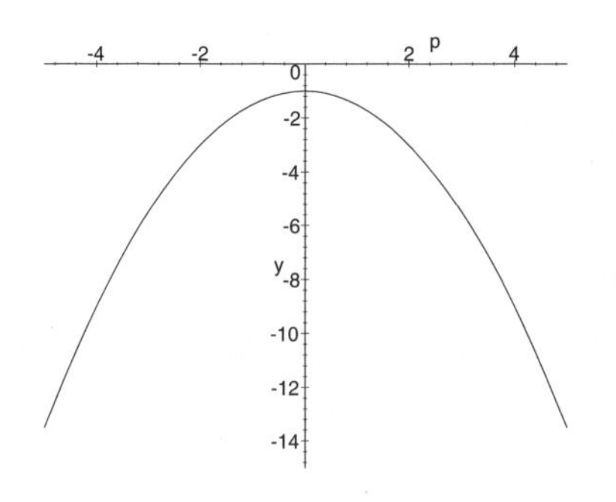

(a) Graph zu $g(p) = -\frac{1}{2}p^2 - 1$

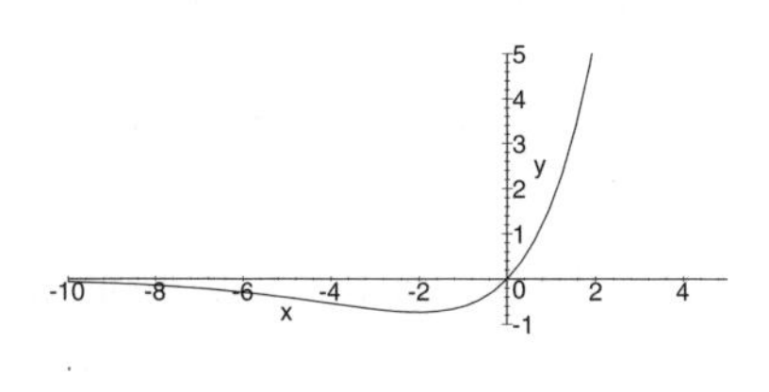

(b) Graph zu $f_p(x) = x \cdot \exp(p \cdot x)$ für $p = \frac{1}{2}$

Abb. 4.33 Graphen zu den Beispielen 4.46 und 4.47

4. Jede Funktion der Schar ist stetig differenzierbar für alle $x \in \mathbb{R}$.

5. Die Ableitungen lauten

$$f'_p(x) = (1 + px) \cdot \exp(px)\,, \qquad f''_p(x) = p \cdot (2 + px) \cdot \exp(px)$$

und

$$f'''_p(x) = p^2 \cdot (3 + px) \cdot \exp(px)$$

und sind stetig im Definitionsbereich.

6. Da die Exponentialfunktion keine Nullstellen besitzt, gilt für die Nullstellen der ersten Ableitung

$$f'_p(x) = 0 \Leftrightarrow 1 + px = 0 \Leftrightarrow x = -\frac{1}{p}$$

und mit Hilfe der zweiten Ableitung folgt

$$f''_p(-\tfrac{1}{p}) = \tfrac{p}{e} > 0\,, \quad \text{da } p > 0\,.$$

Damit liegt ein Tiefpunkt bei Stelle $T(-\frac{1}{p}| - \frac{1}{p \cdot e})$ vor.

7. Mit derselben Vorüberlegung wie unter Punkt 6 ergibt sich

$$f''_p(x) = 0 \Leftrightarrow 2 + p \cdot x = 0 \Leftrightarrow x = -\frac{2}{p}\,.$$

Mit der dritten Ableitung folgt $f'''\left(-\frac{2}{p}\right) = \frac{p^2}{e^2} > 0$, somit liegt bei $W(-\frac{2}{p}| - \frac{2}{e^2 \cdot p})$ ein rechts-links-Wendepunkt vor.

8. Einerseits ergibt sich wegen $\lim\limits_{x \to +\infty} x = \lim\limits_{x \to +\infty} \exp(x) = +\infty$, dass

$$\lim_{x \to +\infty} f_p(x) = +\infty$$

für alle p gilt. Für $\lim\limits_{x \to -\infty} f_p(x)$ ist der Zusammenhang schwerer, da $\lim\limits_{x \to -\infty} x = -\infty$

und $\lim_{x \to -\infty} \exp(x) = 0$ gilt. An dieser Stelle kann Maple helfen, indem für verschiedene p der Grenzwert $\lim_{x \to -\infty} f_p(x)$ bestimmt wird. Man erhält

```
> seq(limit(fp(x),x=-infinity),p=[0.1,0.5,1,2,3,5,10]);
```

$$0,\ 0,\ 0,\ 0,\ 0,\ 0,\ 0$$

Dies stimmt für alle p, da die Exponentialfunktion stärker gegen Null verläuft als Polynome beliebigen Grades, vgl. Aufgabe 13 dieses Abschnitts und Aufgabe 10 in 4.2.

Beispiel 4.50 Man bestimme die Gleichung der Funktion g, auf deren Graph alle lokalen Extrempunkte der Schar f_p aus Beispiel 4.49 liegen.

Lösung. In Teil 6 von Beispiel 4.49 ergaben sich die Extrempunkte $(-\frac{1}{p} | -\frac{1}{e \cdot p})$. Um herauszufinden, auf welchem Graphen diese Punkte liegen, macht man den Ansatz

$$x = -\frac{1}{p} \quad \text{und} \quad y = -\frac{1}{ep}$$

und eliminiert p

$$x = -\frac{1}{p} \Rightarrow p = -\frac{1}{x},$$

also insgesamt

$$y = -\frac{1}{e \cdot p} = -\frac{1}{e \cdot \left(-\frac{1}{x}\right)} = \frac{x}{e}.$$

So erhält man als Lösung die Funktion

$$g\colon \mathbb{R} \to \mathbb{R}, \quad x \mapsto \frac{x}{e}.$$

Auf dem Graphen von g liegen alle Extrempunkte der Schar f_p, wie es in Abbildung 4.34 angedeutet ist.

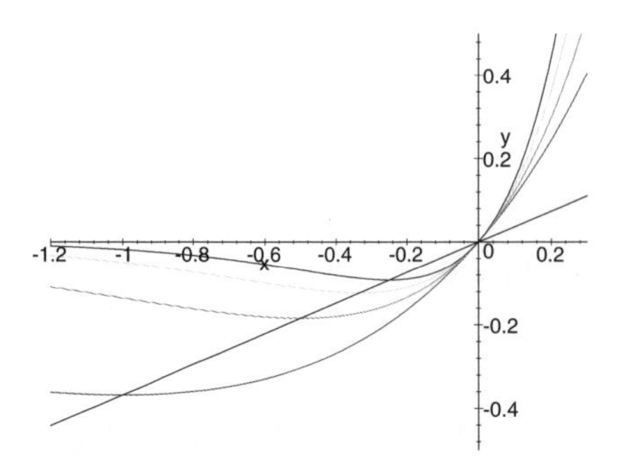

Abb. 4.34 Graphen zu $f_p(x) = x \cdot \exp(p \cdot x)$ und $g(x) = \frac{x}{e}$

Diese Lösung kann ebenfalls mit Maple erhalten werden. Zunächst wird

```
> g := -1/(exp(1)*p):
```

definiert. In diesem Term ist p als Variable enthalten. Hierin ist die Substitution

```
> p := -1/x:
```

durchzuführen, und man erhält

```
> g;
```

$$\frac{x}{e}$$

Bisher handelt es sich um einen Term, der durch

```
> g := unapply(g,x);
```

$$g := x \to \frac{x}{e}$$

in eine Funktion umgewandelt wird.

Analog kann die Funktion bestimmt werden, deren Graph aus den Wendepunkten der Schar f_p aus Beispiel 4.49 liegen, vgl. Aufgabe 14.

Beispiel 4.51 Man berechne den Abstand zwischen dem lokalen Extrempunkt und dem Wendepunkt einer Funktion f_p aus Beispiel 4.49.

Lösung. Der Extrempunkt von Funktion f_p lautet $(-\frac{1}{p}, | -\frac{1}{e \cdot p})$ und der Wendepunkt ist gegeben durch $(-\frac{2}{p}| -\frac{2}{e^2 \cdot p})$. Der Abstand wird mit Hilfe des Satzes von Pythagoras bestimmt, wie in Abbildung 4.35 angedeutet ist. Das führt zu

$$\begin{aligned} d(p) &:= \sqrt{(x_E - x_W)^2 + (y_E - y_W)^2} = \sqrt{\left(\frac{1}{p}\right)^2 + \left(-\frac{1}{e \cdot p} + \frac{2}{e^2 \cdot p}\right)^2} \\ &= \frac{1}{p} \cdot \frac{\sqrt{e^4 + (e-2)^2}}{e^2} \approx \frac{1}{p} \cdot 1.005\,. \end{aligned}$$

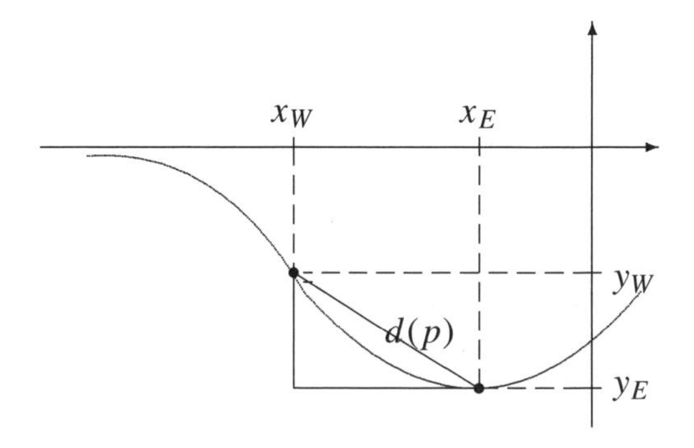

Abb. 4.35 Abstand zwischen Extrem- und Wendestellen von $f_p(x) = x \cdot \exp(p \cdot x)$

Es ist zu beachten, dass der Abstand zwischen dem Extrempunkt und dem Wendepunkt der Funktionenschar f_p mit wachsendem p kleiner wird. Es gilt

$$\lim_{p\to\infty} d(p) = \frac{\sqrt{e^4 + (e-2)^2}}{e^2} \cdot \lim_{p\to\infty}\left(\frac{1}{p}\right) = 0\,.$$

4.6.3 Steckbriefaufgaben

Funktionen sind durch die Funktionsvorschrift und den Definitionsbereich eindeutig bestimmt. Es gibt jedoch auch andere Möglichkeiten, eine Funktion zu bestimmen, wie es Abschnitt 2.2 bereits für lineare Funktionen dargestellt wurde: Eine lineare Funktion ist durch zwei auf ihrem Graphen liegenden Punkte oder durch einen auf dem Graphen liegenden Punkt und die Steigung eindeutig bestimmt. Auch andere Funktionenscharen können mit Hilfe einiger Eigenschaften (im Graph enthaltener Punkte Steigung, Krümmung etc.) bestimmt werden. Aufgaben dieses Typs heißen *Steckbriefaufgaben.*

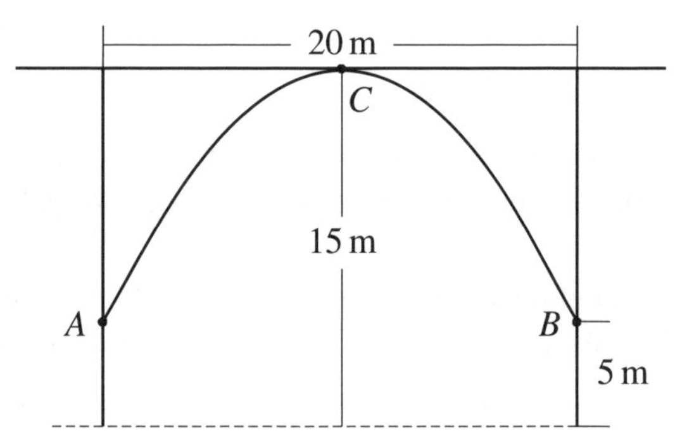

Abb. 4.36 Brücke mit Stütze

Bei der Lösung von Steckbriefaufgaben sind häufig lineare Gleichungssysteme zu lösen. In der *linearen Algebra* werden solche linearen Gleichungssysteme systematisch gelöst, daher kann auch in Kapitel 6 hierzu nachgeschlagen werden. Insbesondere ist Maple eine Hilfe bei der Lösung linearer Gleichungssysteme.

Beispiel 4.52 Über eine Straße soll eine Brücke mit einer Stütze gebaut werden, die durch eine quadratische Funktion beschrieben wird, wie in Abbildung 4.36 dargestellt ist. Diese Voraussetzung wird in der Praxis aus statischen Gründen häufig verwendet.

Die Brücke soll 15 m über dem Boden verlaufen, die Stützen am Rande des Tales sollen 5 m über dem Boden verlaufen und 20 m auseinanderliegen. Wie lautet die Funktionsvorschrift für die Stütze?

Lösung. Um die Funktionsvorschrift zu erhalten, muss die Lage des Koordinatensystems festgelegt werden. Hierzu wird der Ursprung in den Punkt A gelegt, d.h. $A(0|0)$. Eine Längeneinheit steht für einen Meter, das liefert $B(20|0)$ und $C(10|10)$.

Es ist eine quadratische Funktion zu bestimmen. Die Vorschrift ist gegeben durch

$$f(x) := a \cdot x^2 + b \cdot x + c \quad \text{mit } a, b, c \in \mathbb{R} \text{ und } a \neq 0,$$

und die Parameter a, b, c sind zu bestimmen. Der Definitionsbereich der Funktion lautet $\mathbb{D}_f := [0, 20]$ da die Breite der Brücke gerade 20 m beträgt. Weiter unten wird die erste Ableitung gebraucht, sie lautet $f'(x) = 2ax + b$.

Da die Punkte A, B, C auf dem Graphen von f liegen sollen, muss gelten

$$\begin{aligned} f(0) &= 0 && \Rightarrow c = 0, \\ f(20) &= 0 && \Rightarrow 400a + 20b = 0, && \text{I} \\ f(10) &= 10 && \Rightarrow 100a + 10b = 10. && \text{II} \end{aligned}$$

eine weitere Bedingung ergibt sich dadurch, dass im Punkt C der waagerecht verlaufende Weg als Tangente auf der Parabel aufliegt. Dies lässt sich formulieren durch

$$f'(10) = 0 \Rightarrow 20a + b = 0. \qquad \tilde{\text{I}}$$

Die Gleichungen I und $\tilde{\text{I}}$ sind äquivalent, da Gleichung I durch Division durch 20 auf beiden Seiten in die Gleichung $\tilde{\text{I}}$ überführt wird. Damit ergibt sich das lineare Gleichungssystem

$$\begin{aligned} 20a &+ b &= 0, && \tilde{\text{I}} \\ 100a &+ 10b &= 10. && \text{II} \end{aligned}$$

Es ergibt sich durch Subtraktion des Fünffachen der Gleichung $\tilde{\text{I}}$ von Gleichung II das lineare Gleichungssystem

$$\begin{aligned} 20a + b &= 0, && \tilde{\text{I}} \\ 5b &= 10 && \text{II} - 5 \cdot \tilde{\text{I}}, \end{aligned}$$

und mittels Division durch fünf der zweiten Gleichung ergibt sich $b = 2$. Indem man dieses Ergebnis in Gleichung $\tilde{\text{I}}$ einsetzt, erhält man

$$20a + 2 = 0 \Rightarrow a = -\tfrac{1}{10}.$$

Daher lautet die gesuchte Funktionsvorschrift

$$f(x) = -\tfrac{1}{10}x^2 + 2x.$$

Man erkennt, dass die zugehörige Parabel nach unten geöffnet ist, wie gewünscht, weil $a < 0$ ist.

Das in Beispiel 4.52 beschriebene Verfahren zur Lösung von linearen Gleichungssystemen ist der einfachste Fall des *Gauß-Verfahrens*. Dieses Verfahren wird in Abschnitt 6.1 ausführlich beschrieben.

Hinweis für Maple

Mit Hilfe von Maple ist die Lösung von linearen Gleichungssystemen unter Verwendung des Gauß-Verfahrens möglich. Lineare Gleichungssysteme werden unter Maple in Matrizenform eingegeben, wobei nur die Koeffizienten der Unbekannten berücksichtigt werden.[1] Für Beispiel 4.52 sieht die Matrix folgendermaßen aus:

$$\left(\begin{array}{cc|c} 20 & 1 & 0 \\ 100 & 10 & 10 \end{array}\right),$$

wobei durch den senkrechten Strich die Trennung der Seiten durch das Gleichheitszeichen angedeutet wird. Um mit Matrizen unter Maple arbeiten zu können, ist das Paket `linalg` zu laden. Obige Matrix kann damit unter Maple folgendermaßen eingegeben werden:

```
> A := matrix([[20,1, 0],[100,10,10]]);
```

$$A := \begin{bmatrix} 20 & 1 & 0 \\ 100 & 10 & 10 \end{bmatrix} \quad (1)$$

Hier ist die Markierung zur Trennung der beiden Seiten nicht vorhanden.
Das lineare Gleichungssystem kann mit Hilfe von `gausselim` gelöst werden:

```
> gausselim(A);
```

Durch diesen Befehl wird das lineare Gleichungssystem auf Stufenform gebracht:

$$\begin{bmatrix} 20 & 1 & 0 \\ 0 & 5 & 10 \end{bmatrix}$$

Um die Lösungsmenge direkt ablesen zu können bietet es sich an, die Matrix in Diagonalenform zu überführen. Dies geht mit dem Befehl `gaussjord`, benannt nach *Carl Friedrich Gauß* (1777–1855) und *Camille Jordan* (1838–1922). Die Anwendung dieses Befehls auf (1) liefert das folgende Ergebnis:

```
> gaussjord(A);
```

$$\begin{bmatrix} 1 & 0 & \frac{-1}{10} \\ 0 & 1 & 2 \end{bmatrix}$$

Dieser Hinweis liefert die Funktionsvorschrift der Stütze:

$$f(x) = -\frac{1}{10}x^2 + 2x\,.$$

[1] Für den Hintergrund zu Matrizen und linearen Gleichungssystemen siehe Abschnitt 6.1.

Hinweis Zur eindeutigen Bestimmung zweier Unbekannter a, b in Beispiel 4.52 wurde ein lineares Gleichungssystem bestehend aus zwei Gleichungen erstellt. Dies ist immer der Fall; zur Bestimmung von zwei Variablen a, b werden mindestens zwei lineare Gleichungen benötigt. Allgemein gilt: Zur Bestimmung von n Unbekannten $a_1, \ldots, a_n$ werden mindestens n lineare Gleichungen benötigt.

Das *mindestens* tritt auf, da – wie in Beispiel 4.52 an den Gleichungen I und $\tilde{\text{I}}$ erkennbar ist – Gleichungen auftreten können, die äquivalent zueinander sind bzw. dieselbe Aussage enthalten. Die Frage nach der genauen Anzahl der linearen Gleichungen wird in Kapitel 6 geklärt.

Beispiel 4.53 Gesucht ist das Polynom $f\colon \mathbb{R} \to \mathbb{R}$ zweiten Grades, dessen Graph durch den Punkt $P(0|3)$ verläuft und im Punkt $Q(1|2)$ einen lokalen Extrempunkt besitzt.

Lösung. Ein Polynom zweiten Grades ist durch die Funktionsvorschrift

$$f(x) := ax^2 + bx + c \quad \text{mit } a, b, c, \in \mathbb{R} \text{ und } a \neq 0 \tag{1}$$

gegeben. Die Parameter a, b, c sind zu bestimmen.

Da die Punkte $P(0|3)$ und $Q(1|2)$ auf dem Graphen von f liegen sollen, ergibt sich

$$f(0) = 3 \Rightarrow c = 3\,, \qquad \text{I}$$

$$f(1) = 2 \Rightarrow a + b + 3 = 2\,, \qquad \text{II}$$

wobei unter II das Ergebnis aus I verwendet wurde. Im Punkt Q liegt ein lokales Extremum vor. Hierzu ist die erste Ableitung $f'(x) = 2ax + b$ zu betrachten:

$$f'(1) = 0 \Rightarrow 2a + b = 0\,. \quad \text{III}$$

Die Gleichungen II und III ergeben das lineare Gleichungssystem

$$\begin{aligned} a + b &= -1\,, \quad \text{II} \\ 2a + b &= 0\,. \quad \text{III} \end{aligned}$$

Subtrahiert man das Zweifache der Gleichung II von Gleichung III, so ergibt sich

$$\begin{aligned} a + \quad b &= -1\,, \quad \text{II} \\ -b &= 2\,. \quad \text{III} - 2 \cdot \text{II} \end{aligned}$$

Hieraus folgt sodann $b = -2$ und indem das Ergebnis in Gleichung II eingesetzt wird, erhält man $a = 1$. Dieses Ergebnis kann unter Maple mit `gausselim` bestätigt werden:

```
> A := matrix([[1,1,-1],[2,1,0]]):  gausselim(A);
```

$$\begin{bmatrix} 1 & 1 & -1 \\ 0 & -1 & 2 \end{bmatrix}$$

Die Funktionsvorschrift lautet somit

$$f(x) = x^2 - 2x + 3 .$$

Die Parabel ist also nach oben offen, das bedeutet, dass $(1|2)$ ein Tiefpunkt ist.

Beispiel 4.54 Es ist eine ganzrationale Funktion dritten Grades zu bestimmen, die für $x_n := 4$ eine Nullstelle, für $x_e := 1$ ein lokales Minimum und im Punkt $P(2|7)$ einen Hochpunkt besitzt.

Lösung. Eine ganzrationale Funktion dritten Grades ist von der Form

$$f(x) := ax^3 + bx^2 + cx + d \quad \text{mit } a, b, c, d \in \mathbb{R} \text{ und } a \neq 0 .$$

Die erste und zweite Ableitung werden benötigt. Sie lauten

$$f'(x) = 3ax^2 + 2bx + c \quad \text{und} \quad f''(x) = 6ax + b .$$

An der Stelle x_n liegt eine Nullstelle vor, d.h.

$$f(4) = 0 \Rightarrow 64a + 16b + 4c + d = 0 . \tag{1}$$

Für x_e liegt ein Minimum vor und dies ergibt

$$f'(1) = 0 \Rightarrow 3a + 2b + c = 0 \tag{2}$$

und

$$f''(1) > 0 \Rightarrow 6a + 2b > 0 . \tag{3}$$

Da der Punkt P auf dem Graphen der Funktion f liegt, gilt

$$f(2) = 7 \Rightarrow 8a + 4b + 2c + d = 7 . \tag{4}$$

An der Stelle 2 liegt ein lokales Maximum vor, d.h.

$$f'(2) = 0 \Rightarrow 12a + 4b + c = 0 \tag{5}$$

und

$$f''(2) < 0 \Rightarrow 12a + 2b < 0 . \tag{6}$$

Die Gleichungen (3) und (6) können später als Probe verwendet werden, zunächst werden sie vernachlässigt. Aus den restlichen Gleichungen ergibt sich das lineare Gleichungssystem

$$\begin{array}{rcrcrcrcll}
64a & + & 16b & + & 4c & + & d & = 0 , & \quad \text{I} \\
3a & + & 2b & + & c & & & = 0 , & \quad \text{II} \\
8a & + & 4b & + & 2c & + & d & = 7 , & \quad \text{III} \\
12a & + & 4b & + & c & & & = 0 . & \quad \text{IV}
\end{array}$$

Mit Maple erhält man als Lösung dieses linearen Gleichungssystems mit dem `gaussjord`-Verfahren

```
> gaussjord(A);
```

$$\begin{bmatrix} 1 & 0 & 0 & 0 & \frac{-1}{2} \\ 0 & 1 & 0 & 0 & \frac{9}{4} \\ 0 & 0 & 1 & 0 & -3 \\ 0 & 0 & 0 & 1 & 8 \end{bmatrix}$$

Die Funktionsvorschrift lautet somit

$$f(x) = -\tfrac{1}{2}x^3 + 2\tfrac{1}{4}x^2 - 3x + 8\,.$$

Aufgaben

Zusatzaufgabe: Untersuchen Sie die Graphen der Funktionen aus den Aufgaben 3 bis 7 bei Veränderung des Parameters p mit Hilfe von Maple.

1. Bestimmen Sie das Volumen aus Beispiel 4.39, indem Sie die Funktion $V(a, h)$ mit Hilfe der Gleichung $a+2h = \frac{1}{2}$ in eine Funktion $V(h)$ verwandeln und die lokalen und globalen Extrema dieser Funktion bestimmen. Verwenden Sie Maple zur Bestätigung des Ergebnisses.

2. Aus einem rechteckigen Stück Pappe der Kantenlänge $x := 80$ cm und $y := 50$ cm soll eine Schachtel (ähnlich einem Pizzakarton) mit möglichst großem Volumen hergestellt werden, vgl. Abbildung 4.37.

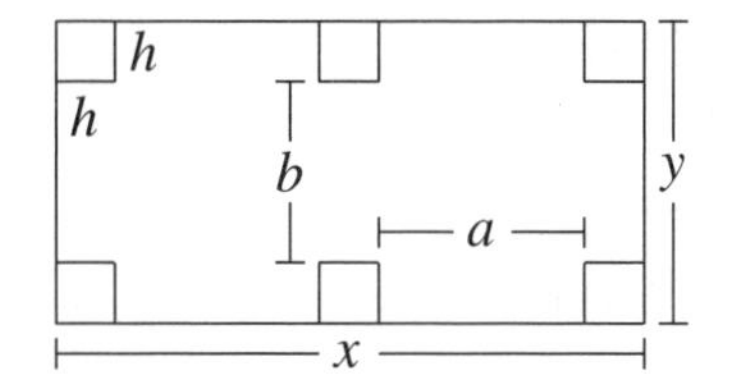

Abb. 4.37 Schachtel mit Deckel

3. $f_p\colon \mathbb{R} \to \mathbb{R}$ mit $p > 0$ sei eine Schar ganzrationaler Funktionen dritten Grades. Die zugehörigen Graphen verlaufen durch den Ursprung, haben die Tiefpunkte bei $T(3p|y_T)$ und haben in den Wendepunkten $W(2p|y_w)$ die Steigung $-\frac{p}{2}$.

a) Ermitteln Sie den Term $f_2(x)$ und diskutieren Sie die Funktion f_2.
b) Bestimmen Sie den Funktionsterm $f_p(x)$ für beliebiges $p > 0$ und diskutieren Sie die Funktionen f_p.

4. Gegeben sei die Funktionenschar f_p mit $f_p := \frac{x}{x^2+x+p}$ und einem möglichst großen Definitionsbereich. Es sei $p \in \mathbb{R}_+ \setminus \{\frac{1}{2}\sqrt{2}\}$.

a) Diskutieren Sie die Funktionen f_p. Bestätigen Sie die Ergebnisse mit Maple.
b) Für welche p hat f_p keine, eine, zwei Polstelle(n)?
c) Zeigen Sie, dass bis auf einen Graphen der Schar alle genau einen Punkt gemeinsam haben.

d) Zeigen Sie, dass die Hoch- und Tiefpunkte aller Graphen der Schar auf Graphen der Hyperbel zu $g(x) := \frac{1}{2x+1}$ liegen. Verwenden Sie Maple zur Bestätigung des Ergebnisses.

5. Diskutieren Sie die Funktionen der Schar

$$f_p\colon \mathbb{R} \to \mathbb{R}, \quad x \mapsto x \cdot (1 - \tfrac{1}{p} \cdot \ln(p)),$$

mit $p \in \mathbb{R}_+$. Zeigen Sie, dass sich alle Graphen der Schar in genau einem Punkt schneiden, dessen Koordinaten unabhängig von p sind.

6. Gegeben sei die Funktionenschar zu $f_p(x) := \ln\left(\frac{x^2+p}{4+p}\right)$ mit $p \in \mathbb{R}_+ \setminus \{0\}$ und $\mathbb{D}_f := \mathbb{R}$. Verwenden Sie Maple zur Lösung der Teilaufgaben.

a) Diskutieren Sie die Funktionenschar.
b) Für welche p hat f_p Nullstellen?
c) Für welche p liegen die globalen Minima unterhalb der x-Achse?
d) Bestimmen Sie den Term der Funktion g, auf deren Graph alle Wendepunkte der Schar liegen.

7. Aus einer rechteckigen Fensterscheibe mit den Seitenlängen $a := 80$ cm und $b := 40$ cm ist eine Ecke unter dem Winkel von 45° und einer Hypotenusenlänge von 7 cm abgesprungen. Aus den Scheibenresten soll durch Schnitte parallel zu den ursprünglichen Seiten eine möglichst große neue Scheibe hergestellt werden. Wie groß sind die Seiten der neuen Scheibe?

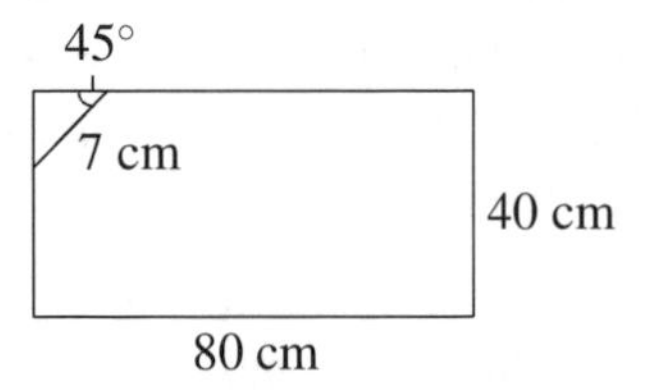

Abb. 4.38 Defekte Fensterscheibe

8. Eine Firma stellt ein Produkt mit der Kostenfunktion

$$K(x) := x^3 - 12x^2 - 6x + 98$$

her. Das Produkt soll zum Preis von 36 € angeboten werden. x ist ein Maß für die hergestellte Menge des Produktes.

a) Wie lautet die Gewinnfunktion $G(x)$?
b) Berechnen Sie die Nullstellen der Gewinnfunktion. Was bedeutet dies anschaulich?
c) Bestimmen Sie den maximalen Gewinn.
d) Der *Stückgewinn* ist gegeben durch $g(x) := \frac{G(x)}{x}$. Bestimmen Sie das Maximum des Stückgewinns.
e) Beschreiben Sie den Unterschied zwischen den Ergebnissen aus Teil c) und d).
f) Wie minimiert man die Stückkosten?

Verwenden Sie Maple zur Bestätigung Ihrer Ergebnisse.

9. In einen Kreis mit Radius $r := 10$ cm soll ein Rechteck mit maximaler Fläche einbeschrieben werden, vgl. Abbildung 4.39.

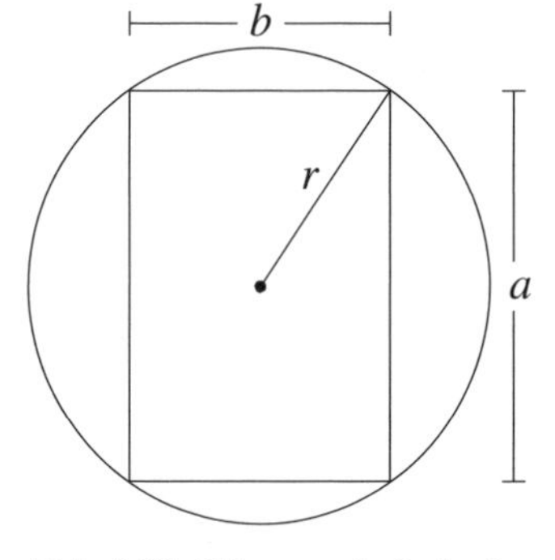

Abb. 4.39 Skizze zu Aufgabe 9

10. In die Kugel aus Beispiel 4.42 soll ein Zylinder mit maximaler Oberfläche eingebaut werden. Bestimmen Sie die Höhe und den Radius dieses maximalen Zylinders sowie seine Oberfläche.

11. Behandeln Sie die Beispiele 4.39 bis 4.43 mit Hilfe von Maple.

12. Behandeln Sie die Beispiele 4.45 bis 4.47 und 4.49 mit Hilfe von Maple.

13. a) Zeigen Sie mit Maple $\lim\limits_{x \to -\infty} x^n \cdot \exp(x) = 0$ für beliebige $n \in \mathbb{N} \setminus \{0\}$.
b) Folgern Sie ähnlich wie in Teil c) von Aufgabe 10 in Abschnitt 4.2 $\lim\limits_{x \to -\infty} x^n \cdot \exp(x) = 0$.

14. Bestimmen Sie mit Hilfe von Maple die Wendepunkte der Funktionenschar aus Beispiel 4.49.

5 Integralrechnung

5.1 Einleitung: Flächeninhalte

Im letzten Kapitel wurden mit Hilfe von Ableitungen wesentliche Eigenschaften von differenzierbaren Funktionen ermittelt. Oft ist es ebenfalls interessant, die Flächen unter den Graphen von Funktionen zu ermitteln, wie die folgenden Beispiele zeigen.

Beispiel 5.1 Ein Gegenstand bewegt sich 20 Sekunden lang ($t := 20$ s) mit der konstanten Geschwindigkeit $v := 120\,\frac{\text{m}}{\text{s}}$. Um die zurückgelegte Strecke s zu bestimmen, muss das Produkt der Geschwindigkeit und der Zeit gebildet werden, d.h.

$$s = v \cdot t = 120\,\tfrac{\text{m}}{\text{s}} \cdot 20\,\text{s} = 2400\,\text{km}\,.$$

Dies kann ebenfalls am Graphen der Geschwindigkeitsfunktion erkannt werden, der in Abbildung 5.1 dargestellt ist. Hier ist die schraffierte Fläche unter dem Graphen ein Maß für die zurückgelegte Strecke.

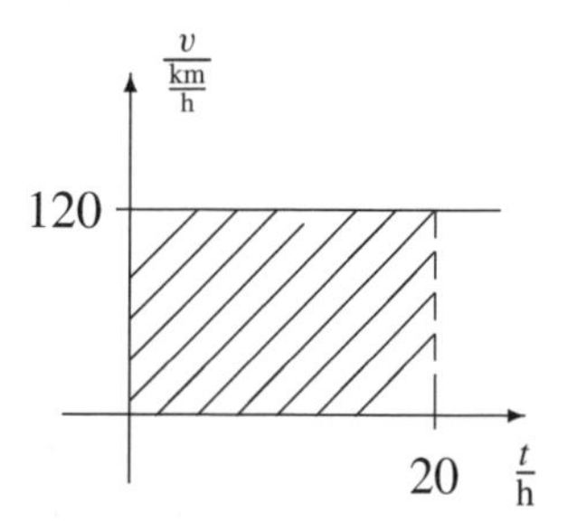

Abb. 5.1 Skizze zu Beispiel 5.1

Beispiel 5.2 Beschleunigt man einen Gegenstand linear von $0\frac{\text{m}}{\text{s}}$ auf $30\frac{\text{m}}{\text{s}}$ in 20 Sekunden, so erhält man die zurückgelegte Strecke s ebenfalls durch die Bestimmung der Fläche zwischen dem Graphen und der t-Achse. Mit der Flächenformel für Dreiecke ergibt sich, vgl. Abbildung 5.2,

$$s = \tfrac{1}{2} \cdot 30\tfrac{\text{m}}{\text{s}} \cdot 20\text{s} = 300\text{m}\,.$$

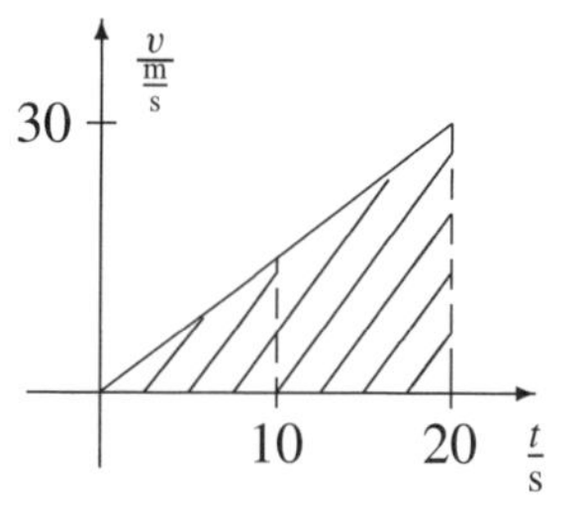

Abb. 5.2 Skizze zu Beispiel 5.2

Beispiel 5.3 Die Geschwindigkeit eines sehr schnellen Gegenstandes bei der Beschleunigung als Funktion der Zeit verhält sich im Allgemeinen nicht linear. Angenommen, man könnte diesen Geschwindigkeitsverlauf durch das Polynom dritten Grades $v(t) := -\frac{1}{40}t^3 + \frac{3}{4}t^2$ beschreiben. Der Graph dieser Funktion befindet sich in Abbildung 5.3. In diesem Fall ist die schraffierte Fläche zwischen dem Graphen und der t-Achse in Abbildung 5.3 mit den bisherigen Möglichkeiten nicht zu berechnen.

Man geht deshalb wie folgt vor: Da die Flächen von Rechtecken berechnet werden können, wird die Bestimmung der Fläche zwischen dem Graphen einer Funktion und der t-Achse auf sie zurückgeführt.

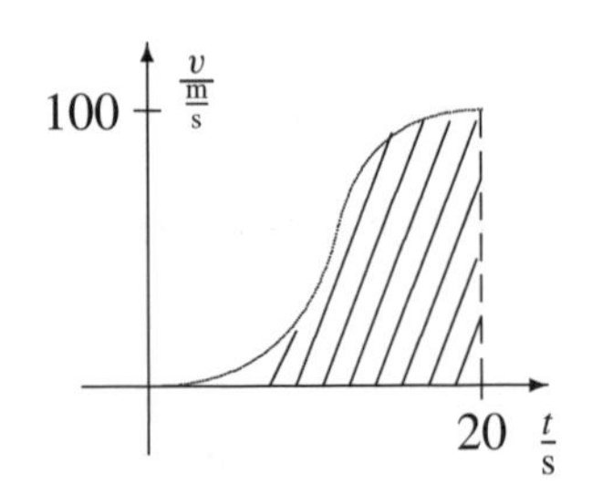

Abb. 5.3 Skizze zu Beispiel 5.3

Beispiel 5.4 Es soll die Fläche unter dem Graphen der Funktion $f\colon [1,2] \to \mathbb{R}$, $x \mapsto x^2$, bestimmt werden. Versucht man, diese Fläche auf Rechtecke zurückzuführen, so besteht die erste Möglichkeit darin, ein Rechteck der Höhe $M := f(2) = 4$ des *maximalen Funktionswertes* im Intervall $[1,2]$ und der Breite 1, vgl. Abbildung 5.4 (a), oder ein Rechteck der Höhe $m := f(1) = 1$ des *minimalen Funktionswertes* im Intervall $[1,2]$ und der Breite 1, vgl. Abbildung 5.4 (b), an den Graphen anzulegen. Die Flächen dieser Rechtecke berechnen sich wie folgt:

$$O_1 := M \cdot 1 = f(2) \cdot 1 = 4 \cdot 1 = 4$$

und

$$U_1 := m \cdot 1 = f(1) \cdot 1 = 1 \cdot 1 = 1\,.$$

Der gesuchte Flächeninhalt liegt somit zwischen 1 und 4 Flächeneinheiten. Die Ungenauigkeit ist jedoch sehr groß. Um sie zu verkleinern, können zwei Rechtecke der Breite $\frac{2-1}{2} = \frac{1}{2}$ nebeneinander in das Intervall $[1,2]$ an den Graphen der Funktion f angelegt werden, wie es in Abbildung 5.5 dargestellt ist. Die Flächen ergeben sich zu

$$O_2 := M_1 \cdot \tfrac{1}{2} + M_2 \cdot \tfrac{1}{2} = f\left(\tfrac{3}{2}\right) \cdot \tfrac{1}{2} + f(2) \cdot \tfrac{1}{2} = \tfrac{9}{4} \cdot \tfrac{1}{2} + 4 \cdot \tfrac{1}{2} = \tfrac{25}{8}\,,$$

wobei in den Intervallen $\left[1, \frac{3}{2}\right]$ und $\left[\frac{3}{2}, 2\right]$ jeweils die *maximalen Funktionswerte* M_1 und M_2 und

$$U_2 := m_1 \cdot \tfrac{1}{2} + m_2 \cdot \tfrac{1}{2} = f(1) \cdot \tfrac{1}{2} + f\left(\tfrac{3}{2}\right) \cdot \tfrac{1}{2} = 1 \cdot \tfrac{1}{2} + \tfrac{9}{4} \cdot \tfrac{1}{2} = \tfrac{13}{8}\,,$$

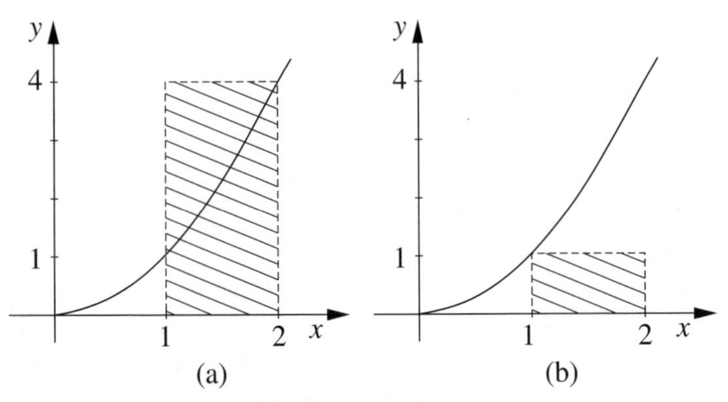

Abb. 5.4 Flächenannäherung ohne Unterteilung

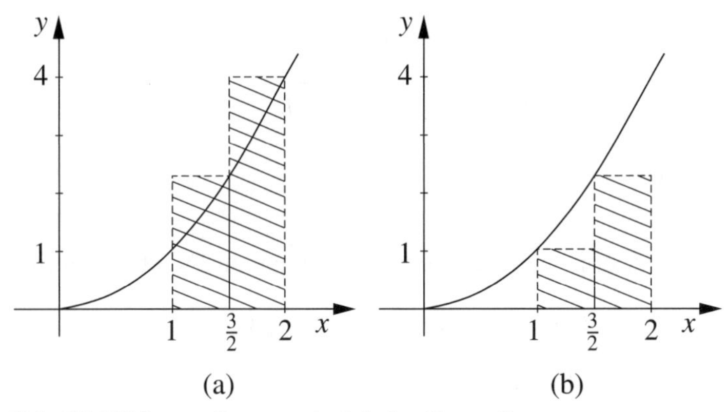

Abb. 5.5 Flächenannäherung mit einfacher Unterteilung

in den Intervallen $\left[1, \frac{3}{2}\right]$ und $\left[\frac{3}{2}, 2\right]$ jeweils die *minimalen Funktionswerte* m_1 und m_2 gewählt wurden. Die Differenz von O_2 und U_2 ist geringer als die von O_1 und U_1. Es gilt jedoch $O_2 - U_2 = \frac{3}{2}$ und das Maß der gesuchten Fläche liegt in einem Intervall dieser Breite. Es bietet sich an, die Unterteilung feiner zu gestalten, damit der Wert $O_n - U_n$ möglichst klein wird.

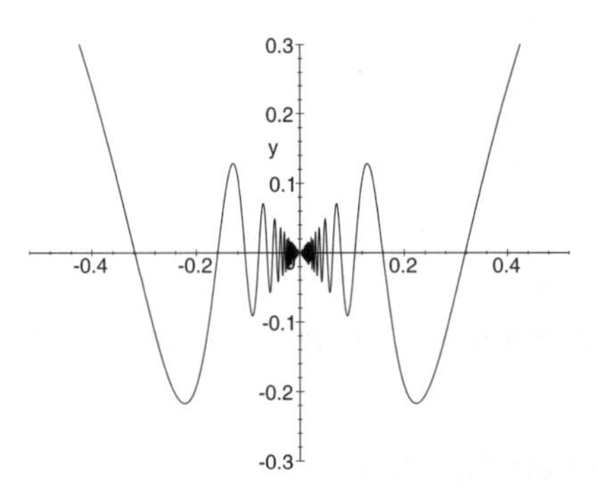

Abb. 5.6 Graph zu $f(x) = x \cdot \sin\left(\frac{1}{x}\right)$

Definition Eine Funktion $f\colon \mathbb{D}_f \to \mathbb{R}$ heißt *stückweise monoton*, falls es zu jedem $x_0 \in \mathbb{D}_f$, das keine Extremstelle ist, eine Umgebung U gibt, in der f monoton ist.

Die im Folgenden betrachteten Funktionen sind stetig und stückweise monoton. Ein Beispiel für eine stetige Funktion, die nicht zur Klasse der stückweise monotonen Funktionen gehört, ist die Funktion $f\colon \mathbb{R} \to \mathbb{R}$ mit

$$f(x) := \begin{cases} x \cdot \sin\left(\frac{1}{x}\right) & \text{für } x \in \mathbb{R} \setminus \{0\}, \\ 0 & \text{für } x = 0\,. \end{cases}$$

Der Graph dieser Funktion befindet sich in Abbildung 5.6.

Unterteilt man ein Intervall $[a, b]$ in n gleich breite Teile, so besitzt jedes Stück die Breite $\frac{b-a}{n}$, siehe Abbildung 5.7.

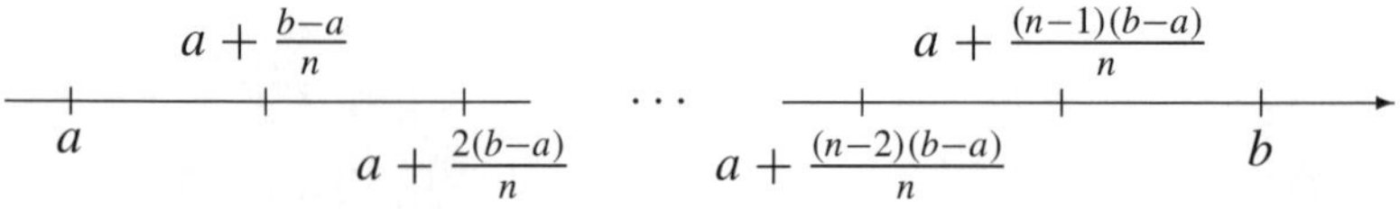

a $\quad a+\frac{b-a}{n}$ $\quad a+\frac{2(b-a)}{n}$ $\quad \dots$ $\quad a+\frac{(n-2)(b-a)}{n}$ $\quad a+\frac{(n-1)(b-a)}{n}$ $\quad b$

Abb. 5.7 Unterteilung eines Intervalls

Definition Sei $f\colon [a, b] \to \mathbb{R}$ eine stetige, stückweise monotone Funktion. Ferner sei

$$Z_n := \left\{a, a+\tfrac{b-a}{n}, \dots, a+(n-1)\tfrac{b-a}{n}, b\right\}$$

eine Zerlegung von $[a, b]$ in n Teile der Breite $\frac{b-a}{n}$ sowie

M_i das Maximum und m_i das Minimum

der Funktionswerte $f(x)$ auf dem i-ten Teilintervall der Zerlegung. Dann heißt

$$O_n := \sum_{i=1}^{n} M_i \cdot \tfrac{b-a}{n} = (M_1 + M_2 + \ldots + M_n) \cdot \tfrac{b-a}{n}$$

die *Riemann'sche Obersumme* und

$$U_n := \sum_{i=1}^{n} m_i \cdot \tfrac{b-a}{n} = (m_1 + m_2 + \ldots + m_n) \cdot \tfrac{b-a}{n}$$

die *Riemann'sche Untersumme* von f bezüglich der Zerlegung Z_n.

Hinweis für Maple

Bei der Berechnung von Ober- und Untersummen kann Maple helfen. Vorher ist `with(student);` einzugeben. Danach können mit den Befehlen `leftsum(f(x),x=a..b,n);` oder `rightsum(f(x),x=a..b,n);` die Flächen berechnet werden. Durch n ist angegeben, in wie viele Teile das Intervall $[a, b]$ unterteilt wird.
Es ist zu beachten, dass nicht die größten oder kleinsten Funktionswerte in den Teilintervallen, sondern die Funktionswerte an den linken Rändern der Teilintervalle bei `leftsum` und die Funktionswerte an den rechten Rändern der Teilintervalle bei `rightsum` bestimmt werden. Ist die Funktion monoton im Intervall $[a, b]$, so werden die extremen Werte an den Rändern der Teilintervalle angenommen.
Graphische Darstellung von Ober- und Untersummen an einem Graphen einer Funktion ist mit den Befehlen `leftbox` und `rightbox` möglich. Die Syntax dieser Befehle ist bis auf Plotoptionen identisch mit der Syntax der Befehle `leftsum` und `rightsum`.

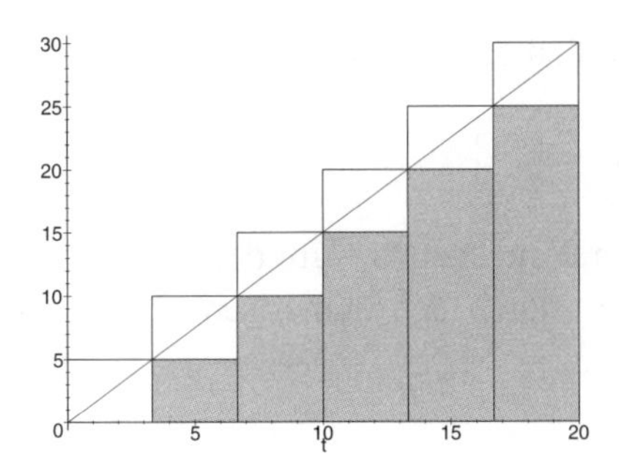

(a) Ober-/Untersumme mit $n = 6$

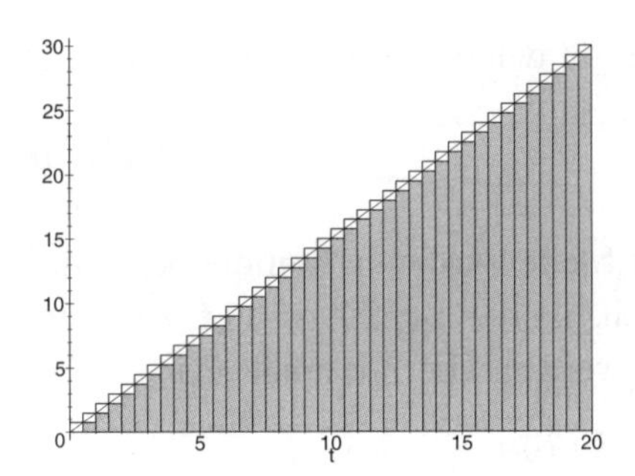

(b) Ober-/Untersumme mit $n = 40$

Abb. 5.8 Skizzen zu Beispiel 5.5

Beispiel 5.5 Die Funktion v zu Beispiel 5.2 lautet, wie in Abbildung 5.2 abgelesen werden kann,

```
> v := t -> 3/2*t:
```

In Abbildung 5.8 befinden sich zwei Graphen der Funktion v im Intervall $I := [0, 20]$ mit Zerlegungen in $n_1 := 6$ und $n_2 := 40$ Teilintervalle. Da die Funktion v im Intervall I streng monoton steigend ist, handelt es sich bei `leftsum` um eine Untersumme und bei `rightsum` um eine Obersumme. Die Graphen wurden erstellt durch

```
> p1 := leftbox(v(t),t=a..b,n1,shading=gray,
     color=black,thickness=1):
```

```
> p2 := rightbox(v(t),t=a..b,n1,shading=white,
     color=black,thickness=1):
display(p1,p2);
```

wobei durch `shading` die Schattierungsfarbe angegeben wird, und

```
> p3 := leftbox(v(t),t=a..b,n2,shading=gray,
     color=black,thickness=1):
```

```
> p4 := rightbox(v(t),t=a..b,n2,shading=white,
     color=black,thickness=1):  display(p3,p4);
```

Die Unter- und Obersummen lassen sich berechnen. Nach den Definitionen

```
> a:=0:  b:=20:  n1:=6:  n2:=40:
```

mit

```
> leftsum(v(t),t=a..b,n1);
```

ergibt sich für den ersten Fall mit sechs Teilintervallen das Ergebnis

$$\frac{10}{3}\left(\sum_{i=0}^{5}(5\,i)\right).$$

An dieser Stelle wird eine Summe oder ein Integral angegeben. Um den Zahlenwert zu erhalten, ist der Befehl `evalf` zu verwenden, durch den numerische Lösungen bestimmt werden. Hiermit erhält man

```
> evalf(%);
```

$$250.0000000$$

Damit wurde die Untersumme U_6 bestimmt. Die Obersumme O_6 erhält man durch

```
> evalf(rightsum(v(t),t=a..b,n1));
```

und das Ergebnis lautet

$$350.0000000$$

Analog erhält man die Unter- und Obersumme $U_{40} = 292.5$ und $O_{40} = 307.5$, was in Abbildung 5.8 (b) dargestellt ist. Diese Berechnung mit Maple sei zur Übung empfohlen.

An den Ergebnissen ist zu erkennen, dass im zweiten Fall die Ober- und Untersumme näher am Ergebnis aus Beispiel 5.2 liegen als bei einer gröberen Zerlegung. Wählt man eine feinere Intervallunterteilung, so werden sich die Werte der Ober- und Untersumme weiter aneinander und dem Ergebnis aus Beispiel 5.2 annähern.

Beispiel 5.6 In Abbildung 5.9 sind Graphen der Funktion v aus Beispiel 5.3 dargestellt. Die Ober- und Untersumme ergeben sich unter Berücksichtigung der Monotonie für $n_1 := 6$ und $n_2 := 40$ zu

```
> O6 := evalf(rightsum(v(t),t=a..b,n1));
```

$$O6 := 1166.666667$$

```
> U6 := evalf(leftsum(v(t),t=a..b,n1));
```

$$U6 := 833.3333333$$

```
> O40 := evalf(rightsum(v(t),t=a..b,n2));
```

$$O40 := 1025.000000$$

```
> U40 := evalf(leftsum(v(t),t=a..b,n2));
```

$$U40 := 975.0000000$$

Hierbei ist wieder erkennbar, dass im Fall n_2 die Ergebnisse O_{40} und U_{40} näher zusammen liegen als im Fall n_1. Wird hier eine feinere Intervallunterteilung gewählt, so liegen O_n und U_n noch näher zusammen.

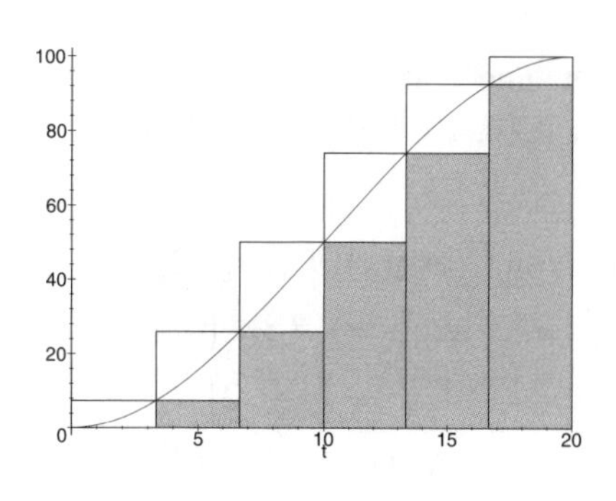

(a) Ober-/Untersumme mit $n = 6$

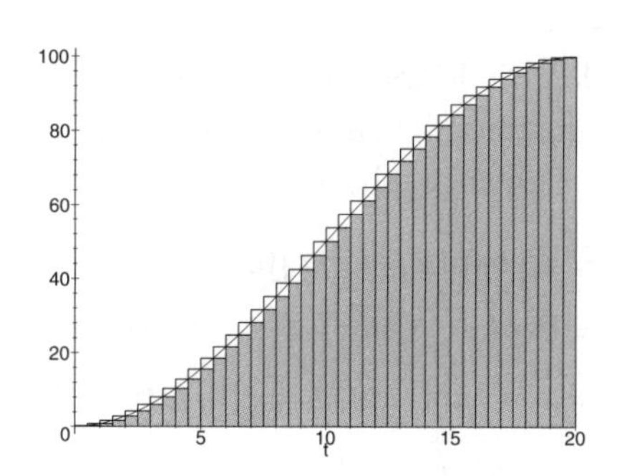

(b) Ober-/Untersumme mit$n = 40$

Abb. 5.9 Skizzen zu Beispiel 5.5

Die Ober- und die Untersumme legen die Vermutung nahe, dass die Fläche unter dem Graphen von v eine Größe von ungefähr 1000 Flächeneinheiten besitzt. Diese Vermutung kann durch Wahl von größeren Werten für n unterstützt werden, was zur Übung mit Maple empfohlen sei, und weiter unten bestätigt wird.

Aufgaben

1. Bestimmen Sie mit Hilfe von Maple die Ober- und Untersummen der Funktion f mit Definitionsbereich $\mathbb{D}_f := \mathbb{R}$ für $n \in \{4, 10, 100\}$ in den Intervallen $I_1 := [-1, 1]$, $I_2 := [-5, 0]$ und $I_3 := [0, 5]$. Betrachten Sie unter Maple ebenfalls die graphische Darstellung der Ober- und Untersummen.

a) $f(x) := 2$ b) $f(x) := 0.4x$ c) $f(x) := \frac{3}{5}x^2$

d) $f(x) := 2x + 3$ e) $f(x) := 4x - 5$ f) $f(x) := \frac{x}{3} - \frac{3}{4}$

g) $f(x) := \frac{1}{10}x^2 + \frac{1}{5}$ h) $f(x) := 2x^3 + 3x^5$ i) $f(x) := 5x^4 - 6x^3$

2. Bestimmen Sie die Ober- und Untersummen der Funktion f mit maximal möglichem Definitionsbereich für $n \in \{4, 10, 100\}$ in denselben Intervallen wie in Aufgabe 1. Betrachten Sie auch die graphische Darstellung unter Maple.

a) $f(x) := \frac{2x}{x^2+4}$ b) $f(x) := \frac{1}{1+x}$ c) $f(x) := \frac{1}{1-x}$ d) $f(x) := \frac{x}{3x^2-1}$

3. Verwenden Sie Maple zur Bestimmung der Ober- und Untersummen der Funktion f mit maximal möglichem Definitionsbereich für $n \in \{4, 10, 100\}$ (auch für $n := 250$ in Teil f)) in den angegebenen Intervallen.

a) $f(x) := x \cdot \exp(x),\ I := [0, 2]$ b) $f(x) := x^2 \cdot \exp(x),\ I := [-2, 0]$
c) $f(x) := \exp(x) \cdot \sin(x),\ I := [0, 2]$ d) $f(x) := x \cdot \exp(-x),\ I := [0, 10]$
e) $f(x) := x^2 \cdot \exp(-x),\ I := [0, 10]$ f) $f(x) := \frac{\exp(x)}{x},\ I := \left[\frac{1}{100}, 2\right]$
g) $f(x) := \ln(x),\ I := [1, 20]$ h) $f(x) := x \cdot \ln(x),\ I := [1, 20]$
i) $f(x) := \frac{\ln(x)}{x},\ I := [1, 20]$ j) $f(x) := \frac{(\ln(x))^2}{x^2},\ I := [1, 20]$

4. Unterteilen Sie die Intervalle so in Teilintervalle, dass die Funktion f in den Teilintervallen streng monoton ist. Bestimmen Sie sodann mit Maple die Ober- und die Untersumme des Intervalle I, indem Sie die Ober- und Untersummen der Teilintervalle berechnen und diese Werte addieren.
a) $f(x) := x^2 \cdot \exp(x),\ I := [-2, 1]$ b) $f(x) := \exp(x) \cdot \sin(x),\ I := [0, 2\pi]$

5.2 Bestimmte Integrale

Die Ergebnisse aus den Beispielen des letzten Abschnitts, dass sich für eine wachsende Anzahl n der Teilintervalle die Ergebnisse der Ober- und Untersummen einander annähern, legt die Vermutung nahe, ihre Grenzwerte für $n \to \infty$ zu betrachten, in Zeichen

$$\lim_{n\to\infty} O_n \quad \text{und} \quad \lim_{n\to\infty} U_n\,,$$

und zu vermuten, dass in den Beispielen 5.4 und 5.5 $\lim\limits_{n\to\infty} O_n = \lim\limits_{n\to\infty} U_n$ gilt. Dies führt zur folgenden Definition.

Definition Eine stetige Funktion $f\colon\ [a, b] \to \mathbb{R}$ heißt *Riemann-integrierbar* oder kurz *integrierbar*, falls für die Obersummen O_n und die Untersummen U_n gilt:

$$\lim_{n\to\infty} O_n = \lim_{n\to\infty} U_n\,.$$

Ist dies der Fall, so heißt der gemeinsame Grenzwert das *bestimmte Integral* von f über $[a, b]$ und wird mit

$$\int_a^b f(x)\,dx$$

bezeichnet.

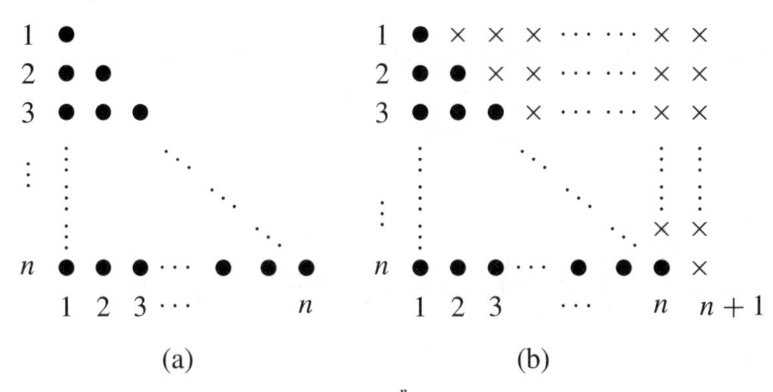

Abb. 5.10 Skizzen zur Berechnung von $\sum_{i=1}^{n} i$

Beispiel 5.7 Es ist das bestimmte Integral $\int_0^2 3x + 4\,dx$ zu bestimmen.

Lösung. Um die Ober- und Untersumme zu bestimmen, muss das Intervall $[0, 2]$ in n Teile zerlegt werden. Diese Zerlegung lautet

$$Z_n := \left\{0, 1 \cdot \tfrac{2}{n}, 2 \cdot \tfrac{2}{n}, 3 \cdot \tfrac{2}{n}, \dots, (n-1) \cdot \tfrac{2}{n}, 2\right\}.$$

Die Funktion f mit $f(x) := 3x + 4$ ist streng monoton steigend, daher gilt $f(i \cdot \frac{2}{n}) < f((i+1)\frac{2}{n})$ für alle i. Hieraus erhält man $M_i := f(i\frac{2}{n})$ und $m_i := f((i-1)\frac{2}{n})$. Für die Obersummen O_n gilt

$$O_n = \sum_{i=1}^{n} f\left(i \cdot \tfrac{2}{n}\right) \tfrac{2}{n} = \sum_{i=1}^{n} \left(\tfrac{6}{n} \cdot i + 4\right) \tfrac{2}{n} = \tfrac{12}{n^2} \sum_{i=1}^{n} i + \tfrac{8}{n} \sum_{i=1}^{n} 1 = \tfrac{12}{n^2} \sum_{i=1}^{n} i + 8,$$

und die Untersumme U_n hat das Maß

$$\begin{aligned} U_n &= \sum_{i=1}^{n} f\left((i-1) \cdot \tfrac{2}{n}\right) \tfrac{2}{n} = \sum_{i=1}^{n} \left(\tfrac{6}{n} \cdot (i-1) + 4\right) \frac{2}{n} \\ &= \tfrac{12}{n^2} \sum_{i=1}^{n} (i-1) + \tfrac{8}{n} \sum_{i=1}^{n} 1 = \tfrac{12}{n^2} \sum_{i=2}^{n} (i-1) + 8. \end{aligned}$$

Um die Terme weiter zu vereinfachen, ist die Summe $\sum_{i=1}^{n} i$ zu bestimmen. Die Bestimmung mit Maple wurde in Aufgabe 8 zu Abschnitt 4.2 behandelt und konnte zur Vermutung $\sum_{i=1}^{n} i = \frac{n(n+1)}{2}$ führen. Diese Vermutung kann mit Hilfe von Abbildung 5.10 gezeigt werden. In der oberen Zeile von Teil (a) befindet sich ein Punkt, in der zweiten Zeile befinden sich zwei Punkte, in der n-ten Zeile von oben befinden sich n Punkte. Um herauszufinden, um wie viele Punkte es sich insgesamt handelt, werden sie zu einem Rechteck ergänzt, vgl. Abbildung 5.10 (b). Das liefert $n(n+1)$ Punkte. Das ursprüngliche dreieckige Objekt bestand genau aus der Hälfte der Punkte und hiermit gilt

$$\sum_{i=1}^{n} i = \tfrac{n(n+1)}{2}.$$

Mit diesen Resultaten folgt

$$\lim_{n\to\infty} O_n = \lim_{n\to\infty}\left(\tfrac{12}{n^2}\sum_{i=1}^{n} i + 8\right) = \lim_{n\to\infty}\left(\tfrac{12}{n^2}\cdot\tfrac{n(n+1)}{2} + 8\right) = 14$$

und

$$\lim_{n\to\infty} U_n = \lim_{n\to\infty}\left(\tfrac{12}{n^2}\sum_{j=1}^{n-1} j + 8\right) = \lim_{n\to\infty}\left(\tfrac{12}{n^2}\cdot\tfrac{(n-1)n}{2} + 8\right) = 14\,,$$

womit die Vermutung bestätigt wurde.

Die Grenzwerte lassen sich auch mit Maple bestimmen:

```
> limit(12/n^2*sum(i,i=1..n)+8,n=infinity);
                              14
> limit(12/n^2*sum(j,j=1..n-1)+8,n=infinity);
                              14
```

Die Behauptung $\sum_{i=1}^{n} i = \tfrac{n(n+1)}{2}$ lässt sich auch per *Induktion* (vgl. Abschnitt 4.2.3) beweisen:

Für $n = 1$ gilt

$$\sum_{i=1}^{1} i = 1 = \tfrac{1(1+1)}{2}.$$

Um den Schritt $n \to n+1$ zu zeigen, benutzt man

$$\begin{aligned}\sum_{i=1}^{n+1} i &= \sum_{i=1}^{n} i + (n+1) \overset{\circledast}{=} \tfrac{n(n+1)}{n} + \tfrac{2n+2}{2}\\ &= \tfrac{n^2+3n+2}{2} = \tfrac{(n+1)(n+2)}{2}\,,\end{aligned}$$

wobei an der Stelle $\circledast$ die Induktionsvoraussetzung für n benutzt wurde. Damit ist die Behauptung bewiesen.

Eine vollständige Induktion kann auch mit Hilfe von Maple durchgeführt werden. Es ist eine Funktion f vorgegeben, für die

$$\sum_{i=n_0}^{n} a_i = f(n) \quad \text{mit } n \geqslant n_0 \tag{1}$$

gelten soll. Für den Fall $\sum_{i=1}^{n} i$, d.h. $a_i = i$, lautet die Gleichung (1) $\sum_{i=1}^{n} i = f(n)$. Hierbei ist jedoch zwischen der Funktion f und der Summe zu unterscheiden. Um dies deutlich zu machen, wird die Summe als Funktion definiert, d.h.

$$s(n) := \sum_{i=n_0}^{n} a_i\,,$$

wodurch die Gleichung (1) in die Form

$$s(n) = f(n) \quad \text{mit } n \geqslant n_0 \tag{2}$$

notiert werden kann.

Dies lässt sich sodann unter Maple bearbeiten. Für den Fall $\sum_{i=1}^{n} i = \frac{1}{2}n^2 + \frac{1}{2}n$ kann man

```
> a:=i->i: s:=n->sum(a(i),i=1..n): f:=n->1/2*n^2+1/2*n:
```

definieren. Der Induktionsanfang kann dann durch

```
> evalb(s(1)=f(1));
```

$$true$$

bestätigt werden. Nach der Definition der Funktion s gilt $s(n+1) = s(n)+(n+1)$. Für den Induktionsschritt $n \to n+1$ ist daher $f(n+1) = f(n) + a_{n+1} = f(n) + (n+1)$ zu zeigen, denn hiermit folgt dann Gleichung (2) für $n+1$. Dies kann durch

```
> evalb(simplify(f(n+1))=simplify(f(n)+a(n+1)));
```

$$true$$

bestätigt werden. Hierbei ist zu beachten, dass für die Terme der Zusatz `simplify` verwendet wurde. Wird dies nicht benutzt, so erhält man das Ergebnis *false*. (Es sei zur Übung empfohlen, dies auszuführen.)

Hiermit ist die Induktion abgeschlossen.

Beispiel 5.8 Das bestimmte Integral $\int_1^2 g(x)\,dx$ der Funktion $g\colon \mathbb{R} \to \mathbb{R}$, $x \mapsto x^2$, soll berechnet werden, vgl. Beispiel 5.4.

Lösung. Die Betrachtung der Ober- und Untersumme mit Maple legt die Vermutung $\int_1^2 g(x) = 2.\bar{3} = \frac{7}{3}$ nahe. Um dies zu bestätigen, wird die Zerlegung

$$Z_n := \left\{1, 1+\tfrac{1}{n}, 1+2\cdot\tfrac{1}{n}, \ldots, 1+(n-1)\cdot\tfrac{1}{n}, 2\right\}$$

betrachtet. Da g streng monoton steigend im Intervall $[1, 2]$ ist, gilt $M_i = g\left(1 + i \cdot \frac{1}{n}\right)$

und $m_i = g\left(1 + (i-1)\cdot\frac{1}{n}\right)$ für $1 \leqslant i \leqslant n$. Hiermit folgt für die Obersumme

$$\begin{aligned} O_n &:= \sum_{i=1}^{n} g\left(1+\tfrac{i}{n}\right)\tfrac{1}{n} = \tfrac{1}{n}\sum_{i=1}^{n}\left(1+\tfrac{2i}{n}+\tfrac{i^2}{n^2}\right) \\ &= \tfrac{1}{n}\sum_{i=1}^{n} 1 + \tfrac{2}{n^2}\sum_{i=1}^{n} i + \tfrac{1}{n^3}\sum_{i=1}^{n} i^2. \end{aligned}$$

Die ersten beiden Summanden können analog zu Beispiel 5.7 bestimmt werden. Durch Induktion (vgl. Aufgabe 8 b) in Abschnitt 4.2 und Aufgabe 3) kann gezeigt und mit Maple bestätigt werden, dass

$$\sum_{i=1}^{n} i^2 = \tfrac{n(n+1)(2n+1)}{6}$$

gilt, und hiermit folgt

$$O_n = 1 + \tfrac{2}{n^2}\cdot\tfrac{n(n+1)}{2} + \tfrac{1}{n^3}\cdot\tfrac{n(n+1)(2n+1)}{6} = 1 + \tfrac{n+1}{n} + \tfrac{(n+1)(2n+1)}{6n^2}\,.$$

Analog ergibt sich die Untersumme

$$U_n := \sum_{i=0}^{n-1} f\left(1+\tfrac{i}{n}\right)\cdot\tfrac{1}{n} = 1 + \tfrac{n-1}{n} + \tfrac{(n-1)(2n-1)}{6n^2}.$$

Aus diesen Ergebnissen erhält man wie vermutet mit Maple

```
> On := 1+(n+1)/n+(n+1)*(2*n+1)/(6*n^2):
  Limit(On,n=infinity) = limit(On,n=infinity);
```

$$\lim_{n\to\infty} 1 + \frac{n+1}{n} + \frac{1}{6}\,\frac{(n+1)\,(2\,n+1)}{n^2} = \frac{7}{3}$$

```
> Un := 1+(n-1)/n+(n-1)*(2*n-1)/(6*n^2):
  Limit(Un,n=infinity) = limit(Un,n=infinity);
```

$$\lim_{n\to\infty} 1 + \frac{n-1}{n} + \frac{1}{6}\,\frac{(n-1)\,(2\,n-1)}{n^2} = \frac{7}{3}$$

d.h. $\lim\limits_{n\to\infty} O_n = \frac{7}{3} = \lim\limits_{n\to\infty} U_n$.

Das Integral wurde geometrisch eingeführt. Hieraus kann eine Regel für die Integraladditivität gefolgert werden. Unterteilt man das Definitionsintervall $[a, b]$ in zwei Teile $[a, c] \cup [c, b]$, wie es in Abbildung 5.11 dargestellt ist, so ergibt sich die *Integraladditivität*

$$\int_a^b f(x)dx = \int_a^c f(x)dx + \int_c^b f(x)dx\,.$$

Im Integral $\int_a^b f\,dx$ einer Funktion f gilt bisher $a < b$. Es bietet sich an, auch die Fälle $a > b$ und $a = b$ zu betrachten. Die Integraladditivität sollte auch auf diese Integrale angewendet werden können, d.h.

$$\int_a^a f(x)dx = \int_a^b f(x)dx + \int_b^a f(x)dx\,.$$

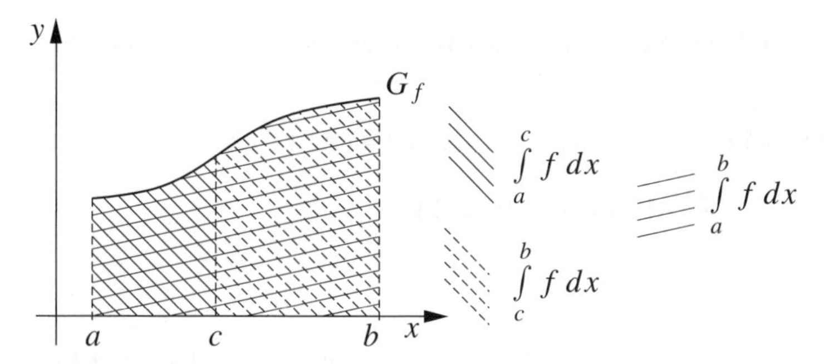

Abb. 5.11 Integraladditivität

Die Fläche unter einer Kurve im Intervall $[a, b]$ nähert sich Null an, wenn sich die Randwerte a und b einander annähern. Dies legt nahe, $\int_a^a f(x)dx = 0$ festzulegen. Ist dies der Fall, so legt es obige Gleichung nahe, $\int_b^a f(x)dx = -\int_a^b f(x)dx$ zu definieren. Dies führt zu den folgenden Regeln.

Definition Die Funktion $f\colon [a, b] \to \mathbb{R}$ sei integrierbar. Dann werden

$$\int_a^b f(x)dx = -\int_b^a f(x)dx \tag{1}$$

und

$$\int_a^a f(x)dx = 0 \tag{2}$$

definiert.

Hinweis für Maple

Bestimmte Integrale lassen sich mit Maple berechnen. Mit

```
> int(f(x),x=a..b);
```

wird das Integral der Funktion f im Intervall $[a, b]$ berechnet. Analog zum Befehl `Diff` wird durch

```
> Int(f(x),x=a..b);
```

der Term ausgegeben:

$$\int_a^b f(x)\,dx\,.$$

Beispiel 5.9 Das Integral der Funktion f aus Beispiel 5.7 lässt sich unter Maple berechnen:

```
> f := x -> 3*x+4:  Int(f(x),x=0..2)=int(f(x),x=0..2);
```

$$\int_0^2 3\,x + 4\,dx = 14$$

wie erwartet.

Beispiel 5.10 Hier soll das Ergebnis aus Beispiel 5.8 bestätigt werden. Mit Maple ergibt sich

```
> g := x -> x^2:  Int(g(x),x=1..2)=int(g(x),x=1..2);
```

$$\int_1^2 x^2\,dx = \frac{7}{3}$$

wie gewünscht.

Aufgaben

1. Schätzen Sie mit Maple zu den Aufgaben aus Abschnitt 5.1 die Grenzwerte $\lim\limits_{n\to\infty} O_n$ und $\lim\limits_{n\to\infty} U_n$ ab und geben Sie hiermit die bestimmten Integrale an.

2. Schätzen Sie die Grenzwerte $\lim\limits_{n\to\infty} O_n$ und $\lim\limits_{n\to\infty} U_n$ mit Maple ab. Berechnen Sie die bestimmten Integrale.

a) $\int_0^3 0.4x\,dx$ b) $\int_1^4 2x\,dx$ c) $\int_{-5}^5 0.3x + 2\,dx$
d) $\int_0^2 x^2\,dx$ e) $\int_{-2}^2 x^2 + 1\,dx$ f) $\int_1^2 0.2x^2 + 0.3x\,dx$

3. Zeigen Sie mit Hilfe von Maple per Induktion:

a) $\sum\limits_{i=1}^{n} i^2 = \frac{n(n+1)(2n+1)}{6}$ b) $\sum\limits_{i=1}^{n} i^3 = \frac{n^2(n+1)^2}{4}$

c) $\sum\limits_{i=1}^{n} i^4 = \frac{n(n+1)(2n+1)(3n^2+3n-1)}{30}$ d) $\sum\limits_{i=1}^{n} i^5 = \frac{n^2(n+1)^2(2n^2+2n-1)}{12}$

4. Beweisen Sie mit Hilfe von Maple die Aussagen aus Aufgabe 9 c) und e) in Abschnitt 4.2.

5. Beweisen Sie die folgenden Aussagen per Induktion unter Verwendung von Maple.

a) $\sum_{i=1}^{n} 3 = 3n$ b) $\sum_{i=1}^{n} 2i - 1 = n^2$

c) $\sum_{i=1}^{n} 4i - 1 = n(2n+1)$ d) $\sum_{i=1}^{n} \left(1 + \frac{1}{i}\right) = n + 1$

e) $\sum_{i=1}^{n} 2i + 5 = n^2 + 6n$ f) $\sum_{i=1}^{n} 2^i = 2(2^n - 1)$

g) $\sum_{i=1}^{n} i(i+1) = \frac{n(n+1)(n+2)}{3}$ h) $\sum_{i=1}^{n} (i+2)(i-3) = \frac{1}{3}n^3 - n^2 + \frac{2}{3}n$

6. Verwenden Sie Maple zur Berechnung der bestimmten Integrale aus Aufgabe 2.

7. Stellen Sie eine Vermutung für die Reihe auf und beweisen Sie sie durch vollständige Induktion. Bestimmen Sie dann $\lim_{n \to \infty} r_n$ und bestätigen Sie Ihr Ergebnis mit Maple.

a) $r_n := \sum_{i=0}^{n} 2^{-i}$ b) $r_n := \sum_{i=0}^{n} 2^i = 2^{n+1} - 1$ c) $r_n := \sum_{i=0}^{n} \frac{3}{10}i$

8. a) Beweisen Sie mit Hilfe von Maple per vollständiger Induktion, dass für eine Menge X_n mit $n \in \mathbb{N} \setminus \{0\}$ Elementen und die Potenzmenge

$$P(X_n) := \{M\colon\ M \subset X_n\}$$

aller Teilmengen von X_n der folgende Zusammenhang gilt: $|P(X_n)| = 2^n$.
Hinweis: Wählen Sie als Menge $X_n := \{1, 2, \ldots, n\}$ und berücksichtigen Sie, dass ein Element der Menge mit jeder Teilmenge kombiniert werden kann.
b) Folgern Sie aus Teil a), dass eine Menge mehr Teilmengen als Elemente besitzt.

5.3 Stammfunktionen und Integration

Bisher wurden bestimmte Integrale berechnet. Es wäre jedoch ähnlich wie bei der Bestimmung der Ableitung hilfreich, wenn eine Funktion bekannt wäre, mit der allgemein die Maße von Flächen unter dem Graphen von Funktionen berechnet werden können.

Hinweis Der Integralbegriff wird hier für stetige und stückweise monotone Funktionen entwickelt, da ansonsten die Herleitung schwieriger und zu umfangreich wäre. Für genauere Informationen vgl. [Fo99a], §18. Die im Folgenden ermittelten Aussagen für Integrale gelten jedoch auch für eine allgemeinere Funktionenklasse.

Beispiel 5.11 Als obere Grenze der Integration wurde bisher eine konkrete Zahl $b \in \mathbb{R}$ verwendet. Die Grenzwerte der Ober- und Untersummen können jedoch ebenfalls für eine Variable b bestimmt werden. Hierzu sei $f(x) := 3x + 4$ im Intervall $I := [0, b]$ betrachtet. Zunächst wird die Zerlegung $Z := \{0, 1 \cdot \frac{b}{n}, 2 \cdot \frac{b}{n}, \ldots, (n-1) \cdot \frac{b}{n}, b\}$ des Intervalls in n Teilstücke der Breite $\frac{b}{n}$ definiert. Es gilt $M_i = f\left(i \cdot \frac{b}{n}\right) = 3i\frac{b}{n} + 4$ und hiermit ergibt sich die Obersumme

$$O_n = \sum_{i=1}^{n} f\left(i\frac{b}{n}\right)\frac{b}{n} = \sum_{i=1}^{n}\left(3i\frac{b}{n} + 4\right) \cdot \frac{b}{n} = \frac{3b^2}{n^2}\sum_{i=1}^{n} i + \frac{4b}{n}\sum_{i=1}^{n} 1\,.$$

Analog zu den Überlegungen in Beispiel 5.7 folgt

$$O_n = \frac{3b^2 \cdot n(n+1)}{2n^2} + 4b\,. \tag{1}$$

Für die Untersumme gilt

$$U_n = \frac{3b^2}{n^2} \cdot \sum_{i=0}^{n-1} i + \frac{4b}{n} \cdot \sum_{i=0}^{n-1} 1 = \frac{3b^2}{n^2} \cdot \frac{(n-1) \cdot n}{2} + 4b\,. \tag{2}$$

Aus den Gleichungen (1) und (2) folgt mit Hilfe von Maple

```
> On := 3*b^2/n^2*sum(i,i=1..n)+4*b/n*sum(1,i=1..n):
  Limit(On,n=infinity) = limit(On,n=infinity);
```

$$\lim_{n\to\infty} 3\,\frac{b^2\left(\frac{1}{2}(n+1)^2 - \frac{1}{2}n - \frac{1}{2}\right)}{n^2} + 4\,b = \frac{3}{2}\,b^2 + 4\,b$$

und

```
> Un := 3*b^2/n^2*sum(i,i=0..n-1)+4*b/n*sum(1,i=0..n-1);
  Limit(Un,n=infinity) = limit(Un,n=infinity);
```

$$\lim_{n\to\infty} 3\,\frac{b^2\left(\frac{1}{2}n^2 - \frac{1}{2}n\right)}{n^2} + 4\,b = \frac{3}{2}\,b^2 + 4\,b$$

die Variable b findet sich also im Ergebnis wieder.

Beispiel 5.12 Als zweites Beispiel sei $g(x) := x^2$ im Intervall $[0, b]$ betrachtet. Die Unterteilung Z sei analog zum letzten Beispiel gewählt. Es sei $M_i = g\left(i \cdot \frac{b}{n}\right) = i^2 \cdot \frac{b^2}{n^2}$, die Breite der Teilintervalle beträgt $\frac{b}{n}$. Hiermit erhält man

$$\begin{aligned} O_n &= \sum_{i=1}^{n} g \cdot \left(i \cdot \frac{b}{n}\right) \cdot \frac{b}{n} = \sum_{i=i}^{n} i^2\frac{b^3}{n^3} = \frac{b^3}{n^3}\sum_{i=1}^{n} i^2 \\ &= \frac{b^3}{n^3} \cdot \frac{n(n+1)(2n+1)}{6} = \frac{b^3}{6} \cdot \frac{2n^3+3n^2+n}{n^3}\,. \end{aligned}$$

Es folgt

$$\lim_{n\to\infty} O_n = \frac{b^3}{6} \cdot \lim_{n\to\infty} \frac{2n^3+3n^2+n}{n^3} = \frac{b^3}{3}\,.$$

Für die Untersumme erhält man analog

$$U_n = \frac{b^3}{6} \cdot \frac{(n-1)n(2(n-1)+1)}{n^3},$$

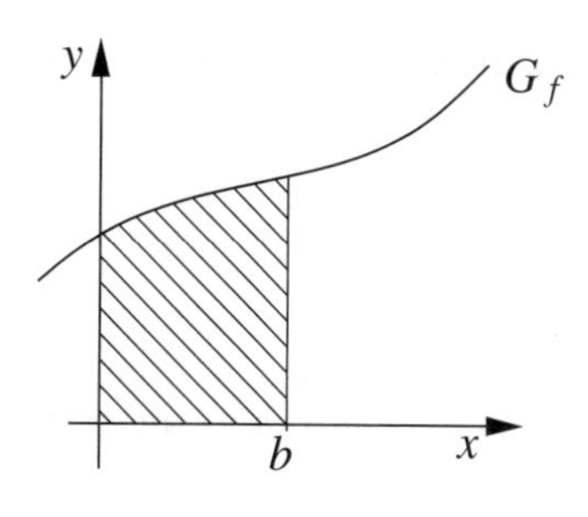

(a) Graph zu $A(b) = \int_0^b f(x)\,dx$

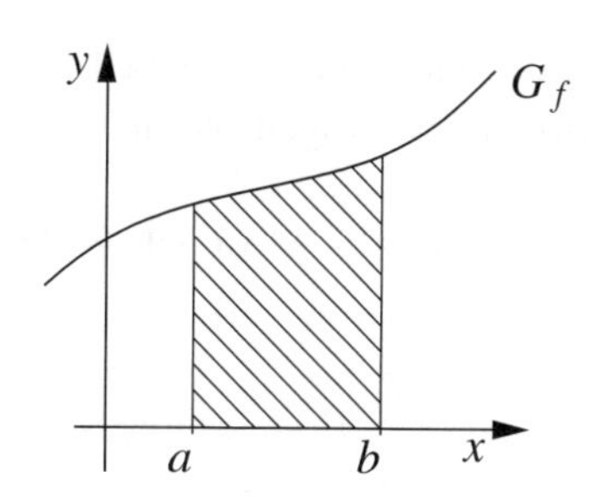

(b) Graph zu $A(b) - A(a) = \int_a^b f(x)\,dx$

Abb. 5.12 Graphen zur Flächenfunktion

und es folgt

$$\lim_{n\to\infty} U_n = \frac{b^3}{3}\,.$$

Somit gilt

$$\lim_{n\to\infty} O_n = \frac{b^3}{3} = \lim_{n\to\infty} U_n\,.$$

Dieses Ergebnis kann mit Maple bestätigt werden, vgl. Aufgabe 4.

Stellt man die Ergebnisse der Beispiele 5.11 und 5.12 zusammen, so liefert dies folgende Tabelle:

$f(x)$	$\int_0^b f(x)\,dx$
$3x+4$	$\frac{3}{2}b^2+4b$
x^2	$\frac{b^3}{3}$

Betrachtet man die Terme $\frac{3}{2}b^2+4b$ und $\frac{b^3}{3}$ als Funktionen von b und differenziert sie, so ergeben sich die Funktionen $f(b)$ und $g(b)$. Dies legt die Vermutung nahe, dass es sich bei der Integration um eine Art Umkehrung der Differentiation handelt.

Bezeichnet $A(b)$ die Fläche unter dem Graphen einer im Intervall $[0, b]$ integrierbaren Funktion $f\colon \mathbb{R} \to \mathbb{R}$, vgl. Abbildung 5.12 (a), so kann hiermit eine Funktion

$$A\colon \mathbb{R}_+ \to \mathbb{R}, \qquad A(b) = \int_0^b f(x)\,dx$$

definiert werden. Mit Hilfe der zweiten Definition aus Abschnitt 5.2 kann diese Funktion für eine auf $\mathbb{R}$ integrierbare Funktion f auf $\mathbb{R}$ fortgesetzt werden, d.h.

$$A\colon \mathbb{R} \to \mathbb{R}, \qquad b \mapsto A(b) = \int_0^b f(x)\,dx\,.$$

Die Überlegungen der Beispiele 5.11 und 5.12 können auf in einem Intervall $[a, b]$ stetige, monotone Funktionen übertragen werden.

Bemerkung Für eine im Intervall $I = [a, b]$ stetige, monotone Funktion f existiert das Integral $\int_a^b f(x)\,dx$.

Achtung Es ist wichtig, dass $[a, b]$ abgeschlossen ist, da sonst f auf dem Intervall nicht beschränkt sein muss, wie das Beispiel $f(x) = \frac{1}{x}$ für $I =]0, 1]$ zeigt.

Um die Bemerkung zu beweisen, sei $M := \max(f(x)\colon\ x \in I)$. Für alle $n \in \mathbb{N} \setminus \{0\}$ gilt

$$U_n \leqslant O_n \leqslant \sum_{i=1}^{n} M \cdot \frac{b-a}{n} = M(b-a),$$

und hiermit folgt

$$\lim_{n\to\infty} U_n \leqslant \lim_{n\to\infty} O_n \leqslant M(b-a) < \infty.$$

Daher existieren die Grenzwerte der Unter- und Obersumme.

Es ist noch $\lim\limits_{n\to\infty} U_n = \lim\limits_{n\to\infty} O_n$ zu zeigen. Hierzu sei f im Intervall I monoton steigend. Dann gilt

$$U_n := \sum_{i=1}^{n} f\left(a + (i-1)\tfrac{b-a}{n}\right) \cdot \tfrac{b-a}{n} = \sum_{i=0}^{n-1} f\left(a + i \cdot \tfrac{b-a}{n}\right) \cdot \tfrac{b-a}{n}$$

$$O_n := \sum_{i=1}^{n} f\left(a + i \cdot \tfrac{b-a}{n}\right) \cdot \tfrac{b-a}{n},$$

und hiermit erhält man

$$\begin{aligned}\lim_{n\to\infty} (O_n - U_n) &= \lim_{n\to\infty} \left(\tfrac{b-a}{n} \left(\sum_{i=1}^{n} f\left(a + i \cdot \tfrac{b-a}{n}\right) - \sum_{i=0}^{n-1} f\left(a + i \cdot \tfrac{b-a}{n}\right) \right) \right) \\ &= \lim_{n\to\infty} \tfrac{b-a}{n} (f(b) - f(a)) = 0\,.\end{aligned}$$

Daher ist f im Intervall $[a, b]$ integrierbar.

Der Fall einer monoton fallenden Funktion kann ähnlich behandelt werden und sei zur Übung überlassen.

Soll die Fläche zwischen dem Graphen der Funktion f und der x-Achse zwischen zwei beliebigen Stellen $a, b \in \mathbb{R}$ mit $a < b$ bestimmt werden, so kann dies mittels

$$A(b) - A(a) = \int_a^b f(x)\,dx \tag{3}$$

geschehen, vgl. Abbildung 5.12 (b).

Es sei $h > 0$ und $b \in \mathbb{D}_A$. Dann ist durch $A(b+h) - A(b) = \int_b^{b+h} f\,dx$ die Fläche unter dem Graphen im Intervall $[b, b+h]$ gegeben, vgl. Abbildung 5.13. Ist die Funktion f im Intervall $[b, b+h]$ monoton steigend, so gilt $f(b) \leqslant f(b+h)$ und hiermit folgt, vgl. Abbildung 5.13, 5.14 (a) und 5.14 (b),

$$f(b) \cdot h \leqslant A(b+h) - A(b) \leqslant f(b+h) \cdot h\,,$$

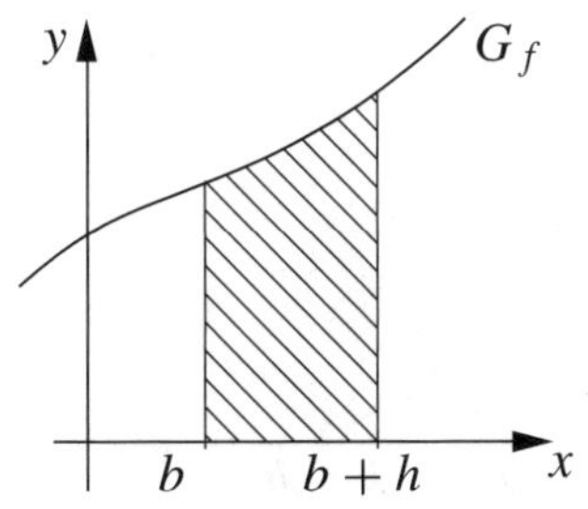

Abb. 5.13 Graph zu $A(b+h) - A(b) = \int_b^{b+h} f(x)\,dx$

also

$$f(b) \leqslant \frac{A(b+h)-A(b)}{h} \leqslant f(b+h)\,.$$

Es gilt $\lim\limits_{h\to 0} f(b+h) = f(b)$, weil f stetig ist, und man erhält

$$\lim_{h\to 0} \frac{A(b+h)-A(b)}{h} = f(b)\,. \tag{4}$$

Die linke Seite dieser Gleichung steht jedoch für die Ableitung der Funktion A an der Stelle b, d.h. $A'(b) = f(b)$, was weiter oben vermutet wurde. Dies kann analog für $h < 0$ und für monoton fallende Funktionen gezeigt werden.

Definition Es sei $f\colon \mathbb{D}_f \to \mathbb{R}$ gegeben. Eine Funktion $F\colon \mathbb{D}_f \to \mathbb{R}$ heißt *Stammfunktion* der Funktion f, falls

$$F'(x_0) = f(x_0)$$

für alle $x_0 \in \mathbb{D}_f$ gilt.

Bisher sind also schon einige Stammfunktionen bekannt:

f	x	x^n $(n \neq -1)$	x^{-1}	$\sin(x)$	$\cos(x)$
F	$\frac{1}{2}x^2$	$\frac{1}{n+1}x^{n+1}$	$\ln(x)$	$-\cos(x)$	$\sin(x)$

Bemerkung Existiert zur Funktion $f\colon \mathbb{D}_f \to \mathbb{R}$ eine Stammfunktion $F\colon \mathbb{D}_f \to \mathbb{R}$, so existieren unendlich viele Stammfunktionen.

Ein Beispiel ist die Funktion f mit $f(x) := 2x$ mit $\mathbb{D}_f := \mathbb{R}$, für die jede Funktion

$$F_c\colon \mathbb{R} \to \mathbb{R}, \quad x \mapsto x^2 + c\,,$$

mit $c \in \mathbb{R}$ eine Stammfunktion ist.

Allgemein gilt: Ist F eine Stammfunktion von f, so ist $F + c$ mit $c \in \mathbb{R}$ ebenfalls eine Stammfunktion von f.

Mit Hilfe von Stammfunktionen kann das Ergebnis der obigen Überlegungen unter Verwendung der Gleichungen (3) und (4) mit $F := A$ formuliert werden:

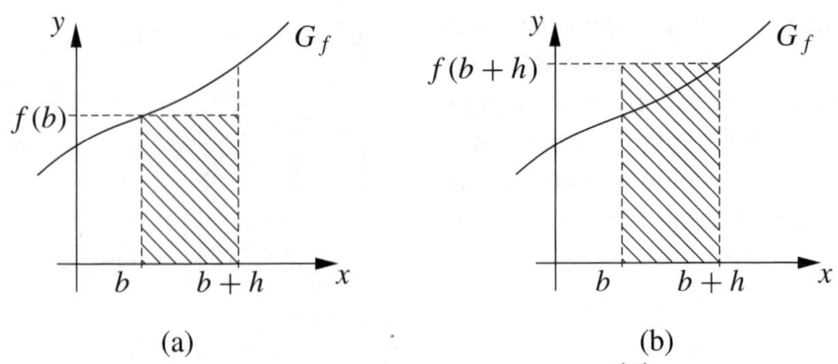

Abb. 5.14 Annäherung des Graphen zu $A(b+h) - A(b) = \int_b^{b+h} f(x)\,dx$

Satz *Die Funktion $f\colon \mathbb{D}_f \to \mathbb{R}$ sei integrierbar und $F\colon \mathbb{D}_f \to \mathbb{R}$ eine (beliebige) Stammfunktion von f. Dann ist für beliebige $a, b \in \mathbb{D}_f$*

$$\int_a^b f(x)\,dx = F(b) - F(a)\,.$$

Hinweis Statt $F(b) - F(a)$ wird häufig $F(x)|_a^b$ geschrieben.

Beispiel 5.13 Das Integral $\int_0^{20} v(t)\,dt$ mit $v(t) := -\frac{1}{40}t^3 + \frac{3}{4}t^2$ aus Beispiel 5.6 kann mit Hilfe des Satzes genau bestimmt werden.

Lösung. Eine Stammfunktion ist gegeben durch

$$V(t) := -\tfrac{1}{160}t^4 + \tfrac{1}{4}t^3$$

und hiermit folgt

$$\int_0^{20} v(t)\,dt = -\tfrac{1}{160}t^4 + \tfrac{1}{4}t^3\Big|_0^{20} = -1000 + 2000 = 1000\,.$$

Hierdurch wird die Vermutung aus Beispiel 5.6 bestätigt.

Beispiel 5.14 Man bestimme $\int_1^{\frac{5}{2}} 3x - x^2\,dx$.

Lösung. Die Stammfunktionen lauten $F(x) := \frac{3}{2}x^2 - \frac{1}{3}x^3 + c$ mit beliebigem $c \in \mathbb{R}$. Hiermit rechnet man

$$\int_1^{\frac{5}{2}} 3x - x^2\,dx = F\left(\tfrac{5}{2}\right) - F(1) = \tfrac{3}{2}\cdot\left(\tfrac{5}{2}\right)^2 - \tfrac{1}{3}\cdot\left(\tfrac{5}{2}\right)^3 + c - \tfrac{3}{2} + \tfrac{1}{3} - c = 3\,.$$

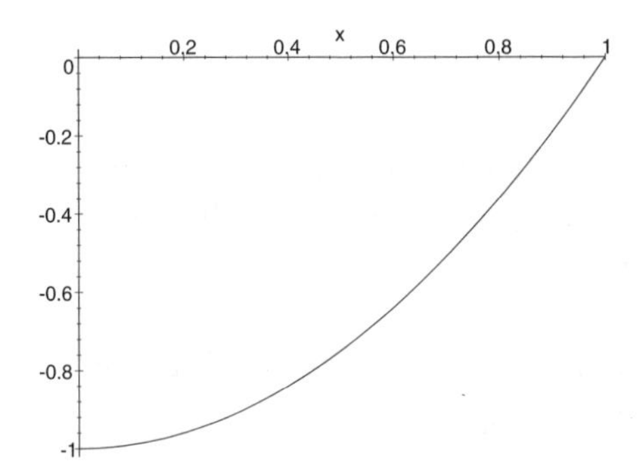

Abb. 5.15 Graph zu Beispiel 5.15

Beispiel 5.15 Das Integral $\int_0^1 x^2 - 1\,dx$ soll bestimmt werden.

Lösung. Die Stammfunktionen der Funktion $f\colon \mathbb{R} \to \mathbb{R}$ mit $f(x) := x^2 - 1$ lauten $F(x) := \frac{x^3}{3} - x + c$ mit beliebigem $c \in \mathbb{R}$, dies liefert

$$\int_0^1 x^2 - 1\,dx = F(1) - F(0) = \tfrac{1}{3} - 1 + c - c = -\tfrac{2}{3}\,.$$

An den Beispielen 5.14 und 5.15 ist erkennbar, dass die Konstante c, um die sich die Stammfunktionen unterscheiden können, bei der Integration wegfällt. Das Integral ist von der Auswahl der Stammfunktion unabhängig. Im Folgenden wird zumeist $c = 0$ gewählt, um die Stammfunktion möglichst einfach zu gestalten.

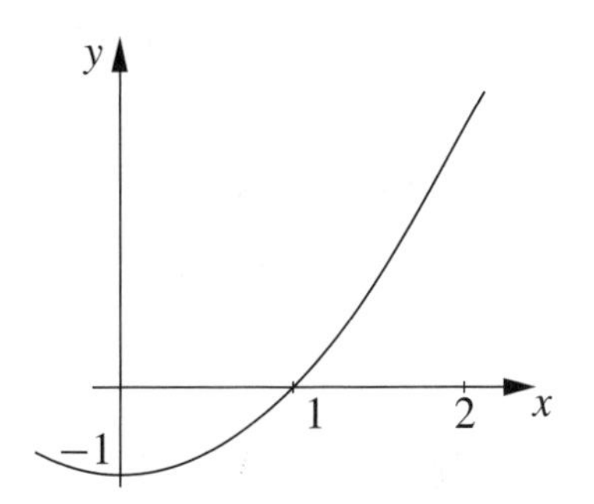

Abb. 5.16 Graph zur Funktion mit $f(x) = x^2 - 1$

Das Ergebnis der Integration in Beispiel 5.15 ist negativ. Dies liegt daran, dass alle Funktionswerte kleiner sind als Null bzw. der Graph der Funktion $f\colon [0, 1] \to \mathbb{R}$, $x \mapsto x^2 - 1$, unterhalb der x-Achse verläuft, wie in Abbildung 5.16 erkennbar ist. Aus diesem Grund muss zwischen dem Integral und der Fläche zwischen dem Graphen der Funktion und der x-Achse unterschieden werden, vgl. Abschnitt 5.5.1.

Hinweis für Maple

Stammfunktionen können in vielen Fällen mit Maple bestimmt werden. Die Syntax ist ähnlich zur Bestimmung bestimmter Integrale, wobei das Intervall nicht angegeben ist. Für eine Funktion f ist

```
> int(f(x),x);
```

einzugeben. Die Stammfunktion wird sodann angegeben. Hierbei wird für die Konstanten wie in Beispiel 5.14 automatisch $c = 0$ gesetzt.

Beispiel 5.16 Es ist $\int_1^3 3x^3\,dx$ zu bestimmen.

Lösung. Es gilt

$$\int_1^3 3x^3\,dx = 60\,,$$

was mit Maple auf zwei Arten bestätigt werden kann.

Eine Stammfunktion der Funktion

```
> f := x -> 3*x∧3:
```

ist gegeben durch

```
> F := unapply(int(f(x),x),x);
```

$$F := x \to \tfrac{3}{4}\,x^4$$

Das bestimmte Integral lautet

```
> Int(f(x),x=1..3)=int(f(x),x=1..3);
```

$$\int_1^3 3\,x^3\,dx = 60$$

ist die eine Variante, und die Differenz

```
> F(3)-F(1);
```

mit demselben Ergebnis ist die zweite Möglichkeit.

Beispiel 5.17 Es soll das Integral $\int_{-2}^2 f(x)\,dx$ der Funktion $f\colon\ [-2,2] \to \mathbb{R}$ mit

$$f(x) := \begin{cases} -x+1 \text{ für } -2 \leqslant x \leqslant 0\,, \\ \frac{1}{2}x+1 \text{ für } 0 < x \leqslant 2\,, \end{cases} \tag{5}$$

bestimmt werden.

Lösung. Wie man leicht bestätigen kann, ist f stetig. Das Integral kann mit der Integraladditivität folgendermaßen zerlegt werden:

$$\int_{-2}^{2} f(x)\,dx = \int_{-2}^{0} -x+1\,dx + \int_{0}^{2} \tfrac{1}{2}x+1\,dx\,.$$

Eine mögliche Stammfunktionen der beiden Teilfunktionen lauten $F_1(x) := -\frac{x^2}{2} + x$ und $F_2(x) := \frac{x^2}{4} + x$. Hiermit folgt

$$\int_{-2}^{2} f(x)\,dx = -\frac{x^2}{2} + x\bigg|_{-2}^{0} + \frac{x^2}{4} + x\bigg|_{0}^{2} = 7\,.$$

Dieses Ergebnis kann mit Maple auf mehrere Arten bestätigt werden, von denen zwei im Folgenden angegeben werden.

Beim ersten Verfahren definiert man die beiden Teilfunktionen aus Gleichung (5):

```
> f1 := x -> -x+1:  f2 := x -> 1/2*x+1:
```

Hierzu lassen sich Stammfunktionen bestimmen:

```
> F1 := unapply(int(f1(x),x),x):
    F2 := unapply(int(f2(x),x),x):
```

Das Integral $\int_{-2}^{2} f(x)\,dx$ ergibt sich hiermit zu

```
> F1(0)-F1(-2) + F2(2)-F2(0);
```

$$7$$

was mit dem weiter oben angegebenen Ergebnis übereinstimmt.

Eine zweite Möglichkeit benötigt einen weiteren Befehl unter Maple.

Hinweis für Maple

Stückweise definierte Funktionen können unter Maple mit dem Befehl `piecewise` definiert werden. Die Schreibweise ist

```
piecewise(def1, funk1, def2, funk2, def3, ...)
```

Hierbei stehen *def1, def2,...* für die Definitionsbereiche und *funk1, funk2,...* für die Funktionsvorschriften.
Stückweise definierte Funktionen können analog zu anderen Funktionen differenziert und integriert werden. Auch Graphen lassen sich wie bisher anfertigen.

Achtung Die Schreibweise in (5) unterscheidet sich von der Schreibweise unter `piecewise`. Unter (5) stehen zunächst die Funktionsterme und danach die Defi-

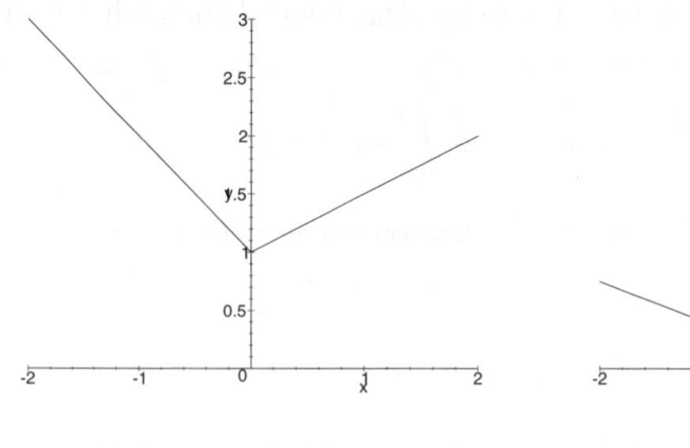

(a) Graph zu f aus Beispiel 5.17

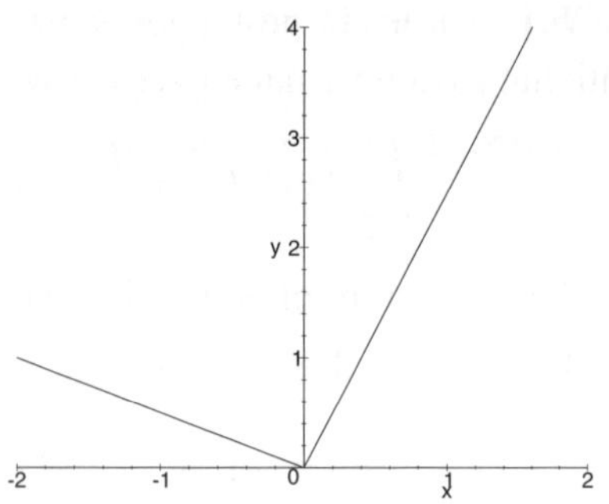

(b) Graph zu $f(x) = x + \frac{3}{2}|x|$

Abb. 5.17 Graphen zu Beispiel 5.17 und 5.18

nitionsbereiche, wohingegen unter `piecewise` zuerst die Definitionsbereiche und dann die Funktionsterme stehen.

In Beispiel 5.17 kann mit `piecewise` das Integral bestimmt werden. Zunächst ist die Funktion zu definieren.

```
> f := x -> piecewise(x<=0,-x+1,0<x,1/2*x+1):
```

Eine Stammfunktion lässt sich bestimmen durch

```
> int(f(x),x);
```

$$\begin{cases} -\frac{1}{2}x^2 + x & x \leqslant 0 \\ \frac{1}{4}x^2 + x & 0 < x \end{cases}$$

und das bestimme Integral ergibt sich zu

```
> Int(f(x),x=-2..2)=int(f(x),x=-2..2);
```

$$\int_{-2}^{2} \begin{cases} -x + 1 & x \leqslant 0 \\ \frac{1}{2}x + 1 & 0 < x \end{cases} dx = 7$$

Ein Graph der Funktion befindet sich in Abbildung 5.17 (a).

Die Voraussetzungen zur Integrierbarkeit einer Funktion f sind Stetigkeit und stückweise Monotonie, nicht jedoch die Differenzierbarkeit. Daher sind auch Funktionen integrierbar, die nicht differenzierbar sind, wie es in Beispiel 5.17 der Fall war.

Beispiel 5.18 Das Integral $\int_{-2}^{2} x + \frac{3}{2}|x|\,dx$ der an der Stelle $x_0 := 0$ nicht differenzierbaren Funktion $f\colon \mathbb{R} \to \mathbb{R}$, $x \mapsto x + \frac{3}{2}|x|$ soll bestimmt werden. Hierzu wird die Funktionsvorschrift genauer notiert:

$$f(x) := \begin{cases} \frac{5}{2}x & \text{für } 0 \geqslant x\,, \\ -\frac{1}{2}x & \text{für } x < 0\,. \end{cases}$$

Der Graph dieser Funktion befindet sich in Abbildung 5.17 (b). Das Integral wird berechnet:

$$\int_{-2}^{2} x + \tfrac{3}{2}|x| = \int_{-2}^{0} -\tfrac{1}{2}x\,dx + \int_{0}^{2} \tfrac{5}{2}x\,dx = -\tfrac{1}{4}x^2\Big|_{-2}^{0} + \tfrac{5}{4}x^2\Big|_{0}^{2} = 1 + 5 = 6\,.$$

Hierbei ist Maple eine große Hilfe, da dort die Unterteilung nicht nötig ist. Für

```
> f := x -> x+3/2*abs(x):
```

erhält man das Integral

```
> Int(f(x),x=-2..2)=int(f(x),x=-2..2);
```

$$\int_{-2}^{2} x + \frac{3}{2}\,|x|\,dx = 6$$

Das Ergebnis stimmt mit dem oben bestimmten Wert überein.

Hinweis Im Hinweis in Abschnitt 5.2 wurde bemerkt, dass es integrierbare Funktionen gibt, die nicht stetig und stückweise monoton sind. Diese Funktionen können zum Teil mit Maple integriert werden, vgl. Aufgabe 7.

In obigem Satz und den Beispielen wurde vorausgesetzt, dass die Funktion f integrierbar ist. Bisher fehlt jedoch eine einfache Möglichkeit, zu entscheiden, wann eine Funktion integrierbar ist.

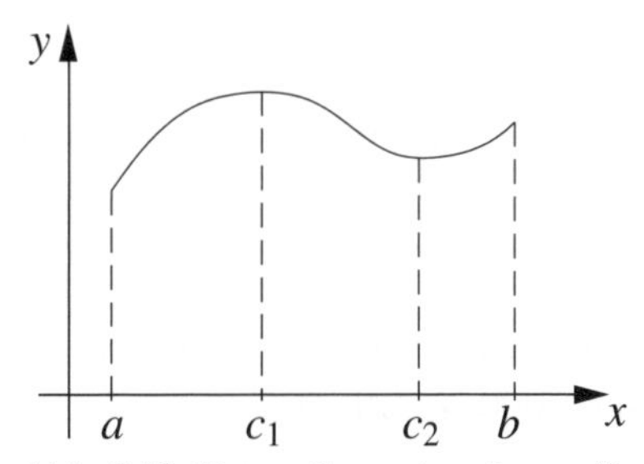

Abb. 5.18 Unterteilung eines Intervalls für eine stückweise monotone Funktion

In der Herleitung des Satzes wurden stetige, monotone Funktionen betrachtet, für die eine Stammfunktion konstruiert wurde. Dieselbe Konstruktion kann mit Hilfe der Integraladditivität ebenfalls für stetige, stückweise monotone Funktionen durchgeführt werden, da ein Integral in endlich viele Teilintervalle zerlegt werden kann, so dass f in jedem Teilintervall monoton ist, vgl. Abbildung 5.18. Damit sind auch stetige, stückweise monotone Funktionen integrierbar. Hiermit kann ein besonders wichtiger Satz formuliert werden.

Hauptsatz der Differential- und Integralrechnung
Die Funktion $f\colon [a,b] \to \mathbb{R}$ sei stetig und stückweise monoton. Es sei $c \in [a,b]$. Dann besitzt f eine Stammfunktion F der Form

$$F\colon [a,b] \to \mathbb{R}, \quad x \mapsto \int_c^x f(t)\,dt\,.$$

Die Stammfunktion von f mit konstantem Summanden Null wird häufig mit $\int f(t)\,dt$ bezeichnet.

Achtung Es ist zu beachten, dass die Variable x der Funktion F nicht die Variable der Funktion f ist, sondern die zweite Integrationsgrenze neben der konstanten Grenze c.

Der Hauptsatz der Differential- und Integralrechnung schafft einen tiefen Zusammenhang zwischen der Differential- und Integralrechnung. Es ist nicht von Anfang an klar, dass die Integration die Umkehrung der Differentiation ist. Es handelt sich um ein bemerkenswertes Ergebnis. Zu beachten ist hierbei jedoch, dass es Funktionen gibt, die integrierbar, jedoch nicht differenzierbar sind, vgl. hierzu Beispiel 5.18.

Beispiel 5.19 Die *Grenzkostenfunktion* K' gibt die Änderung von Kosten an. Die *Gesamtkostenfunktion* K (vgl. Beispiel 4.30 in Abschnitt 4.4) ist eine Stammfunktion von K'. Ist die Grenzkostenfunktion K' gegeben, so gilt nach dem Hauptsatz der Differential- und Integralrechnung für die Gesamtkostenfunktion

$$\int_0^x K'(t)\,dt = K(x) - K(0)\,,$$

woraus

$$K(x) = \int_0^x K'(t)\,dt + K(0)$$

folgt. $K(0)$ heißt sodann *fixe Kosten* und wird durch K_f bezeichnet. Hiermit ergibt sich

$$K(x) = \int_0^x K'(t)\,dt + K_f\,. \tag{6}$$

Die Grenzkostenfunktion sei $K'\colon [0,\infty[$ mit $K'(x) := \frac{3}{100}x^2 - 2x + 100$, die Fixkosten betragen 1000 €. Mit Hilfe der Gleichung (6) ergibt sich die Gesamtkostenfunktion

$$\begin{aligned} K(x) &= \int_0^x \tfrac{3}{100}t^2 - 2t + 100\,dt + 1000 = \tfrac{1}{100}t^3 - t^2 + 100t\Big|_0^x + 1000 \\ &= \tfrac{1}{100}x^3 - x^2 + 100x + 1000\,. \end{aligned}$$

Dieses Ergebnis kann mit Maple bestätigt werden:

```
> K := int(3/100*x^2-2*x+100, x) +1000;
```

$$K := \frac{1}{100}x^3 - x^2 + 100\,x + 1000$$

Aufgaben

1. Berechnen Sie die Integrale mit Hilfe des Hauptsatzes der Integral- und Differentialrechnung. Verwenden Sie Maple als Hilfe und zur Überprüfung der Ergebnisse.

a) $\int_1^2 x^5\,dx$ b) $\int_0^{\frac{\pi}{2}} \cos(x)\,dx$ c) $\int_0^{2\pi} \sin(x)\,dx$

d) $\int_1^4 \frac{1}{x^2}\,dx$ e) $\int_1^3 x^2 - x\,dx$ f) $\int_2^5 5x^3 + 2x\,dx$

g) $\int_0^2 x\cdot(x^2-1)\,dx$ h) $\int_{-1}^1 (x-1)(x^2+4)\,dx$ i) $\int_2^3 (x^2+4)^2\,dx$

j) $\int_0^1 \big(2-(3x+4x^2)\big)\,dx$ k) $\int_{-\frac{1}{2}}^{\frac{1}{2}} \frac{1}{1-x}\,dx$ l) $\int_1^4 \sqrt{x}\,dx$

m) $\int_{\frac{\pi}{4}}^{\frac{\pi}{3}} \frac{1}{(\sin(x))^2}\,dx$ n) $\int_1^4 2x^2 - 3\cdot\sqrt{x}\,dx$ o) $\int_1^2 \sqrt[3]{x} + x^2\,dx$

2. Bestimmen Sie die Integrale der Funktionen in Aufgabe 1 in Abschnitt 5.1 in den Intervallen I_1, I_2 und I_3 und überprüfen Sie die Ergebnisse mit Maple.

3. Bestimmen Sie die Integrale der folgenden, nicht differenzierbaren Funktionen. Betrachten Sie die Graphen mit Hilfe von Maple und überprüfen Sie die Ergebnisse mit Maple.

a) $\int_0^2 |x|\,dx$ b) $\int_1^2 x + 2|x|\,dx$ c) $\int_0^1 2 - x + |x|\,dx$

d) $\int_{-2}^0 x^2 - |x| + 2\,dx$ e) $\int_0^\pi |\sin(x)|\,dx$ f) $\int_{-1}^4 |\frac{1}{2}(x^2-3x-4)|\,dx$

4. Bestätigen Sie das Ergebnis aus Beispiel 5.12 mit Hilfe von Maple.

5. Bestimmen Sie die Stammfunktionen und die Integrale aus den Beispielen 5.13 bis 5.15 mit Maple.

6. Bestimmen Sie die Stammfunktionen der Funktionen aus den Aufgaben 1, 2 und 3 mit Maple.

7. Verwenden Sie Maple zur Bestimmung der Integrale der Funktionen f im Intervall I mit

a) $f(x) := [x],\ I := [-2,2]$ b) $f(x) := \begin{cases} -3x & \text{für } x \leqslant 0 \\ x+2 & \text{für } x > 0 \end{cases},\ I := [-2,2]$

c) $f(x) := [2x+1],\ I := [1,3]$ d) $f(x) := \begin{cases} \frac{1}{2}x^2 & \text{für } x \leqslant 0 \\ [x+1] & \text{für } x > 0 \end{cases},\ I := [-1,1]$

e) $f(x) := \frac{1}{x^2},\ I := [-2,2]$ f) $f(x) := (\exp(x))^2,\ I := [-a,0]$ mit $a \in \mathbb{R}_+$

g) $f(x) := \ln(x),\ I := [0,1]$ h) $f(x) := (\exp(x))^2,\ I := [-\infty,0]$

5.4 Integrationsregeln

Nach dem Hauptsatz der Differential- und Integralrechnung ist die Integration eine Umkehrung der Differentiation. Daher können Regeln zur Integration aus den Regeln der Differentiation abgeleitet werden.

Satz (Summenregel) *Die Funktionen* $f\colon \mathbb{D}_f \to \mathbb{R}$ *und* $g\colon \mathbb{D}_g \to \mathbb{R}$ *seien im Intervall* $[a, b]$ *integrierbar. Dann gilt*

$$\int_a^b f(x) \pm g(x)\, dx = \int_a^b f(x)\, dx \pm \int_a^b g(x)\, dx\,.$$

Beweis. Ist F eine Stammfunktion von f und G eine Stammfunktion von g, so ist nach der Summenregel der Differentiation $F + G$ eine Stammfunktion von $f + g$ und es gilt

$$\begin{aligned}\int_a^b f(x)\, dx \pm \int_a^b g(x)\, dx &= F(b) - F(a) \pm (G(b) - G(a)) \\ &= F(b) \pm G(b) - (F(a) \pm G(a)) = \int_a^b f(x) \pm g(x)\, dx\,.\end{aligned}$$

Beispiel 5.20 Es gilt

$$\int_1^4 x^3 + x^2\, dx = \int_1^4 x^3\, dx + \int_1^4 x^2\, dx = \tfrac{255}{4} + 21 = 84\tfrac{3}{4}\,.$$

Beispiel 5.21 Für die Differenz $x^3 - x^2$ ergibt sich

$$\int_1^4 x^3 - x^2\, dx = \int_1^4 x^3\, dx - \int_1^4 x^2\, dx = \tfrac{255}{4} - 21 = 42\tfrac{3}{4}\,.$$

Der folgende Satz leitet sich unmittelbar aus der entsprechenden Ableitungsregel her.

Satz (Regel vom konstanten Faktor) *Die Funktion* $f\colon \mathbb{D}_f \to \mathbb{R}$ *sei im Intervall* $[a, b]$ *integrierbar.* $c \in \mathbb{R}$ *sei eine reelle Zahl. Dann gilt*

$$\int_a^b c \cdot f(x)\, dx = c \cdot \int_a^b f(x)\, dx\,.$$

Bei der Produktregel der Differentiation wurde bereits bemerkt, dass diese Regel nicht analog zur Summenregel notiert werden kann. Dies gilt bei der Integration analog.

Satz (Produktregel / Partielle Integration) *Die Funktionen*

$$f\colon \mathbb{D}_f \to \mathbb{R} \quad \textit{und} \quad g\colon \mathbb{D}_g \to \mathbb{R}$$

seien im Intervall $[a, b]$ *differenzierbar. Dann gilt*

$$\int_a^b f(x) \cdot g'(x)\, dx = f(x) \cdot g(x)\Big|_a^b - \int_a^b f'(x) \cdot g(x)\, dx\,.$$

Beweis. Aus der Produktregel der Differentialrechnung folgt

$$(f(x) \cdot g(x))' = f'(x) \cdot g(x) + f(x) \cdot g'(x)\,.$$

Hiermit folgt

$$f(x) \cdot g(x)\Big|_a^b = \int_a^b (f(x) \cdot g(x))'\, dx = \int_a^b f'(x) \cdot g(x)\, dx + \int_a^b f(x) \cdot g'(x)$$

und durch Subtraktion von $\int_a^b f'(x) \cdot g(x)\, dx$ erhält man die Behauptung.

Der Name *partielle Integration* erklärt sich dadurch, dass auf der rechten Seite der Gleichung sowohl ein Funktionsterm als auch ein Integral stehen.

Beispiel 5.22 Es soll $\int_0^{\frac{\pi}{2}} x \cdot \cos(x)\, dx$ bestimmt werden.

Lösung. Man setzt $f(x) := x$ und $g(x) := \sin(x)$. Dann gilt $g'(x) = \cos(x)$ und $f'(x) = 1$ und hiermit ergibt sich

$$\begin{aligned}\int_0^{\frac{\pi}{2}} x \cdot \cos(x)\, dx &= x \cdot \sin(x)\Big|_0^{\frac{\pi}{2}} - \int_0^{\frac{\pi}{2}} 1 \cdot \sin(x)\, dx \\ &= x \cdot \sin(x) + \cos(x)\Big|_0^{\frac{\pi}{2}} = \tfrac{\pi}{2} - 1\,.\end{aligned}$$

Beispiel 5.23 Das Integral $\int_1^e \ln(x)\, dx$ soll bestimmt werden.

Lösung. Wird das Integral unter Maple bestimmt, so erhält man mit der Bezeichnung $E := \exp(1)$ das Ergebnis

```
> Int(ln(x),x=1..E)=int(ln(x),x=1..E);
```

$$\int_1^e \ln(x)\, dx = 1$$

Dieses Ergebnis wird im Folgenden bestätigt.

Die Funktion f mit $f(x) := \ln(x)$ ist kein Produkt von Funktionen. Um die Stammfunktion zu bestimmen, wird der Trick verwendet, die Funktion in das Produkt $f(x) \cdot g'(x) = \ln(x) \cdot 1$ zu überführen. Als Funktion g kann somit $g(x) := x$ gewählt werden. Hiermit erhält man

$$\int_1^e \ln(x)\,dx = \int_1^e \ln(x)\cdot 1\,dx = \ln(x)\cdot x\Big|_1^e - \int_1^e \tfrac{1}{x}\cdot x\,dx$$
$$= \ln(x)\cdot x - x\Big|_1^e = (1\cdot e - e) - (0\cdot 1 - 1) = 1\,.$$

Eine Stammfunktion F_c der Funktion f ist somit gegeben durch

$$F_c(x) := x\cdot(\ln(x) - 1) + c \quad \text{mit } c \in \mathbb{R}\,.$$

Das Problem bei der Anwendung der partiellen Integration besteht darin, f und g' festzulegen. Dafür gibt es stets mehrere Möglichkeiten. Sinnvoll sind folgende Richtlinien: f soll durch Differenzieren einfacher werden, damit das neu entstehende Integral einfacher als das ursprüngliche wird. Aus demselben Grund soll g' durch Integrieren zumindest nicht komplizierter werden. Daher wird f oft durch einen Polynomterm beschrieben, g' dagegen durch sin, cos oder exp.

Hinweis Der in Beispiel 5.23 benutzte Trick wird häufiger verwendet. Man schreibt $f(x) = f(x)\cdot 1$ und kann die Funktion f mit Hilfe der Produktregel integrieren.

Eine weitere Regel zur Differentiation ist die *Kettenregel.* Mit ihrer Hilfe ergibt sich die Substitutionsregel.

Satz (Substitutionsregel) *Die Funktion $f\colon \mathbb{D}_f \to \mathbb{R}$ sei im Intervall $[a,b]$ integrierbar, die Funktion $g\colon \mathbb{D}_g \to \mathbb{R}$ im Intervall $[a,b]$ stetig differenzierbar. Dann gilt*

$$\int_{g(a)}^{g(b)} f(x)\,dx = \int_a^b (f\circ g)(x)\cdot g'(x)\,dx\,.$$

Beweis. Ist F eine Stammfunktion der Funktion f, so ist nach der Kettenregel die Funktion $F\circ g$ eine Stammfunktion der Funktion $(f\circ g)\cdot g'$, denn es gilt

$$(F(g(x)))' = F'(g(x))\cdot g'(x) = f(g(x))\cdot g'(x)\,.$$

Daher gilt

$$\int_a^b (f\circ g)(x)\cdot g'(x)\,dx = F(g(b)) - F(g(a))\,.$$

Da F eine Stammfunktion der Funktion f ist, gilt andererseits

$$\int_{g(a)}^{g(b)} f(x)\,dx = F(g(b)) - F(g(a))\,.$$

Da beide Integrale denselben Wert besitzen, folgt die Behauptung.

Die Substitutionsregel kann auf zwei unterschiedliche Arten angewendet werden, einmal *von rechts nach links* und einmal *von links nach rechts*, was in Beispiel 5.24 dargestellt ist.

Beispiel 5.24 Es ist $\int_0^{\pi} \cos(3x)\,dx$ zu bestimmen.

Lösung 1. Die Substitutionsregel wird von rechts nach links angewendet: $f(z) := \cos(z)$ und $g(x) := 3x$. Es gilt $g'(x) = 3$ und $a := 0$, $b := \pi$. Leider fehlt der Faktor 3, den man allerdings einbringen kann:

$$\int_0^{\pi} \cos(3x)\,dx = \tfrac{1}{3} \int_0^{\pi} 3 \cdot \cos(3x)\,dx\,.$$

Es gilt ferner $g(\pi) = 3\pi$ und $g(0) = 0$. Hiermit kann die Formel benutzt werden. Es ergibt sich

$$\begin{aligned}\int_0^{\pi} \cos(3x)\,dx &= \tfrac{1}{3} \int_0^{\pi} 3\cos(x)\,dx \\ &= \tfrac{1}{3} \int_0^{3\pi} \cos(z)\,dz = \tfrac{1}{3}\,(\sin(3\pi) - \sin(0)) = 0\,.\end{aligned}$$

Lösung 2. Jetzt wird die Substitutionsregel von links nach rechts verwendet: $f(x) := \cos(3x)$ und $g(x) := \frac{1}{3}x$. Es gilt $g'(x) = \frac{1}{3}$, $g(0) = 0$ und $g(3\pi) = \pi$. Hiermit ergibt sich

$$\begin{aligned}\int_0^{\pi} \cos(3x)\,dx &= \int_0^{3\pi} \cos\left(3 \cdot \tfrac{1}{3}x\right) \cdot \tfrac{1}{3}\,dx \\ &= \tfrac{1}{3} \int_0^{3\pi} \cos(x)\,dx = \tfrac{1}{3}(\sin(3\pi) - \sin(0)) = 0\,.\end{aligned}$$

Beispiel 5.25 Das Integral $\int_0^1 (2x+3)^3\,dx$ soll bestimmt werden.

Lösung. Die Substitutionsregel wird von rechts nach links benutzt. Es sei $f(z) := z^3$ und $g(x) := 2x + 3$. In diesem Fall gilt $g'(x) = 2$, $g(0) = 3$ und $g(1) = 5$. Mit einer analogen Überlegung zu Beispiel 5.24 1 ergibt sich

$$\int_0^1 (2x+3)^3\,dx = \tfrac{1}{2} \int_0^1 (2x+3)^3 \cdot 2\,dx = \tfrac{1}{2} \int_3^5 z^3\,dz = \tfrac{1}{2} \left(\tfrac{z^4}{4}\right)\Big|_3^5 = 68\,.$$

Die Ergebnisse der Beispiele dieses Abschnitts lassen sich mit Maple bestätigen, vgl. Aufgabe 9. Hierbei werden unter Maple die entprechenden Regeln verwendet.

Aufgaben

1. Verwenden Sie die Summenregel und die Regel vom konstanten Faktor zur Berechnung der Integrale. Bestätigen Sie die Ergebnisse mit Maple.

a) $\int_0^2 x^2 - 3x\,dx$ b) $\int_2^5 5x^3 + 2x\,dx$ c) $\int_2^3 x^4 + 8x^2 + 16\;,dx$
d) $\int_1^3 x^2 - x\,dx$ e) $\int_0^2 x^3 - x\,dx$ f) $\int_{-1}^1 x^3 - x^2 + 4x - 4\,dx$

2. Verwenden Sie die Produktregel zur Berechnung der Integrale. Achten Sie auf eine sinnvolle Wahl von f und g'. Verwenden Sie Maple zur Bestätigung der Ergebnisse.

a) $\int_0^{\pi} x \cdot \sin(x)\,dx$ b) $\int_0^{\pi} x^2 \cdot \sin(x)\,dx$ c) $\int_0^{2\pi} x \cdot \cos(x)\,dx$

d) $\int_0^{2\pi} x^3 \cdot \cos(x)\,dx$ e) $\int_1^4 x \cdot \sqrt{x}\,dx$ f) $\int_0^{2\pi} \left(\sin(x)\right)^2 dx$

3. Verwenden Sie die Substitutionsregel zur Berechnung der Integrale. Versuchen Sie zunächst die einfachere Variante *von rechts nach links* und erst dann die schwierigere *von links nach rechts*, wenn dies zu keinem Ergebnis führt. Bestätigen Sie die Ergebnisse mit Maple.

a) $\int_1^2 3x - 4\,dx$ b) $\int_0^2 (3x-5)^2\,dx$ c) $\int_1^2 (4x+7)^3\,dx$

d) $\int_0^{\pi} \sin(2x)\,dx$ e) $\int_{-4}^1 \cos\left(\frac{\pi}{4}x\right)dx$ f) $\int_{-2}^0 \frac{1}{(4x+2)^2}\,dx$

g) $\int_0^{\pi} x \cdot \sin(x^2)\,dx$ h) $\int_0^{\pi} x \cdot \cos(2x^2+4)\,dx$ i) $\int_0^{\frac{1}{2}} \frac{x}{1-x^2}\,dx$

4. Bestimmen Sie die Stammfunktionen mit Hilfe der Produktregel und bestätigen Sie Ihre Ergebnisse mit Maple.

a) $\int x \cdot \exp(x)\,dx$ b) $\int x^2 \cdot \exp(x)\,dx$ c) $\int x^3 \cdot \exp(x)\,dx$

d) $\int x^n \cdot \exp(x)\,dx$ e) $\int \exp(x) \cdot \sin(x)\,dx$ f) $\int \exp(x) \cdot \cos(x)\,dx$

5. Bestimmen Sie die Stammfunktionen. Bestätigen Sie die Ergebnisse mit Maple.

a) $\int \exp(3x+4)\,dx$ b) $\int x \cdot \exp(2x+5)\,dx$

c) $\int \frac{1}{\exp(2x)}\,dx$ d) $\int x \cdot \exp(3x^2)$

6. Berechnen Sie die Integrale der Funktionen aus Aufgabe 2 in Abschnitt 5.1 in den angegebenen Intervallen unter Verwendung der Logarithmusfunktion mit Hilfe der Substitutionsregel. Bestätigen Sie die Ergebnisse mit Maple.

7. Berechnen Sie die Integrale der Funktionen aus Aufgabe 3 d), e), g) bis j) in Abschnitt 5.1 in den angegebenen Intervallen durch partielle Integration und überprüfen Sie Ihre Ergebnisse mit Maple.

8. Die *Grenzerlösfunktion* E' gibt die Änderung der *Erlösfunktion* E an. Der Erlös für null abgesetzte Objekte ist gleich null, d.h. $E(0) = 0$. Die Grenzerlösfunktion lautet $E'(x) := 1.03x - 0.27x^2$. Bestimmen Sie die Erlösfunktion und die Preis-Absatzfunktion p, vgl. Beispiel e) in Abschnitt 4.6.1 mit Hilfe von Maple.

9. Bestimmen Sie die Stammfunktionen und die bestimmten Integrale aus den Beispielen dieses Abschnitts mit Maple.

5.5 Uneigentliche Integrale

Gegeben sei die Funktion $f\colon [1,\infty[\,\to\mathbb{R}$ mit $f(x) := \frac{1}{x^2}$. Eine Stammfunktion F ist nach dem Hauptsatz der Differential- und Integralrechnung gegeben durch

$$F(x) := \int_1^x f(t)\,dt = -\frac{1}{x} + 1\,.$$

Es gilt $\lim\limits_{x\to\infty} F(x) = 1$, was auch durch $\lim\limits_{x\to\infty} \int_1^x f(t)\,dt = 1$ notiert werden kann. Dies motiviert die folgende Definition.

Definition Es sei $f\colon [a,\infty[\,\to\mathbb{R}$ eine Funktion, die für jedes Intervall $[a,c]$ mit $a < c < \infty$ integrierbar ist. Falls der Grenzwert

$$\lim_{c\to\infty} \int_a^c f(x)\,dx$$

existiert, heißt das Integral *konvergent* und man definiert das *uneigentliche Integral*

$$\int_c^\infty f(x)\,dx := \lim_{c\to\infty} \int_a^c f(x)\,dx\,.$$

Analog definiert man

$$\int_{-\infty}^b f(x)\,dx := \lim_{c\to-\infty} \int_c^b f(x)\,dx$$

für eine Funktion $f\colon\,]-\infty,b]\to\mathbb{R}$, die für jedes Intervall $[a,b]$ mit $-\infty < a < b$ integrierbar ist, falls der Grenzwert existiert.

Hinweis für Maple

Uneigentliche Integrale für eine Funktion können mit Maple durch

```
> int(f(x),x=a..infinity);
    int(f(x),x=-infinity..b);
```

berechnet werden.

Beispiel 5.26 Für die Funktion $f\colon [1,\infty[\,\to\mathbb{R}$, $x\mapsto\frac{1}{x^2}$, erhält man unter Maple

```
> Int(1/x^2,x=1..infinity)=int(1/x^2,x=1..infinity);
```

$$\int_1^\infty \frac{1}{x^2}\,dx = 1$$

wodurch das Ergebnis vom Beginn dieses Abschnitts bestätigt wird.

Beispiel 5.27 Es sei $f\colon\ ]-\infty, 0] \to \mathbb{R},\ x \mapsto \exp(x)$. Man erhält das unbestimmte Integral mit Maple zu

```
> Int(exp(x),x=-infinity..0)=int(exp(x),
    x=-infinity..0);
```

$$\int_{-\infty}^{0} e^x\, dx = 1$$

was durch

$$\int_{-\infty}^{0} \exp(x)\, dx = \lim_{c\to-\infty} \exp(x)\Big|_c^0 = 1 - \lim_{c\to-\infty} \exp(c) = 1$$

bestätigt wird.

Beispiel 5.28 Es sei $f\colon [0, 1[\to \mathbb{R},\ x \to \frac{1}{\sqrt{1-x^2}}$. Das Integral $\int_0^1 f(x)\, dx$ soll bestimmt werden, falls es existiert.

Mit Maple kann man eine Stammfunktion F bestimmen:

```
> f := x -> 1/sqrt(1-x^2):
> F := unapply(int(f(x),x),x);
```

$$F := \arcsin$$

Es folgt $\int_0^1 f(x)\, dx = \lim_{x\to 1} F(x) = \arcsin(1) = \frac{\pi}{2}$, womit die folgende Definition motiviert ist.

Definition Es sei $f\colon [a, b[\to \mathbb{R}$ eine Funktion, die über jedes Teilintervall $[a, c] \subset [a, b[$ integrierbar ist. Falls der Grenzwert

$$\lim_{c\to b} \int_a^c f(x)\, dx$$

existiert, heißt das Integral *konvergent* und man definiert das *uneigentliche Integral*

$$\int_a^b f(x)\, dx := \lim_{c\to b} \int_a^c f(x)\, dx\,.$$

Eine analoge Definition ergibt sich für eine Funktion $f\colon\ ]a, b] \to \mathbb{R}$, die über jedes Teilintervall $[c, b] \subset\ ]a, b]$ integrierbar ist und wobei $\lim_{c\to a} \int_c^b f(x)\, dx =: \int_a^b f(x)\, dx$ existiert.

Eine allgemeine Defnition kann ebenfalls für Funktionen f und offene Intervalle $]a, b[$ mit $a, b \notin \mathbb{D}_f$ und $a, b \in \mathbb{R} \cup \{-\infty, \infty\}$ aufgestellt werden, falls für ein beliebiges $c \in\ ]a, b[$ die Grenzwerte

$$\int_a^c f(x)\, dx := \lim_{d\to a} \int_d^c f(x)\, dx \quad \text{und} \quad \int_c^b f(x)\, dx := \lim_{d\to b} \int_c^d f(x)\, dx$$

existieren. Man definiert das *uneigentliche Integral*

$$\int_a^b f(x)\,dx := \int_a^c f(x)\,dx + \int_c^b f(x)\,dx\,.$$

Beispiel 5.29 Es sei die Funktion f mit

```
> f := x -> 1/sqrt(1-x^2):
```

gegeben. Es gilt $\lim\limits_{x\to 1} f(x) = \infty$, und es soll das uneigentliche Interal $\int_0^1 f(x)\,dx$ um ein bestimmt werden. Unter Maple erhält man hierfür

```
> Int(f(x), x=0..1)=int(f(x),x=0..1);
```

$$\int_0^1 \frac{1}{\sqrt{1-x^2}}\,dx = \frac{1}{2}\,\pi$$

Beispiel 5.30 Die Funktion f mit

```
> f := x -> 1/exp(x^2):
```

verläuft gegen Null für $x \to \pm\infty$. Man kann unter Maple das Integral $\int_{-\infty}^{+\infty} f(x)\,dx$ bestimmen, indem

```
> Int(f(x),x=-infinity..infinity)=int(f(x),
    x=-infinity..infinity);
```

eingegeben wird. Das Ergebnis lautet

$$\int_{-\infty}^{\infty} \frac{1}{e^{(x^2)}}\,dx = \sqrt{\pi},$$

womit das uneigentliche Integral bestimmt ist.

Beispiel 5.31 Das uneigentliche Integral $\int_0^\infty f(x)\,dx$ der Funktion f mit

```
> f := x -> x*exp(-x):
```

bestimmt werden. Unter Maple erhält man

```
> Int(f(x),x=0..infinity)=int(f(x),x=0..infinity);
```

$$\int_0^\infty x\,e^{(-x)}\,dx = 1$$

In Beispiel 5.25 wurde der Fall $n = 1$ der Funktionsklasse f_n mit $f_n := x^n \cdot \exp(-x)$ betrachtet. Das Integral $\int_0^\infty f_n(x)\,dx$ existiert für alle $n \in \mathbb{N}$, wie mit Hilfe von Maple gezeigt werden kann, vgl. Aufgabe 5.

Aufgaben

Hinweis: Benutzen Sie `evalf` zur Bestimmung der Integrale in den Aufgaben 3, 4.

1. Gegeben sei die Funktionsvorschrift $f(x) := \sqrt{\tan(x)}$.

a) Fertigen Sie mit Hilfe von Maple einen Graphen zur Funktionsvorschrift an.

b) Betrachten Sie den Graph aus Abbildung a) und bestimmen mit seiner Hilfe den maximalen Definitionsbereich der Funktion f.

c) Bestimmen Sie mit Maple eine Stammfunktion von f und das Integral $\int_0^{\frac{\pi}{2}} f(x)\,dx$.

2. Gegeben sei die Funktionenschar f_n mit $f_n(x) := \frac{1}{x^n}$ für $n \geqslant 2$. Benutzen Sie Maple zur Bestimmung von $\int_1^{\infty} f(x)\,dx$ dieser Schar. Bestätigen Sie das Ergebnis unter Maple durch Bestimmung von Stammfunktionen und der Integrale von Hand.

3. Bestimmen Sie die Integrale $\int_0^1 f_n(x)\,dx$ der Funktionenschar f_n mit $f_n(x) := \frac{1}{\sqrt{1-x^n}}$ für $n \geqslant 3$ mit Maple.

4. Es sei die Funktionenschar f_n mit $f_n(x) := \sin\left(\frac{1}{x^n}\right)$ für $n \geqslant 1$ gegeben. Bestimmen Sie mit Hilfe von Maple die Integrale $\int_0^1 f_n(x)\,dx$.

5. Verwenden Sie Maple zur Bestimmung der Integrale $\int_0^{\infty} f_n(x)\,dx$ der Funktionenklasse f_n mit $f_n(x) := x^n \cdot \exp(-x)$.

5.6 Anwendungen

5.6.1 Bestimmung von Flächeninhalten

Das Integral wurde nach Überlegungen zur Bestimmung von Flächen zwischen dem Funktionsgraphen und der x-Achse eingeführt. Wie bereits Beispiel 5.16 in Abschnitt 5.3 zeigte, kann bei der Integration ein negativer Wert herauskommen, wenn der Graph der Funktion unterhalb der x-Achse verläuft, vgl. Abbildung 5.15. Dies kann auch mit Hilfe der Funktion $f\colon \mathbb{R} \to \mathbb{R},\ x \mapsto \sin(x)$, verdeutlicht werden, wenn die Fläche zwischen G_f und der x-Achse im Intervall $[0, 2\pi]$ betrachtet wird. Diese Fläche ist in Abbildung 5.19 abgebildet, jedoch ergibt sich mit Hilfe der Stammfunktion $F(x) = -\cos(x)$

$$\int_0^{2\pi} \sin(x)\,dx = -\cos(x)\Big|_0^{2\pi} = -2 - (-2) = 0\,.$$

Unterteilt man hingegen das Intervall $[0, 2\pi]$ in die Teilintervalle $[0, \pi]$ und $[\pi, 2\pi]$, so ergibt sich

$$\begin{aligned}\int_0^{2\pi} \sin(x)\,dx &= \int_0^{\pi} \sin(x)\,dx + \int_{\pi}^{2\pi} \sin(x)\,dx \\ &= -\cos(x)\Big|_0^{\pi} + \cos(x)\Big|_{\pi}^{2\pi} = 2 + (-2)\,.\end{aligned}$$

Hierbei wird deutlich, dass die Fläche zwischen G_f und der x-Achse im Intervall $[\pi, 2\pi]$, die unterhalb der x-Achse liegt, *negativ* ist. Aus diesem Grund bietet es sich an, den *Betrag* des Integrals zur Berechnung der Fläche zu verwenden. Hierbei ist zusätzlich zu berücksichtigen, dass die Unterteilung des Intervalls nach den Nullstellen der Funktion f durchzuführen ist. Für obiges Beispiel ergibt sich hiermit für die Fläche A zwischen dem Graphen der Funktion f und der x-Achse

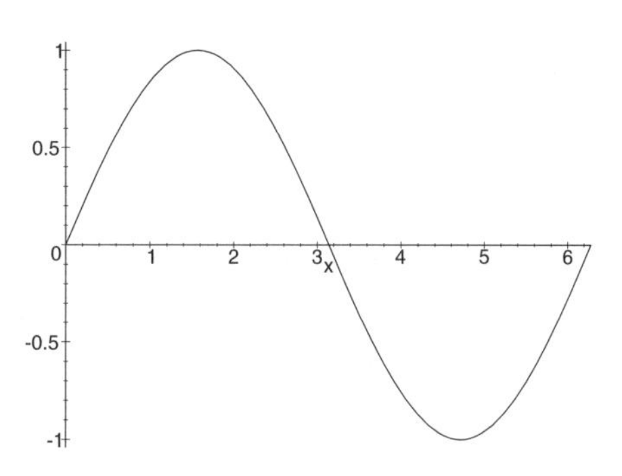

Abb. 5.19 Abbildung zu $f(x) = \sin(x)$ im Intervall $[0, 2\pi]$

$$A = \left|\int_0^{\pi} \sin(x)\,dx\right| + \left|\int_{\pi}^{2\pi} \sin(x)\,dx\right| = |2| + |-2| = 4\,.$$

Hinweis Um die Fläche zwischen dem Graphen G_f einer Funktion $f\colon \mathbb{D}_f \to \mathbb{R}$ und der x-Achse im Intervall $I \subset \mathbb{D}_f$ zu bestimmen, sind folgende Schritte zu erledigen:

1. Der Graph der Funktion f ist zu skizzieren und die zu bestimmende Fläche zu markieren.
2. Es sind die Nullstellen der Funktion f im Intervall I zu bestimmen.
3. Das Intervall I ist in Teilintervalle mit konstantem Vorzeichen der Funktionswerte $f(x)$ zu unterteilen, d.h. die Nullstellen werden zu den Grenzen der Intervalle.
4. Die Funktion f ist in den Teilintervallen zu integrieren und die Beträge dieser Integralwerte sind zu addieren.
5. Es ist eine Antwort zu formulieren.

Beispiel 5.32 Es soll die zwischen dem Graphen der Funktion $f\colon [-1, 2] \to \mathbb{R}$ mit $x \mapsto x^2 - x$, und der x-Achse liegende Fläche bestimmt werden.

Unter Maple wird die Funktion definiert durch

```
> f := x -> x^2-x:
```

1. Der Graph der Funktion f befindet sich in Abbildung 5.20.

2. Wie am Graphen der Funktion erkennbar ist, liegen im Definitionsbereich der Funktion f zwei Nullstellen. Sie lauten $x_{01} := 0$ und $x_{02} := 1$, wie mit Maple bestimmt werden kann:

```
> solve(f(x)=0);
```

$$0,\ 1$$

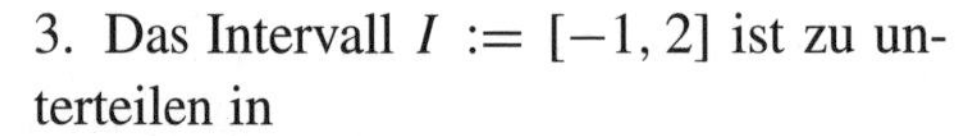

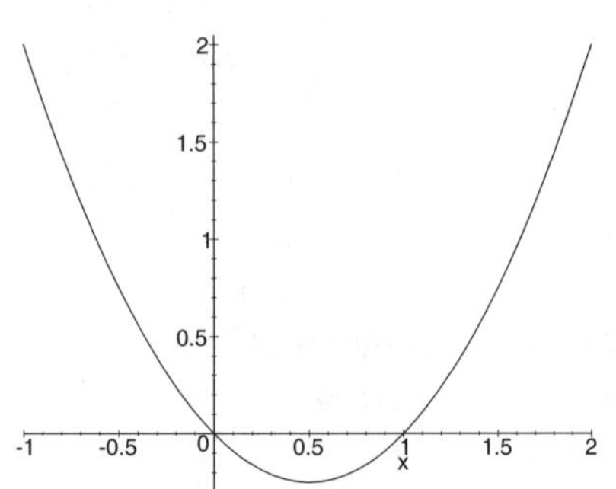

Abb. 5.20 Funktionsgraph zu Beispiel 5.32

3. Das Intervall $I := [-1, 2]$ ist zu unterteilen in

$$I = [-1, 0] \cup [0, 1] \cup [1, 2]\,.$$

4. Die gesuchte Fläche kann hiermit bestimmt werden durch

$$\begin{aligned} A &:= \left|\int_{-1}^{0} x^2 - x\,dx\right| + \left|\int_{0}^{1} x^2 - x\,dx\right| + \left|\int_{1}^{2} x^2 - x\,dx\right| \\ &= \left|\left(\tfrac{x^3}{3} - \tfrac{x^2}{2}\right)\Big|_{-1}^{0}\right| + \left|\left(\tfrac{x^3}{3} - \tfrac{x^2}{2}\right)\Big|_{0}^{1}\right| + \left|\left(\tfrac{x^3}{3} - \tfrac{x^2}{2}\right)\Big|_{1}^{2}\right| \\ &= \tfrac{5}{6} + \tfrac{1}{6} + \tfrac{5}{6} = \tfrac{11}{6}\,. \end{aligned}$$

Dieses Ergebnis kann mit Maple bestätigt werden. Zunächst werden die Flächen zwischen dem Graphen der Funktion und der x-Achse in den Teilintervalle berechnet:

```
> A1 := abs(int(f(x),x=-1..0)); A2 := abs(int(f(x),
    x=0..1)); A3 := abs(int(f(x),x=1..2));
```

Die Ergebnisse lauten $A1 := \frac{5}{6}$, $A2 := \frac{1}{6}$ und $A3 := \frac{5}{6}$. Die Gesamtfläche erhält man durch die Addition der drei Teilflächen:

```
> A := A1 + A2 + A3;
```

$$A := \frac{11}{6}$$

5. Die zwischen dem Graphen der Funktion f und der x-Achse im Intervall $[-1, 2]$ eingeschlossene Fläche misst $\frac{11}{6}$ FE (Flächeneinheiten).

Beispiel 5.33 Man bestimme die zwischen dem Graphen der Funktion $f\colon \mathbb{R}_+ \setminus \{0\} \to \mathbb{R}$ mit

```
> f := x -> 2/x-x+1:
```

und der x-Achse liegende Fläche im Intervall $I := [1, 3]$.

1. Der Graph der Funktion ist in Abbildung 5.21 dargestellt.

2. Die Funktion besitzt im Definitionsbereich eine Nullstelle $x_0 := 2$, wie mit Maple bestätigt werden kann:

```
> solve(f(x)=0);
```

$$-1,\ 2$$

3. Die Unterteilung des Intervalls lautet $I = [1, 2] \cup [2, 3]$.

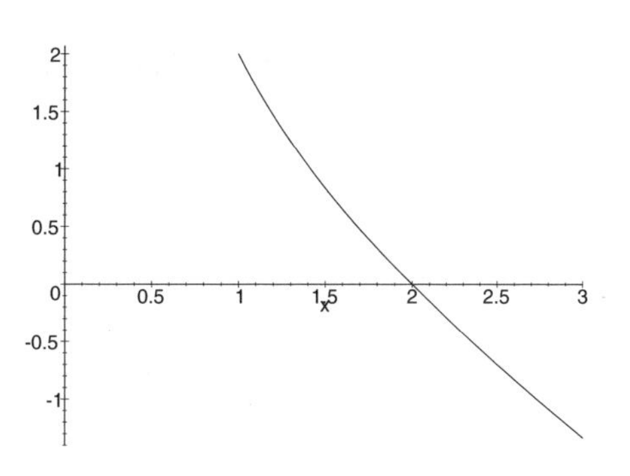

Abb. 5.21 Funktionsgraph zu Beispiel 5.33

4. Für den Flächeninhalt gilt:

```
> A1 := abs(int(f(x),x=1..2)):
    A2 := abs(int(f(x),x=2..3)):  A := A1+A2;
```

$$A := 4\ln(2) + 1 - 2\ln(3)$$

Dieser Term kann vereinfacht werden:

```
> evalf(%);
```

$$1.575364144$$

5. Die zwischen dem Graphen der Funktion f und der x-Achse im Intervall $[1, 3]$ eingeschlossene Fläche misst etwa 1.6 FE.

Es kann auch die zwischen den Graphen zweier Funktionen liegende Fläche berechnet werden. In Abbildung 5.22 (a) sind die Graphen der Funktionen f und g mit $f(x) := x^2+2$ und $g(x) := -x^2+1$ mit dem Definitionsbereich $\mathbb{D}_f := [-1, 1] =: \mathbb{D}_g$ dargestellt. Die Fläche zwischen den Graphen soll ermittelt werden. Sie ist in Abbildung 5.22 (a) markiert. Diese Fläche kann ermittelt werden, indem das Integral $\int_{-1}^{1} f(x)\,dx$ zwischen dem Graphen der Funktion f und der x-Achse ermittelt wird und sodann das Integral $\int_{-1}^{1} g(x)\,dx$ unter dem Graphen von g. Um die in Abbildung 5.22 (a) markierte Fläche zwischen den beiden Graphen zu ermitteln, ist $\int_{-1}^{1} g(x)\,dx$ von $\int_{-1}^{1} f(x)\,dx$ zu subtrahieren. Die Differenz der Integrale kann zusammengefasst werden: $\int_{-1}^{1} f(x)\,dx - \int_{-1}^{1} g(x)\,dx = \int_{-1}^{1} f(x) - g(x)\,dx$. Wie in den bisherigen Beispielen dieses Abschnitts sollte zur Bestimmung der Fläche der Betrag des Integrals betrachtet werden. Dies liefert

$$A := \left| \int_{-1}^{1} f(x) - g(x)\,dx \right| = \left| \int_{-1}^{1} (x^2 + 2) - (-x^2 + 1)\,dx \right| = \tfrac{10}{3}\,.$$

Wie diese Überlegungen zeigen, kann zur Bestimmung der zwischen den Graphen zweier Funktionen $f\colon\ \mathbb{D} \to \mathbb{R}$ und $g\colon\ \mathbb{D} \to \mathbb{R}$ im Intervall $I := [a, b] \subset \mathbb{D}$ liegenden

Fläche die *Differenzfunktion* $h := f - g$ betrachtet und integriert werden. Dies ist in Abbildung 5.22 (b) für $h(x) = f(x) - g(x) = 2x^2 + 1$ im Intervall $[-1, 1]$ dargestellt.

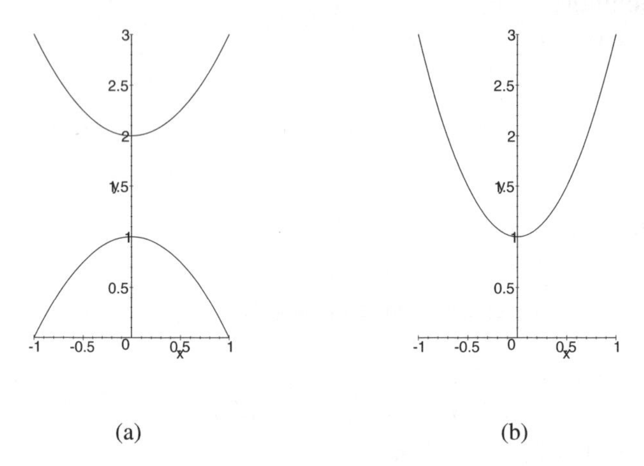

Abb. 5.22 Fläche zwischen Graphen

Die Funktionsgraphen der Funktionen f und g können Schnittstellen besitzen. Diese Schnittstellen sind Nullstellen der Funktion $h = f - g$ und müssen analog zum Verfahren zur Flächenbestimmung zwischen den Graphen der Funktion und der x-Achse berücksichtigt werden.

Hinweis Verfahren zur Bestimmung der *Fläche zwischen zwei Funktionsgraphen* der Funktionen f und g im Intervall $I \subset \mathbb{R}$.

1. Die Graphen der Funktionen f und g sind zu skizzieren, und die zu bestimmende Fläche ist zu markieren.
2. Die *Differenzfunktion* $h := f - g$ ist zu bilden und, wenn möglich, zu vereinfachen.
3. Es sind die Nullstellen der Funktion h im Intervall I zu bestimmen.
4. Das Intervall I ist in Teilintervalle mit konstantem Vorzeichen der Funktionswerte $h(x)$ zu unterteilen. Die Funktion h ist in den Teilintervallen zu integrieren und die Beträge der Teilintervalle sind zu addieren.
5. Es ist eine Antwort zu formulieren.

Beispiel 5.34 Die Fläche zwischen den Graphen der Funktionen $f, g \colon [-2, 2] \to \mathbb{R}$ mit

```
> f := x -> x^2-x^4:  g := x -> x^2-1:
```

im Intervall $[-2, 2]$ soll bestimmt werden.

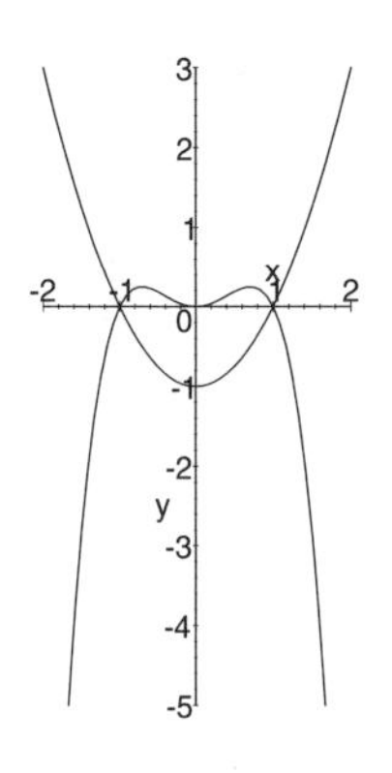

(a)

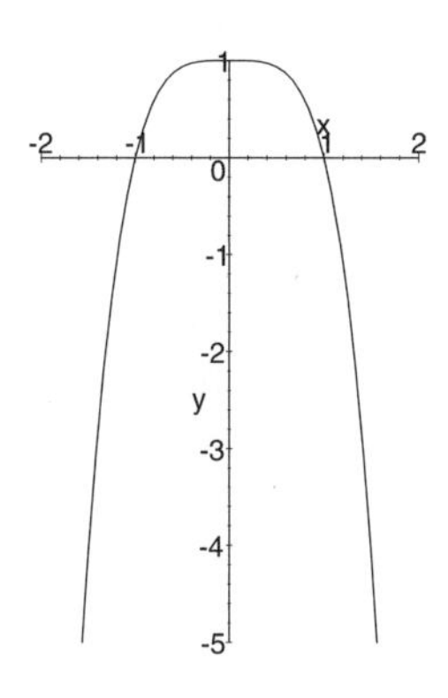

(b)

Abb. 5.23 Abbildung zu Beispiel 5.34

Lösung. 1. Die Graphen der Funktionen f und g werden in Abbildung 5.23 (a) gezeigt.

2. Die Differenzfunktion lautet

$$h(x) := f(x) - g(x) = -x^4 + 1\,.$$

In Abbildung 5.23 (b) befindet sich der Graph der Funktion h.

3. Die Nullstellen von h lauten $x_{01} := 1$ und $x_{02} := -1$, wie mit Maple bestätigt werden kann.

4. Die Fläche kann mit Maple bestimmt werden. Zunächst werden die Flächen der Teilintervalle berechnet:

```
> A1 := abs(int(h(x),x=-2..-1)); A2 := abs(int(h(x),
    x=-1..1)); A3 := abs(int(h(x),x=1..2));
```

Die Ergebnisse lauten $A1 := \frac{26}{5}$, $A2 := \frac{8}{5}$ und $A3 := \frac{26}{5}$.

Hiermit ergibt sich die Gesamtfläche zu

```
> A := A1+A2+A3;
```

$$A := 12$$

5. Die Fläche zwischen den Graphen der Funktionen f und g im Intervall $[-2, 2]$ hat einen Inhalt von 12 FE.

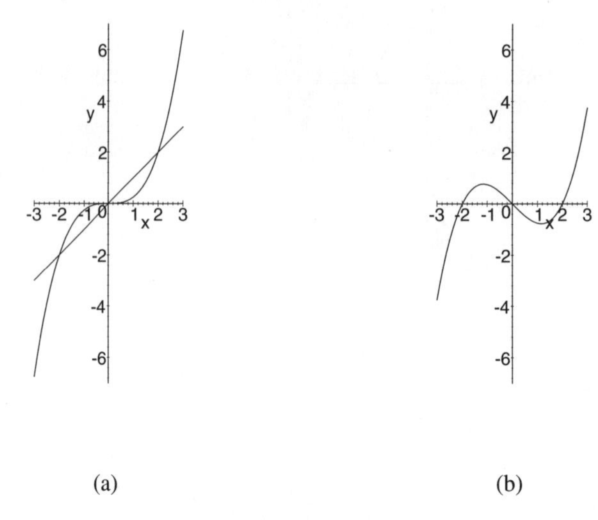

(a) (b)

Abb. 5.24 Abbildung zu Beispiel 5.35

Beispiel 5.35 Es ist die Fläche zwischen den Graphen den Funktionen $f, g\colon \mathbb{R} \to \mathbb{R}$ mit

```
> f := x -> x^3/4:  g := x -> x:
```

mit $\mathbb{D} := \mathbb{R}$ im Intervall $I := [-3, 3]$ zu bestimmen.

1. Die Differenzfunktion lautet

$$h\colon \mathbb{R} \to \mathbb{R}, \quad x \mapsto \tfrac{x^3}{4} - x\,.$$

2. In Abbildung 5.24 (a) sind die Graphen der Funktionen f und g im Intervall I dargestellt. Der Graph der Funktion h im Intervall I befindet sich in Abbildung 5.24 (b).

3. Um die Schnittstellen der Graphen von f und g zu ermitteln, sind die Nullstellen der Funktion h zu bestimmen. Dies liefert unter Maple mit

```
> solve(h(x),x);
```

das Ergebnis $0,\ 2,\ -2$.

4. Mit Hilfe des Ergebnisses aus Punkt 3 kann die Fläche zwischen der x-Achse und dem Graphen von h im Intervall I bestimmt werden.

```
> A1 := abs(int(h(x),x=-3..-2));
    A2 := abs(int(h(x),x=-2..0));
    A3 := abs(int(h(x),x=0..2));
    A4 := abs(int(h(x),x=2..3));
    A := A1+A2+A3+A4;
```

$$A := \frac{41}{8}$$

5. Die zwischen den Graphen der Funktion f und g im Intervall I eingeschlossene Fläche hat einen Flächeninhalt von $\frac{41}{8}$ FE.

5.6.2 Steckbriefaufgaben

Wie in der Differentialrechnung können auch in der Integralrechnung Steckbriefaufgaben betrachtet werden.

Beispiel 5.36 Man bestimme die Funktion f, die die Ableitung $f'(x) = 2x^3 - 3x$ hat und deren Graph den Punkt $P(1|1)$ durchläuft.

Lösung. Die möglichen Funktionsvorschriften lauten

$$f(x) := \tfrac{2}{3}x^3 - \tfrac{3}{2}x^2 + c \quad \text{mit } c \in \mathbb{R},$$

und da P auf dem Graphen von f liegen muss, gilt $f(1) = 1$, d.h.
$\frac{2}{3} - \frac{3}{2} + c = 1$, woraus $c = 1\frac{5}{6}$ folgt. Damit ergibt sich

$$f(x) = \tfrac{2}{3}x^3 - \tfrac{3}{2}x^2 + \tfrac{11}{6}\,.$$

Beispiel 5.37 Gegeben sei $f\colon \mathbb{R}_+ \to \mathbb{R}$, $x \mapsto 4x$. Die Gerade $y = c$ mit $c > 0$ soll so gewählt werden, dass die zwischen dem Graphen von f, der y-Achse und der Geraden eingeschlossene Fläche 5 FE beträgt.

Lösung. Die Gerade und der Graph von f schneiden sich an der Stelle $\frac{1}{4}c$, denn es gilt

$$f(x) = c \Leftrightarrow x = \tfrac{1}{4}c\,.$$

Die Integralgrenzen lauten damit 0 und $\frac{c}{4}$. Da $c > 0$ gilt, bietet es sich an, die Funktion g mit $g(x) := c - 4x$ zu betrachten. Hier ergibt sich

$$\int_0^{\frac{c}{4}} g(x)\,dx = \int_0^{\frac{c}{4}} c - 4x\,dx = cx - 2x^2\Big|_0^{\frac{c}{4}} = \frac{c^2}{8}\,.$$

Damit 5 FE eingeschlossen sind, muss $\frac{c^2}{8} = 5$ gelten, woraus wegen $c > 0$ genau $c = \sqrt{40}$ folgt.

Beispiel 5.38 Man bestimme den Parameter $a > 0$ der Funktion $f_a\colon \mathbb{R} \to \mathbb{R}$ mit $x \mapsto 4x - a^2x^3$ so, dass der Graph von f mit der x-Achse eine Fläche von 2 FE einschließt.

Lösung. Um eine eingeschlossene Fläche berechnen zu können, müssen die Nullstellen der Funktion bestimmt werden. Es gilt

$$f_a(x) = 0 \Leftrightarrow 4x - a^2x^3 = 0\,,$$

womit sich die Nullstellen $x_{01} := 0$, $x_{02} := \frac{2}{a}$ und $x_{03} := -\frac{2}{a}$ ergeben. Für die Fläche ergibt sich hiermit

$$A := \left|\int_{-\frac{2}{a}}^{0} 4x - a^2x^3\,dx\right| + \left|\int_{0}^{\frac{2}{a}} 4x - a^2x^3\,,dx\right| = \frac{8}{a^2}\,.$$

Diese Fläche nimmt 2 FE ein, wenn gilt:

$$\frac{8}{a^2} = 2 \Leftrightarrow a^2 = 4\,,$$

und aufgrund von $a > 0$ folgt $a = 2$.

Die Beispiele 5.36 bis 5.38 können mit Hilfe von Maple bearbeitet werden, vgl. Aufgabe 15.

5.6.3 Rotationskörper

Mit Hilfe des Integrals lässt sich das Volumen einiger Körper bestimmen. Um dies einzusehen, sei zunächst die Funktion $f\colon\ [-3,3] \to \mathbb{R},\ x \mapsto 2$, betrachtet. Der Graph dieser Funktion befindet sich in Abbildung 5.25 (a). Lässt man diesen Graphen um die x-Achse rotieren, so ergibt sich ein Zylinder, vgl. Abbildung 5.25 (b). Das Volumen eines Zylinders der Höhe h mit einer kreisförmigen Grundfläche mit Radius r beträgt

$$V = \pi r^2 h\,. \tag{1}$$

In obigem Beispiel gilt $h = 6$, $r = 2$ und man erhält $V = 24\pi$. Es gilt $r = f(x)$ und die Höhe h ist gegeben durch die Differenz der Grenzen des Definitionsbereichs.

Die Bestimmung des Volumens kann auch so interpretiert werden, dass der Querschnitt des Zylinders mit einer orthogonal zur x-Achse verlaufenden Ebene bestimmt wird und diese Querschnittfläche mit der Höhe $h = 6$ multipliziert wird. Die Querschnittfläche lautet

$$A(x) := \pi \cdot (f(x))^2 = 4\pi\,. \tag{2}$$

Wird über diese Querschnittfläche im Intervall $[-3, 3]$ integriert, so erhält man aus (2)

$$\begin{aligned} V(-3,3) &= \int_{-3}^{3} A(x)\,dx = \pi \int_{-3}^{3} (f(x))^2\,dx \\ &= 4\pi \int_{-3}^{3} 1\,dx = 4\pi \cdot x\Big|_{-3}^{3} = 24\pi\,. \end{aligned}$$

Dieses Ergebnis stimmt mit dem weiter oben bestimmten Ergebnis überein und legt die Vermutung nahe, dass mit Hilfe des Integrals das Volumen eines Körpers bestimmt werden kann, der entsteht, wenn sein Funktionsgraph um die x-Achse rotiert.

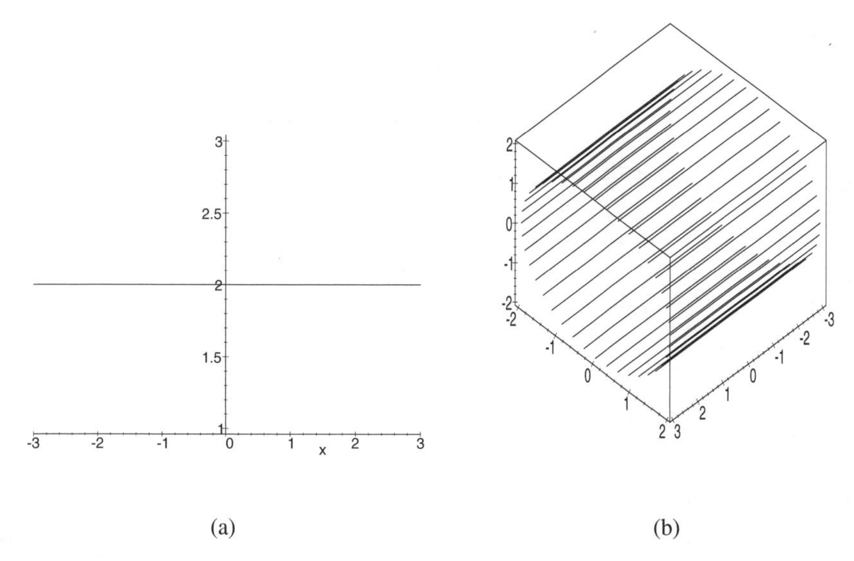

(a) (b)

Abb. 5.25 Abbildung eines Zylinders als Rotationskörper

Um diese Vermutung zu bestätigen sei der Graph einer stetigen, monoton steigenden Funktion f betrachtet, vgl. Abbildung 5.26. Das Volumen des Zylinders im Intervall $[a, x]$ ist gegeben durch $V(x)$. Hiermit lässt sich das Volumen eines Zylinders der Breite $h > 0$ an der Stelle x_0 beschreiben durch $V(x_0 + h) - V(x_0)$. Da die Funktion f monoton steigend ist, ergibt sich hiermit

$$\pi(f(x_0))^2 \cdot h \leqslant V(x_0 + h) - V(x_0) \leqslant \pi(f(x_0 + h))^2 \cdot h\,.$$

Hieraus ergibt sich mit Division durch h

$$\pi(f(x_0))^2 \leqslant \frac{V(x_0+h)-V(x_0)}{h} \leqslant \pi(f(x_0 + h))^2\,.$$

Durch Bildung des Grenzwertes $h \to 0$ folgt

$$\pi(f(x_0))^2 \leqslant \lim_{h\to 0} \frac{V(x_0+h)-V(x_0)}{h} \leqslant \lim_{h\to 0} \pi(f(x_0 + h))^2\,.$$

Da die Funktion f stetig ist, gilt $\lim\limits_{h\to 0}(f(x_0 + h))^2 = (f(x_0))^2$ und es folgt hieraus

$$\pi(f(x_0))^2 = \lim_{h\to 0} \frac{V(x_0+h)-V(x_0)}{h} = V'(x_0)\,.$$

V ist damit eine Stammfunktion der Funktion πf^2.

Analoge Überlegungen können für monoton fallende Funktionen durchgeführt werden und damit kann die Aussage auf stückweise monotone Funktionen übertragen werden. Es wurde gezeigt:

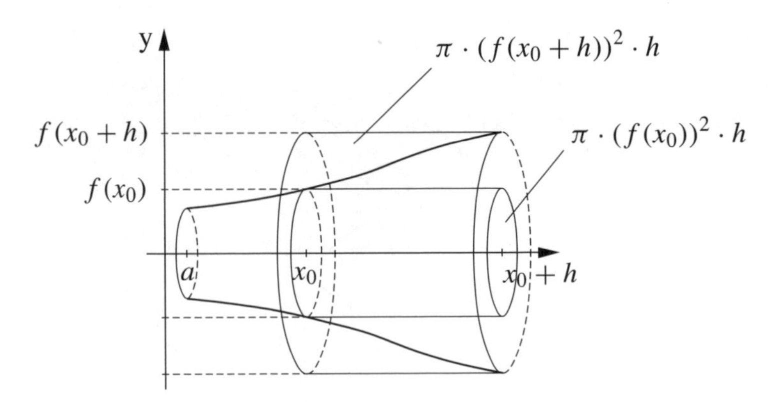

Abb. 5.26 Skizze zur Herleitung der Formel für Rotationskörper

Bemerkung Die Funktion $f\colon [a,b] \to \mathbb{R}$ mit $a < b$ sei stückweise monoton. Das Volumen des *Rotationskörpers* im Intervall $[a,b]$, das durch Rotation des Graphen von f um die x-Achse entsteht (vgl. Abbildung 5.26), ist gegeben durch

$$V(a,b) := \pi \int_a^b (f(x))^2\,dx\,.$$

Hinweis für Maple

Unter Maple lassen sich Graphen von Rotationskörpern zeichnen. Da diese Rotationskörper dreidimensional sind, ist zum Zeichnen der Befehl `plot3d` zu verwenden, dessen Syntax mit der Syntax der zweidimensionalen Plots weitgehend übereinstimmt.
Zur Zeichnung der Rotationskörper ist das Paket `plottools` zu laden. Aus diesem Paket wird der Befehl `rotate` benutzt. Die Syntax des Befehls lautet

```
> rotate(d,rot(x),rot(y),rot(z));
```

wobei d für die Datenmenge steht und $rot(x)$, $rot(y)$, $rot(z)$ die Rotation in Bogenmaß um die x-, y- bzw. z-Achse angeben.
Der Graph in Abbildung 5.25 (b) wurde erzeugt mit

```
> p1 := plot3d([x,2,0],x=-3..3,y=-2..2,
    color=black):
    p := seq(rotate(p1,n*Pi/20,0,0),n=1..40):
    display(p,axes=boxed);
```

Beispiel 5.39 Das Volumen des Rotationskörpers der Funktion $f\colon \mathbb{R} \to \mathbb{R}$, $x \mapsto 2x$, im Intervall $I := [0, 2]$ lautet

$$V(0,2) = \pi \int_0^2 f^2(x)\,dx = \tfrac{4}{3}\pi x^3\Big|_0^2 = \tfrac{32}{3}\pi\,.$$

Dieses Ergebnis lässt sich mit Maple bestätigen. Hierbei ist es sinnvoll, eine Funktion zur Bestimmung des Volumens zu definieren. Funktionen in zwei Variablen können unter Maple analog zu Funktionen in einer Variablen definiert werden. Die Volumensfunktion kann mit den Variablen der Intervallgrenzen der Integration definieren:

```
> V := (a,b) -> Pi*int((f(x))^2,x=a..b):
```

Das Integral im Intervall I ergibt sich hiermit zu

```
> V(0,2);
```

$$\frac{32}{3}\pi$$

Der Graph des Rotationskörpers wird erstellt durch

```
> p1 := plot3d([x,2*x,0],x=0..2,y=-4..4,color=black):
    p := seq(rotate(p1,n*Pi/20,0,0),n=1..40):
    display(p,axes=boxed);
```

und befindet sich in Abbildung 5.27 (a).

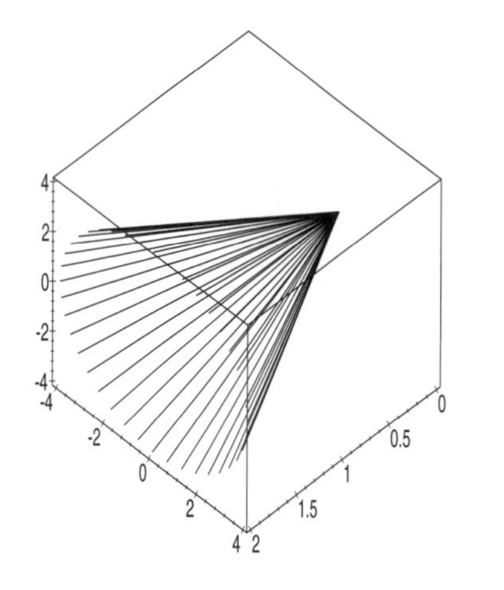

(a) Skizze des Rotationskörpers zu Beispiel 5.39

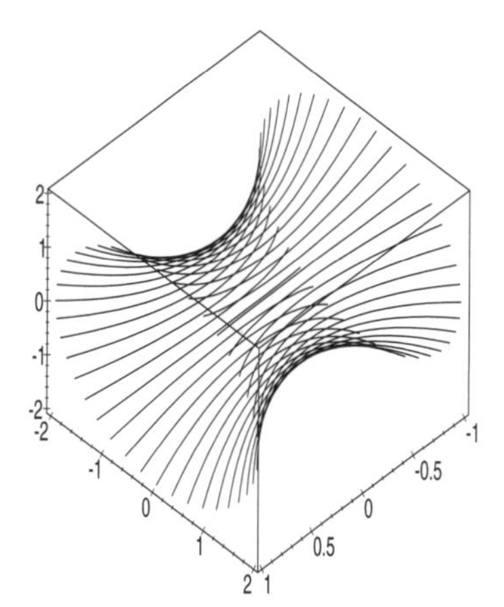

(b) Skizze des Rotationskörpers zu Beispiel 5.40

Abb. 5.27 Abbildungen zu den Beispielen 5.39 und 5.40

Beispiel 5.40 Es soll das Volumen des Rotationskörpers der Funktion $f\colon \mathbb{R} \to \mathbb{R}$, $x \mapsto x^2 + 1$, im Intervall $[-1, 1]$ bestimmt werden.

Lösung. Es gilt

$$V(-1,1) = \pi \int_{-1}^{1} (x^2+1)^2 dx = \pi \left(\frac{x^5}{5} + \frac{2}{3}x^3 + x \right)\Big|_{-1}^{1} = \frac{56}{15}\pi\,.$$

Der Graph des Rotationskörpers befindet sich in Abbildung 5.27 (b).

Beispiel 5.41 Der Graph der Funktion

$$f\colon [-2,2] \to \mathbb{R}, \quad x \mapsto \sqrt{4-x^2}\,,$$

rotiert um die x-Achse. Man bestimme das Volumen des Rotationskörpers im Intervall $[-2, 2]$.

Lösung. Der Graph der Funktion ist in Abbildung 5.28 (a) dargestellt. Hier ist zu erkennen, dass es sich um einen Halbkreis mit Radius 2 handelt. Bei der Rotation um die x-Achse ergibt sich eine Kugel mit Radius 2, siehe Abbildung 5.28 (b). Das Volumen berechnet sich zu

$$V(-2,2) = \pi \int_{-2}^{2} (f(x))^2\, dx = \pi \left((4x - \frac{x^3}{3} \right)\Big|_{-2}^{2} = \frac{32}{3}\pi\,.$$

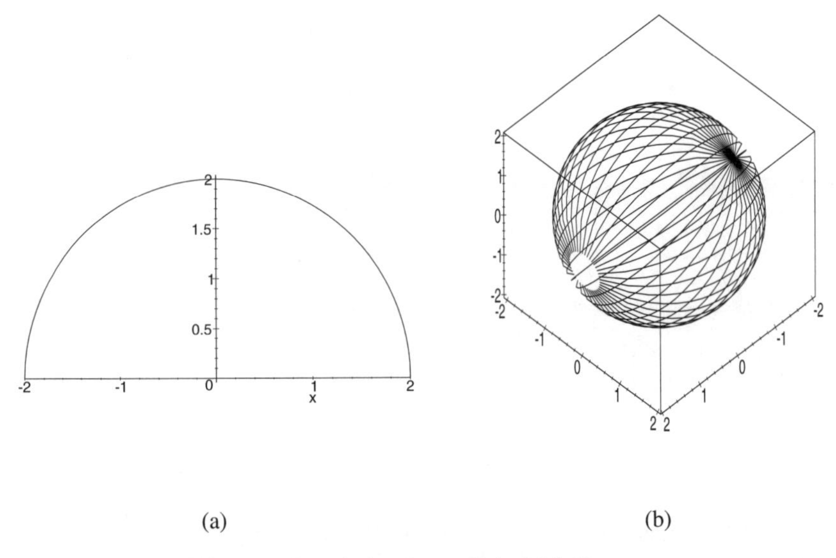

(a) (b)

Abb. 5.28 Graph und Skizze des Rotatinskörpers zu Beispiel 5.40

Beispiel 5.42 Das Volumen einer Kugel kann ebenfalls für einen beliebigen Radius r bestimmt werden. Die Funktion zur Beschreibung des entsprechenden Halbkreises lautet

$$f\colon [-r, r] \to \mathbb{R}, \qquad x \mapsto \sqrt{r^2 - x^2},$$

da für Kreise allgemein $x^2 + y^2 = r^2$ (Pythagoras) gilt und man bei der Auflösung nach y den entsprechenden Term enthält. Das Volumen ergibt sich hiermit zu

$$V(-r, r) := \pi \int_{-r}^{r} r^2 - x^2\, dx = \pi \left(r^2 x - \tfrac{x^3}{3} \right) \Big|_{-r}^{r} = \tfrac{4}{3} \pi r^3 .$$

Dies ist die bekannte Formel zur Berechnung des Volumens einer Kugel.

Die Lösungen der Beispiele 5.40 und 5.41 lassen sich ähnlich wie in Beispiel 5.39 auch mit Maple bestimmen, siehe Aufgabe 16.

Es können ebenfalls Rotationskörper eines Graphen um die y-Achse bestimmt werden. Hierbei notiert man $y = f(x)$ und kann somit die Variable x als Funktion der Variablen y notieren, wenn die Funktion f umkehrbar ist: $x = g(y)$. Ist die Funktion g integrierbar, so kann das Volumen des Rotationskörpers notiert werden:

$$\tilde{V}(a, b) := \pi \int_a^b (g(y))^2\, dy .$$

Beispiel 5.43 Ein zylindrisches, mit Wasser gefülltes Glas wird um seine Symmetrieachse gedreht. Es entsteht eine Vertiefung im Wasser in Form eines Paraboloids (vgl. Abbildung 5.29). In der Mitte steht das Wasser 4 cm, am Rand 6 cm hoch. Der Durchmesser des Glases beträgt 8 cm. Wie hoch steht das Wasser im Glas, wenn das Glas nicht rotiert?

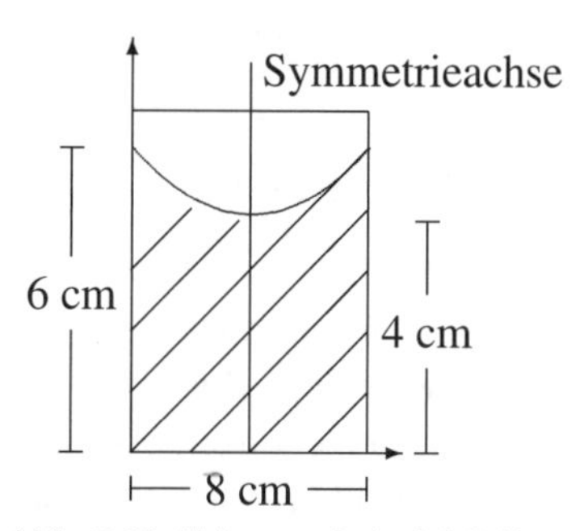

Abb. 5.29 Skizze zu Beispiel 5.43

Lösung. Um die Höhe der Flüssigkeit beim Stillstand des Glases zu bestimmen, muss das Gesamtvolumen der Flüssigkeit bekannt sein. Hierzu ist die Funktion $f\colon [-4, 4] \to \mathbb{R}$ zu bestimmen, die den Schnitt des Paraboloids im x-y-Koordinatensystem beschreibt. Die Koordinatenachsen sollten hierbei wie in Abbildung 5.29 positioniert sein.

Um die Funktionsvorschrift der Funktion f zu bestimmen, sind einige Punkte zu berücksichtigen. Der Ansatz für die Funktionsvorschrift lautet $f(x) := ax^2 + bx + c$, die Ableitung lautet damit $f'(x) = 2ax + b$. Hiermit ergeben sich aus den Voraussetzungen folgende Bedingungen:

$$f(0) = 4 \Rightarrow c = 4, \quad f'(0) = 0 \Rightarrow b = 0, \quad f(4) = 6 \Rightarrow a = \tfrac{1}{8},$$

also

$$f\colon [-4,4] \to \mathbb{R}, \quad x \mapsto \tfrac{1}{2}x^2 + 4\,.$$

Die Umkehrfunktion wird nun nach dem Schema aus Abschnitt 2.7 bestimmt. Es ergibt sich

$$g\colon [4,6] \to \mathbb{R}, \quad x \mapsto \sqrt{8(y-4)}\,.$$

Rotiert der Graph von g um die y-Achse, so entsteht ein Körper, dessen Volumen der Vertiefung im Wasser entspricht. Ihr Volumen wird wie folgt bestimmt:

$$V(4,6) = \pi \int_4^6 8(y-4)\,dy = \pi \left(4y^2 - 32y\right)\Big|_4^6 = 16\pi\,.$$

Dieses Ergebnis lässt sich mit Maple bestätigen:

```
> g := y -> sqrt(8*(y-4)):
  V := (a,b) -> Pi*int((g(y))^2, y=a..b):  V(4,6);
```

$$16\,\pi$$

Das ermittelte Volumen ist vom Gesamtvolumen des Zylinders der Höhe $h := 6$ und des Radius $r := 4$ abzuziehen. Es ergibt sich

$$V := V_{\text{Zyl}} - V(4,6) = 96\pi - 16\pi = 80\pi\,.$$

Das Volumen der Flüssigkeit beträgt somit 80π cm^3.

Für die Höhe der Flüssigkeit im Glas bei Stillstand gilt $V = \pi r^2 \cdot \tilde{h}$ mit $r := 4$ und $V = 80\pi$. Löst man diese Gleichung nach $\tilde{h}$ auf, so ergibt sich

$$\tilde{h} = \tfrac{V}{\pi r^2} = \tfrac{80\pi}{16\pi} = 5\,.$$

Wenn das Glas nicht rotiert steht das Wasser 5 cm hoch.

Beispiel 5.44 Das Volumen eines *Torus* soll bestimmt werden, vgl. Abbildung 5.30. Dieser Torus entsteht, wenn der Kreis mit Radius $r := 1$ und dem Mittelpunkt $P(0|2)$ um die x-Achse rotiert. Die Funktion, die den oberen Halbkreis beschreibt, lautet nach analogen Überlegungen zu Beispiel 5.42

$$f\colon [-1,1] \to \mathbb{R}, \quad x \mapsto 2 + \sqrt{1-x^2}\,.$$

Der untere Halbkreis wird beschrieben durch

$$g\colon [-1,1] \to \mathbb{R},$$
$$x \mapsto 2 - \sqrt{1-x^2}\,.$$

Das Volumen des Torus ergibt sich, indem das Volumen des Rotationskörpers um die x-Achse zur Funktion g vom Volumen des Rotationskörpers um die x-Achse zur Funktion f subtrahiert wird, vgl. Abbildung 5.31 und 5.30. Hiermit ergibt sich das Volumen des Torus zu

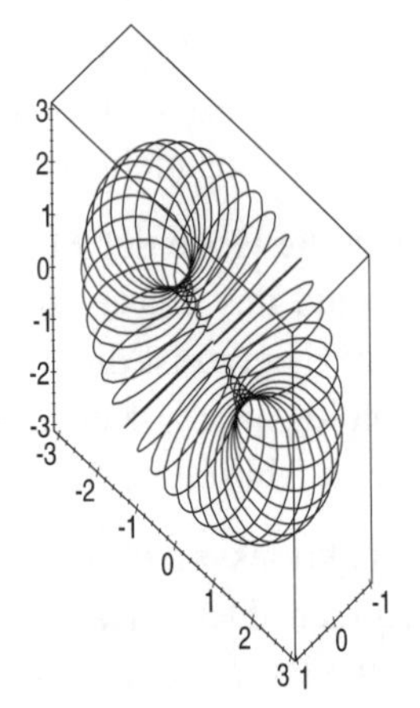

Abb. 5.30 Ein Torus

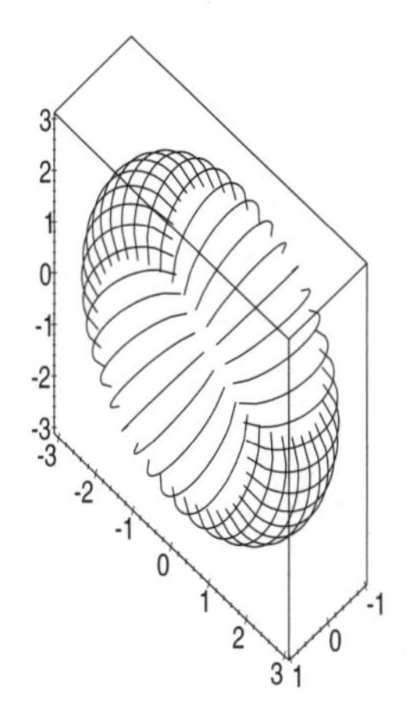

(a) Rotationskörper zu $f(x) = 2 + \sqrt{1 - x^2}$

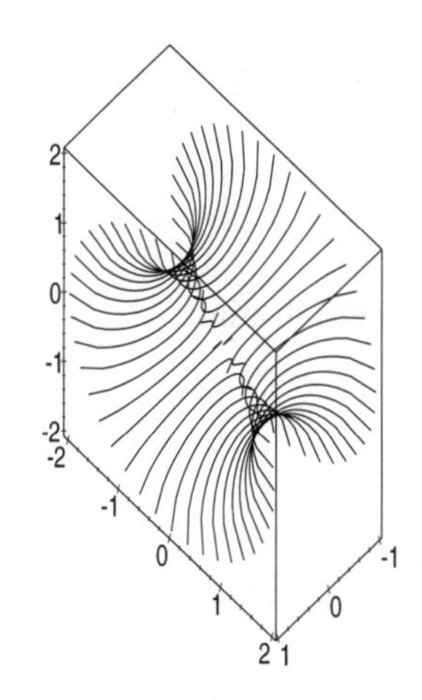

(b) Rotationskörper zu $g(x) = 2 - \sqrt{1 - x^2}$

Abb. 5.31 Rotationskörper von Funktionen aus Beispiel 5.44

$$\begin{aligned} V_{\text{Torus}}(-1, 1) &:= \pi \int_{-1}^{1} (2 + \sqrt{1 - x^2})^2 \, dx - \pi \int_{-1}^{1} (2 - \sqrt{1 - x^2})^2 \, dx \\ &= 8\pi \int_{-1}^{1} \sqrt{1 - x^2} \, dx \, . \end{aligned}$$

Bei der Ermittlung der Stammfunktion hilft Maple. Definiert man die Funktion h mit

```
> h := x -> sqrt(1-x^2):
```

so erhält man die Stammfunktion

```
> int(h(x),x);
```

$$\frac{1}{2} x \sqrt{1 - x^2} + \frac{1}{2} \arcsin(x)$$

Hiermit folgt

$$\begin{aligned} V_{\text{Torus}}(-1, 1) &= 8\pi \int_{-1}^{1} \sqrt{1 - x^2} \, dx \\ &= \frac{8\pi}{2} \left(x\sqrt{1 - x^2} + \arcsin(x) \right) \Big|_{-1}^{1} = 4\pi \left(\frac{\pi}{2} + \frac{\pi}{2} \right) = 4\pi^2. \end{aligned}$$

Alternativ lässt sich unter Maple das Volumen des Rotationskörpers in einem Schritt berechnen. Hierzu definiert man die Funktionen und die Volumenfunktion:

```
> f := x -> 2+sqrt(1-x^2):
    g := x -> 2-sqrt(1-x^2):
    V := (a,b) -> Pi*int((f(x))^2,x=a..b)
                    -Pi*int((g(x))^2,x=a..b);
```

Das Volumen des Rotationskörpers ergibt sich hiermit zu

```
> V(-1,1);
```

$$\pi\,(\tfrac{28}{3}+2\,\pi)-\pi\,(\tfrac{28}{3}-2\,\pi)$$

Vereinfacht man den Term, so erhält man

```
> simplify(%);
```

$$4\,\pi^2$$

was mit obigem Ergebnis übereinstimmt.

Im Allgemeinen entstehen Tori durch Rotation von Kreisen mit Radius r, deren Mittelpunkt im Punkt $(0|R)$ mit $R > r$ liegt, vgl. Abbildung 5.32. Die Ermittlung des allgemeinen Volumens eines Torus wird in Aufgabe 14 beschrieben.

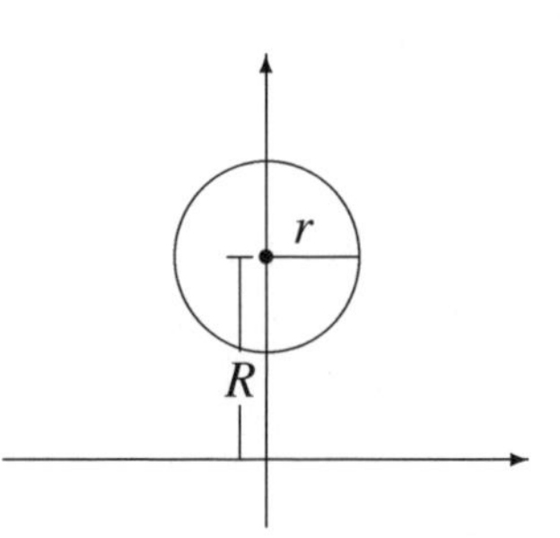

Abb. 5.32 Vorlage zum Torus im Allgemeinen

5.6.4 Funktionenscharen

Ähnlich wie bei der Differentialrechnung können auch in der Integralrechnung Funktionenscharen untersucht werden.

Beispiel 5.45 Man bestimme für die Funktion $f_p\colon \mathbb{R}_+ \to \mathbb{R},\ x \mapsto \frac{\ln(x)}{px}$ mit $p \in \mathbb{N} \setminus \{0\}$ eine Stammfunktion und das Integral $\int_1^e f_p\,dx$ und $\lim\limits_{p\to\infty} \int_1^e f_p\,dx$.

Lösung. Eine Stammfunktion kann mit Hilfe der Produktregel bestimmt werden. Setzt man $u_p(x) := \ln(x)$ und $v_p(x) := \frac{\ln(x)}{p}$, so gilt $v'_p(x) = \frac{1}{px}$. Es gilt sodann $f_p(x) = u_p(x) \cdot v'_p(x)$, und man erhält

$$\begin{aligned}\int f_p(x)\,dx &= \int u_p(x)\cdot v'_p(x)\,dx\\ &= u_p(x)\cdot v_p(x) + c - \int u'_p(x)\cdot v_p(x)\,dx\\ &= \ln(x)\cdot \frac{\ln(x)}{p} + c - \int \frac{1}{x}\cdot\frac{\ln(x)}{p}\,dx\,.\end{aligned}$$

Für den Fall $c := 0$ folgt

$$\int \frac{\ln(x)}{px}\,dx = \frac{(\ln(x))^2}{p} - \int \frac{\ln(x)}{px}\,dx\,,$$

dies ist äquivalent zu

$$2\int \frac{\ln(x)}{px}\,dx = \frac{(\ln(x))^2}{p}$$

und hiermit folgt

$$\int f_p(x)\,dx = \frac{(\ln(x))^2}{2p}\,.$$

Eine Stammfunktion lässt sich ebenfalls mit Maple berechnen, indem die Funktion

```
> fp := x -> ln(x)/(p*x):
```

definiert und dann eine Stammfunktion

```
> F := unapply(int(fp(x),x),x);
```

$$F := x \to \frac{1}{2}\frac{\ln(x)^2}{p}$$

bestimmt wird.

Die Graphen einiger Funktionen der Schar der Stammfunktionen sind in Abbildung 5.33 (a) dargestellt und legen die Vermutung nahe, dass die Fläche unter dem Graphen im Intervall von 1 bis e mit wachsendem p gegen 0 verläuft. Für das bestimmte Integral ergibt sich mit Maple unter Verwendung der Definition $E := \exp(1)$

```
> F(E)-F(1);
```

$$\frac{1}{2}\frac{1}{p}$$

und mit

$$\lim_{p\to\infty} \int_1^e f_p(x)\,dx = \lim_{p\to\infty} \frac{1}{p} = 0$$

ist die Vermutung bestätigt.

Beispiel 5.46 Es sei die Funktion $f_p\colon \mathbb{R} \to \mathbb{R},\ x \mapsto x \cdot \exp(px)$, mit $p \in \mathbb{R}_+$ gegeben. Man bestimme die Fläche $A_p(a)$ für $a > 0$ zwischen dem Graphen von f_p und der x-Achse im Intervall $[-a, 0]$ und $A_p := \lim\limits_{a\to\infty} A_p(a)$. Sodann betrachte man $\lim\limits_{p\to\infty} A_p$. Was bedeutet dies anschaulich?

Lösung. Um die Fläche zu bestimmen, benötigt man eine Stammfunktion von f_p. Sie kann mit der Produktregel ermittelt werden, indem $u_p(x) := x$ und $v_p'(x) := \exp(px)$ gesetzt wird. Hiermit ergeben sich die Stammfunktionen (die Konstante c sei Null)

$$\begin{aligned}
\int f_p(x)\,dx &= \int x \cdot \exp(px)\,dx = \int u_p(x) \cdot v_p'(x)\,dx \\
&= \tfrac{x}{p}\exp(px) - \int 1 \cdot \tfrac{1}{p}\exp(px)\,dx \\
&= \tfrac{x}{p}\exp(px) - \tfrac{1}{p^2}\exp(p \cdot x)\,.
\end{aligned}$$

Die Fläche ergibt sich zu

$$\begin{aligned}
A_p(a) &= \int_{-a}^{0} f_p(x)\,dx = \tfrac{x}{p}\exp(px) - \tfrac{1}{p^2}\exp(px)\Big|_{-a}^{0} \\
&= -\tfrac{1}{p^2} + \tfrac{ap+1}{p^2}\exp(-pa) = -\tfrac{1}{p^2} + \tfrac{ap+1}{p^2\exp(ap)}\,.
\end{aligned}$$

Es gilt $\lim\limits_{x\to\infty} \frac{x}{\exp(x)} = 0$ und hiermit folgt

$$A_p = \lim_{a\to\infty} A_p(x) = \lim_{a\to\infty}\left(-\tfrac{1}{p^2} + \tfrac{ap+1}{p^2\exp(ap)}\right) = -\tfrac{1}{p^2}\,,$$

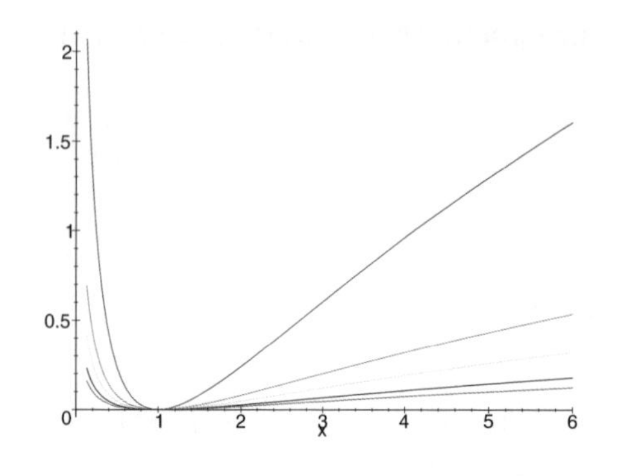

(a) Graphen zu Beispiel 5.45

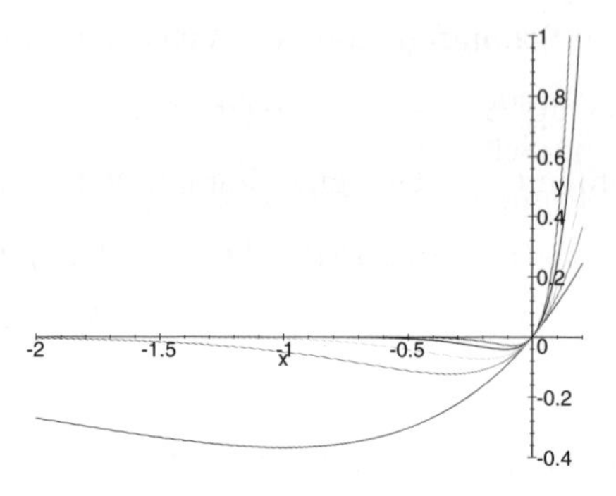

(b) Graphen zu Beispiel 5.46

Abb. 5.33 Graphen zu Funktionenscharen

woraus sich $\lim_{p\to\infty} A_p = 0$ ergibt. Geometrisch bedeutet dies, dass die Funktionswerte im Intervall $]-\infty, 0]$ für $p \to \infty$ schnell gegen 0 laufen. Dies ist in Abbildung 5.33 (b) zu erkennen.

Dieses Ergebnis lässt sich mit Maple bestätigen, siehe Aufgabe 17.

Aufgaben

1. Bestimmen Sie den Flächeninhalt zwischen dem Graphen der Funktion f und der x-Achse im angegebenen Intervall I. Bestätigen Sie die Ergebnisse mit Maple.

a) $f(x) := x^2 - 4,\ I := [-3, 3]$ b) $f(x) := \sqrt{x},\ I := [0, 4]$

b) $f(x) := x^3 - 2x^2 + 1,\ I := [-1, 2]$ d) $f(x) := \frac{1}{x} - 1,\ I := [0.1, 2]$

e) $f(x) := x^2 + \frac{1}{x} - 3,\ I := [0.1, 2]$ f) $f(x) := 4\exp(-x^2) - 2,\ I := [-2, 2]$

2. Ermitteln Sie den Flächeninhalt der im Intervall I zwischen den Graphen von f und g eingeschlossenen Fläche und bestätigen die Ergebnisse mit Maple.

a) $f(x) := x^2,\ g(x) := -2x^2 + 5,\ I := [0, 2]$

b) $f(x) := \frac{1}{5}x^2 - 2,\ g(x) := \frac{2}{5}x + 2,\ I := [-5, 6]$

c) $f(x) := (x-2)^2,\ g(x) := -x^2 + 8,\ I := [-1, 3]$

d) $f(x) := -x^3 + 2x,\ g(x) := \frac{1}{x},\ I := [\frac{1}{2}, 2]$

e) $f(x) := \sin(x),\ g(x) := \frac{1}{4}x,\ I := [-\pi, \pi]$

f) $f(x) := \sin(x),\ g(x) := |\frac{1}{4}x|,\ I := [-\pi, \pi]$

3. Der Graph einer ganzrationalen Funktion dritten Grades f hat den Punkt $W(0|1)$ als Wendepunkt und berührt die Parabel zur Funktion $g\colon \mathbb{R} \to \mathbb{R}, x \mapsto 2x^2 - 4x$ in ihrem Scheitelpunkt.

a) Ermitteln Sie f und diskutieren Sie die Funktionen f und g.

b) Bestimmen Sie mit Hilfe von Maple und rechnerisch das Maß der Fläche, die von den Graphen von f und g eingeschlossen wird.

4. Für die Graphen der Funktionen g mit $\mathbb{D}_g := \mathbb{R}_+$ soll $x_r \in \mathbb{R}_+$ so bestimmt werden, dass das zwischen ihr, den Achsen und der Kurve gelegene Flächenstück den angegebenen Flächeninhalt A in FE erhält.

a) $g(x) := \frac{x}{2} + 1,\ A := 3$ b) $g(x) := \frac{1}{2}x^2,\ A := 1\frac{1}{3}$

c) $g(x) := 3x^2 - 12x + 12,\ A := 8$ d) $g(x) := 3x^2 + 1,\ A := 10$

5. Eine zur y-Achse symmetrische Parabel vierter Ordnung hat in $P(3|0)$ einen Wendepunkt und eine Tangente der Steigung -1. Welche Fläche schließt die Parabel mit der x-Achse ein?

6. Betrachten Sie unter Maple die Graphen der Funktionen f und ihre Rotationskörper bei Rotation um die x-Achse. Bestimmen Sie das Volumen dieser Rotationskörper mit Hilfe von Maple.

a) $f\colon [-2, 2] \to \mathbb{R}, x \mapsto 4 - x^2$ b) $f\colon [-2, 2] \to \mathbb{R}, x \mapsto 4 - x^2$

c) $f\colon [-4, 4] \to \mathbb{R}, x \mapsto \sqrt{16 - x^2}$ d) $f\colon [1, 2] \to \mathbb{R}, x \mapsto \frac{1}{x}$

e) $f\colon [-1, 3] \to \mathbb{R}, x \mapsto \sqrt{x + 1}$ f) $f\colon [-1, 1] \to \mathbb{R}, x \mapsto x\sqrt{x + 1}$

g) $f\colon [0, \pi] \to \mathbb{R}, x \mapsto \sqrt{\sin(x)}$ h) $f\colon [0, h] \to \mathbb{R}, x \mapsto \frac{R-r}{h}x + r$

7. In dieser Aufgabe geht es um die Herleitung der Formel für das Volumen eines Kegels mit den Mitteln der Integralrechnung.

a) Bestimmen Sie das Volumen des Rotationskörpers und betrachten Sie ihn mit Hilfe von Maple.

i) $f\colon [0, 1] \to \mathbb{R}, x \mapsto 3x$ ii) $f\colon [0, 3] \to \mathbb{R}, x \mapsto \frac{3}{2}x$

b) Ermitteln Sie das Volumen des Kegels für die Funktion

$$f\colon [0, a] \to \mathbb{R}, \quad x \mapsto c \cdot x\,.$$

8. Hier sollen nun Doppelkegel untersucht werden.

a) Bestimmen Sie das Volumen des Rotationskörpers und betrachten Sie ihn mit Hilfe von Maple.

i) $f\colon [-2, 2] \to \mathbb{R}, x \mapsto 2x$ ii) $f\colon [-1, 1] \to \mathbb{R}, x \mapsto 3x$

iii) $f\colon [-3, 3] \to \mathbb{R}, x \mapsto \frac{3}{2}x$ iv) $f\colon [-5, 5] \to \mathbb{R}, x \mapsto x$

b) Ermitteln Sie das Volumen des Doppelkegels für die Funktion

$$f\colon [-a, a] \to \mathbb{R}, \quad x \mapsto c \cdot x\,.$$

9. Gegeben seien $f'_p\colon\ \mathbb{R} \to \mathbb{R}$ und
$g'_p\colon\ \mathbb{R}^+ \to \mathbb{R}$ mit $f'_p(x) := 2p^4x$ und $g'_p(x) := \sqrt{\frac{p}{x}}$ mit $p \in \mathbb{R}_+$.

a) Für welche Stammfunktionen f_p und g_p gilt $f_p(0) = -p^2$ und $g_p(0) = 2$?

b) Zeigen Sie, dass die Graphen der Funktionen f_p und g_p sich jeweils in einem Nullpunkt schneiden.

c) Betrachten Sie mit Hilfe von Maple die Graphen der Scharen f_p und g_p.

d) Die Graphen von f_p und g_p schließen zusammen mit der y-Achse eine Fläche ein. Bestimmen Sie das Maß dieser Fläche.

10. Durch den Punkt $P(2|4)$ werden Geraden gelegt, die die positive x-Achse im Punkt A und die positive y-Achse im Punkt B schneiden. Das Dreieck ABO rotiert um die x-Achse. Für welche Geraden wird das Volumen des Rotationskörpers minimal?

11. Bestimmen Sie die Funktion $f\colon \mathbb{R} \to \mathbb{R}$ mit der Ableitung $f'(x) = 3x^2 + 6x + 1$, deren Graphen den folgenden Punkt enthalten.

a) $(0|0)$ b) $(-1|2)$ c) $(1|-2)$ d) $(5|2)$

12. Bestimmen Sie die Funktion $f\colon\ \mathbb{R} \to \mathbb{R}$ mit der Ableitung $f'(x) = 7x^2 + 13$ und $f(3) = a$ mit

a) $a := 0$ b) $a := 150$ c) $a := -150$.

13. Wie groß ist die eingeschlossene Fläche zwischen dem Graphen der Funktion $f\colon\ \mathbb{R} \to \mathbb{R},\ x \mapsto x^3 - 6x^2 + 7x - 3$, ihrer Wendetangente und der x-Achse?

14. a) Bestimmen Sie analog zu Beispiel 5.44 das Volumen des Torus mit $R := 4$ und $r := 2$.
b) Zeigen Sie, dass für beliebige $r, R \in \mathbb{R}$ mit $R > r$ die Funktionen $f, g\colon\ [-r, r] \to \mathbb{R}$, die den Kreis mit Radius r und Mittelpunkt $P(0|R)$ beschreiben, die Funktionsvorschriften

$$f(x) := R + \sqrt{r^2 - x^2} \quad \text{und} \quad g(x) := R - \sqrt{r^2 - x^2}$$

haben.
c) Benutzen Sie Maple, um die Ableitung von $\arcsin(x)$ zu bestimmen, und zeigen Sie hiermit, dass $H(x) := x\sqrt{r^2 - x^2} + r^2 \arcsin(x)$ eine Stammfunktion von $h(x) := 2\sqrt{r^2 - x^2}$ mit $\mathbb{D}_H := [-r, r] =: \mathbb{D}_h$ ist.
d) Zeigen Sie mit Hilfe der Teile b) und c), dass das Volumen des Torus mit den Radien r und R, vgl. Abbildung 6.34, $V(r, R) := 4\pi Rr^2$ lautet.

15. Überarbeiten Sie die Beispiele aus Abschnitt 5.6.2 mit Hilfe von Maple.

16. Bestätigen Sie die Ergebnisse aus den Beispielen 5.40 und 5.41 mit Maple.

17. Verwenden Sie Maple zur Bestätigung des Ergebnisses aus Beispiel 5.46 in Abschnitt 5.6.4.

6 Lineare Algebra

6.1 Lineare Gleichungssysteme

Lineare Gleichungssysteme finden bei vielen unterschiedlichen Fragestellungen in der Analysis und in der Linearen Algebra Anwendung, z.B. bei Steckbriefaufgaben, siehe Abschnitt 4.6. Ein systematisches Lösungsverfahren ist daher von Vorteil.

Beispiel 6.1 Es gibt drei Legierungen mit unterschiedlichen Anteilen an Kupfer (Cu), Eisen (Fe) und Mangan (Mn).

Metall	Legierung 1, Anteile in %	Legierung 2, Anteile in %	Legierung 3, Anteile in %
Cu	10	15	50
Fe	20	55	25
Mn	70	30	25

Lassen sich diese drei Legierungen so mischen, dass die Mischlegierung aus $21\frac{1}{4}\%$ Kupfer, 30% Eisen und $48\frac{3}{4}\%$ Mangan besteht?

Um diese Frage zu beantworten, muss man herausfinden, ob man Mengen x_1, x_2, x_3 der Legierungen nehmen kann, so dass die zusammengestellte Menge die gewünschten Anteile besitzt, d.h.

$$\begin{aligned} 10 \cdot x_1 \ +15 \cdot x_2 \ +50 \cdot x_3 &= 21\tfrac{1}{4} \quad \text{(Cu)} \\ 20 \cdot x_1 \ +55 \cdot x_2 \ +25 \cdot x_3 &= 30 \quad\ \ \text{(Fe)} \\ 70 \cdot x_1 \ +30 \cdot x_2 \ +25 \cdot x_3 &= 48\tfrac{3}{4} \quad \text{(Mn)} \end{aligned}$$

Um die Lösung dieses linearen Gleichungssystems zu bestimmen, sind einige Umformungen durchzuführen. Es bietet sich an, das lineare Gleichungssystem in die so genannte Diagonalform

$$\begin{aligned} x_1 \qquad\qquad &= d_1 \\ x_2 \qquad &= d_2 \\ x_3 &= d_3 \end{aligned}$$

zu überführen, in der die Lösungen direkt abgelesen werden können. Eine Alternative ist die Dreiecksform

$$\begin{aligned} a_1x_1 + b_1x_1 + c_1x_3 &= d_1 \quad \text{I} \\ b_2x_2 + c_2x_3 &= d_2 \quad \text{II} \\ c_3x_3 &= d_3 \quad \text{III}, \end{aligned}$$

denn hier kann die Lösung für x_3 in der unteren Gleichung abgelesen werden: $x_3 = \frac{d_3}{c_3}$. Durch Einsetzen dieser Lösung in Gleichung II kann die Lösung für x_2 bestimmt werden. Werden die Lösungen für x_2 und x_3 aus II und III in I eingesetzt, so erhält man die Lösung für x_1.

Dies gilt nur, wenn Lösungen existieren. Falls ein lineares Gleichungssystem keine Lösung besitzt, so wird sich aus einer der Gleichungen ein Widerspruch ergeben.

Betrachtet man das Gleichungssystem aus Beispiel 6.1 genauer, so nummeriert man zunächst die Gleichungen:

$$\begin{aligned} 10x_1 + 15x_2 + 50x_3 &= 21\tfrac{1}{4} \quad \text{I} \\ 20x_1 + 55x_2 + 25x_3 &= 30 \quad \text{II} \\ 70x_1 + 30x_2 + 25x_3 &= 48\tfrac{3}{4} \quad \text{III}. \end{aligned}$$

Die Lösungsmenge eines linearen Gleichungssystems verändert sich nicht, wenn zwei Gleichungen addiert oder subtrahiert werden oder wenn eine Gleichung mit einer reellen Zahl multipliziert wird.

Durch Addition des (−2)-fachen der Gleichung I zu Gleichung II und des (−7)-fachen der Gleichung I zu Gleichung III erhält man das lineare Gleichungssystem

$$\begin{aligned} 10x_1 + 15x_2 + 50x_3 &= 21\tfrac{1}{4} \quad \text{I} \\ 25x_2 - 75x_3 &= -12\tfrac{1}{2} \quad \widetilde{\text{II}} = \text{II} - 2 \cdot \text{I} \\ -75x_2 - 325x_3 &= -100 \quad \widetilde{\text{III}} = \text{III} - 7 \cdot \text{I}. \end{aligned}$$

Dieses lineare Gleichungssystem kann noch weiter vereinfacht werden, indem das Dreifache der Gleichung $\widetilde{\text{II}}$ zu Gleichung $\widetilde{\text{III}}$ addiert wird. Damit ergibt sich

$$\begin{aligned} 10x_1 + 15x_2 + 50x_3 &= 21\tfrac{1}{4} \quad \text{I} \\ 25x_2 - 75x_3 &= -12\tfrac{1}{2} \quad \widetilde{\text{II}} \\ -550x_3 &= -137\tfrac{1}{2} \quad \widetilde{\widetilde{\text{III}}} = \widetilde{\text{III}} - 3 \cdot \widetilde{\text{II}}. \end{aligned}$$

Hiermit ist das Gleichungssystem in die Dreiecksform überführt. Die Lösungen können abgelesen werden: $x_3 = \frac{1}{4}$ und durch Einsetzen des Ergebnisses in Gleichung $\widetilde{\text{II}}$ folgt $x_2 = \frac{1}{4}$, und aus der Gleichung I erhält man damit $x_1 = \frac{1}{2}$.

Lineare Gleichungssysteme können auch in eine *Matrix* eingetragen werden, indem lediglich die Koeffizienten der Variablen x_1, x_2, x_3 sowie die Ergebnisse der einzelnen Gleichungen eingetragen werden. Das erspart viel Schreibarbeit, erfordert allerdings eventuell ein Umschreiben des linearen Gleichungssystems in die Standardform, in der in den Gleichungen die Summanden nach den Unbekannten geordnet werden und rechts vom Gleichheitszeichen keine Unbekannten mehr auftreten. Das lineare Gleichungssystem aus dem Beispiel lässt sich dann schreiben als (3×4)-Matrix

$$\left(\begin{array}{ccc|l} 10 & 15 & 50 & 21\frac{1}{4} \\ 20 & 55 & 25 & 30 \\ 70 & 30 & 25 & 48\frac{3}{4} \end{array}\right) \begin{array}{l} \text{I} \\ \text{II} \\ \text{III}\,, \end{array}$$

wobei der senkrechte Strich die Gleichheitszeichen ersetzt. Die obigen Umformungen lassen sich dann auch schreiben als

$$\rightsquigarrow \left(\begin{array}{ccc|r} 10 & 15 & 50 & 21\frac{1}{4} \\ 0 & 25 & -75 & -12\frac{1}{2} \\ 0 & -75 & -325 & -100 \end{array}\right) \rightsquigarrow \left(\begin{array}{ccc|r} 10 & 15 & 50 & 21\frac{1}{4} \\ 0 & 25 & -75 & -12\frac{1}{2} \\ 0 & 0 & -550 & -137\frac{1}{2} \end{array}\right) \begin{array}{l} \text{i} \\ \text{ii} \\ \text{iii}\,. \end{array}$$

Das Gleichungssystem kann auch weiter in die Diagonalform überführt werden. Dies geschieht folgendermaßen:

$$\left(\begin{array}{ccc|r} 1 & 1\frac{1}{2} & 5 & 2\frac{1}{8} \\ 0 & 1 & -3 & -\frac{1}{2} \\ 0 & 0 & 1 & \frac{1}{4} \end{array}\right) \begin{array}{l} \tilde{\text{i}} = \text{i} : 10 \\ \tilde{\text{ii}} = \text{ii} : 25 \\ \tilde{\text{iii}} = \text{iii} : (-550) \end{array} \rightsquigarrow \left(\begin{array}{ccc|c} 1 & 1\frac{1}{2} & 0 & \frac{7}{8} \\ 0 & 1 & 0 & \frac{1}{4} \\ 0 & 0 & 1 & \frac{1}{4} \end{array}\right) \begin{array}{l} \tilde{\tilde{\text{i}}} = \tilde{\text{i}} - 5 \cdot \tilde{\text{iii}} \\ \tilde{\tilde{\text{ii}}} = \tilde{\text{ii}} + 3 \cdot \tilde{\text{iii}} \\ \tilde{\text{iii}} \end{array}$$

$$\rightsquigarrow \left(\begin{array}{ccc|c} 1 & 0 & 0 & \frac{1}{2} \\ 0 & 1 & 0 & \frac{1}{4} \\ 0 & 0 & 1 & \frac{1}{4} \end{array}\right) \begin{array}{l} \tilde{\tilde{\text{i}}} - 1\frac{1}{2} \cdot \tilde{\tilde{\text{ii}}} \\ \tilde{\tilde{\text{ii}}} \\ \tilde{\text{iii}}\,. \end{array}$$

Hiermit wurde die oben bereits genannte Lösung zu Beispiel 6.1 ermittelt. Um die gewünschten Anteile an Cu, Fe und Mn zu erhalten, sind die Legierungen 1, 2 und 3 im Verhältnis $\frac{1}{2}$ zu $\frac{1}{4}$ zu $\frac{1}{4}$ (das entspricht dem Verhältnis 2:1:1) zu mischen.

Dieses Verfahren zur Überführung von linearen Gleichungssystemem in Dreiecks- oder Diagonalform heißt *Eliminationsverfahren von Gauß*, benannt nach dem Mathematiker *Carl Friedrich Gauß* (1777–1855).

Allgemein geht man so vor:

Hinweis *Das Eliminationsverfahren von Gauß*
1. Zuerst wird das lineare Gleichungssystem in die Standardform gebracht, in der die einzelnen Gleichungen nach den Variablen geordnet sind. Rechts vom Gleichheitszeichen befinden sich keine Unbekannten mehr.
2. Das System wird in eine $(m \times n)$-Matrix geschrieben, wobei m die Anzahl der Zeilen und n die Anzahl der Spalten der Matrix bezeichnet. Dabei stehen in einer Spalte jeweils die Koeffizienten einer Unbekannten. Das Gleichheitszeichen wird durch einen senkrechten Strich markiert.
3. Nun soll die erste Spalte so umgeformt werden, dass sie der Dreiecksform genügt. Dafür ist oben links eine Eins günstig, es reicht aber auch aus, oben links eine Zahl zu haben, die ein ganzzahliger Teiler der anderen Einträge der ersten Spalte ist. Die erste Zeile wird so vervielfacht und zu den anderen Zeilen addiert, dass unter dem Eintrag oben links nur noch Nullen stehen.
4. Ein ähnliches Vorgehen wird für die zweite Spalte verfolgt. An dem zweiten Eintrag in der zweiten Spalte sollte eine Eins, zumindest aber ein ganzzahliger Teiler der darunter stehenden Einträge stehen. Die zweite Zeile wird dann so vervielfacht und zu den weiteren Zeilen addiert, dass unterhalb nur noch Nullen stehen. Die erste Zeile bleibt bei diesem Schritt völlig unverändert.
5. So hangelt man sich die Diagonale entlang, je nach Größe der Matrix. Das Rechnen mit Brüchen kann man geschickterweise vermeiden, wenn man sich die notwendigen Einsen nicht durch Dividieren, sondern durch Addieren einer anderen, tiefer liegenden Zeile zurechtbaut. Damit ist das lineare Gleichungssystem in die Dreiecksform überführt.
6. Die Schritte 3 bis 5 werden von der letzten Zeile und der letzten Spalte aus startend von unten nach oben durchgeführt. Damit erhält man die Diagonalform des linearen Gleichungssystems.

Hinweis für Maple

Lineare Gleichungssysteme können mit Maple gelöst werden. Dies wurde bereits in Abschnitt 4.6.3 beschrieben, vgl. dort.

Beispiel 6.2 Das lineare Gleichungssystem

$$\left(\begin{array}{ccc|c} 1 & -2 & 3 & 11 \\ 3 & 5 & -3 & -12 \\ 2 & 8 & 2 & -18 \end{array}\right)$$

besitzt die eindeutige Lösung $x_1 = 2$, $x_2 = -3$, $x_3 = 1$. Dies lässt sich mit Maple bestätigen:

```
> A := matrix([[1,-2,3,11],[3,5,-3,-12],[2,8,2,-18]]):
> gaussjord(A);
```

$$\begin{bmatrix} 1 & 0 & 0 & 2 \\ 0 & 1 & 0 & -3 \\ 0 & 0 & 1 & 1 \end{bmatrix}$$

Beispiel 6.3 Das lineare Gleichungssystem

$$\left(\begin{array}{ccc|c} 3 & -2 & 5 & 3 \\ 5 & 2 & 1 & -1 \\ 6 & -4 & 10 & 5 \end{array}\right)$$

besitzt keine Lösung. Dies wird unter Maple durch die Eingabe

```
> A := matrix([[3,-2,5,3],[5,2,1,-1],[6,-4,10,5]]):
> gausselim(A);
```

mit dem Ergebnis

$$\begin{bmatrix} 3 & -2 & 5 & 3 \\ 0 & \frac{16}{3} & \frac{-22}{3} & -6 \\ 0 & 0 & 0 & -1 \end{bmatrix}$$

deutlich. Hier ist in der letzten Zeile erkennbar, dass

$$0x_1 + 0x_2 + 0x_3 = 1$$

gelten müsste, was nicht sein kann. Daher gilt für die Lösungsmenge $\mathbb{L} = \emptyset$.

Beispiel 6.4 Gegeben sei das lineare Gleichungssystem

$$\left(\begin{array}{ccc|c} 3 & 5 & 6 & 0 \\ -2 & 2 & -4 & 0 \\ 1 & 7 & 2 & 0 \end{array}\right) \begin{array}{l} \text{I} \\ \text{II} \\ \text{III.} \end{array}$$

Solche linearen Gleichungssysteme, bei denen rechts vom Gleichheitszeichen nur Nullen stehen, nennt man *homogen*. Dieses kann in die Form

$$\rightsquigarrow \left(\begin{array}{ccc|c} 3 & 5 & 6 & 0 \\ 0 & 1 & 0 & 0 \\ 0 & 0 & 0 & 0 \end{array}\right) \begin{array}{l} \mathrm{I} \\ \widetilde{\mathrm{II}} = \frac{3}{16}\left(\mathrm{II} + \frac{2}{3}\mathrm{I}\right) \\ \widetilde{\mathrm{III}} = \mathrm{III} - \mathrm{II} - \mathrm{I} \end{array}$$

überführt werden. Es hat unendlich viele Lösungen, denn aus der Gleichung $\widetilde{\mathrm{II}}$ folgt $x_2 = 0$ und hiermit folgt aus I gerade $x_1 = -2x_3$. Die Lösungsmenge dieses linearen Gleichungssystems lautet daher

$$\mathbb{L} = \{(-2\lambda, 0, \lambda) : \lambda \in \mathbb{R}\}\,.$$

Dieses Ergebnis kann mit Hilfe von Maple bestätigt werden, indem

```
> A := matrix([[3,5,6,0],[-2,2,-4,0],[1,7,2,0]]):
```

eingegeben und mit `gaussjord` die Umformung durchgeführt wird:

```
> gausselim(A);
```

$$\begin{bmatrix} 3 & 5 & 6 & 0 \\ 0 & \frac{16}{3} & 0 & 0 \\ 0 & 0 & 0 & 0 \end{bmatrix}$$

Hinweis Bei linearen Gleichungssystemen existieren drei verschiedene Arten von Lösungsmengen:

a) Lösungsmengen mit einem Element (vgl. Beispiel 6.1),

b) leere Lösungsmengen (vgl. Beispiel 6.3),

c) Lösungsmengen mit unendlich vielen Elementen (vgl. Beispiel 6.4).

Bei *homogenen linearen Gleichungssystemen*, dargestellt durch eine Matrix der Form

$$\left(\begin{array}{ccc|c} a_{11} & a_{12} & a_{13} & 0 \\ a_{21} & a_{22} & a_{23} & 0 \\ a_{31} & a_{32} & a_{33} & 0 \end{array}\right),$$

kann der Fall b) nicht auftreten, da die Lösung $x_1 = x_2 = x_3 = 0$ stets vorhanden ist.

Ist ein lineares Gleichungssystem nicht homogen, so heißt es *inhomogen*.

Hinweis für Maple

Die Lösungsmengen von homogenen linearen Gleichungssystemen können mit Maple durch Eingabe der Matrix ohne die Nullspalte bestimmt werden. In Beispiel 6.4 sind hierfür

```
> A := matrix([[3,5,6],[-2,2,-4],[1,7,2]]):
```

und

```
> gausselim(A);
```

einzugeben.

Beispiel 6.5 Die Lösungsmenge des linearen Gleichungssystems

$$\begin{aligned} x_1+\ x_2+2x_3&=0\\ x_1+2x_2+\ x_3&=0\\ 2x_1+\ x_2+\ x_3&=0\,, \end{aligned}$$

soll bestimmt werden.

Lösung. In der Schreibweise einer Matrix lautet das Gleichungssystem

$$\begin{pmatrix} 1 & 1 & 2 \\ 1 & 2 & 1 \\ 2 & 1 & 1 \end{pmatrix}.$$

In Maple kann die Matrix wie im letzten Hinweis für Maple bemerkt als

```
> A := matrix([[1,1,2],[1,2,1],[2,1,1]]):
```

eingegeben werden. Die Lösung ergibt sich mit

```
> gaussjord(A);
```

$$\begin{bmatrix} 1 & 0 & 0 \\ 0 & 1 & 0 \\ 0 & 0 & 1 \end{bmatrix}$$

zu $x_1 = x_2 = x_3 = 0$.

Aufgaben

1. Lösen Sie die folgenden linearen Gleichungssysteme. Schreiben Sie sie als Matrix. Benutzen Sie Maple zur Bestätigung der Ergebnisse.

a) $x_1 + x_2 + x_3 = 100$
$3x_1 - 2x_3 = 4$
$5x_2 - 4x_3 = 0$

b) $x_1 + x_2 + x_3 = 36$
$4x_1 - 3x_2 = 0$
$2x_1 - 3x_3 = 0$

c) $x_1 + x_2 + x_3 = 9$
$x_1 + 2x_2 + 4x_3 = 15$
$x_1 + 3x_2 + 9x_3 = 23$

d) $3x_1 + 2x_2 + 3x_3 = 110$
$5x_1 + x_2 - 4x_3 = 0$
$2x_1 - 3x_2 + x_3 = 0$

e) $5x_1 + 3x_2 + 2x_3 = 217$
$5x_1 - 3x_2 = 39$
$3x_2 - 2x_3 = 20$

f) $2x_1 + 3x_2 + 4x_3 = 14$
$3x_1 - 2x_2 - x_3 = 12$
$5x_1 + 4x_2 + 3x_3 = 14$

2. Lösen Sie die linearen Gleichungssysteme mit vier Unbekannten mit Hilfe von Maple.

a) $x_1 + 3x_2 - x_3 = 1$
$x_2 + 3x_3 - x_4 = 4$
$x_3 + 3x_4 - x_1 = 11$
$x_4 + 3x_1 - x_2 = 2$

b) $3x_1 + x_2 + x_3 = 20$
$x_1 + 4x_2 + 3x_4 = 30$
$6x_1 + x_3 + 3x_4 = 40$
$8x_2 + 3x_3 + 5x_4 = 50$

3. Lösen Sie die linearen Gleichungssysteme mit fünf Unbekannten mit Hilfe von Maple.

a) $2x_1 + x_2 + x_3 = 5$
$2x_2 + x_3 + x_4 = 5$
$2x_3 + x_4 + x_5 = 7$
$2x_4 + x_5 + x_1 = 12$
$2x_5 + x_1 + x_2 = 11$

b) $x_1 + 2x_2 - x_3 = 12$
$x_2 + 2x_3 - x_4 = 10$
$x_3 + 2x_4 - x_5 = 8$
$x_4 + 2x_5 - x_1 = 1$
$x_5 + 2x_1 - x_2 = 9$

4. Es werden drei Zahlen gesucht. Das Doppelte der ersten und die zweite Zahl ergeben zusammen 75, das Doppelte der zweiten und die dritte Zahl ergeben zusammen 65, das Doppelte der dritten und die erste Zahl ergeben zusammen 55. Welche Zahlen sind es?

5. Wie lang sind die Seiten eines Dreiecks, wenn die Summen je zweier Seitenlängen 38 cm, 46 cm und 42 cm betragen?

6. Bestimmen Sie alle ganzrationalen Funktionen dritten Grades, deren Graphen durch die Punkte $P(1|1)$ und $Q(2|4)$ verlaufen.

7. Die folgenden Matrizen entsprechen homogenen linearen Gleichungssystemen. Bestimmen Sie die Lösungen mit Maple.

a) $\begin{pmatrix} 1 & 2 & 3 \\ 4 & 5 & 6 \\ 7 & 8 & 9 \end{pmatrix}$ b) $\begin{pmatrix} 2 & 2 & 2 \\ 3 & 3 & 3 \\ 4 & 4 & 4 \end{pmatrix}$ c) $\begin{pmatrix} -1 & 0 & 3 \\ 5 & -3 & -2 \\ 0 & 0 & 3 \end{pmatrix}$

d) $\begin{pmatrix} \frac{1}{2} & -\frac{2}{3} & \frac{1}{5} \\ \frac{2}{5} & -\frac{5}{2} & \frac{1}{2} \\ -\frac{1}{3} & \frac{2}{3} & 1 \end{pmatrix}$ e) $\begin{pmatrix} 1 & 1 & 0 \\ 1 & 0 & 1 \\ 0 & 1 & 1 \end{pmatrix}$ f) $\begin{pmatrix} 1 & 2 & 3 \\ 2 & 3 & 4 \\ 1 & 1 & 0 \end{pmatrix}$

g) $\begin{pmatrix} 1 & 2 & 3 & 4 \\ 2 & 4 & 6 & 8 \\ 3 & 6 & 9 & 12 \end{pmatrix}$ h) $\begin{pmatrix} 1 & 1 & 1 & 3 \\ 1 & 1 & 3 & 1 \\ 1 & 3 & 1 & 1 \\ 3 & 1 & 1 & 1 \end{pmatrix}$ i) $\begin{pmatrix} 1 & 1 & 1 & 0 \\ 1 & 1 & 0 & 1 \\ 1 & 0 & 1 & 1 \\ 0 & 1 & 1 & 1 \end{pmatrix}$

6.2 Vektoren

Beispiel 6.6 Auf der Erdoberfläche wirkt auf jeden Körper die Gravitationskraft F_G in Richtung des Erdzentrums. Steht ein Fahrzeug an einer Schräge, vgl. Abbildung 6.1, so lassen sich Kräfte bergabwärts und senkrecht zur Oberfläche nachweisen. Für diese Kräfte gilt

$$F_N^2 + F_H^2 = F_G^2.$$

Diese Kräfte können durch Pfeile dargestellt werden, vgl. Abbildung 6.1.

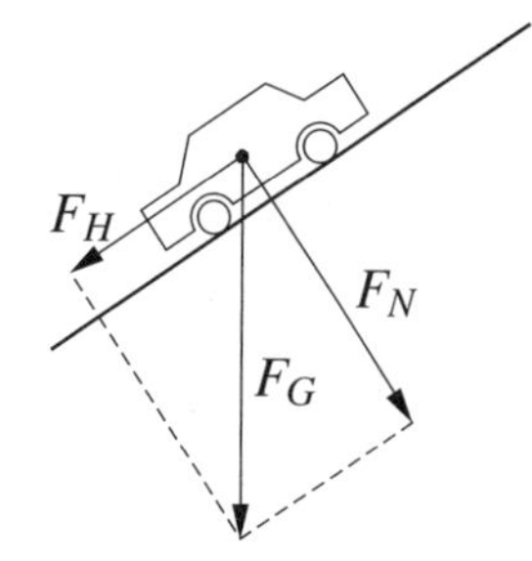

Abb. 6.1 Fahrzeug am Berg

Die Wirkung der Kräfte in Beispiel 6.6 ist nicht nur von der Stärke, d.h. der Länge der Kraftpfeile, sondern auch von ihrer Richtung und Orientierung abhängig. Genau diese Eigenschaften bestimmen auch die Verschiebung des Körpers auf der schiefen Ebene. Die Verschiebung lässt sich also mit Hilfe von *Vektoren* beschreiben. Zur genauen Definition von Vektoren sind beliebige Pfeile zu betrachten. Einige Pfeile sind in Abbildung 6.2 (a) dargestellt.

Um Pfeile genauer untersuchen zu können, muss auf die *Länge*, die *Richtung* und die *Orientierung* des Pfeils geachtet werden. Hierzu sei zunächst Abbildung 6.2 (b) betrachtet. Im Koordinatensystem befindet sich ein Pfeil. Dieser Pfeil verbindet die Punkte $A(1|1)$ und $B(2|1)$, die Spitze des Pfeils befindet sich in B. Die Länge des Pfeils beträgt ein Längeneinheit. Die Richtung kann durch die Differenzbildung der Koordinaten der Punkte festgelegt werden, indem die Koordinaten des Anfangspunktes von den Koordinaten des Punktes an der Spitze des Pfeils subtrahiert werden. Für den Pfeil in Abbildung 6.2 (b) ergibt sich für die Koordinaten $v_1 = 2-1 = 1$ und $v_2 = 1-1 = 0$. Hiermit kann der Pfeil repräsentiert werden durch

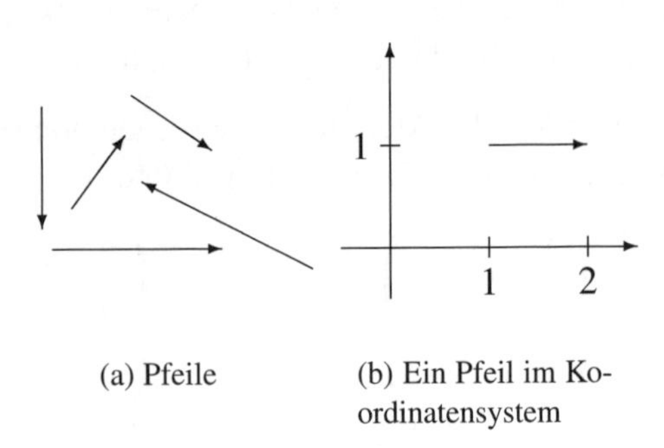

(a) Pfeile (b) Ein Pfeil im Koordinatensystem

Abb. 6.2 Pfeile in der Ebene

$$\overrightarrow{AB} = \begin{pmatrix} 1 \\ 0 \end{pmatrix},$$

wobei der Pfeil über A und B die Pfeilrichtung angibt.

In Abbildung 6.3 sind zwei Pfeile eingezeichnet, die dieselbe Länge haben, parallel verlaufen und dieselbe Orientierung besitzen. Es gilt $A_1(-2|2)$, $B_1(-1|\frac{1}{2})$ und $A_2(1|3)$, $B_2(2|\frac{3}{2})$. Die Pfeile können dargestellt werden durch

$$\overrightarrow{A_1B_1} = \begin{pmatrix} -1-(-2) \\ \frac{1}{2}-2 \end{pmatrix} = \begin{pmatrix} 1 \\ -\frac{3}{2} \end{pmatrix}$$

bzw.

$$\overrightarrow{A_2B_2} = \begin{pmatrix} 2-1 \\ \frac{3}{2}-2 \end{pmatrix} = \begin{pmatrix} 1 \\ -\frac{3}{2} \end{pmatrix}.$$

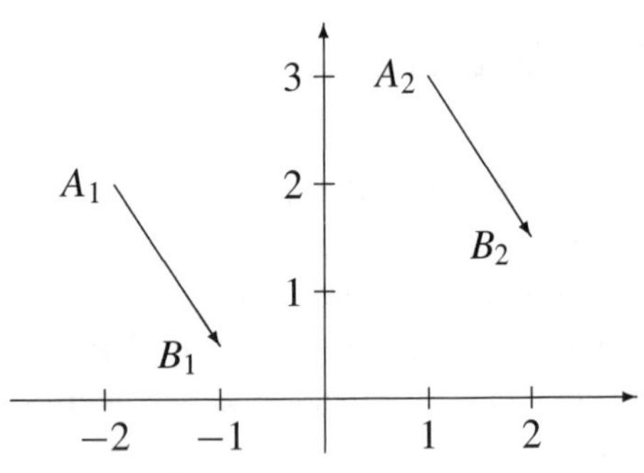

Abb. 6.3 Pfeile in der Ebene

Diese beiden Pfeile werden auf dieselbe Art repräsentiert. Die Darstellung ist durch die Länge, die Richtung und die Orientierung eines Pfeils bestimmt und von der Lage in der Ebene unabhängig. Hierdurch werden Pfeile in Äquivalenzklassen eingeteilt.

Definition Eine Äquivalenzklasse von Pfeilen heißt *Vektor*.

Achtung Vektoren dürfen nicht mit Pfeilen verwechselt werden. Vektoren lassen sich durch Pfeile darstellen, jedoch handelt es sich bei Vektoren um Äquivalenzklassen von Pfeilen derselben Länge, Richtung und Orientierung. Einige Pfeile, die zu derselben Klasse gehören, befinden sich in Abbildung 6.4 (a).

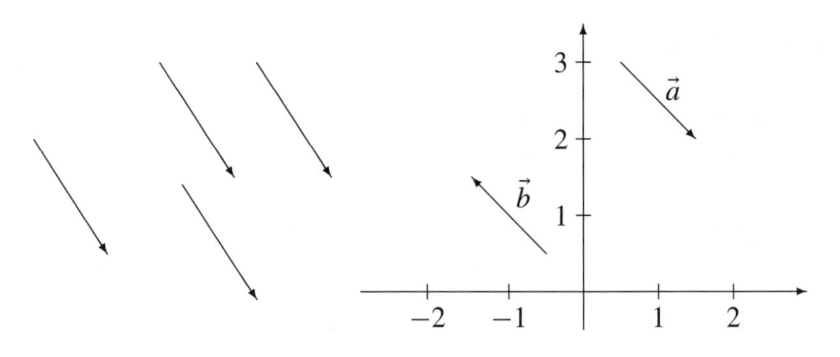

(a) Äquivalente Pfeile (b) Pfeile unterschiedlicher Orientierung

Abb. 6.4 Äquivalente und unterschiedlich orientierte Pfeile

Vektoren in der Ebene, die die Punkte $A(a_1|a_2)$ und $B(b_1|b_2)$ verbinden und von A nach B verlaufen, lassen sich durch

$$\vec{a} = \overrightarrow{AB} = \begin{pmatrix} b_1 - a_1 \\ b_2 - a_2 \end{pmatrix}$$

darstellen. Analog verläuft dies im dreidimensionalen Raum.

Zwei Vektoren $\vec{a}$ und $\vec{b}$ sind gleich, in Zeichen $\vec{a} = \vec{b}$, wenn die Pfeile zueinander parallel, gleich lang und gleich orientiert sind.

Die Schreibweise der Vektoren wird im Folgenden häufig $\vec{a} = {}^t(a_1, a_2)$ sein. Hierbei steht das hochgestellte t für *transponiert*, was bedeutet, dass aus Zeilen Spalten werden (und umgekehrt).

Der Begriff *Vektor* kann für beliebige n-Tupel

$$\vec{a} := {}^t(a_1, \ldots, a_n),$$

z.B. $\vec{a} = {}^t(a_1, a_2, a_3)$ im Raum, definiert werden. Analog zur Ebene können Vektoren mit Äquvalenzklassen von Pfeilen zwischen zwei Punkten identifiziert werden.

In Abbildung 6.4 (b) sind Repräsentatoren der Vektoren $\vec{a} = {}^t(1, -1)$ und $\vec{b} = {}^t(-1, 1)$ dargestellt, die dieselbe Länge besitzen und parallel verlaufen, jedoch entgegengesetzte Orientierung haben.

Definition Ein Vektor $\vec{b}$ heißt *Gegenvektor* zu einem Vektor $\vec{a}$, wenn $\vec{a}$ und $\vec{b}$ zueinander parallel, gleich lang und entgegengesetzt orientiert sind.

Beispiel 6.7 Man bestimme den Vektor von $A(1|3)$ nach $B(-2|4)$.

Lösung. Es gilt

$$\overrightarrow{AB} = {}^t(-2-1, 4-3) = {}^t(-3, 1).$$

Hinweis für Maple

Vektoren werden unter Maple mit dem Befehl `vector` eingegeben. Die Syntax dieses Befehls für einen Vektor $\vec{a} = {}^t(a_1, a_2, \ldots, a_n)$ lautet

```
> vector([a1,a2,...,an]);
```

Beispiel 6.7 kann hierbei folgendermaßen behandelt werden:

```
> A := [1,3]:  B := [-2,4]:
> vector([B[1]-A[1],B[2]-A[2]]);
```

Die Ergebnisangabe ist

$$[-3,\ 1].$$

Beispiel 6.8 Der Vektor von $O(0|0)$ zu $A(3|1)$ lautet

$$\overrightarrow{OA} = {}^t(3-0, 1-0) = {}^t(3, 1).$$

In diesem Fall stimmen die Koordinaten von A mit den Komponenten von $\overrightarrow{OA}$ überein. $\overrightarrow{OA}$ heißt *Ortsvektor* des Punktes A.

Beispiel 6.9 Es soll der Gegenvektor zum Vektor aus Beispiel b) bestimmt werden. Hierzu bietet es sich an, den Vektor

$$\overrightarrow{BA} = {}^t(1-(-2), 3-4) = {}^t(3, -1)$$

zu verwenden. Vektoren und Gegenvektoren unterscheiden sich nur durch unterschiedliche Vorzeichen in jeder Komponente.

Beispiel 6.10 Es ergibt sich für die Vektoren, die die Punkte $A(1|0|1)$ und $B(2|1|-2)$ verbinden,

$$\overrightarrow{AB} = {}^t(2-1, 1-0, -2-1) = {}^t(1, 1, -3)$$

bzw.

$$\overrightarrow{BA} = {}^t(1-2, 0-1, 1-(-2)) = {}^t(-1, -1, 3).$$

Die Ergebnisse der Beispiele 6.8 bis 6.10 können mit Maple bestätigt werden, vgl. Aufgabe 4.

Aufgaben

Verwenden Sie Maple zur Bestätigung der Ergebnisse der Aufgaben 1 bis 3.

1. Geben Sie die Vektoren von Punkt A nach B an.

a) $A(0|0)$, $B(2|-1)$ b) $A(-1|3)$, $B(0|-1)$
c) $A(3|-5)$, $B(5|8)$ d) $A(3|2)$, $B(4|6)$
e) $A(\frac{1}{2}|-\frac{5}{2})$, $B(-\frac{1}{4}|\frac{3}{4})$ f) $A(0.2|-3.1)$, $B(-4.1|3.9)$
g) $A(-0.95|1.73)$, $B(-1.58|9.10)$ h) $A(-1|3)$, $B(-6|-4)$

2. Geben Sie die Vektoren von Punkt A nach B an.

a) $A(3|2|-1)$, $B(5|4|6)$
b) $A(-\frac{3}{2}|\frac{1}{4}|-\frac{7}{9})$, $B(1\frac{1}{7}|17|\frac{13}{9})$
c) $A(0|0|0)$, $B(-5|8|3)$
d) $A(-1.8|1.7|-0.4)$, $B(-2.6|9.9|0)$
e) $A(\frac{1}{4}|-\frac{5}{8}|\frac{3}{4})$, $B(-2\frac{1}{4}|\frac{1}{2}|-2\frac{3}{4})$
f) $A(1.5|-2.9|0.8)$, $B(-4.1|3.9|6.1)$
g) $A(-1|1|3)$, $B(4|6|1)$
h) $A(-3|-2|-6)$, $B(-4|-5|-1)$

3. Ermitteln Sie die Gegenvektoren der Vektoren aus den obigen Aufgaben.

4. Behandeln Sie die Beispiele 6.8 bis 6.10 mit Hilfe von Maple.

6.3 Vektorräume

6.3.1 Addition von Vektoren

In Abbildung 6.5 befinden sich Vertreter der Klassen der Vektoren $\vec{a} = \binom{0}{2}$ und $\vec{b} = \binom{3}{2}$. Da die Position der Vektoren im Koordinatensystem nicht von Bedeutung ist, kann $\vec{b}$ verschoben werden, so dass sein Anfangspunkt in demselben Punkt wie die Spitze des Vektors $\vec{a}$ liegt. Dies ist in Abbildung 6.5 angedeutet. Der Pfeil, der sodann den Anfangspunkt von $\vec{a}$ mit der Spitze von $\vec{b}$ verbindet, gehört zu dem Vektor $\vec{c} = \binom{0+3}{2+2} = \binom{3}{4}$. Die beiden Komponenten sind jeweils die Summe der Komponenten der Vektoren $\vec{a}$ und $\vec{b}$. Daher kann man sagen, dass die Vektoren $\vec{a}$ und $\vec{b}$ *addiert* werden.

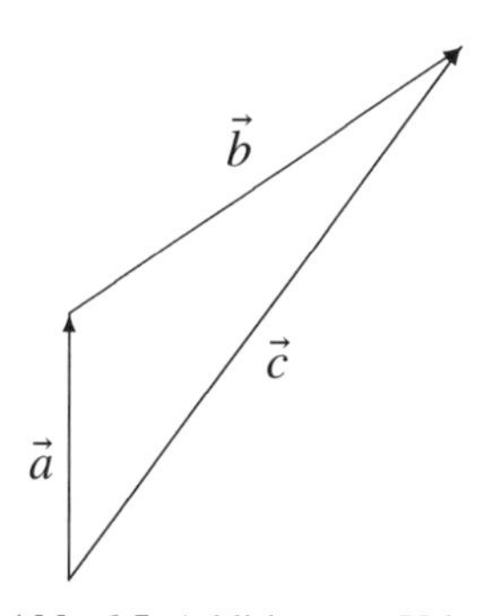

Abb. 6.5 Addition von Vektoren

Definition Zwei Vektoren $\vec{a}$ und $\vec{b}$ werden *addiert*, in Zeichen $\vec{a}+\vec{b}$, indem die Komponenten der Vektoren addiert werden:

$$\vec{a}+\vec{b} := {}^t(a_1, a_2) + {}^t(b_1, b_2) = {}^t(a_1+b_1, a_2+b_2)$$

bzw.

$$\vec{a}+\vec{b} := {}^t(a_1, a_2, a_3) + {}^t(b_1, b_2, b_3) = {}^t(a_1+b_1, a_2+b_2, a_3+b_3).$$

Geometrisch bedeutet die Addition zweier Vektoren $\vec{a}$ und $\vec{b}$ das Aneinandersetzen (Anfang von $\vec{b}$ an die Spitze von $\vec{a}$) von Vertretern der Klassen zu $\vec{a}$ und $\vec{b}$.

Hinweis für Maple

Für die Addition von Vektoren mit Maple gibt es zwei Möglichkeiten. Eine Möglichkeit zur Addition von zwei Vektoren besteht in der Verwendung des Befehls `matadd`. Um die Vektoren `a1`, `a2` zu addieren ist

```
> matadd(a1,a2);
```

einzugeben.

Eine Alternative liegt im Befehl `evalm`, mit dem beliebig viele Vektoren `a1,a2,...,an` durch

```
> evalm(a1+a2+...+an);
```

addiert werden können.

Beispiel 6.11 Die Summe der Vektoren $\vec{a} = {}^t(1, 3, -2)$ und $\vec{b} = {}^t(-1, 0, 1)$ lautet

$$\vec{a} + \vec{b} = {}^t(0, 3, -1).$$

Dies ergibt sich ebenfalls mit Maple:

```
> a := vector([1,3,-2]):  b := vector([-1,0,1]):
> matadd(a,b);
```

$$[0,\ 3,\ -1]$$

Beispiel 6.12 In Abbildung 6.4 (b) befinden sich Pfeile zu den Vektoren

$$\vec{a} = {}^t(1, -1) \quad \text{und} \quad \vec{b} = {}^t(-1, 1).$$

Durch Addition der beiden Gegenvektoren ergibt sich

```
> a := vector([1,-1]):  b := vector([-1,1]):
> evalm(a+b);
```

$$[0,\ 0]$$

Definition Ein Vektor $\vec{0} := {}^t(0, \ldots, 0)$ heißt *Nullvektor*.

Addiert man zu einem Vektor $\vec{a} = {}^t(a_1, a_2, a_3)$ den Nullvektor $\vec{0}$, so ergibt sich

$$\vec{a} + \vec{0} = {}^t(a_1 + 0, a_2 + 0, a_3 + 0) = \vec{a}\,.$$

Da er sich bei der Addition von Vektoren neutral verhält, heißt der Vektor $\vec{0}$ auch *neutrales Element* der Menge der Vektoren.

Bemerkung Durch Addition eines Vektors, der nicht der Nullvektor ist, und seines Gegenvektors erhält man der Nullvektor. Auf diese Art kann man den Gegenvektor mathematisch exakt definieren, denn es gilt: Es sei ein Vektor $\vec{a} \neq \vec{0}$ gegeben. Ein Vektor $\vec{b}$ mit $\vec{a} + \vec{b} = \vec{0}$ ist der Gegenvektor zu $\vec{a}$. Er wird durch $-\vec{a}$ bezeichnet. Für den Nullvektor setzt man $-\vec{0} = \vec{0}$.

Mit Hilfe der Gegenvektoren kann auch die Subtraktion von Vektoren definiert werden. $\vec{a} = {}^t(a_1, a_2, a_3)$ und $\vec{b} = {}^t(b_1, b_2, b_3)$ seien zwei Vektoren. Dann definiert man

$$\vec{a} - \vec{b} = \vec{a} + (-\vec{b}) = {}^t(a_1 - b_1, a_2 - b_2, a_3 - b_3).$$

Die Subtraktion von Vektoren wurde also auf die Addition von Vektoren zurückgeführt.

Hinweis für Maple

Auch unter Maple wird mit `matadd` die Subtraktion von Vektoren auf die Addition zurückgeführt. Sollen zwei Vektoren $\vec{a}$ und $\vec{b}$ subtrahiert werden, so geht dies mit

```
> matadd(a,-b);
```

Als zweite Möglichkeit gibt es unter Maple den Befehl `evalm`, unter dem die Subtraktion eingegeben werden kann:

```
> evalm(a-b);
```

Beispiel 6.13 Es soll der Vektor $\vec{b} = {}^t(-1, 3, 5)$ vom Vektor $\vec{a} = {}^t(3, 2, 10)$ subtrahiert werden. Hier erhält man unter Maple

```
> b := vector([-1,3,5]):  a := vector([3,2,10]):
> matadd(a,-b);
```

$$[4,\ -1,\ 5]$$

also $\vec{a} - \vec{b} = {}^t(4, -1, 5)$.

Beispiel 6.14 Für die Vektoren $\vec{a}$ und $\vec{b}$ aus Beispiel 6.13 kann ebenfalls die Differenz $\vec{b} - \vec{a}$ gebildet werden. Es ergibt sich

```
> evalm(b-a);
```

$$[-4,\ 1,\ -5]$$

Hierbei handelt es sich um den Gegenvektor des Vektors $\vec{a} - \vec{b}$ aus Beispiel 6.13, d.h. es gilt $\vec{b} - \vec{a} = -(\vec{a} - \vec{b})$.

In Abbildung 6.6 sind Vektoren $\vec{a}$ und $\vec{b}$ sowie die Hintereinanderschachtelungen $\vec{a} + \vec{b}$ und $\vec{b} + \vec{a}$ eingezeichnet. Hier ist erkennbar, dass $\vec{a} + \vec{b} = \vec{b} + \vec{a}$ gilt. Dies gilt allgemein, wie folgendermaßen für dreidimensionale $\vec{a}$ und $\vec{b}$ nachgewiesen werden kann: Es seien $\vec{a} = {}^t(a_1, a_2, a_3)$ und $\vec{b} = {}^t(b_1, b_2, b_3)$. Dann gilt

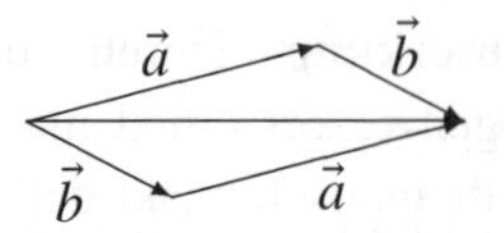

Abb. 6.6 Addition von Vektoren

$$\vec{a} + \vec{b} = \begin{pmatrix} a_1 + b_1 \\ a_2 + b_2 \\ a_3 + b_3 \end{pmatrix} \stackrel{\circledast}{=} \begin{pmatrix} b_1 + a_1 \\ b_2 + a_2 \\ b_3 + a_3 \end{pmatrix} = \vec{b} + \vec{a}\,.$$

An der Stelle $\circledast$ wurde hierbei die Kommutativität der reellen Zahlen benutzt. Da die Auswahl der Vektoren $\vec{a}$ und $\vec{b}$ beliebig war, gilt diese Gleichung für beliebige Vektoren $\vec{a}$ und $\vec{b}$.

Kommutativgesetz der Vektoraddition. *$\vec{a}$ und $\vec{b}$ seien beliebige Vektoren der Ebene oder des Raumes. Dann gilt*

$$\vec{a} + \vec{b} = \vec{b} + \vec{a}\,.$$

In Abbildung 6.7 befinden sich Pfeile zu den Vektoren

```
> a := vector([4,1]):  b := vector([2,-1]):
     c := vector([0,-2]):
```

die addiert werden sollen.

Zum einen wird zunächst die Summe der Vektoren $\vec{a}$ und $\vec{b}$ gebildet und hierzu $\vec{c}$ addiert:

```
> evalm((a+b)+c);
```

$$[6, \ -2]$$

Zum anderen wird zu $\vec{a}$ die Summe der Vektoren $\vec{b}$ und $\vec{c}$ addiert, d.h.

```
> evalm(a+(b+c));
```

und es ergibt sich dasselbe Ergebnis. Dies gilt für beliebige Vektoren und führt zum

Assoziativgesetz der Vektoraddition. *$\vec{a}$, $\vec{b}$, $\vec{c}$ seien beliebige Vektoren der Ebene oder des Raumes. Dann gilt*

$$\vec{a} + \vec{b} + \vec{c} = (\vec{a} + \vec{b}) + \vec{c} = \vec{a} + (\vec{b} + \vec{c}).$$

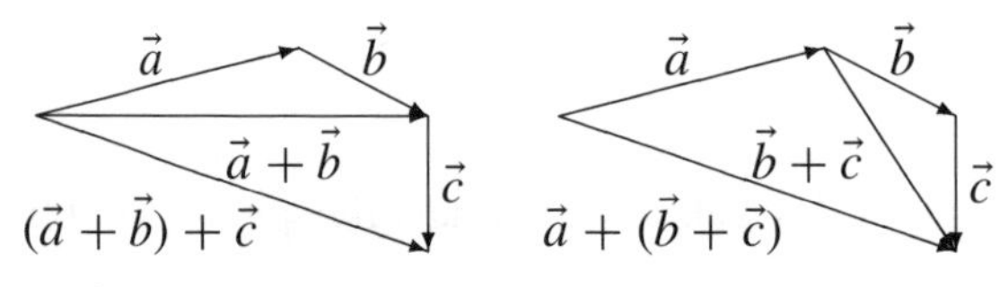

Abb. 6.7 Assoziativgesetz der Vektoraddition

Das Assoziativgesetz für Vektoren kann auf das Assoziativgesetz für reelle Zahlen zurückgeführt werden, vgl. Aufgabe 4.

Beispiel 6.15 Man drücke die Vektoren $\overrightarrow{AB}$, $\overrightarrow{BD}$, $\overrightarrow{DC}$, die in Abbildung 6.8 dargestellt sind, und ihre Gegenvektoren durch die Vektoren $\vec{a}$, $\vec{b}$ und $\vec{c}$ aus.

Lösung. Für die Vektoren ergibt sich

$$\begin{aligned}
\overrightarrow{AB} &= \vec{b}+\vec{c} \\
-\overrightarrow{AB} &= -(\vec{b}+\vec{c}) = -\vec{b}-\vec{c} \\
\overrightarrow{BD} &= -\overrightarrow{AB}+\vec{a} \\
&= -(\vec{b}+\vec{c})+\vec{a} = \vec{a}-\vec{b}-\vec{c} \\
-\overrightarrow{BD} &= -(-\overrightarrow{AD})-\vec{a} = -\vec{a}+\vec{b}+\vec{c} \\
\overrightarrow{DC} &= -\vec{a}+\vec{b} \\
-\overrightarrow{DC} &= -(-\vec{a}+\vec{b}) = \vec{a}-\vec{b}\,.
\end{aligned}$$

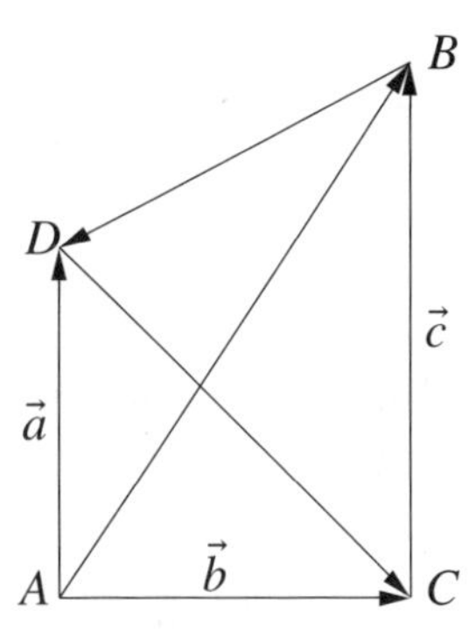

Abb. 6.8 Skizze zu Beispiel 6.15

6.3.2 Skalarmultiplikation

Ein Vektor $\vec{a} = {}^t(a_1, a_2, a_3) \neq \vec{0}$ kann zu sich selbst addiert werden, d.h. $\vec{a} + \vec{a} = {}^t(2a_1, 2a_2, 2a_3)$. Dies kann n-mal hintereinander ausgeführt werden, vgl. Abbildung 6.9. Um dies besser formulieren zu können, schreibt man nun

$$n \cdot \vec{a} = \underbrace{\vec{a} + \ldots + \vec{a}}_{n-\text{mal}} = \begin{pmatrix} n \cdot a_1 \\ n \cdot a_2 \\ n \cdot a_3 \end{pmatrix}.$$

$$\underbrace{\xrightarrow{\vec{a}}\xrightarrow{\vec{a}}\cdots\xrightarrow{\vec{a}}}_{n-\text{mal}}$$

Abb. 6.9 n-malige Addition desselben Vektors

Diese Multiplikation eines Vektors mit einer natürlichen Zahl kann auf die Multiplikation von Vektoren mit reellen Zahlen ausgedehnt werden. Durch Multiplikation eines Vektors $\vec{a}$ mit einer reellen Zahl $r \in \mathbb{R} \setminus \{0\}$ erhält man einen Vektor $r \cdot \vec{a}$, der

a) parallel zu $\vec{a}$ ist,

b) $|r|$-mal so lang wie $\vec{a}$ ist,

c) 1) gleich orientiert zu $\vec{a}$ ist, falls $r > 0$ gilt,
   2) entgegengesetzt orientiert zu $\vec{a}$ ist, falls $r < 0$ gilt.

Dies ist in Abbildung 6.10 für Repräsentanten der Vektoren $\vec{a} := \binom{1}{1}$ mit $r_1 := 1$, $r_2 := 2$ und $r_3 := -3$ dargestellt.

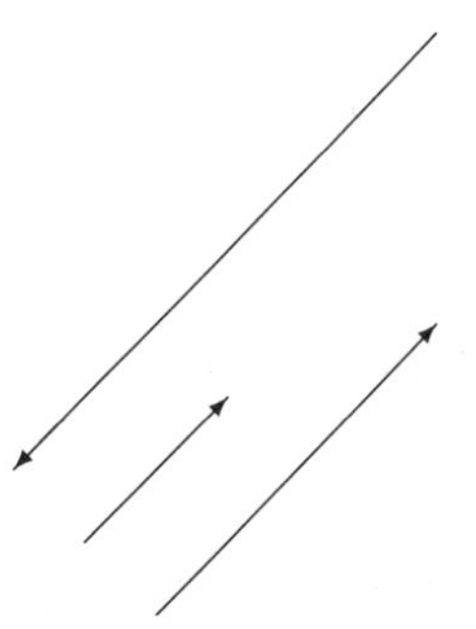

Abb. 6.10 Ein Vektor mit skalaren Vielfachen

Für einen Vektor ${}^t(a_1, a_2)$ oder ${}^t(a_1, a_2, a_3)$ und $r \in \mathbb{R}$ gilt

$$r \cdot \begin{pmatrix} a_1 \\ a_2 \end{pmatrix} = \begin{pmatrix} r \cdot a_1 \\ r \cdot a_2 \end{pmatrix} \quad \text{bzw.} \quad r \cdot \begin{pmatrix} a_1 \\ a_2 \\ a_3 \end{pmatrix} = \begin{pmatrix} r \cdot a_1 \\ r \cdot a_2 \\ r \cdot a_3 \end{pmatrix}.$$

Ist $r = 0$, so gilt $0 \cdot \vec{a} = \vec{0}$ für jeden Vektor $\vec{a}$. Außerdem gilt $r \cdot \vec{0} = \vec{0}$ für alle $r \in \mathbb{R}$.

Definition Eine reelle Zahl als Faktor eines Vektors heißt *Skalar*. Die Multiplikation von Vektoren mit Skalaren heißt *Skalarmultiplikation*.

Mit Hilfe der Skalaren von Vektoren kann die Parallelität von Vektoren exakt definiert werden.

Zwei Vektoren $\vec{a} \neq \vec{0}$ und $\vec{b} \neq \vec{0}$ verlaufen *parallel* zueinander, wenn sie *linear abhängig* sind, d.h. es existieren $\lambda_1, \lambda_2 \in \mathbb{R} \setminus \{0\}$ mit $\lambda_1\vec{a} + \lambda_2\vec{b} = \vec{0}$.

Zwei Vektoren $\vec{a} \neq \vec{0}$ und $\vec{b} \neq \vec{0}$ heißen *linear unabhängig*, wenn sie nicht linear abhängig sind.

Die Bedingung $\lambda_1\vec{a} + \lambda_2\vec{b} = \vec{0}$ für parallele Vektoren ist, da $\lambda_1, \lambda_2 \neq 0$ gilt, gleichbedeutend mit $\vec{a} = -\frac{\lambda_2}{\lambda_1}\vec{b}$. Damit wird der Begriff der linearen Abhängigkeit deutlich.

Der Begriff der linearen Abhängigkeit lässt sich auf eine beliebige Anzahl von Vektoren übertragen. Hier ist dies ebenfalls so zu verstehen, dass ein Vektor mit einem Koeffizienten ungleich Null durch die anderen Vektoren dargestellt werden kann.

Definition Die Vektoren $\vec{a}_1, \ldots, \vec{a}_n$ heißen *linear unabhängig*, wenn für die Gleichung

$$\lambda_1\vec{a}_1 + \ldots + \lambda_n\vec{a}_n = \vec{0} \quad \text{mit } \lambda_1, \ldots, \lambda_n \in \mathbb{R}$$

nur die Lösung $\lambda_1 = \ldots = \lambda_n = 0$ existiert.

Vektoren $\vec{a}_1, \ldots, \vec{a}_n$ heißen *linear abhängig*, wenn sie nicht linear unabhängig sind.

Die Summe

$$\lambda_1\vec{a}_1 + \ldots + \lambda_n\vec{a}_n$$

heißt *Linearkombination* der Vektoren $\vec{a}_1, \ldots, \vec{a}_n$.

Bemerkung Der Nullvektor $\vec{0}$ ist linear abhängig zu jedem Vektor $\vec{a}$, denn es gilt $0 \cdot \vec{a} + 1 \cdot \vec{0} = \vec{0}$.

Beispiel 6.16 Man zeige, dass die Vektoren $\vec{a}_1 = {}^t(1, 2, 4)$, $\vec{a}_2 = {}^t(0, 1, 1)$, $\vec{a}_3 = {}^t(3, 2, 0)$, $\vec{a}_4 = {}^t(1, 2, 1)$ linear abhängig sind und stelle $\vec{a}_4$ als Linearkombination der Vektoren $\vec{a}_1, \vec{a}_2, \vec{a}_3$ dar.

Lösung. Die Gleichung

$$\lambda_1 \cdot \begin{pmatrix} 1 \\ 2 \\ 4 \end{pmatrix} + \lambda_2 \cdot \begin{pmatrix} 0 \\ 1 \\ 1 \end{pmatrix} + \lambda_3 \cdot \begin{pmatrix} 3 \\ 2 \\ 0 \end{pmatrix} + \lambda_4 \cdot \begin{pmatrix} 1 \\ 2 \\ 1 \end{pmatrix} = \begin{pmatrix} 0 \\ 0 \\ 0 \end{pmatrix}$$

kann auf das folgende homogene lineare Gleichungssystem zurückgeführt werden:

$$\left(\begin{array}{cccc|c} 1 & 0 & 3 & 1 & 0 \\ 2 & 1 & 2 & 2 & 0 \\ 4 & 1 & 0 & 1 & 0 \end{array}\right).$$

Um das lineare Gleichungssystem mit Maple zu lösen, wird nach dem zweiten Hinweis für Maple aus Abschnitt 6.1 die letzte Spalte nicht eingegeben:

```
> A := matrix([[1,0,3,1], [2,1,2,2], [4,1,0,1]]):
> gausselim(A);
```

$$\begin{bmatrix} 1 & 0 & 3 & 1 \\ 0 & 1 & -4 & 0 \\ 0 & 0 & -8 & -3 \end{bmatrix}$$

Diese Vektoren sind linear abhängig, da es die Möglichkeit

$$\lambda_4 = 1\,, \quad \lambda_3 = -\tfrac{3}{8}\,, \quad \lambda_2 = -\tfrac{3}{2}\,, \quad \lambda_1 = \tfrac{1}{8}$$

gibt. $\vec{a}_4$ lässt sich durch

$$\vec{a}_4 = -\tfrac{1}{8}\vec{a}_1 + \tfrac{3}{2}\vec{a}_2 + \tfrac{3}{8}\vec{a}_3$$

als Linearkombination der Vektoren $\vec{a}_1$, $\vec{a}_2$ und $\vec{a}_3$ darstellen.

Es seien $r, s \in \mathbb{R}$ und $\vec{a} = {}^t(a_1, a_2, a_3)$. Mit Hilfe des Assoziativgesetzes reeller Zahlen ergibt sich

$$\begin{aligned} r \cdot (s \cdot \vec{a}) &= r \cdot \left(s \cdot \begin{pmatrix} a_1 \\ a_2 \\ a_3 \end{pmatrix}\right) = r \cdot \begin{pmatrix} s \cdot a_1 \\ s \cdot a_2 \\ s \cdot a_3 \end{pmatrix} = \begin{pmatrix} r \cdot (s \cdot a_1) \\ r \cdot (s \cdot a_2) \\ r \cdot (s \cdot a_3) \end{pmatrix} \\ &= \begin{pmatrix} (r \cdot s) \cdot a_1 \\ (r \cdot s) \cdot a_2 \\ (r \cdot s) \cdot a_3 \end{pmatrix} = (r \cdot s) \begin{pmatrix} a_1 \\ a_2 \\ a_2 \end{pmatrix} = (r \cdot s) \cdot \vec{a}\,. \end{aligned}$$

Dieselbe Aussage gilt auch für Vektoren der Ebene.

Assoziativgesetz der Skalarmultiplikation *Es seien $\vec{a}$ ein Vektor und r, s reelle Zahlen. Dann gilt*

$$r \cdot (s \cdot \vec{a}) = (r \cdot s) \cdot \vec{a}\,.$$

Für zwei Vektoren $\vec{a} = {}^t(a_1, a_2, a_3)$ und $\vec{b} = {}^t(b_1, b_2, b_3)$ und $r \in \mathbb{R}$ folgt aus dem Distributivgesetz der reellen Zahlen

$$\begin{aligned}
r \cdot (\vec{a} + \vec{b}) &= r \cdot \left(\begin{pmatrix} a_1 \\ a_2 \\ a_3 \end{pmatrix} + \begin{pmatrix} b_1 \\ b_2 \\ b_3 \end{pmatrix} \right) = r \cdot \begin{pmatrix} a_1 + b_1 \\ a_2 + b_2 \\ a_3 + b_3 \end{pmatrix} \\
&= \begin{pmatrix} r \cdot (a_1 + b_1) \\ r \cdot (a_2 + b_2) \\ r \cdot (a_3 + b_3) \end{pmatrix} = \begin{pmatrix} r \cdot a_1 + r \cdot b_1 \\ r \cdot a_2 + r \cdot b_2 \\ r \cdot a_3 + r \cdot b_3 \end{pmatrix} \\
&= \begin{pmatrix} r \cdot a_1 \\ r \cdot a_2 \\ r \cdot a_3 \end{pmatrix} + \begin{pmatrix} r \cdot b_1 \\ r \cdot b_2 \\ r \cdot b_3 \end{pmatrix} = r \cdot \begin{pmatrix} a_1 \\ a_2 \\ a_3 \end{pmatrix} + r \cdot \begin{pmatrix} b_1 \\ b_2 \\ b_3 \end{pmatrix} \\
&= r \cdot \vec{a} + r \cdot \vec{b}\,.
\end{aligned}$$

Analog kann dies für Vektoren der Ebene gezeigt werden.

Für einen Vektor $\vec{a}$ und $r, s \in \mathbb{R}$ kann man ebenfalls

$$(r + s) \cdot \vec{a} = r \cdot \vec{a} + s \cdot \vec{a}$$

zeigen, vgl. Aufgabe 7.

Distributivgesetz *Es seien $\vec{a}$ und $\vec{b}$ Vektoren und $r, s \in \mathbb{R}$ beliebig. Dann gilt*

$$r \cdot (\vec{a} + \vec{b}) = r \cdot \vec{a} + r \cdot \vec{b} \quad \textit{und} \quad (r + s) \cdot \vec{a} = r \cdot \vec{a} + s \cdot \vec{a}\,.$$

Hinweis für Maple

Der Befehl `scalarmul` dient zur Skalarmultiplikation unter Maple. Um einen Vektor `a` mit dem Skalar `r` zu multiplizieren ist

```
> scalarmul(a,r);
```

einzugeben. Es ist zu beachten, dass im Unterschied zur oben eingeführten Schreibweise der Vektor links vom Skalar steht.
Alternativ kann die Skalarmultiplikation durch

```
> evalm(r*a);
```

bestimmt werden, wobei der Skalar links des Vektors stehen kann.

Beispiel 6.17 Man vereinfache $8 \cdot {}^t(4.25, -0.125, \frac{3}{4})$.

Lösung. Es gilt

$$8 \cdot {}^t(4.25, -0.125, \tfrac{3}{4}) = {}^t(34, -1, 6),$$

was mit Maple bestätigt werden kann:

```
> scalarmul(vector([4.25,-0.125,3/4]),8);
```

$$[34.00,\ -1.000,\ 6]$$

Beispiel 6.18 Es ist

$$\tfrac{5}{4}\cdot\left(\tfrac{4}{5}\cdot\begin{pmatrix}1\\2\end{pmatrix}\right)$$

zu bestimmen.

Lösung. Nach dem Assoziativgesetz gilt

$$\tfrac{5}{4}\cdot\left(\tfrac{4}{5}\cdot\begin{pmatrix}1\\2\end{pmatrix}\right)=\left(\tfrac{5}{4}\cdot\tfrac{4}{5}\right)\cdot\begin{pmatrix}1\\2\end{pmatrix}=1\cdot\begin{pmatrix}1\\2\end{pmatrix}=\begin{pmatrix}1\\2\end{pmatrix}.$$

Dieses Ergebnis kann unter Maple durch Eingabe von

```
> evalm(5/4*(4/5*vector([1,2])));
```

bestätigt werden:

$$[1,\ 2]$$

Beispiel 6.19 Summen von Vektoren können vereinfacht werden:

$$\tfrac{3}{8}\cdot\vec{a}+\tfrac{5}{4}\cdot\vec{a}=\left(\tfrac{3}{8}+\tfrac{5}{4}\right)\cdot\vec{a}=\tfrac{13}{8}\cdot\vec{a}\,.$$

Beispiel 6.20 Es soll die Summe $4\cdot{}^t(1.3, 0.9, 3.2) - 4\cdot{}^t(-4.7, 1.9, -2.8)$ bestimmt werden.

Lösung. Das Distributivgesetz soll verwendet werden. Hierzu ist die Skalarmultiplikation zu benutzen, um die Skalare identisch zu machen. Hiermit folgt

$$\begin{aligned}4\cdot{}^t(1.3, 0.9, 3.2) - 4\cdot{}^t(-4.7, 1.9, -2.8) &= 4\cdot\left[{}^t(1.3, 0.9, 3.2) + {}^t(4.7, -1.9, 2.8)\right]\\ &= 4\cdot{}^t(6, -1, 6) = {}^t(24, -4, 24).\end{aligned}$$

Dieses Ergebnis erhält man auch mit Maple, was zur Übung empfohlen sei.

6.3.3 Vektorräume

Die im Verlauf dieses Abschnitts hergeleiteten Gesetze sind von großer Bedeutung für die Lineare Algebra und führen zu einem wesentlichen Begriff dieses Kapitels, dem des *Vektorraums*.

Definition Eine Menge V mit einer Verknüpfung „$\oplus$“ (*Addition* genannt) von Vektoren und einer Verknüpfung $\odot$ (*Skalarmultiplikation* genannt) von reellen Zahlen mit Vektoren heißt $\mathbb{R}$-*Vektorraum*, falls gilt:

1) Für die Addition gilt
   a) $(\vec{a} \oplus \vec{b}) \oplus \vec{c} = \vec{a} \oplus (\vec{b} \oplus \vec{c})$ für alle $\vec{a}, \vec{b}, \vec{c} \in V$. (Assoziativgesetz)
   b) Es existiert ein neutrales Element $\vec{0} \in V$ mit $\vec{0} \oplus \vec{a} = \vec{a}$ für alle $\vec{a} \in V$.
   c) Zu jedem $\vec{a} \in V$ existiert ein (eindeutiges) $\vec{a'} \in V$ mit $\vec{a'} \oplus \vec{a} = \vec{0}$.
   d) $\vec{a} \oplus \vec{b} = \vec{b} \oplus \vec{a}$ für alle $\vec{a}, \vec{b} \in V$. (Kommutativgesetz)
2) Für die Skalarmultiplikation gilt
   a) $r \odot (s \odot \vec{a}) = (r \cdot s) \odot \vec{a}$ für alle $r, s \in \mathbb{R}$, für alle $\vec{a} \in V$.
   b) $1 \odot \vec{a} = \vec{a}$ für alle $\vec{a} \in V$.
3) Die Skalarmultiplikation ist mit der Addition verträglich:
   a) $(r + s) \odot \vec{a} = r \odot \vec{a} \oplus s \odot \vec{a}$ für alle $r, s \in \mathbb{R}$, für alle $\vec{a} \in V$.
   b) $r \odot (\vec{a} \oplus \vec{b}) = r \odot \vec{a} \oplus r \odot \vec{b}$ für alle $r \in \mathbb{R}$, für alle $\vec{a}, \vec{b} \in V$. (Distributivgesetze)

Der Begriff des Vektorraums ist sehr allgemein gehalten, daher gibt es viele unterschiedliche Vektorräume.

Beispiel 6.21 Die Menge der Vektoren $\vec{a} = {}^t(a_1, a_2)$ mit der oben definierten Addition von Vektoren und der Skalarmultiplikation ist ein Vektorraum. Dieser Vektorraum wird mit $\mathbb{R}^2$ bezeichnet.

Beispiel 6.22 Die Menge der Vektoren $\vec{a} = {}^t(a_1, a_2, a_3)$ mit der oben definierten Addition von Vektoren und der Skalarmultiplikation ist ein Vektorraum. Dieser Vektorraum wird mit $\mathbb{R}^3$ bezeichnet.

Beispiel 6.23 Es können Vektoren $\vec{a} = {}^t(a_1, \ldots, a_n)$ mit n reellen Zahlen $a_1, \ldots, a_n$ betrachtet werden. Mit denselben Definitionen der Addition und Skalarmultiplikation wie in $\mathbb{R}^2$ und $\mathbb{R}^3$ wird hieraus ein Vektorraum, der mit $\mathbb{R}^n$ bezeichnet wird und *reeller Standardraum* heißt.

Beispiel 6.24 Die Menge der Polynome vom Grad kleiner oder gleich 2, d.h.

$$V = \{a \cdot x^2 + b \cdot x + c \text{ mit } a, b, c \in \mathbb{R}\},$$

bildet mit der üblichen Addition und Multiplikation einen Vektorraum. Ein Polynom ist hierbei ein Vektor.

Beispiel 6.25 Die Menge aller Polynome bildet ebenfalls einen Vektorraum.

Beispiel 6.26 Es sei $\mathcal{C}(\mathbb{R}) := \{f\colon \mathbb{R} \to \mathbb{R} : f \text{ stetig}\}$ die Menge aller stetigen Funktionen. Diese Menge bildet mit der Addition von Funktionen und der skalaren Multiplikation mit reellen Zahlen einen Vektorraum. In diesem Vektorraum ist eine stetige Funktion ein Vektor.

Beispiel 6.27 Die Menge der auf den reellen Zahlen integrierbaren Funktionen,

$$\mathcal{L}(\mathbb{R}) := \{f\colon \mathbb{R} \to \mathbb{R} : f \text{ ist integrierbar}\},$$

bildet mit der Addition von Funktionen und der Multiplikation mit reellen Zahlen einen Vektorraum, in dem ein Vektor eine integrierbare Funktion ist.

Beispiel 6.28 Auch die Menge der auf den reellen Zahlen beliebig oft differenzierbaren Funktionen

$$\mathcal{D}(\mathbb{R}) := \{f\colon \mathbb{R} \to \mathbb{R} : f \text{ ist beliebig oft differenzierbar}\}$$

bildet mit der Addition von Funktionen und der Multiplikation mit reellen Zahlen einen Vektorraum, in dem ein Vektor eine differenzierbare Funktion ist.

Die Beispiele 6.25, 6.26 und 6.27 stellen einen Zusammenhang zwischen der Linearen Algebra und der Analysis her.

6.3.4 Basis und Dimension

Fertigt man einen zweidimensionalen Graphen an, so ist ein Punkt auf dem Graphen durch die Koordinaten $(a_1|a_2)$ eindeutig bestimmt. Dies ist durch die Einzeichnung des Koordinatensystems angedeutet. Legt man die Richtung der Koordinatenachsen durch $\vec{e}_1 := {}^t(1, 0)$ und $\vec{e}_2 := {}^t(0, 1)$ fest, so lässt sich jeder Vektor $\vec{a} := {}^t(a_1, a_2)$ durch $\vec{a} = a_1\vec{e}_1 + a_2\vec{e}_2$ angeben. Die Vektoren $\vec{e}_1$ und $\vec{e}_2$ sind außerdem linear unabhängig.

Definition Es sei V ein Vektorraum. Eine Familie $\mathcal{B} := (\vec{v}_1, \dots, \vec{v}_n)$ heißt *Erzeugendensystem* von V, wenn gilt: für jedes $\vec{v} \in V$ existieren $\lambda_1, \dots, \lambda_n \in \mathbb{R}$ mit

$$\vec{v} = \lambda_1\vec{v}_1 + \ldots + \lambda_n\vec{v}_n\,.$$

Eine Familie $\mathcal{B}$ heißt *Basis* von V, wenn sie ein Erzeugendensystem ist und die Vektoren $\vec{v}_1, \dots, \vec{v}_n$ linear unabhängig sind.

Beispiel 6.29 In $\mathbb{R}^2$ sind Basen durch

$$\mathcal{B} = \left({}^t(1, 1), {}^t(-1, 2)\right) \quad \text{und} \quad \mathcal{B} = \left({}^t(\tfrac{1}{2}, 5), {}^t(-2, 0)\right)$$

gegeben.

Beispiel 6.30 Eine Basis in $\mathbb{R}^3$ ist gegeben durch

$$\mathcal{B} = \left({}^t(1, 0, 0), {}^t(0, 1, 0), {}^t(0, 0, 1)\right).$$

Dieses Beispiel lässt sich auf $\mathbb{R}^n$ verallgemeinern. Bezeichnet man

$$\vec{e}_1 := {}^t(1, 0, \dots, 0), \quad \vec{e}_2 := {}^t(0, 1, 0, \dots, 0), \dots, \quad \vec{e}_n := {}^t(0, \dots, 0, 1),$$

so ist eine Basis durch

$$\mathcal{B} := (\vec{e}_1, \ldots, \vec{e}_n)$$

gegeben. Diese Basis des $\mathbb{R}^n$ nennt man *kanonische Basis.*

Beispiel 6.31 Die Familie

$$\mathcal{B} = \left({}^t(1, 2, 3), {}^t(3, 1, 2), {}^t(2, 3, 1)\right)$$

bildet eine Basis des Raums $\mathbb{R}^3$.

Beispiel 6.32 Es sei V der Vektorraum der Polynome von Grad kleiner oder gleich 2 aus Beispiel 6.23 in Abschnitt 6.3.3. Dann ist $\mathcal{B} = (x^2, x, 1)$ eine Basis des Vektorraums.

Hinweis Obige Definition der Basis beschränkt sich auf endlich viele Elemente. Es existieren auch Vektorräume, die Basen mit unendlich vielen Elementen besitzen. Beispiele hierfür befinden sich in den Beispielen 6.24 bis 6.27 in Abschnitt 6.3.3. Für Genaueres hierzu vgl. [Fi00], Abschnitt 1.5.

Wie Beispiel 6.28 und die kanonische Basis des $\mathbb{R}^2$ zeigen, besitzen verschiedene Basen eines Vektorraums dieselbe Anzahl an Basisvektoren. Dies gilt für alle Vektorräume.

Bemerkung Für einen Vektorraum ist die Anzahl der Basisvektoren eindeutig bestimmt.

Damit ist die folgende Definition sinnvoll.

Definition Ist V ein Vektorraum mit einer Basis $\mathcal{B} = (\vec{v}_1, \ldots, \vec{v}_n)$, so ist seine *Dimension* definiert durch $\dim V := n$.

Sind die Vektoren $\vec{v}_1, \vec{v}_2$ aus Beispiel 6.30 und $\vec{v} := {}^t(0, 0, 2) \in \mathbb{R}^3$ gegeben, so kann $(\vec{v}_1, \vec{v}_2)$ durch $\vec{v}$ zu einer Basis $\mathcal{B}' = (\vec{v}_1, \vec{v}_2, \vec{v})$ des $\mathbb{R}^3$ ergänzt werden. Eine Ergänzung von linear unabhängigen Vektoren zu einer Basis lässt sich in beliebigen Vektorräumen durchführen.

Basisergänzungssatz *Im Vektorraum V der Dimension n seien linear unabhängige Vektoren $\vec{v}_1, \ldots, \vec{v}_m$ gegeben. Dann gibt es Vektoren $\vec{v}_{m+1}, \ldots, \vec{v}_n \in V$, so dass*

$$\mathcal{B} = (\vec{v}_1, \ldots, \vec{v}_m, \vec{v}_{m+1}, \cdots, \vec{v}_n)$$

eine Basis von V ist.

Für Beweise der Bemerkung und des Basisergänzungssatzes vgl. [Fi00], Abschnitt 1.5.

Hinweis für Maple

Unter Maple lässt sich aus einem Erzeugendensystem eine Basis bestimmen. Hierzu ist das Paket `LinearAlgebra` zu aktivieren.
Ein Vektor `v1` ist hierbei durch

```
> v1:=<v11,v12,v13,...>:
```

einzugeben. Die Basis von Vektoren `v1, v2, v3,...` wird durch Eingabe von

```
> Basis([v1,v2,v3,...]);
```

bestimmt.

Beispiel 6.33 Die Vektoren

$$\vec{v}_1 = {}^t(1,1,2), \quad \vec{v}_2 = {}^t(1,0,1) \quad \text{und} \quad \vec{v}_3 = {}^t(0,1,1)$$

bilden keine Basis des $\mathbb{R}^3$, denn es gilt $\vec{v}_1 - \vec{v}_2 = \vec{v}_3$. Unter Maple kann man eine Basis des von $\vec{v}_1$, $\vec{v}_2$ und $\vec{v}_3$ erzeugten Raums durch

```
> v1:=<1,1,2>:  v2:=<1,0,1>:  v3:=<0,1,1>:
> Basis([v1,v2,v3]);
```

bestimmt, und man erhält

$$\left[\begin{bmatrix} 1 \\ 1 \\ 2 \end{bmatrix}, \begin{bmatrix} 1 \\ 0 \\ 1 \end{bmatrix}\right]$$

Die Dimension des durch die Vektoren $\vec{v}_1$, $\vec{v}_2$ und $\vec{v}_3$ aufgespannten Raums ist damit 2.

Die lineare Abhängigkeit von $\vec{v}_1$, $\vec{v}_2$ und $\vec{v}_3$ und die Dimension des von ihnen aufgespannten Raums kann auch an

```
> A := matrix([[1,1,0],[1,0,1],[2,1,1]]):
```

mit $\vec{v}_1$, $\vec{v}_2$ und $\vec{v}_3$ als Spaltenvektoren nachgewiesen werden. Durch

```
> gaussjord(A);
```

erhält man

$$\begin{bmatrix} 1 & 0 & 1 \\ 0 & 1 & -1 \\ 0 & 0 & 0 \end{bmatrix}$$

Der *Rang*, d.h. die Anzahl der linear unabhängigen Zeilenvektoren, der Matrix A ist gleich zwei und gleich der Dimension des von den Vektoren $\vec{v}_1$, $\vec{v}_2$ und $\vec{v}_3$ aufgespannten Vektorraums.

Definition Ein Vektorraum V_2 sei in einem Vektorraum V_1 enthalten. Dann heißt V_2 *Untervektorraum* von V_1.

Der in Beispiel 6.32 von den Vektoren $\vec{v}_1$, $\vec{v}_2$ und $\vec{v}_3$ erzeugte Vektorraum ist ein Untervektorraum des $\mathbb{R}^3$.

Weitere Beispiele für Untervektorräume befinden sich in den Beispielen 6.25, 6.26 und 6.27 in Abschnitt 6.3.3. Der Vektorraum $\mathcal{D}(\mathbb{R})$ der differenzierbaren Funktionen ist ein Untervektorraum des Vektorraums der integrierbaren Funktionen und ebenfalls ein Untervektorraum des Vektorraums der stetigen Funktionen, vgl. Aufgabe 15.

Hinweis Um zu untersuchen, ob es sich bei einer Teilmenge von Vektoren eines Vektorraums um einen Untervektorraum handelt, müssen nicht alle Eigenschaften eines Vektorraums überprüft werden, vgl. hierzu [Fi00], Abschnitt 1.4.2.

Aufgaben

1. Bilden Sie die Summen und die Differenzen beliebig vieler der Vektoren in $\mathbb{R}^2$. Bestätigen Sie Ihre Ergebnisse mit Maple.

$$\begin{array}{llll} \vec{a} = {}^t(1,2) & \vec{b} = {}^t(2,0) & \vec{c} = {}^t(0.3, 0.4) & \vec{d} = {}^t\left(\frac{1}{2}, \frac{3}{4}\right) \\ \vec{e} = {}^t(12,-2) & \vec{f} = {}^t\left(-\frac{1}{3}, \frac{2}{5}\right) & \vec{g} = {}^t(-2,1) & \vec{h} = {}^t(-2,-1) \\ \vec{i} = {}^t(1,0) & \vec{j} = {}^t(0,1)) & \vec{k} = {}^t(1.21, 2.34) & \vec{l} = {}^t(-3, 0.3) \end{array}$$

2. Bilden Sie die Summen und die Differenzen beliebig vieler der Vektoren in $\mathbb{R}^3$. Bestätigen Sie Ihre Ergebnisse mit Maple.

$$\begin{array}{ll} \vec{a} = {}^t(1,0,2) & \vec{b} = {}^t(3,-1,-2) \\ \vec{c} = {}^t\left(\frac{1}{3}, \frac{2}{5}, -1\right) & \vec{d} = {}^t(-1,-2,0) \\ \vec{e} = {}^t(0,1,0) & \vec{f} = {}^t(-2,0,1) \\ \vec{g} = {}^t(0,0,1) & \vec{h} = {}^t\left(\frac{2}{3}, \frac{2}{3}, -\frac{3}{2}\right) \\ \vec{i} = {}^t(-5,10,20) & \vec{j} = {}^t(0.123, 1.736, -0.953) \\ \vec{k} = {}^t\left(\frac{9}{2}, -1, \frac{3}{5}\right) & \vec{l} = {}^t\left(-\frac{3}{4}, \frac{1}{8}, \right) \end{array}$$

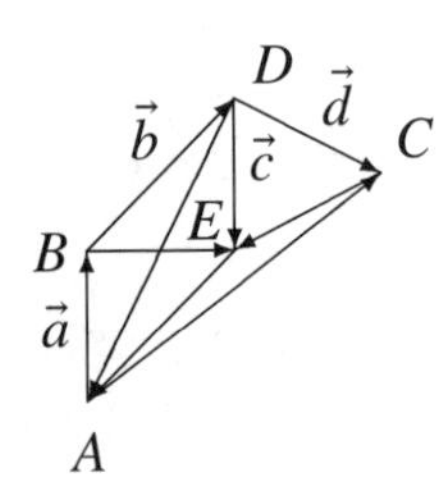

Abb. 6.11 Skizze zu Aufgabe 3

3. Drücken Sie die in Abbildung 6.11 dargestellten Vektoren $\overrightarrow{EA}$, $\overrightarrow{EC}$, $\overrightarrow{BE}$, $\overrightarrow{AC}$ durch die Vektoren $\vec{a}, \vec{b}, \vec{c}, \vec{d}$ aus.

4. Überprüfen Sie mit Hilfe von Maple die Gesetze aus der Definition von Vektorräumen für $\mathbb{R}^2$ und $\mathbb{R}^3$. Beweisen Sie das Assoziativgesetz für Vektoren mit Hilfe des Assoziativgesetzes für reelle Zahlen.

5. Berechnen Sie die Koordinaten der Vektoren $\lambda \cdot \vec{a}$ zu den Vektoren aus den Aufgaben 1 und 2 für:
a) $\lambda = -1$ b) $\lambda = \frac{1}{2}$ c) $\lambda = \frac{2}{3}$ d) $\lambda = 0.2$ e) $\lambda = -2.35$ f) $\lambda = 5$
Bestätigen Sie Ihre Ergebnisse mit Maple.

6. Vereinfachen Sie die Terme unter Anwendung der Rechengesetze.
a) $5 \cdot \vec{a} + 3 \cdot \vec{a}$ b) $3 \cdot (\vec{a} + \vec{b}) + 2 \cdot \vec{b}$
c) $\vec{a} - 3 \cdot (\vec{a} + \vec{b})$ d) $3 \cdot \vec{a} - 5 \cdot \vec{b} + 3 \cdot \vec{a}$
e) $3 \cdot (\vec{a} - \cdot \vec{b}) - 5 \cdot (\frac{3}{5}\vec{a} - \vec{b})$ f) $-\frac{1}{2} \cdot (3 \cdot \vec{a} - 2 \cdot \vec{b}) + 4 \cdot (-3 \cdot \vec{b} + 6 \cdot \vec{a})$

7. Zeigen Sie, dass für beliebige Vektoren $\vec{a}$ und beliebige Skalare $r, s \in \mathbb{R}$ das Assoziativgesetz $(r + s) \cdot \vec{a} = r \cdot \vec{a} + s \cdot \vec{a}$ gilt.

8. Zeigen Sie für die Beispiele 6.21 bis 6.28 von Abschnitt 6.3.3, dass es sich um Vektorräume handelt.

9. Berechnen Sie:
a) $(-2) \cdot {}^t(1, 3, -1) + 2 \cdot {}^t(5, 2, 0)$ b) $-3 \cdot {}^t(5, 3, -1) + \frac{1}{4} \cdot {}^t(-5, -3, 1)$
c) $12 \cdot {}^t(-\frac{3}{4}, \frac{5}{6}, \frac{1}{12}) - 14 \cdot {}^t(-\frac{3}{4}, \frac{5}{6}, \frac{1}{12})$ d) $-\frac{5}{7} \cdot {}^t(49, \frac{28}{10}, -\frac{7}{10}) + \frac{19}{7} \cdot {}^t(49, \frac{28}{10}, -\frac{7}{10})$
Bestätigen Sie die Ergebnisse mit Maple auf zwei unterschiedliche Arten.

10. Stellen Sie jeden der drei Vektoren als Linearkombination der beiden anderen Vektoren dar.
a) $\begin{pmatrix} 1 \\ 1 \end{pmatrix}, \begin{pmatrix} -2 \\ 3 \end{pmatrix}, \begin{pmatrix} 5 \\ 2 \end{pmatrix}$ b) $\begin{pmatrix} -1 \\ 2 \end{pmatrix}, \begin{pmatrix} 5 \\ -3 \end{pmatrix}, \begin{pmatrix} 2 \\ 0 \end{pmatrix}$ c) $\begin{pmatrix} 0 \\ 2 \end{pmatrix}, \begin{pmatrix} -2 \\ 3 \end{pmatrix}, \begin{pmatrix} -5 \\ 3 \end{pmatrix}$
d) $\begin{pmatrix} -3 \\ -1 \end{pmatrix}, \begin{pmatrix} 2 \\ -9 \end{pmatrix}, \begin{pmatrix} 4 \\ 5 \end{pmatrix}$ e) $\begin{pmatrix} \frac{1}{2} \\ \frac{3}{3} \end{pmatrix}, \begin{pmatrix} \frac{3}{4} \\ -1 \end{pmatrix}, \begin{pmatrix} \frac{8}{9} \\ \frac{5}{4} \end{pmatrix}$ f) $\begin{pmatrix} \frac{9}{5} \\ \frac{5}{9} \end{pmatrix}, \begin{pmatrix} \frac{7}{9} \\ \frac{2}{9} \end{pmatrix}, \begin{pmatrix} -\frac{5}{12} \\ \frac{3}{8} \end{pmatrix}$

11. Überprüfen Sie mit Maple die Vektoren auf lineare Unabhängigkeit, und geben Sie eine Basis des von den drei Vektoren erzeugten Raums an.
a) ${}^t(-1, 3, 2), {}^t(-1, 2, 3), {}^t(0, 1, -1)$ b) ${}^t(1, 2, 1), {}^t(3, 2, 2), {}^t(-2, 0, 3)$
c) ${}^t(1, 0, 0), {}^t(0, 1, -1), {}^t(5, 3, -3)$ d) ${}^t(0, 0, 0), {}^t(-3, 2, 0), {}^t(2, -1, 8)$
e) ${}^t(12, -2, -6), {}^t(5, 8, -12), {}^t(13, -3, 0)$ f) ${}^t(\frac{7}{9}, -\frac{1}{3}, \frac{3}{5}), {}^t(\frac{2}{3}, \frac{5}{7}, 4), {}^t(0, \frac{1}{9}, \frac{14}{25})$

12. Zeigen Sie, dass die Familien $\mathcal{B}$ in den Beispielen 6.29 bis 6.32 in Abschnitt 6.3.4 Basen der von ihnen erzeugten Räumen sind, vgl. Beispiel 6.33.

13. Bestimmen sie eine Basis des von den angegebenen Vektoren erzeugten Vektorraums.
a) ${}^t(1, 0, 2), {}^t(2, 1, 2), {}^t(-1, 1, 2)$
b) ${}^t(1, 0, 2), {}^t(-3, 1, 0), {}^t(-2, 1, 2)$
c) ${}^t(1, 0, 3, 1), {}^t(-2, 2, 3, 0), {}^t(0, 1, 2, -2), {}^t(0, 1, 0, 0), {}^t(-2, -1, 5, 7)$
d) ${}^t(1, 2, 3, 4, 5), {}^t(2, 3, 4, 5, 6), {}^t(2, 3, 4, 5, 1), {}^t(3, 4, 5, 6, 2), {}^t(0, 1, 0, 2, 0)$

14. Bestimmen Sie eine Basis des von den Spaltenvektoren der Matrizen aus Aufgabe 7 in Abschnitt 6.1 aufgespannten Raums mit Maple.

15. Zeigen Sie, dass der Vektorraum der differenzierbaren Funktionen mit dem Definitionsbereich der reellen Zahlen ein Untervektorraum des Vektorraums der stetigen Funktionen und des Vektorraums der integrierbaren Funktionen ist.

6.4 Geraden in Parameterform

6.4.1 Parameterform

In Abbildung 6.12 ist der Vektor $\vec{v} := {}^t(1, \frac{1}{2})$ eingezeichnet. Lässt man beliebige Vielfache λ des Vektors zu, so kann man andere Punkte erreichen, wie in Abbildung 6.12 für $\lambda_1 := 2$ und $\lambda_2 := -1$ dargestellt ist. All diese Punkte liegen auf einer Geraden und jeder Punkt dieser Geraden kann mit Hilfe von Vielfachen des Vektors $\vec{v}$ erreicht werden, wenn beliebige Vielfache des Vektors zugelassen sind, d.h. falls $r \in \mathbb{R}$ beliebig ist. Der Vektor $\vec{v}$ heißt *Richtungsvektor* der Geraden. Die Ortsvektoren $\vec{x}$ zu den auf der Geraden liegenden Punkten können durch $\vec{x} = \lambda \cdot \vec{v}$ dargestellt werden.

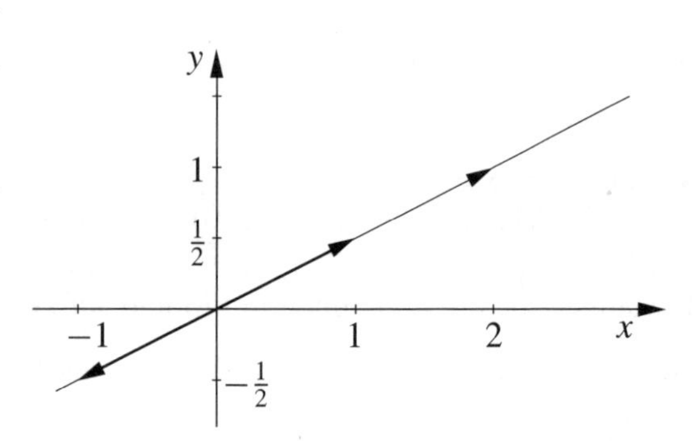

Abb. 6.12 Vielfache eines Vektors

In Abbildung 6.13 ist die Gerade aus Abbildung 6.12 und zusätzlich eine parallel zu ihr verlaufende Gerade eingezeichnet. Diese Gerade entsteht aus der durch den Ursprung verlaufenden Gerade durch Verschiebung um den *Stützvektor* $\vec{u}$, das ist ein Vektor vom Ursprung zu einem fest gewählten Punkt auf der Geraden, vgl. Abbildung 6.13.

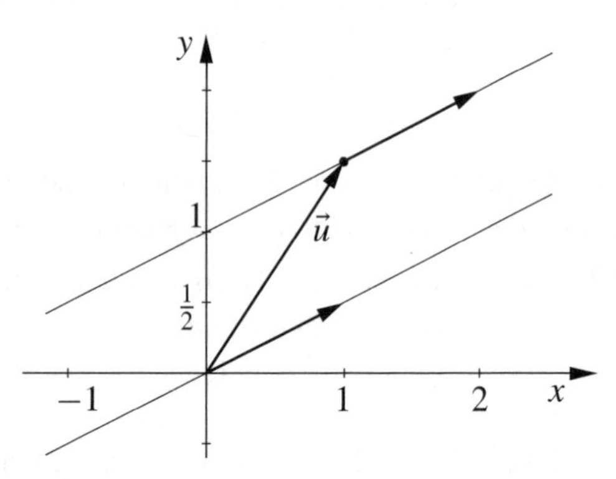

Abb. 6.13 Die Gerade aus Abb. 6.12 und eine parallele Gerade

Definitionen und Bemerkungen

a) Jede Gerade g im $\mathbb{R}^2$ oder $\mathbb{R}^3$ lässt sich durch eine Geradengleichung in *Parameterform*

$$g\colon\ \vec{x} = \vec{u} + \lambda \cdot \vec{v} \quad \text{mit } \lambda \in \mathbb{R}$$

notieren. Hierbei sind $\vec{u}$ der *Stützvektor* und $\vec{v}$ der *Richtungsvektor* von g. Der Vektor $\vec{x}$ ist der *Ortsvektor* zu einem (beliebigen) Punkt auf der Geraden g.
b) Durch Addition eines Stützvektors zu einer Geraden durch den Ursprung wird diese Gerade parallel verschoben.
c) Zwei Geraden mit linear abhängigen Richtungsvektoren verlaufen parallel.

Geraden sind, wie in Kapitel 2 für den Fall $\mathbb{R}^2$ bereits gezeigt wurde, durch zwei Punkte P_1 und P_2 eindeutig bestimmt. Dies gilt ebenfalls für Geraden in $\mathbb{R}^3$. Sind $\vec{p}_1$ und $\vec{p}_2$ die zu den Punkten P_1 und P_2 gehörenden Ortsvektoren, so kann man die Gerade in die Parameterform $g\colon\ \vec{x} = \vec{u} + \lambda \cdot \vec{v}$ überführen, indem man

$$\vec{u} := \vec{p}_1 \quad \text{und} \quad \vec{v} := \vec{p}_2 - \vec{p}_1$$

setzt. Dies ist nicht die einzige Lösung.

Beispiel 6.34 Man bestimme eine Parametergleichung der Geraden, die durch die Punkte $A(-1|-2|1)$ und $B(3|5|-6)$ verläuft.
Lösung. Als Stützvektor $\vec{u}$ kann der Ortsvektor eines der beiden Punkte gewählt werden. Es sei $\vec{u} = {}^t(-1, -2, 1)$. Als Richtungsvektor $\vec{v}$ kann der Verbindungsvektor der Punkte A und B verwendet werden, d.h.

$$\vec{v} = \overrightarrow{AB} = {}^t(3 - (-1), 5 - (-2), -6 - 1) = {}^t(4, 7, -7).$$

Eine Parametergleichung der Geraden lautet hiermit

$$g\colon\ \vec{x} = \vec{u} + \lambda \cdot \vec{v} = {}^t(-1, -2, 1) + \lambda \cdot {}^t(4, 7, -7).$$

Beispiel 6.35 Gegeben sei die Gerade

$$g\colon\ \vec{x} = {}^t(1, 2, -1) + \lambda \cdot {}^t(2, -3, 2).$$

Es ist zu prüfen, ob der Punkt $A(7|-7|3)$ auf der Geraden liegt.

Lösung. Wenn der Punkt A auf der Geraden liegt, so existiert ein $\lambda \in \mathbb{R}$ mit

$$\begin{pmatrix} 7 \\ -7 \\ 3 \end{pmatrix} = \begin{pmatrix} 1 \\ 2 \\ -1 \end{pmatrix} + \lambda \cdot \begin{pmatrix} 2 \\ -3 \\ 2 \end{pmatrix},$$

woraus sich das lineare Gleichungssystem

$$\left(\begin{array}{r|r} 2 & 6 \\ -3 & -9 \\ 2 & 4 \end{array}\right)$$

ergibt. Es besitzt die Lösung $\lambda = 2$.

Hinweis für Maple

Graphen von Geraden in Parameterform können unter Maple erstellt werden. Geraden im $\mathbb{R}^2$ lassen sich als Graphen mit `plot` für parametrisierte Funktionen herstellen. Ist die Gerade gegeben durch

$$g\colon \vec{x} = \begin{pmatrix} u_1 \\ u_2 \end{pmatrix} + \lambda \cdot \begin{pmatrix} v_1 \\ v_2 \end{pmatrix},$$

so kann der Graph durch

```
> plot([u1+lambda*v1, u2+lambda*v2, lambda=l1..l2],
    x=x1..x2, y=y1..y2, Optionen);
```

angefertigt werden.

Graphen von Geraden im $\mathbb{R}^3$ können mit `spacecurve` gezeichnet werden. Dieser Befehl dient der Erstellung parametrisierter Kurven im $\mathbb{R}^3$, vgl. [Wa02], Abschnitt 5.2.5. Für eine Gerade mit

$$g\colon \vec{x} \mapsto \begin{pmatrix} u_1 \\ u_2 \\ u_3 \end{pmatrix} + \lambda \begin{pmatrix} v_1 \\ v_2 \\ v_3 \end{pmatrix}$$

können die Parametrisierungen durch

```
> g1 := u1+lambda*v1:  g2 := u2+lambda*v2:
    g3 := u3+lambda*v3;
```

definiert werden. Die Gerade wird dann durch

```
> spacecurve([g1, g2, g3], lambda=l1..l2,
    Optionen);
```

angefertigt werden, wobei dieselben Optionen wie für `plot` verwendet werden können. Es ist eine Optionen `axes` hinzuzufügen, damit ein Koordinatensystem vorhanden ist.

Eine weitere Möglichkeit zur Betrachtung von Geraden in Parameterform unter Maple wird in Abschnitt 6.5 behandelt.

Die dreidimensionalen Bilder lassen sich in eine beliebige Position drehen, damit Details einzusehen sind. Hierzu ist das Fenster zu aktivieren, und man kann es mit gedrückter linker Maustaste beliebig drehen.

Achtung Das Parametrisierungsintervall bei der Erstellung von Graphen entspricht nicht dem Darstellungsintervall der x-Achse.

Beispiel 6.36 In Abbildung 6.14 (a) befindet sich der Graph der Gerade $g\colon \vec{x} = \begin{pmatrix} 3 \\ 3.5 \end{pmatrix} + \lambda \begin{pmatrix} -2 \\ -1 \end{pmatrix}$. Er wurde erstellt durch

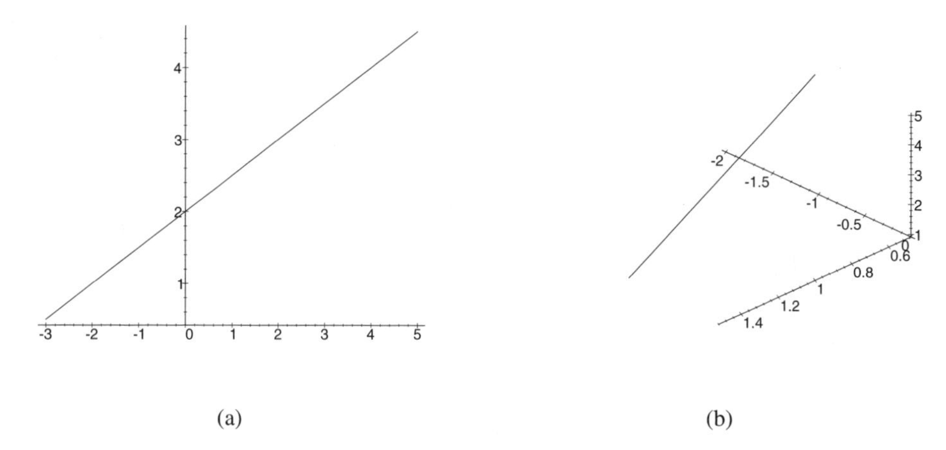

(a) (b)

Abb. 6.14 Graphen zu den Beispielen 6.36 und 6.37

```
> plot([3+lambda*(-2), 3.5+lambda*(-1), lambda=-1..3],
    color=black);
```

Beispiel 6.37 Ein Graph der Funktion $g\colon\ \vec{x} = {}^t(1, -1, 3) + \lambda\, {}^t(\frac{1}{2}, 0, -2)$ wurde mit

```
> spacecurve([1+lambda*.5, -1+lambda*0, 3+lambda*(-2)],
    lambda=-1..1, color=black, axes=normal);
```

erstellt und befindet sich in Abbildung 6.14 (b).

6.4.2 Lagebeziehungen von Geraden

In $\mathbb{R}^2$ können zwei Geraden identisch sein, parallel verlaufen und keinen Schnittpunkt haben oder sich in einem Punkt schneiden. Dies ist in Abbildung 6.15 (a) zu erkennen.

Die drei Fälle können ebenfalls für Geraden in $\mathbb{R}^3$ auftreten. Hier gibt es jedoch den weiteren Fall, dass zwei Geraden *windschief* verlaufen,
vgl. Abbildung 6.15 (b).

In Abbildung 6.16 befinden sich Graphen der Geraden

$$g\colon\ \vec{x} = \begin{pmatrix} 1 \\ 0 \\ 0 \end{pmatrix} + \lambda \begin{pmatrix} 0 \\ 2 \\ 1 \end{pmatrix} \quad \text{und} \quad h\colon\ \vec{x} = \begin{pmatrix} 0 \\ 0 \\ -1 \end{pmatrix} + \lambda \begin{pmatrix} -1 \\ 1 \\ 2 \end{pmatrix},$$

die unter Maple durch

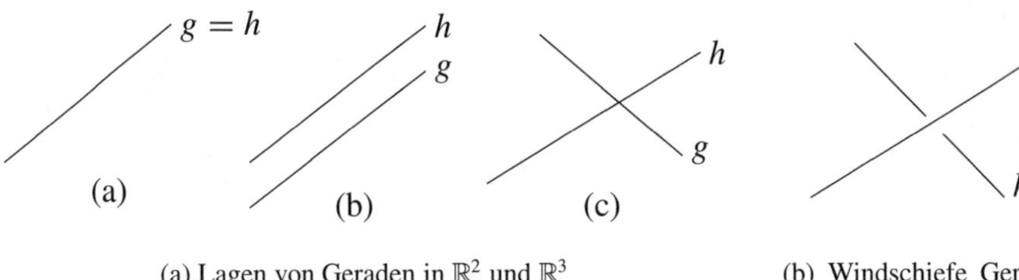

(a) Lagen von Geraden in $\mathbb{R}^2$ und $\mathbb{R}^3$

(b) Windschiefe Geraden in $\mathbb{R}^3$

Abb. 6.15 Lage von Geraden in $\mathbb{R}^2$ und $\mathbb{R}^3$

```
> g1 := spacecurve([1, 2*lambda, lambda],
    lambda=-2..2, color=black, axes=boxed):
> g2 := spacecurve([-lambda, lambda,-1+2*lambda],
    lambda=-2..2, color=black, axes=boxed):
> display(g1,g2);
```

eingegeben wurden.

Um festzustellen, ob die Geraden $g\colon \vec{x} = \vec{u}_1 + \lambda_1 \cdot \vec{v}_1$ und $h\colon \vec{x} = \vec{u}_2 + \lambda_2 \cdot \vec{v}_2$ Schnittpunkte besitzen, ist die Gleichung

$$\vec{u}_1 + \lambda_1 \cdot \vec{v}_1 = \vec{u}_2 + \lambda_2 \cdot \vec{v}_2$$

zu betrachten. Es gilt herauszufinden, ob es reelle Zahlen λ_1 und λ_2 gibt, die die Gleichung erfüllen.

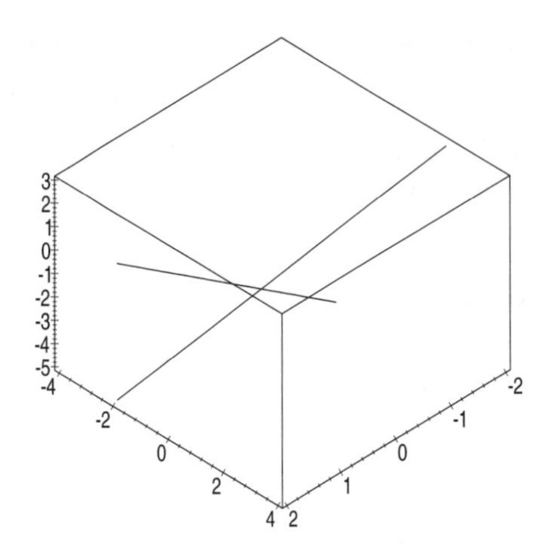

Abb. 6.16 Geraden im $\mathbb{R}^3$ unter Maple

Beispiel 6.38 Die Geraden

$$g\colon \vec{x} = \begin{pmatrix} -1 \\ 1 \end{pmatrix} + \lambda \cdot \begin{pmatrix} 3 \\ 2 \end{pmatrix} \quad \text{und} \quad h\colon \vec{x} = \begin{pmatrix} 5 \\ 5 \end{pmatrix} + \lambda \cdot \begin{pmatrix} -4.5 \\ -3 \end{pmatrix}$$

sind identisch. Für die Richtungsvektoren gilt

$${}^t(-4.5, -3) = -\tfrac{3}{2} \cdot {}^t(3, 2)$$

und für die Schnittpunkte ergibt sich mit

$$\begin{pmatrix} -1 \\ 1 \end{pmatrix} + \lambda_1 \cdot \begin{pmatrix} 3 \\ 2 \end{pmatrix} = \begin{pmatrix} 5 \\ 5 \end{pmatrix} + \lambda_2 \cdot \begin{pmatrix} -4.5 \\ -3 \end{pmatrix}$$

das lineare Gleichungssystem

$$\left(\begin{array}{cc|c} 3 & 4.5 & 6 \\ 2 & 3 & 4 \end{array}\right) \rightsquigarrow \left(\begin{array}{cc|c} 3 & 4.5 & 6 \\ 0 & 0 & 0 \end{array}\right).$$

Dieses lineare Gleichungssystem hat unendlich viele Lösungen, daher sind die Geraden identisch.

Beispiel 6.39 Gegeben seien die Geraden

$$g\colon \vec{x} = \begin{pmatrix} 1 \\ 2 \end{pmatrix} + \lambda \cdot \begin{pmatrix} 2 \\ 1 \end{pmatrix} \quad \text{und} \quad h\colon \vec{x} = \begin{pmatrix} 0 \\ -1 \end{pmatrix} + \lambda \cdot \begin{pmatrix} -4 \\ -2 \end{pmatrix}.$$

Die Graphen dieser Geraden verlaufen parallel zueinander. Dies ist an den Richtungsvektoren zu erkennen, da ${}^t(-4, -2) = -2 \cdot {}^t(2, 1)$ gilt und die Vektoren somit linear abhängig sind. Es könnte jedoch sein, dass die Geraden identisch sind. Um dies zu widerlegen, sei die Gleichung

$$\begin{pmatrix} 1 \\ 2 \end{pmatrix} + \lambda_1 \cdot \begin{pmatrix} 2 \\ 1 \end{pmatrix} = \begin{pmatrix} 0 \\ -1 \end{pmatrix} + \lambda_2 \cdot \begin{pmatrix} -4 \\ -2 \end{pmatrix}$$

betrachtet. Sie führt zu dem linearen Gleichungssystem

$$\left(\begin{array}{cc|c} 2 & 4 & -1 \\ 1 & 2 & -3 \end{array}\right) \rightsquigarrow \left(\begin{array}{cc|c} 2 & 4 & -1 \\ 0 & 0 & -2.5 \end{array}\right),$$

womit sich ein Widerspruch ergibt. Daher gibt es keinen Schnittpunkt der Geraden und sie können nur parallel zueinander verlaufen.

Beispiel 6.40 Es ist zu untersuchen, ob die Geraden

$$g\colon \vec{x} = \begin{pmatrix} 7 \\ -2 \\ 2 \end{pmatrix} + \lambda_1 \cdot \begin{pmatrix} 2 \\ 3 \\ 1 \end{pmatrix} \quad \text{und} \quad h\colon \vec{x} = \begin{pmatrix} 4 \\ -6 \\ -1 \end{pmatrix} + \lambda_2 \cdot \begin{pmatrix} 1 \\ 1 \\ 2 \end{pmatrix}$$

einen Schnittpunkt besitzen. Hierzu wird die Gleichung

$$\begin{pmatrix} 7 \\ -2 \\ 2 \end{pmatrix} + \lambda_1 \cdot \begin{pmatrix} 2 \\ 3 \\ 1 \end{pmatrix} = \begin{pmatrix} 4 \\ -6 \\ -1 \end{pmatrix} + \lambda_2 \cdot \begin{pmatrix} 1 \\ 1 \\ 2 \end{pmatrix}$$

untersucht. Dies führt zum linearen Gleichungssystem

$$\left(\begin{array}{cc|c} 2 & -1 & -3 \\ 3 & -1 & -4 \\ 1 & -2 & -3 \end{array}\right) \rightsquigarrow \left(\begin{array}{cc|c} 1 & 0 & -1 \\ 0 & 1 & 1 \\ 0 & 0 & 0 \end{array}\right).$$

Dieses lineare Gleichungssystem hat die Lösung $\lambda_1 := -1$ und $\lambda_2 := 1$, anders notiert $\mathbb{L} = \{(-1; 1)\}$. Den Ortsvektor des Schnittpunkts erhält man, indem λ_1 in die Geradengleichung von g oder λ_2 in die Geradengleichung von h eingesetzt wird. Das liefert

$$\vec{s} = {}^t(7, -2, 2) - 1 \cdot {}^t(2, 3, 1) = {}^t(5, -5, 1).$$

Beispiel 6.41 Die Lage der Geraden

$$g\colon \vec{x} = \begin{pmatrix} 1 \\ -2 \\ 3 \end{pmatrix} + \lambda_1 \cdot \begin{pmatrix} 2 \\ -5 \\ 3 \end{pmatrix} \quad \text{und} \quad h\colon \vec{x} \begin{pmatrix} 4 \\ -2 \\ 3 \end{pmatrix} + \lambda_2 \cdot \begin{pmatrix} 5 \\ -7 \\ 1 \end{pmatrix}$$

zueinander soll bestimmt werden. Die Richtungsvektoren sind linear unabhängig, da das lineare Gleichungssystem

$$\left(\begin{array}{rr|r} 2 & -5 & 0 \\ -5 & 7 & 0 \\ 3 & -1 & 0 \end{array}\right) \rightsquigarrow \left(\begin{array}{rr|r} 2 & -5 & 0 \\ 0 & 0 & 0 \\ 0 & 0 & 0 \end{array}\right)$$

nur die Lösung $\mathbb{L} = \{(0; 0)\}$ besitzt. Um zu ermitteln, ob es Schnittpunkte der Geraden g und h gibt, wird das lineare Gleichungssystem

$$\left(\begin{array}{rr|r} 2 & -5 & 3 \\ -5 & 7 & 0 \\ 3 & -1 & 0 \end{array}\right) \rightsquigarrow \left(\begin{array}{rr|r} 1 & 4 & -3 \\ 0 & 1 & 3 \\ 0 & 0 & 1 \end{array}\right)$$

betrachtet. Dieses lineare Gleichungssystem hat keine Lösung, daher existiert kein Schnittpunkt der Geraden, sie verlaufen windschief.

Die Beispiele 6.38 bis 6.41 können auch mit Hilfe von Maple behandelt werden, vgl. Aufgabe 6.

Die in den Beispielen 6.38 bis 6.41 ermittelten Bedingungen für die Lage von Geraden zueinander gelten generell.

Bemerkung Für zwei Geraden $g\colon \vec{x} = \vec{u}_1 + \lambda_1 \cdot \vec{v}_1$ und $h\colon \vec{x} = \vec{u}_2 + \lambda_2 \cdot \vec{v}_2$ in $\mathbb{R}^2$ oder $\mathbb{R}^3$ gilt:

a) g und h sind genau dann *identisch*, wenn die Gleichung

$$\vec{u}_1 + \lambda_1 \cdot \vec{v}_1 = \vec{u}_2 + \lambda_2 \cdot \vec{v}_2$$

unendlich viele Lösungen hat.

b) g und h verlaufen genau dann *parallel* zueinander, wenn die Gleichung

$$\vec{u}_1 + \lambda_1 \cdot \vec{v}_1 = \vec{u}_2 + \lambda_2 \cdot \vec{v}_2 \tag{1}$$

keine Lösung besitzt und die Richtungsvektoren linear abhängig sind. Für Geraden in $\mathbb{R}^2$ genügt die Bedingung (1).

c) g und h besitzen genau dann *einen Schnittpunkt*, wenn die Gleichung

$$\vec{u}_1 + \lambda_1 \cdot \vec{v}_1 = \vec{u}_2 + \lambda_2 \cdot \vec{v}_2$$

genau eine Lösung besitzt.

Für zwei Geraden $g\colon\ \vec{x} = \vec{u}_1 + \lambda_1 \cdot \vec{v}_1$ und $h\colon\ \vec{x} = \vec{u}_2 + \lambda_2 \cdot \vec{v}_2$ im $\mathbb{R}^3$ gilt ferner:

d) g und h verlaufen *windschief* zueinander, wenn die Gleichung

$$\vec{u}_1 + \lambda_1 \cdot \vec{v}_1 = \vec{u}_2 + \lambda_2 \cdot \vec{v}_2$$

keine Lösung besitzt und die Richtungsvektoren der Geraden linear unabhängig sind.

Aufgaben

1. Bestimmen Sie je drei Punkte auf den Geraden mit Maple.

a) $g\colon\ \vec{x} = {}^t(-1, 2, 0) + \lambda \cdot {}^t(1, -3, 1)$

b) $g\colon\ \vec{x} = {}^t\left(12, -2, 5\frac{1}{4}\right) + \lambda \cdot {}^t(7.3, 1.5, -2.8)$

c) $g\colon\ \vec{x} = {}^t(5, 2, 1) + \lambda \cdot {}^t(3, 2, -1)$

d) $g\colon\ \vec{x} = {}^t\left(-\frac{1}{2}, \frac{4}{7}, 3\right) + \lambda \cdot {}^t(0.30, 1.45, 3.20)$

2. Bestimmen Sie eine Parametergleichung der Geraden, die durch die Punkte A und B verläuft.

a) $A(1|2|3)$, $B(0|-1|2)$ b) $A(3|-2|4)$, $B(2|-2|0)$

c) $A(-9|\frac{3}{2}|-\frac{1}{2})$, $B(-1|\frac{4}{5}|\frac{7}{12})$ d) $A(-5|22|65)$, $B(-85|12|-33)$

3. Überprüfen Sie, ob mindestens drei der Punkte A, B, C, D auf einer Geraden liegen. Verwenden Sie Maple zur Überprüfung der Ergebnisse.

a) $A(4|-3|-2)$, $B(6|3|-2)$, $C(2|-1|3)$, $D(0|1|8)$

b) $A(0|0|0)$, $B(-2|0|3)$, $C(-4|6|-8)$, $D(2|-3|4)$

c) $A(2|4|-7)$, $B(4|-5|-7)$, $C(-12|-2|6)$, $D(-10|-11|6)$

d) $A(\frac{1}{2}|\frac{3}{4}|\frac{5}{4})$, $B(\frac{5}{4}|2|2)$, $C(-\frac{3}{8}|\frac{1}{4}|-\frac{3}{4})$, $D(-\frac{1}{4}|\frac{7}{8}|\frac{1}{2})$

4. Wie liegen je zwei der drei Geraden g, h und k zueinander? Ermitteln Sie gegebenenfalls die Schnittpunkte. Überprüfen Sie Ihre Ergebnisse mit Maple. Erstellen Sie auch die Graphen der Geraden mit Maple.

a) $g\colon\ \vec{x} = {}^t(-2, 8, 8) + \lambda \cdot {}^t(2, -6, -4)$, $h\colon\ \vec{x} = {}^t(10, 2, -12) + \mu \cdot {}^t(8, 6, -12)$,
$k\colon\ \vec{x} = {}^t(1, 3, -2) + \nu \cdot {}^t(-5, 8, 3)$

b) $g\colon\ \vec{x} = {}^t(2, -4, 5) + \lambda \cdot {}^t(-3, 9, 6)$, $h\colon\ \vec{x} = {}^t(10, 2, -12) + \mu \cdot {}^t(8, 6, -12)$,
$k\colon\ \vec{x} = {}^t(-1, 3, 5) + \nu \cdot {}^t(3, 7, 12)$

c) $g\colon\ \vec{x} = {}^t(-7, 4) + \lambda \cdot {}^t(2, -1)$, $h\colon\ \vec{x} = {}^t(1, 1) + \mu \cdot {}^t(-3, 1)$,
$k\colon\ \vec{x} = {}^t(1, 0) + \nu \cdot {}^t(-2, 1)$

d) $g\colon\ \vec{x} = {}^t(0, 2.5, 4) + \lambda \cdot {}^t(5, -3, -2)$, $h\colon\ \vec{x} = {}^t(0, 4, -4) + \mu \cdot {}^t(-5, 3, 2)$,
$k\colon\ \vec{x} = {}^t(3, 2, 0) + \nu \cdot {}^t(2, -1, 2)$

e) $g\colon\ \vec{x} = {}^t(6, 15, 17) + \lambda \cdot {}^t(2, -4, 1)$, $h\colon\ \vec{x} = {}^t(-1, 0, 3) + \mu \cdot {}^t(-4, -1, 1)$,
$k\colon\ \vec{x} = {}^t(5, 2, 0) + \nu \cdot {}^t(3, -1, 7)$

5. Schneidet die Gerade g durch die Punkte A und B die Gerade h durch die Punkte C und D? Verwenden Sie Maple zur Bestimmung der Lösungsmengen und zur Erstellung von Graphen.
a) $A(3|0|0)$, $B(0|5|0)$, $C(0|0|2)$, $D(2|4|0)$
b) $A(0|4|0)$, $B(4|0|4)$, $C(2|4|4)$, $D(2|0|0)$
c) $A(0|0|0)$, $B(-3|6|5)$, $C(-3|8|0)$, $D(-\frac{3}{2}|\frac{1}{2}|\frac{5}{2})$
d) $A(1|-4|9)$, $B(14|6|-2)$, $C(4|7|12)$, $D(7|18|15)$

6. Bearbeiten Sie die Beispiele 6.38 bis 6.41 aus Abschnitt 6.4.2 mit Maple. Fertigen Sie auch Graphen zur Abschätzung der Lösungen an.

6.5 Ebenen im Raum

6.5.1 Ebenen in Parameterform

Im letzten Abschnitt wurden Geraden untersucht. Hierbei genügte ein Vektor, um Geraden durch den Ursprung zu beschreiben. Dies ist bei einer Ebene durch den Ursprung nicht der Fall. Es werden zwei linear unabhängige Richtungsvektoren benötigt. Dies ist in Abbildung 6.17 (a) für den Fall $\vec{v}_1 = {}^t(-0.5, 0.5, 0.5)$ und $\vec{v}_2 = {}^t(1, 1, 1)$ dargestellt.

Diese beiden Vektoren liegen in einer Ebene und für den Ortsvektor $\vec{x}$ jedes weiteren Punkts, der in dieser Ebene liegt, gibt es eine eindeutige Kombination

$$\vec{x} = \lambda_1 \cdot \vec{v}_1 + \lambda_2 \cdot \vec{v}_2\,,$$

wie in Abbildung 6.17 (a) für den Fall

$$\vec{x} = 1 \cdot \vec{v}_1 + 2 \cdot \vec{v}_2 = 1 \cdot {}^t(0.5, 0.5, 0.5) + 2 \cdot {}^t(1, 1, 1) = {}^t(1.5, 2.5, 2.5)$$

dargestellt ist.

Analog zu der Verschiebung der Geraden können auch Ebenen mit Hilfe eines Stützvektors parallel verschoben werden. Dies ist für den Fall der oben genannten Ebene und $\vec{u} = {}^t(1, 1, 2)$ in Abbildung 6.17 (b) dargestellt.

Diese Überlegungen lassen sich auf alle Ebenen in $\mathbb{R}^3$ verallgemeinern und es ergibt sich:

Definitionen und Bemerkungen **a)** Jede Ebene E in $\mathbb{R}^3$ lässt sich durch eine Ebenengleichung in *Parameterform*

$$E\colon\ \vec{x} = \vec{u} + \lambda_1 \cdot \vec{v}_1 + \lambda_2 \cdot \vec{v}_2 \quad \text{mit } \lambda_1, \lambda_2 \in \mathbb{R}$$

notieren. Dabei müssen $\vec{v}_1$ und $\vec{v}_2$ linear unabhängig sein. $\vec{u}$ ist der *Stützvektor*, al-

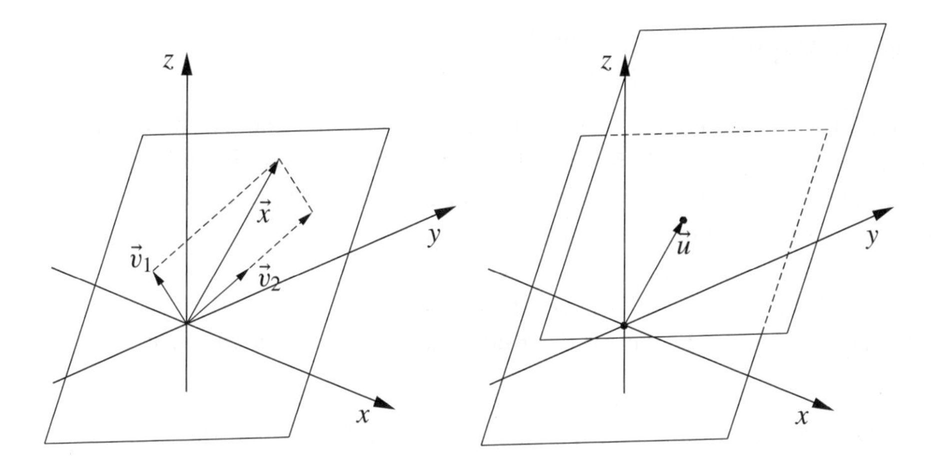

(a) Darstellung einer Ebene durch den Ursprung

(b) Darstellung einer Ebene mit Stützvektor

Abb. 6.17 Darstellung von Ebenen

so der Vektor vom Nullpunkt zu einem festen Punkt auf der Ebene. $\vec{v}_1$, $\vec{v}_2$ sind die *Richtungsvektoren* der Ebene; sie liegen in der Ebene. $\vec{x}$ steht für den Ortsvektor eines beliebigen Punkts auf der Ebene.

b) Durch Addition eines Stützvektors zu einer Ebene durch den Ursprung wird die Ebene parallel verschoben.

Mit Maple lassen sich Graphen von Ebenen im $\mathbb{R}^3$ darstellen. Ist die Ebene E in Parameterform

$$E\colon \vec{x} = \begin{pmatrix} u_1 \\ u_2 \\ u_3 \end{pmatrix} + \lambda_1 \begin{pmatrix} v_{11} \\ v_{12} \\ v_{13} \end{pmatrix} + \lambda_2 \begin{pmatrix} v_{21} \\ v_{22} \\ v_{23} \end{pmatrix}$$

gegeben, so wird eine Parametrisierung ähnlich wie für Geraden im $\mathbb{R}^3$ erstellt. Hier liegt ein Unterschied im Vorhandensein zweier Parameter λ_1, λ_2 statt eines Parameters wie bei einer Gerade. Es ergibt sich hierbei

```
> e1 := u1+lambda1*v11+lambda2*v21:
    e2 := u2+lambda1*v12+lambda2*v22:
    e3 := u3+lambda1*v13+lambda2*v23:
```

Hinweis für Maple

Graphen im $\mathbb{R}^3$ werden unter Maple mit `plot3d` erstellt. Die Syntax dieses Befehls ist der von `plot` sehr ähnlich. Das Paket `plots` ist zur Erstellung der Ebenegraphen nicht nötig. Für Genaueres zu `plot3d` siehe [W], 5.2.
Der Graph der Ebene wird erstellt durch

```
> E1:=plot3d([e1,e2,e3], lambda1=l11..l12,
    lambda2=l21..l22, Optionen):
```

wobei unter *Optionen* z.B. die Art des Koordinatensystems (`axes`) steht.

Beispiel 6.42 Man bestimme eine Parameterform der Ebene, die die drei Punkte $A(2|0|0)$, $B(0|2|0)$ und $C(0|0|2)$ enthält.

Lösung. Es sind ein Stützvektor und zwei Richtungsvektoren zu bestimmen. Als Stützvektor $\vec{u}$ wählt man den Ortsvektor zu Punkt A, d.h. $\vec{u} = {}^t(20, 0)$. Die Richtungsvektoren können dann durch

$$\vec{v}_1 = \overrightarrow{AB} = {}^t(-2, 2, 0)$$

und

$$\vec{v}_2 = \overrightarrow{AC} = {}^t(-2, 0, 2)$$

festgelegt werden. Die Ebenengleichung lautet somit

$$E\colon\ \vec{x} = {}^t(2, 0, 0) + \lambda_1 \cdot {}^t(-2, 2, 0) + \lambda_2 \cdot {}^t(-2, 0, 2).$$

Der Graph dieser Ebene wurde unter Maple durch

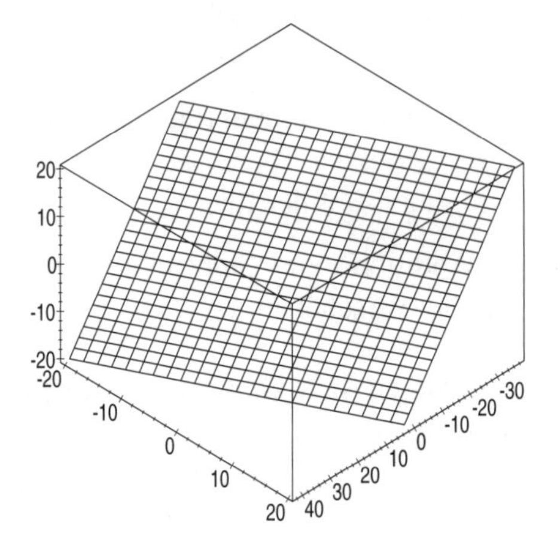

Abb. 6.18 Graph der Ebene E aus Beispiel 6.42

```
> e1 := 2-2*lambda1-2*lambda2:  e2 := 2*lambda1:
    e3 := 2*lambda2:
> plot3d([e1,e2,e3],lambda1=-10..10,lambda2=-10..10,
    axes=boxed,color=black);
```

erstellt und befindet sich in Abbildung 6.18.

Beispiel 6.43 Es soll überprüft werden, ob die Punkte $A(5|0|5)$, $B(-1|3|2)$, $C(0|1|0)$ und $D(-2|1|0)$ in einer Ebene liegen.

Lösung. Die Punkte können nur dann in einer Ebene liegen, wenn die Vektoren $\overrightarrow{AB} = {}^t(-6, 3, -3)$, $\overrightarrow{AC} = {}^t(-5, 1, -5)$ und $\overrightarrow{AD} = {}^t(-7, 1, -5)$ linear abhängig sind. Das ergibt sich aus der Gleichung

$$\overrightarrow{OD} = \overrightarrow{OA} + \lambda_1 \overrightarrow{AB} + \lambda_2 \overrightarrow{AC} ,$$

mit der geprüft werden kann, ob der Punkt D in der Ebene durch A, B und C liegt. Mit $\overrightarrow{OA} - \overrightarrow{OD} = -\overrightarrow{AD}$ liefert dies die Gleichung

$$\lambda_1 \overrightarrow{AB} + \lambda_2 \overrightarrow{AC} - \overrightarrow{AD} = \vec{0} ,$$

was die lineare Abhängigkeit von $\overrightarrow{AB}$, $\overrightarrow{AC}$ und $\overrightarrow{AD}$ beinhaltet. Diese Vektoren sind jedoch linear unabhängig, denn die Gleichung

$$\lambda \cdot \overrightarrow{AB} + \mu \cdot \overrightarrow{AC} + \nu \cdot \overrightarrow{AD} = \vec{0}$$

führt zum linearen Gleichungssystem

$$\begin{pmatrix} -6 & -5 & -7 \\ 3 & 1 & 1 \\ -3 & -5 & -5 \end{pmatrix} \rightsquigarrow \begin{pmatrix} 3 & 1 & 1 \\ 0 & 1 & 1 \\ 0 & 0 & 1 \end{pmatrix},$$

das nur die Lösung $\lambda = \mu = \nu = 0$ besitzt. Daher sind die Vektoren $\overrightarrow{AB}$, $\overrightarrow{AC}$ und $\overrightarrow{AD}$ linear unabhängig und liegen nicht in einer Ebene.

6.5.2 Lagebeziehungen von Ebenen

Zwei Ebenen

$$E_1\colon\ \vec{x} = \vec{u}_1 + \lambda_1 \cdot \vec{v}_1 + \lambda_2 \cdot \vec{v}_2 \quad \text{und} \quad E_2\colon\ \vec{x} = \vec{u}_2 + \mu_1 \cdot \vec{w}_1 + \mu_2 \cdot \vec{w}_2$$

verlaufen entweder *parallel* zueinander und besitzen keinen Schnittpunkt, sie schneiden sich in einer *Geraden*, oder sie sind *identisch*. Dies ist in Abbildung 6.19 zu erkennen. Um nachzuweisen, ob zwei Ebenen sich schneiden, sind die Ebenengleichungen gleichzusetzen und das entsprechende Gleichungssystem

$$\vec{u}_1 + \lambda_1 \cdot \vec{v}_1 + \lambda_2 \cdot \vec{v}_2 = \vec{u}_2 + \mu_1 \cdot \vec{w}_1 + \mu_2 \cdot \vec{w}_2$$

zu lösen.

Beispiel 6.44 Die Ebenen

$$E_1\colon\ \vec{x} = {}^t(1, 0, 1) + \lambda_1 \cdot {}^t(2, 1, 0) + \lambda_2 \cdot {}^t(-2, 3, -1)$$

und

$$E_2\colon\ \vec{x} = {}^t(0, 0, 1) + \mu_1 \cdot {}^t(0, 4, -1) + \mu_2 \cdot {}^t(4, -2, 1)$$

verlaufen parallel. Um dies zu bestätigen, wird die Gleichung

$$\begin{pmatrix} 1 \\ 0 \\ 1 \end{pmatrix} + \lambda_1 \cdot \begin{pmatrix} 2 \\ 1 \\ 0 \end{pmatrix} + \lambda_2 \cdot \begin{pmatrix} -2 \\ 3 \\ -1 \end{pmatrix} = \begin{pmatrix} 0 \\ 0 \\ 1 \end{pmatrix} + \mu_1 \cdot \begin{pmatrix} 0 \\ 4 \\ -1 \end{pmatrix} + \mu_2 \cdot \begin{pmatrix} 4 \\ -2 \\ 1 \end{pmatrix}$$

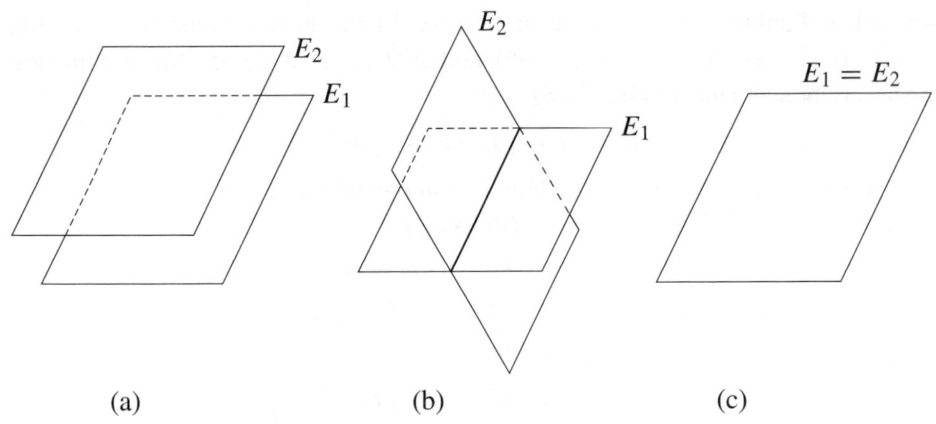

Abb. 6.19 Lagen von Ebenen in $\mathbb{R}^3$

in ein lineares Gleichungssystem umgewandelt.

$$\left(\begin{array}{cccc|c} 2 & -2 & 0 & -4 & -1 \\ 1 & 3 & -4 & 2 & 0 \\ 0 & -1 & 1 & -1 & 0 \end{array}\right) \rightsquigarrow \left(\begin{array}{cccc|c} 1 & 3 & -4 & 2 & 0 \\ 0 & -1 & 1 & -1 & 0 \\ 0 & 0 & 0 & 0 & -1 \end{array}\right)$$

Die dritte Zeile enthält einen Widerspruch, daher kann es keine Lösung geben. Die Ebenen liegen also tatsächlich parallel.

Beispiel 6.45 Gegeben seien

$$E_1 \colon \vec{x} = {}^t(1, 1, 1) + \lambda_1 \cdot {}^t(-1, 0, 1) + \lambda_2 \cdot {}^t(3, 2, 0)$$

und

$$E_2 \colon \vec{x} = {}^t(-1, 3, -2) + \mu_1 \cdot {}^t(1, 0, -1) + \mu_2 \cdot {}^t(0, 0, 1).$$

Aus der Gleichung

$$\begin{pmatrix} 1 \\ 1 \\ 1 \end{pmatrix} + \lambda_1 \cdot \begin{pmatrix} -1 \\ 0 \\ 1 \end{pmatrix} + \lambda_2 \cdot \begin{pmatrix} 3 \\ 2 \\ 0 \end{pmatrix} = \begin{pmatrix} -1 \\ 3 \\ -2 \end{pmatrix} + \mu_1 \cdot \begin{pmatrix} 1 \\ 0 \\ -1 \end{pmatrix} + \mu_2 \cdot \begin{pmatrix} 0 \\ 0 \\ 1 \end{pmatrix}$$

ergibt sich das lineare Gleichungssystem

$$\left(\begin{array}{cccc|c} -1 & 3 & -1 & 0 & -2 \\ 0 & 2 & 0 & 0 & 2 \\ 1 & 0 & 1 & -1 & -3 \end{array}\right) \rightsquigarrow \left(\begin{array}{cccc|c} 1 & 0 & 1 & 0 & 5 \\ 0 & 1 & 0 & 0 & 1 \\ 0 & 0 & 0 & -1 & -8 \end{array}\right).$$

Aus den Gleichungen zwei und drei folgt $\lambda_2 = 1$ und $\mu_2 = -8$. Aus der ersten Gleichung folgt $\lambda_1 = 5 - \mu_1$. Mit $\lambda_2 = 1$ folgt aus der Gleichung von E_1 die Geradengleichung

$$g \colon \vec{x} = \begin{pmatrix} 1 \\ 1 \\ 1 \end{pmatrix} + \lambda_1 \cdot \begin{pmatrix} -1 \\ 0 \\ 1 \end{pmatrix} + 1 \cdot \begin{pmatrix} 3 \\ 2 \\ 0 \end{pmatrix} = \begin{pmatrix} 4 \\ 3 \\ 1 \end{pmatrix} + \lambda_1 \cdot \begin{pmatrix} -1 \\ 0 \\ 1 \end{pmatrix}.$$

Die beiden Ebenen E_1 und E_2 schneiden sich in der Geraden g.

Dieses Ergebnis kann man mit Hilfe der Graphen unterstützt werden. Die Ebenen E_1 und E_2 können gemeinsam mit einem Graphen der Geraden g in einer Abbildung dargestellt werden. Definiert man die Parametrisierungen der Ebenen und der Geraden

```
> e11 := 1+lambda1*(-1)+lambda2*3:
  e12 := 1+lambda1*0+lambda2*2:
  e13 := 1+lambda1*1+lambda2*0:
> e21 := -1+mu1*1+mu2*0:  e22 := 3+mu1*0+mu2*0:
  e23 := -2+mu1*(-1)+mu2*1:
> g1 := 4+lambda*(-1):  g2 := 3+lambda*0:
  g3 := 1+lambda*1:
```

so können anschließend die Graphen der Ebenen und der Gerade erstellt werden:

```
> E1:=plot3d([e11, e12, e13], lambda1=-10..10,
  lambda2=-10..10, axes=boxed, color=red):
> E2:=plot3d([e21, e22, e23], mu1=-10..10,
  mu2=-10..10, axes=boxed):
> G1 := spacecurve([g1, g2, g3], lambda=-10..10,
  axes=boxed, color=black):
> display(E1,E2,G1);
```

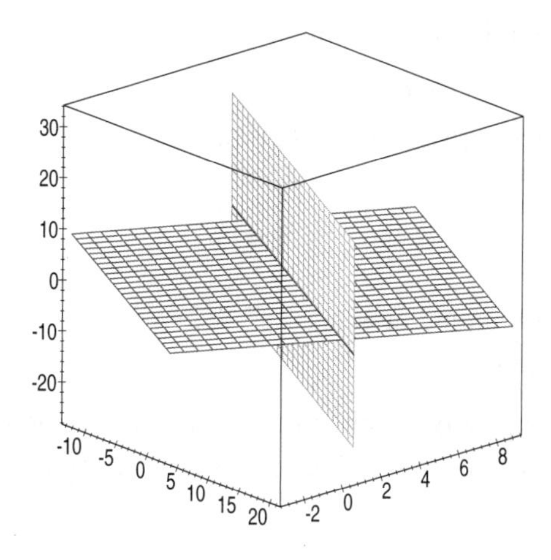

Abb. 6.20 Graphen zu Beispiel 6.45

Hierbei wurden verschiedene Farben gewählt, damit die Graphen identifiziert werden können. Dies ist jedoch in der Abbildung 6.20 nicht erkennbar.

6.5.3 Ebenen in Koordinatenform

Beispiel 6.46 Ist die Ebene

$$E\colon\ \vec{x} = {}^t(1,0,0) + \lambda_1 \cdot {}^t(1,0,1) + \lambda_2 \cdot {}^t(-2,1,1)$$

gegeben, so gelten für die Koordinaten des Vektors $\vec{x} = {}^t(x_1, x_2, x_3)$ die Gleichungen

$$\begin{array}{rlll} x_1 = & 1+\lambda_1 & -2\lambda_2 & \text{I} \\ x_2 = & & \lambda_2 & \text{II} \\ x_3 = & \lambda_1 & +\lambda_2 & \text{III.} \end{array}$$

Setzt man die Gleichung II in die Gleichungen I und III ein, so erhält man

$$\begin{array}{rlll} x_1 = & 1+\lambda_1 & -2x_2 & \tilde{\text{I}} \\ x_2 = & & \lambda_2 & \text{II} \\ x_3 = & \lambda_1 & +x_2 & \widetilde{\text{III}}. \end{array}$$

Indem Gleichung $\widetilde{\text{III}}$ nach λ_1 aufgelöst und sodann in Gleichung $\tilde{\text{I}}$ eingesetzt wird, erhält man die Gleichung der Ebene

$$x_1 + 3x_2 - x_3 = 1\,.$$

Diese Gleichung heißt *Koordinatengleichung*, denn zwischen den Koordinaten der Punkte auf der Ebene ist hiermit ein Zusammenhang erstellt.

Bemerkung Jede Ebene E in $\mathbb{R}^3$ lässt sich durch eine Koordinatengleichung

$$a \cdot x_1 + b \cdot x_2 + c \cdot x_3 = d$$

beschreiben, bei der mindestens einer der drei Koeffizienten a, b, c ungleich Null ist. Man schreibt auch

$$E = \left\{{}^t(x_1, x_2, x_3) \in \mathbb{R}^3 : a \cdot x_1 + b \cdot x_2 + c \cdot x_3 = d\right\}.$$

Beispiel 6.47 Die Ebene E ist über die Koordinatengleichung $2x_1 - 2x_2 + 3x_3 = 5$ gegeben. Man bestimme eine Parametergleichung.

Lösung. Löst man die Koordinatengleichung z.B. nach x_2 auf, so ergibt sich $x_2 = -\frac{5}{2} + x_1 + \frac{3}{2}x_3$. Diese Gleichung kann zu einem Gleichungssystem ergänzt werden:

$$\begin{array}{rlll} x_1 = & & x_1 & \\ x_2 = & -\frac{5}{2} & +x_1 & +\frac{3}{2}x_3 \\ x_3 = & & & x_3\,, \end{array}$$

woraus sich

$$\begin{pmatrix} x_1 \\ x_2 \\ x_3 \end{pmatrix} = \begin{pmatrix} 0 \\ -\frac{5}{2} \\ 0 \end{pmatrix} + x_1 \cdot \begin{pmatrix} 1 \\ 1 \\ 0 \end{pmatrix} + x_2 \cdot \begin{pmatrix} 0 \\ \frac{3}{2} \\ 1 \end{pmatrix}$$

ergibt. Die Parametergleichung lautet daher

$$E\colon\ \vec{x} = {}^t(0, -\tfrac{5}{2}, 0) + \lambda_1 \cdot {}^t(1, 1, 0) + \lambda_2 \cdot {}^t(0, \tfrac{3}{2}, 1).$$

Beispiel 6.48 Die Punkte $A(1|0|0)$, $B(0|1|0)$ und $C(1|1|1)$ legen eine Ebene E fest. Man bestimme eine Koordinatengleichung der Ebene E.

Lösung. Eine Koordinatengleichung der Ebene hat die Form

$$ax_1 + bx_2 + cx_3 = d\,.$$

Setzt man die Koordinaten der Punkte A, B und C in diese Gleichung ein, so erhält man das lineare Gleichungssystem

$$\begin{array}{llll} a & & & = d \\ & b & & = d \\ a & +b & +c & = d\,. \end{array}$$

Hieraus folgt $a = b = d$ und $c = -d$. Setzt man $d = 1$, so folgt $a = b = 1$ und $c = -1$. Eine Koordinatengleichung der Ebene E lautet also $x_1 + x_2 - x_3 = 1$.

Hinweis für Maple

Mit Maple kann die Koordinatengleichung einer Ebene bestimmt werden, auf der drei Punkte A, B, C liegen. Hierzu dient das Paket geom3d, das zunächst zu laden ist. Die drei Punkte sind mit point einzugeben, was für Beispiel 6.48

```
> point(A, 1,0,0):  point(B, 0,1,0):
    point(C, 1,1,1):
```

ist. Die Koordinatengleichung der Ebene e, auf der die drei Punkte liegen, kann dann durch plane bestimmt werden:

```
> plane(e, [A,B,C]):
```

Um die Optionen der Ebene angezeigt zu bekommen, ist der Befehl detail zu verwenden; man erhält

```
> detail(e);
```

name of the object : e
form of the object : *plane3d*
equation of the plane : $-1 + \_x + \_y - \_z = 0$

wobei unter *equation of the plane* die Koordinatengleichung der Ebene in den Variablen x, y, z angegeben ist.

Hinweis für Maple

Es können mit Hilfe von `geom3d` ebenfalls Geraden durch zwei Punkte A, B bestimmt werden, indem der Befehl `line` verwendet wird. Für die oben definierten Punkte A und B erhält man

```
> line(g,[A,B]):
```

und die Optionen werden mit `detail` abgerufen:

```
> detail(g);
```

$$\textit{name of the object}: \ g$$
$$\textit{form of the object}: \ line3d$$
$$\textit{equation of the line}: \ [\_x = 1 - \_t, \ \_y = \_t, \ \_z = 0]$$

Hierbei sind unter *equation of the line* die Parameterform der Geraden mit der Variablen t angegeben. Dies kann zur Bestimmung von Geraden durch zwei Punkte verwendet werden, vgl. Aufgabe 7.
Mit Maple können ebenfalls Zeichnungen von Ebenen in der Koordinatengleichung erstellt werden. Hierzu ist die Gleichung

```
> E := a*x1+b*x2+c*x3=d:
```

zu einer Variablen x_i aufzulösen, deren Koeffizient ungleich Null ist. Ist $c \neq 0$, so kann dies mit

```
> x3 := solve(E,x3);
```

durchgeführt werden, was zum Ergebnis

$$x3 := -\frac{a\,x1 + b\,x2 - d}{c}$$

führt, wobei dieser Term als Variable x_3 definiert wurde. Der Graph kann sodann mit `plot3d` erstellt werden:

```
> plot3d(x3,x1=x11..x12,x2=x21..x22,axes=box);
```

Hinweis Mit dem Paket `geom3d` sind zusätzliche Untersuchungen von Objekten im $\mathbb{R}^3$ möglich. Für den $\mathbb{R}^2$ existiert das Paket `geometry` zur Erfassung von Strukturen, vgl. [Wa02], Abschnitte 7.3 und 7.4.

Mit Hilfe der Koordinatengleichungen von Ebenen können die Schnitte von zwei Ebenen einfacher und schneller bestimmt werden. Hierzu seien die Ebenen

$$E_1 := \left\{{}^t(x_1, x_2, x_3) \in \mathbb{R}^3 : x_1 + x_2 + x_3 = 6\right\},$$
$$E_2 := \left\{{}^t(x_1, x_2, x_3) \in \mathbb{R}^3 : x_1 + 2x_2 + 3x_3 = 10\right\}$$

gegeben, vgl. Abbildung 6.21 (a). Für einen Schnittpunkt $P(x_1|x_2|x_3)$ der Ebenen müssen die Gleichungen $x_1 + x_2 + x_3 = 6$ und $x_1 + 2x_2 + 3x_3 = 10$ gelten, daher führt die Bestimmung des Schnitts der Ebenen zum linearen Gleichungssystem

$$\begin{array}{llll} x_1 & +x_2 & +x_3 & = 6 \quad \text{I} \\ x_1 & +2x_2 & +3x_3 & = 10 \quad \text{II}. \end{array}$$

Die Schnittmenge der Ebenen besteht aus den Lösungen dieses linearen Gleichungssystems.

Durch Subtraktion der ersten von der zweiten Gleichung ergibt sich

$$\begin{array}{llll} x_1+ & x_2+ & x_3 & = 6 \quad \text{I} \\ & x_2+ & 2x_3 & = 4 \quad \widetilde{\text{II}} = \text{II} - \text{I}. \end{array}$$

Hierbei wurde die Ebene zur Gleichung II durch die Ebene zur Gleichung $\widetilde{\text{II}}$ ersetzt. Die Schnittmenge der Ebenen E_1 und E_2 ist gleich der Schnittmenge der Ebenen E_1 und $E_{22} := \left\{\vec{x} \in \mathbb{R}^3 : x_2 + 2x_3 = 4\right\}$. Dies ist in Abbildung 6.21 (b) zu erkennen. Der Schnitt der beiden Ebenen ist eine Gerade.

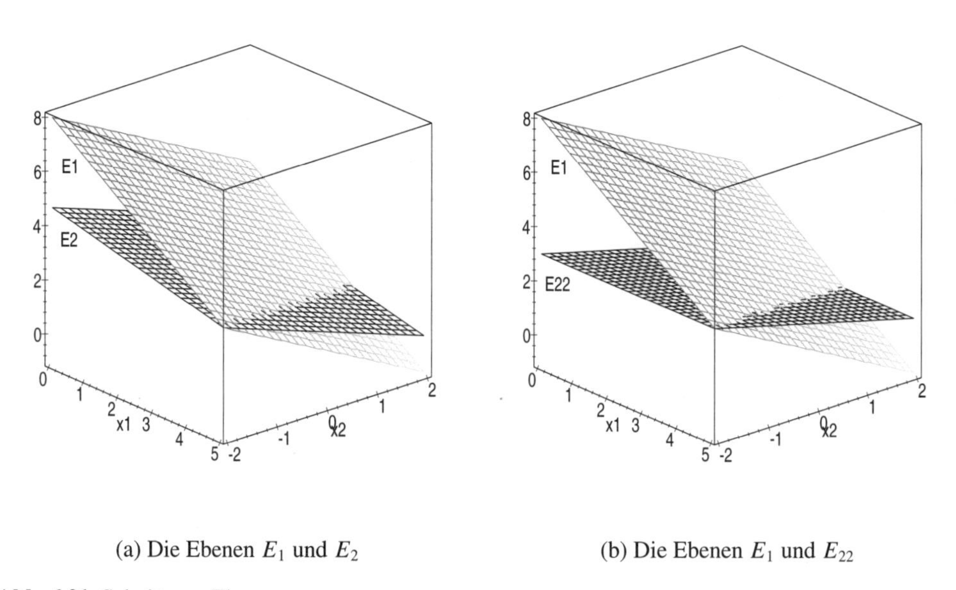

(a) Die Ebenen E_1 und E_2

(b) Die Ebenen E_1 und E_{22}

Abb. 6.21 Schnitt von Ebenen

Da es sich um zwei Gleichungen mit drei Unbekannten handelt, ist eine der drei Koordinaten als Variable zu wählen. Man setzt $\lambda := x_3$. Hiermit liefern die Gleichungen $\widetilde{\text{II}}$ und I

$$x_2 = 4 - 2\lambda \quad \text{und} \quad x_1 = 2 + \lambda\,,$$

d.h. die Punkte der Lösungsmenge lauten $P(2 + \lambda|4 - 2\lambda|\lambda)$. Diese Punkte der Lösungsmenge sind die Punkte der Geraden

$$g\colon\ \vec{x} = {}^t(2, 4, 0) + \lambda \cdot {}^t(1, -2, 1).$$

Hiermit wurde die Lösung eines linearen Gleichungssystems mit zwei Gleichungen auf den Schnitt zweier Ebenen zurückgeführt. Dasselbe lässt sich mit drei Ebenen durchführen.

Zusätzlich zu den oben betrachteten Ebenen E_1 und E_2 sei die Ebene

$$E_3 := \left\{\vec{x} \in \mathbb{R}^3 : -x_1 - x_2 - 3x_3 = -10\right\}$$

betrachtet. Die Bestimmung des Schnitts der drei Ebenen ist gleichbedeutend mit der Bestimmung der Lösungen des linearen Gleichungsystems

$$\begin{array}{rrrll} x_1+ & x_2+ & x_3 & = 6 & \mathrm{I} \\ x_1+ & 2x_2+ & 3x_3 & = 10 & \mathrm{II} \\ -x_1- & x_2- & 3x_3 & = -10 & \mathrm{III}\,. \end{array}$$

Durch Subtraktion der ersten von der zweiten Gleichung und durch Addition der ersten und der dritten Lösung ergibt sich

$$\begin{array}{rrrll} x_1+ & x_2+ & x_3 & = 6 & \mathrm{I} \\ & x_2+ & 2x_3 & = 4 & \widetilde{\mathrm{II}} = \mathrm{II} - \mathrm{I} \\ & & -2x_3 & = -4 & \widetilde{\mathrm{III}} = \mathrm{III} - \mathrm{I}\,. \end{array}$$

Die drei Ebenen E_1, E_{22} und $E_{32} := \left\{\vec{x} \in \mathbb{R}^3 : x_3 = 2\right\}$ sind in Abbildung 6.22 (b) zu sehen. Hier ist erkennbar, dass diese drei Ebenen denselben Schnittpunkt wie die Ebenen E_1, E_2 und E_3 in Abbildung 6.22 (a) besitzen. Dieser Schnittpunkt kann aus den Gleichungen I, $\widetilde{\mathrm{II}}$, $\widetilde{\mathrm{III}}$ abgelesen werden. Er lautet $S(4|0|2)$.

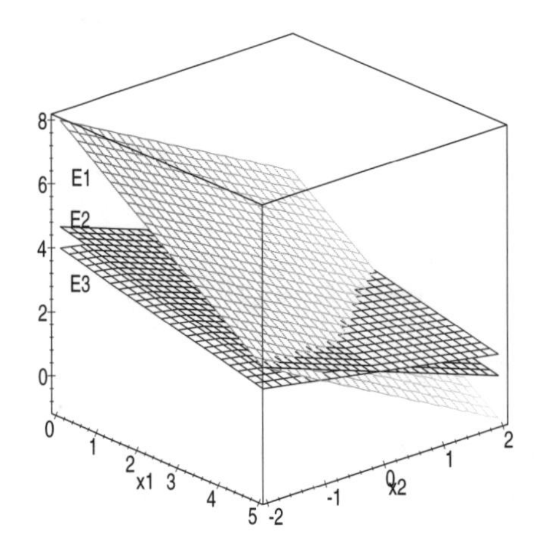

(a) Die Ebenen E_1, E_2 und E_3

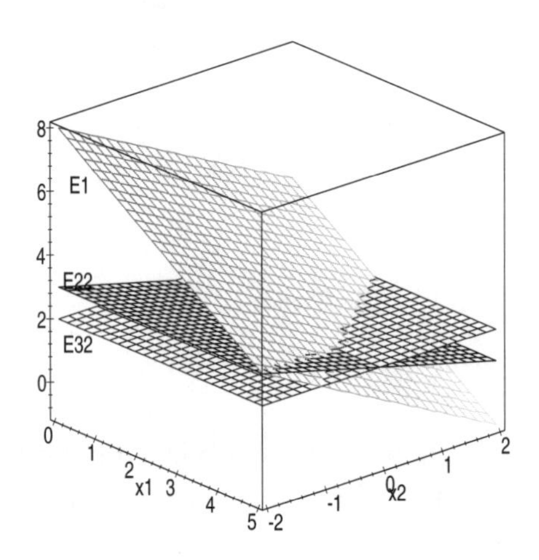

(b) Die Ebenen E_1, E_{22} und E_{32}

Abb. 6.22 Schnitt von Ebenen

Zur Übung sei es empfohlen, die Gleichungssysteme und die Graphen mit Maple zu bearbeiten, vgl. Aufgabe 8.

Hinweis Die Lösungen von linearen Gleichungssystemen mit drei Unbekannten kann durch die Bestimmung von Schnitten von Ebenen veranschaulicht werden. Durch die Umformungen des linearen Gleichungssystems werden die Ebenen gedreht. Hierbei bleibt die Schnittmenge der Ebenen unverändert. Dies ist gleichbedeutend damit, dass die Lösungsmenge des zugehörigen linearen Gleichungssystems unverändert bleibt, denn die Lösungsmenge des linearen Gleichungssystems besteht aus den Schnittpunkten der zugehörigen Ebenen.

6.5.4 Lagebeziehungen von Geraden und Ebenen

Bemerkung Für eine Ebene und eine Gerade in $\mathbb{R}^3$ gibt es drei mögliche Lagebeziehungen:

a) Die Gerade kann *in der Ebene* liegen.
b) Die Gerade und die Ebene können *parallel* zueinander liegen.
c) Die Gerade und die Ebene können sich *in genau einem Punkt* schneiden.

In Abbildung 6.23 sind diese drei Fälle dargestellt.

Einer der drei Fälle trifft für eine Gerade $g\colon\ \vec{x} = \vec{u}_1 + \lambda \cdot \vec{v}_1$ und eine Ebene $E\colon\ \vec{x} = \vec{u}_2 + \mu_1 \cdot \vec{w}_1 + \mu_2 \cdot \vec{w}_2$ immer zu. Um festzustellen, welcher der Fälle zutrifft und im Fall c) den Schnittpunkt zu bestimmen, sind die Lösungen der Gleichung

$$\vec{u}_1 + \lambda \cdot \vec{v}_1 = \vec{u}_2 + \mu_1 \cdot \vec{w}_1 + \mu_1 \cdot \vec{w}_2$$

zu bestimmen.

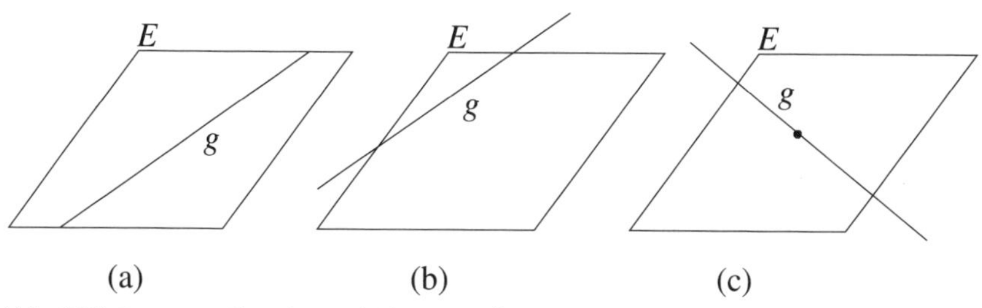

Abb. 6.23 Lage von Geraden und Ebene in $\mathbb{R}^3$

Beispiel 6.49 Man bestimme die Lagebeziehung der Geraden

$$g\colon\ \vec{x} = {}^t(2,1,2) + \lambda \cdot {}^t(-1,2,1)$$

und der Ebene

$$E\colon\ \vec{x} = {}^t(-1,1,0) + \mu_1 \cdot {}^t(3,5,2) + \mu_2 \cdot {}^t(-5,-1,0).$$

Lösung. Die Lösungsmenge des folgenden linearen Gleichungssystems ist zu finden:

$$\left(\begin{array}{ccc|c} -1 & -3 & 5 & -3 \\ 2 & -5 & 1 & 0 \\ 1 & -2 & 0 & -2 \end{array}\right) \rightsquigarrow \left(\begin{array}{ccc|c} -1 & -3 & 5 & -3 \\ 0 & -1 & 1 & -1 \\ 0 & 0 & 0 & 1 \end{array}\right).$$

Es enthält einen Widerspruch, daher kann kein Schnittpunkt existieren. Die Gerade und die Ebene verlaufen parallel zueinander.

Beispiel 6.50 Man bestimme die Lage der Ebene E durch die drei Punkte $A(1|0|1)$, $B(2|0|2)$ und $C(1|1|2)$ zur Geraden g durch die Punkte $P(2|0|3)$ und $Q(9|5|6)$.

Lösung. Betrachtet man die Graphen der Ebene und der Geraden mit Maple in einem Koordinatensystem, so legt dies die Vermutung nahe, dass sie sich schneiden. Mögliche Parametergleichungen der Ebene und der Geraden lauten

$$E\colon\ \vec{x} = \begin{pmatrix} 1 \\ 0 \\ 1 \end{pmatrix} + \mu_1 \cdot \begin{pmatrix} 1 \\ 0 \\ 1 \end{pmatrix} + \mu_2 \cdot \begin{pmatrix} 0 \\ 1 \\ 1 \end{pmatrix} \text{ und } g\colon\ \vec{x} = \begin{pmatrix} 2 \\ 0 \\ 3 \end{pmatrix} + \lambda \cdot \begin{pmatrix} 7 \\ 5 \\ 3 \end{pmatrix}.$$

Den Schnittpunkt bestimmt man mit Hilfe der Lösung des linearen Gleichungssystems

$$\left(\begin{array}{ccc|c} 1 & 0 & -7 & 1 \\ 0 & 1 & -5 & 0 \\ 1 & 1 & -3 & 2 \end{array}\right) \rightsquigarrow \left(\begin{array}{ccc|c} 1 & 0 & -7 & 1 \\ 0 & 1 & -5 & 0 \\ 0 & 0 & 9 & 1 \end{array}\right).$$

Die Lösung des linearen Gleichungssystems lautet $\lambda = \frac{1}{9}$, $\mu_2 = \frac{5}{9}$, $\mu_1 = 1\frac{7}{9}$ und damit ergibt sich der Schnittpunkt $S(2\frac{7}{9}|\frac{5}{9}|3\frac{1}{3})$.

Aufgaben

1. Überprüfen Sie, ob die Punkte A, B, C und D in einer Ebene liegen. Verwenden Sie Maple zur Bestimmung der Ebene, auf der drei Punkte liegen.

a) $A(5|0|5)$, $B(3|12|-3)$, $C(2|9|0)$, $D(6|3|2)$

b) $A(0|1|8)$, $B(6|3|-2)$, $C(2|-1|3)$, $D(4|-3|-2)$

c) $A(3|3|3)$, $B(1|1|1)$, $C(3|4|-2)$, $D(-2|5|1)$

2. Bestimmen Sie eine Koordinatengleichung der Ebene E.

a) $E\colon\ \vec{x} = {}^t(-1, 1, -2) + \lambda_1 \cdot {}^t(3, 5, 2) + \lambda_2 \cdot {}^t(-1, 5, 8)$

b) $E\colon\ \vec{x} = {}^t(\frac{3}{2}, -\frac{1}{2}, \frac{1}{4}) + \lambda_1 \cdot {}^t(\frac{1}{2}, \frac{3}{4}, -1) + \lambda_2 \cdot {}^t(1, -\frac{1}{4}, \frac{5}{6})$

c) $E\colon\ \vec{x} = {}^t(-2, 3, 5) + \lambda_1 \cdot {}^t(2, 8, -4) + \lambda_2 \cdot {}^t(5, 10, -5)$

d) $E\colon\ \vec{x} = {}^t(3, -1, 0) + \lambda_1 \cdot {}^t(\frac{1}{2}, -\frac{1}{2}, 2) + \lambda_2 \cdot {}^t(0, -5, -3)$

3. Bestimmen Sie eine Parametergleichung der Ebene E.

a) $-5x_1 + 9x_2 + x_3 = -15$ b) $x_1 + 3x_2 - 4x_3 = 0$
c) $-x_1 + \frac{1}{2}x_2 + \frac{1}{4}x_3 = 1$ d) $5x_2 + 7x_3 = 12$
e) $-3x_1 + 5x_2 - 17x_3 = 25$ f) $0.12x_1 - 5.35x_2 - 9.5x_3 = 10$

4. Bestimmen Sie eine Koordinatengleichung der Ebene, auf der die Punkte A, B und C liegen, mit Maple.

a) $A(-1|3|2)$, $B(5|0|-1)$, $C(-7|10|8)$

b) $A(0.25|1.4|5.85)$, $B(-3.15|9.8|12.3)$, $C(8.15|-13.1|1.35)$

c) $A(\frac{1}{3}|-\frac{5}{8}|10)$, $B(9\frac{1}{2}|-3\frac{1}{4}|2\frac{1}{3})$, $C(-1|12|-18)$

5. Ermitteln Sie die Lagebeziehung der Ebenen aus den Aufgaben 2, 3 und 4 zu den Geraden aus den Aufgaben 1 und 2 in Abschnitt 6.4 mit Maple.

6. Zeigen Sie, dass eine Ebene durch drei auf ihr liegende Punkte bestimmt ist.

7. Wenden Sie `line` auf die Aufgaben 2, 3 und 5 aus Abschnitt 6.4 an.

8. Bearbeiten Sie die Beispiele 2.49 und 2.50 aus Abschnitt 6.5.4 mit Maple.

9. Bearbeiten Sie die Bestimmung von Schnitten der Ebenen aus Abschnitt 6.5.3 auf rechnerische und graphische Art mit Maple.

6.6 Länge und Winkel

6.6.1 Länge von Vektoren

Den Pfeilen, die zu einem Vektor $\vec{a}$ gehören, kann eine Länge zugeordnet werden. In Abbildung 6.2 (b) befindet sich ein Repräsentant des Vektors $\vec{a} = {}^t(1, 0)$. Diesem Pfeil kann die Länge 1 zugeordnet werden, da er die Länge einer Einheit in die x-Richtung und Null Einheiten in y-Richtung besitzt.

Da alle Repräsentatoren eines Vektors dieselbe Länge haben, kann dem Vektor die Länge der Repräsentatoren zugewiesen werden.

Eine Länge kann dem Vektor $\vec{a} = {}^t(3, 1)$ mit Hilfe des Satzes von Pythagoras zugeordnet werden. Dies ist in Abbildung 6.24 dargestellt. Hier ist ein rechtwinkliges Dreieck mit Katheten der Länge 3 und 1 eingezeichnet, dessen Hypotenuse ein Pfeil der Klasse $\vec{a}$ ist. Bezeichnet man die Länge des Vektors $\vec{a}$ durch $|\vec{a}|$, so ergibt sich mit dem Satz von Pythagoras $|\vec{a}|^2 = 3^2 + 1^2 = 10$ und hieraus folgt $|\vec{a}| = \sqrt{10}$. Dieses Verfahren lässt sich auf alle Vektoren von $\mathbb{R}^2$ übertragen.

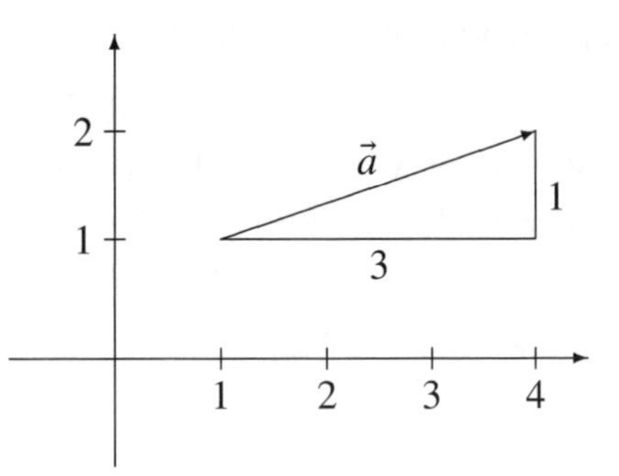

Abb. 6.24 Länge eines Vektors

Definition Die *Länge* eines Vektors $\vec{a} = {}^t(a_1, a_2) \in \mathbb{R}^2$ ist gegeben durch

$$|\vec{a}| := \sqrt{a_1^2 + a_2^2}.$$

Genauso kann man bei Vektoren in $\mathbb{R}^3$ vorgehen. Hierbei ergibt sich durch zweifache Anwendung des Satzes von Pythagoras (vgl. Aufgabe 2 für den Vektor $\vec{a} = {}^t(1, 2, 3)$

$$|\vec{a}|^2 = 1^2 + 2^2 + 3^3 = 14$$

und hieraus folgt

$$|\vec{a}| = \sqrt{14}\,.$$

Diese Regel lässt sich auf beliebige Vektoren im $\mathbb{R}^n$ für $n \geqslant 1$ verallgemeinern.

Definition Die *Länge* eines Vektors $\vec{a} = {}^t(a_1, \dots, a_n) \in \mathbb{R}^n$ ist gegeben durch

$$|\vec{a}| = \sqrt{a_1^2 + \ldots + a_n^2}\,.$$

Hinweis für Maple

Die Länge eines Vektors `a` kann mit `norm(a,2)` bestimmt werden. Die 2 steht hier für die Euklid'sche Norm, vgl. [Wa02], Abschnitt 7.1.

Beispiel 6.51 Die Länge des Vektors $\vec{a} = {}^t(-4, 2, 4)$ bestimmt man mit Maple durch

```
> a := vector([-4,2,4]):
> norm(a,2);
```

und erhält das Ergebnis 6.

6.6.2 Winkel zwischen Vektoren

Unter dem *Winkel zwischen zwei Vektoren* $\vec{a}$ und $\vec{b}$ versteht man den kleineren der beiden Winkel zwischen zwei Pfeilen mit demselben Anfangspunkten, von denen einer $\vec{a}$ und einer $\vec{b}$ repräsentiert, vgl. Abbildung 6.25.

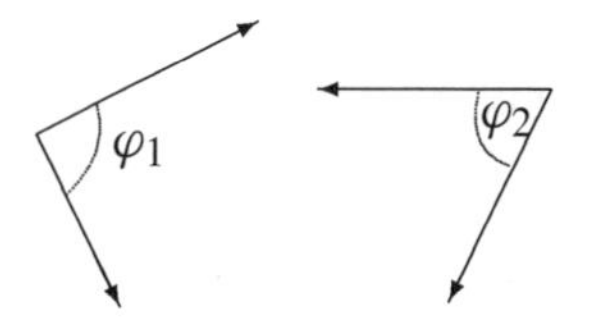

Abb. 6.25 Winkel zwischen Pfeilen

Um den Winkel φ zwischen zwei Vektoren $\vec{a}$ und $\vec{b}$ in $\mathbb{R}^2$ zu bestimmen, wird die *Projektion* eines Vektors auf den anderen Vektor gebildet, vgl. Abbildung 6.26 (a). Die Projektion von $\vec{a}$ auf $\vec{b}$ wird mit $\vec{a}_{\vec{b}}$, die Projektion von $\vec{b}$ auf $\vec{a}$ mit $\vec{b}_{\vec{a}}$ bezeichnet. Wie in Abbildung 6.26 (a) erkennbar ist, gilt für ein beliebiges $0 < \varphi < \frac{\pi}{2}$

$$\cos(\varphi) = \frac{|\vec{b}_{\vec{a}}|}{|\vec{b}|} \quad \text{und} \quad \cos(\varphi) = \frac{|\vec{a}_{\vec{b}}|}{|\vec{a}|}.$$

Sind also die Vektoren $\vec{a}_{\vec{b}}, \vec{b}_{\vec{a}}$ bzw. ihre Längen bekannt, so kann der Winkel φ zwischen den Vektoren $\vec{a}$ und $\vec{b}$ bestimmt werden.

Um herauszufinden, wie sich die Vektoren $\vec{a}_{\vec{b}}$ bzw. $\vec{b}_{\vec{a}}$ darstellen lassen, sei zunächst der Fall $\vec{a} = {}^t(a_1, 0)$, $\vec{b} = {}^t(b_1, b_2)$ mit $a_1, b_1, b_2 \neq 0$ betrachtet. Wie in Abbildung 6.26 (b) erkennbar ist, lautet hier $\vec{b}_{\vec{a}} = {}^t(b_1, 0)$ und damit folgt

$$|\vec{b}_{\vec{a}}| = |\vec{b}| \cdot \cos(\varphi) = b_1 \,.$$

Mit analogen Überlegungen wie oben ergibt sich für den allgemeinen Fall $\vec{a} = {}^t(a_1, a_2)$ und $\vec{b} = {}^t(b_1, b_2)$, die keine Nullvektoren sind,

$$|\vec{b}_{\vec{a}}| = |\vec{b}| \cdot \cos(\varphi) = \sqrt{b_1^2 + b_2^2} \cdot \cos(\varphi). \tag{1}$$

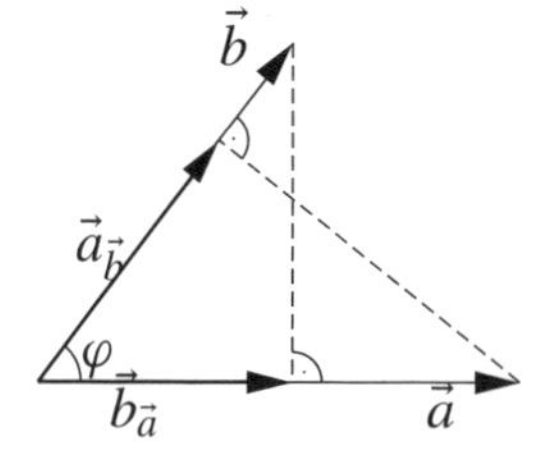

(a) Winkel zwischen Pfeilen

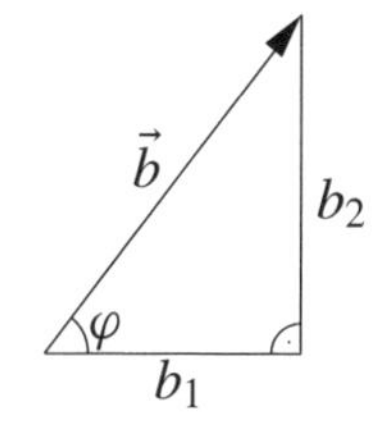

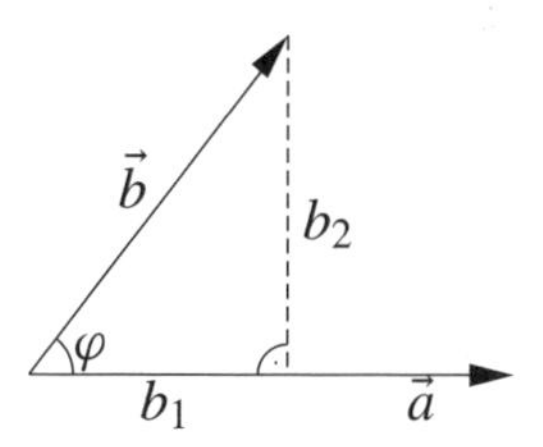

(b) Projektion von $\vec{b}$ auf $\vec{a}$

Abb. 6.26 Zur Bestimmung des Winkels zwischen Vektoren

Die Koeffizienten des Vektors $\vec{b}_{\vec{a}}$ lauten

$$\vec{b}_{\vec{a}} = \begin{pmatrix} b_1 \cdot \cos(\varphi) \\ b_2 \cdot \cos(\varphi) \end{pmatrix} = \cos(\varphi) \cdot \vec{b}. \tag{2}$$

Analog ergibt sich

$$\vec{a}_{\vec{b}} = \begin{pmatrix} a_1 \cdot \cos(\varphi) \\ a_2 \cdot \cos(\varphi) \end{pmatrix} = \cos(\varphi) \cdot \vec{a}. \tag{3}$$

Um das soeben erhaltene Ergebnis für (2) und (3) allgemein zu formulieren, d.h. die Abhängigkeit der Vektoren $\vec{a}$ und $\vec{b}$ zu berücksichtigen, jedoch die projizierten Vektoren zu vernachlässigen, notiert man

$$\vec{a} \cdot \vec{b} := |\vec{a}| \cdot |\vec{b}_{\vec{a}}| = |\vec{a}| \cdot |\vec{b}| \cdot \cos(\varphi) = |\vec{a}_{\vec{b}}| \cdot |\vec{b}| \,. \tag{4}$$

Hierbei nennt man $\vec{a} \cdot \vec{b}$ das *Skalarprodukt* der Vektoren $\vec{a}$ und $\vec{b}$. Häufig wird es auch $\langle \vec{a}, \vec{b} \rangle$ abgekürzt.

Die Formel (4) kann für Vektoren, die keine Nullvektoren sind, umformuliert werden zu

$$\cos(\varphi) = \frac{\vec{a} \cdot \vec{b}}{|\vec{a}| \cdot |\vec{b}|}. \tag{5}$$

Hiermit kann der Winkel zwischen zwei Vektoren bestimmt werden, wenn die Größen $|\vec{a}|$, $|\vec{b}|$ und $\vec{a} \cdot \vec{b}$ bekannt sind, indem der Arkuskosinus des Ergebnisses in Gleichung (5) bestimmt wird. Die beiden ersten Größen sind bereits bekannt, jedoch kann die dritte Größe bisher noch nicht bestimmt werden.

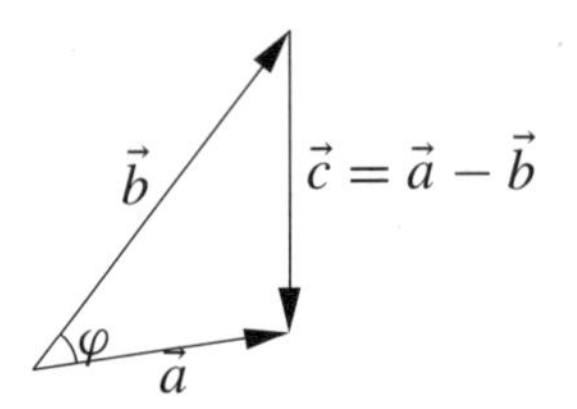

Abb. 6.27 Differenz von Vektoren

Zur Bestimmung des Skalarprodukts sei Abbildung 6.27 betrachtet. Hier folgt mit Hilfe des Kosinussatz

$$|\vec{a} - \vec{b}|^2 = |\vec{a}|^2 + |\vec{b}|^2 - 2 \cdot |\vec{a}| \cdot |\vec{b}| \cdot \cos(\varphi) \,.$$

Hieraus folgt

$$|\vec{a}| \cdot |\vec{b}| \cdot \cos(\varphi) = \tfrac{1}{2} \left(|\vec{a}|^2 + |\vec{b}|^2 - |\vec{a} - \vec{b}|^2 \right), \tag{6}$$

womit die Gleichung (5) zur Bestimmung des Winkels zwischen zwei Vektoren verwendet werden kann.

Es seien $\vec{a} = {}^t(a_1, a_2, a_3)$ und $\vec{b} = {}^t(b_1, b_2, b_3)$. Mit Gleichung (6) ergibt sich hieraus für das Skalarprodukt

$$\begin{aligned} \vec{a} \cdot \vec{b} &= |\vec{a}| \cdot |\vec{b}| \cdot \cos(\varphi) = \tfrac{1}{2} \left(|\vec{a}|^2 + |\vec{b}|^2 - |\vec{a} - \vec{b}|^2 \right) \\ &= \tfrac{1}{2} \left[(a_1^2 + a_2^2 + a_3^2) + (b_1^2 + b_2^2 + b_3^2) \right. \\ &\quad \left. - \left((a_1 - b_1)^2 + (a_2 - b_2)^2 + (a_3 - b_3)^2 \right) \right] \\ &= a_1 b_1 + a_2 b_2 + a_3 b_3 \,. \end{aligned}$$

Analog definiert man das Skalarprodukt für Vektoren aus $\mathbb{R}^n$ für beliebige $n \geqslant 1$.

Bemerkung Das Skalarprodukt zweier Vektoren $\vec{a}, \vec{b} \in \mathbb{R}^n$ mit

$$\vec{a} = {}^t(a_1, \dots, a_n) \quad \text{und} \quad \vec{b} = {}^t(b_1, \dots, b_n)$$

ist gegeben durch

$$\vec{a} \cdot \vec{b} = a_1 b_1 + \dots + a_n b_n .$$

Für den Winkel zwischen $\vec{a}$ und $\vec{b}$ gilt damit

$$\cos(\varphi) = \frac{a_1 b_1 + \dots + a_n b_n}{\sqrt{a_1^2 + \dots + a_n^2} \cdot \sqrt{b_1^2 + \dots + b_n^2}} .$$

Hinweis für Maple

Das Skalarprodukt zweier Vektoren

```
> a := vector([a1,a2,a3]):
    b := vector([b1,b2,b3]):
```

sowie der Winkel zwischen den Vektoren können mit Maple bestimmt werden. Das Skalarprodukt wird durch

```
> dotprod(a,b);
```

$$a1\ b1 + a2\ b2 + a3\ b3$$

bestimmt. Der Winkel zwischen den Vektoren kann mit

```
> angle(a,b);
```

bestimmt werden.

Achtung Aus dem Kommutativgesetz der reellen Zahlen folgt $\vec{a} \cdot \vec{b} = \vec{b} \cdot \vec{a}$. Es gibt jedoch hier kein Assoziativgesetz, da es sich bei $\vec{a} \cdot \vec{b}$ nicht um einen Vektor, sondern um eine reelle Zahl handelt.

Beispiel 6.52 Es ist der Winkel α im Dreieck ABC mit $A(1|2)$, $B(3|7)$ und $C(0|5)$ zu berechnen.

Lösung. Der Winkel zwischen den Vektoren

$$\overrightarrow{AB} = \begin{pmatrix} 2 \\ 5 \end{pmatrix} \quad \text{und} \quad \overrightarrow{AC} = \begin{pmatrix} -1 \\ 3 \end{pmatrix}$$

ist zu bestimmen. Es gilt

$$\cos(\alpha) = \frac{2 \cdot (-1) + 5 \cdot 3}{\sqrt{4+25} \cdot \sqrt{1+9}} = \frac{13}{\sqrt{29} \cdot \sqrt{10}} \approx 0.7634 .$$

Mit der Arkuskosinusfunktion erhält man die Lösung $\alpha \approx 40.24°$.

Diese Lösung kann mit Maple bestätigt werden, indem zunächst die Vektoren definiert werden.

```
> a := vector([2,5]):  b := vector([-1,3]):
```

Dann kann der Winkel zwischen den Vektoren bestimmt werden.

```
> angle(a,b);
```

$$\arccos\left(\frac{13}{290}\sqrt{29}\sqrt{10}\right)$$

Der Wert kann in eine Dezimalzahl überführt werden.

```
> evalf(%);
```

$$.7022569318$$

Rechnet man den Wert vom Bogenmaß in Gradmaß um, so erhält man

```
> evalf(convert(.7022569318, degrees));
```

$$40.23635831\ degrees$$

Dieses Ergebnis stimmt mit dem oben bestimmten überein.

Beispiel 6.53 Der Winkel γ im Dreieck ABC mit $A(4|6|0)$, $B(0|7|0)$ und $C(2|4|6)$ soll bestimmt werden.

Lösung. Es ist der Winkel zwischen den Vektoren

$$\overrightarrow{CA} = {}^t(2, 2, -6) \quad \text{und} \quad \overrightarrow{CB} = {}^t(-2, 3, -6)$$

zu bestimmen. Hier gilt

$$\cos(\gamma) = \frac{-4+6+36}{\sqrt{44}\cdot\sqrt{49}} = \frac{38}{7\sqrt{44}} \approx 0.8184$$

und damit folgt $\gamma \approx 35.08°$.

Beispiel 6.54 Der Schnittwinkel der Geraden

$$g_1\colon \vec{x} = \begin{pmatrix} 1 \\ 2 \end{pmatrix} + \lambda \cdot \begin{pmatrix} -1 \\ 2 \end{pmatrix} \quad \text{und} \quad g_2\colon \vec{x} = \begin{pmatrix} 2 \\ -1 \end{pmatrix} + \mu \cdot \begin{pmatrix} 2 \\ 1 \end{pmatrix}$$

soll bestimmt werden.

Lösung. Hierzu ist der Winkel φ zwischen den Richtungsvektoren $\vec{a} = {}^t(-1, 2)$ und $\vec{b} = {}^t(2, 1)$ zu bestimmen. Es gilt

$$\cos(\varphi) = \frac{(-1)\cdot 2+2\cdot 1}{\sqrt{5}\cdot\sqrt{5}} = 0\,, \quad \text{woraus } \varphi = 90° \text{ folgt.}$$

In Beispiel 6.54 ergab sich der Schnittwinkel $\varphi = 90°$ und das Skalarprodukt der Richtungsvektoren der Geraden war Null. Dieser Zusammenhang gilt immer.

Bemerkung Für zwei Vektoren $\vec{a}, \vec{b} \in \mathbb{R}^n$ mit dem Schnittwinkel φ gilt

$$\vec{a} \cdot \vec{b} = 0 \Leftrightarrow \varphi = 90°.$$

Aufgaben

1. Bestimmen Sie die Länge des Vektors $\vec{a}$.

a) $\vec{a} = \begin{pmatrix} 0 \\ 4 \end{pmatrix}$ b) $\vec{a} = \begin{pmatrix} -3 \\ 2 \end{pmatrix}$

c) $\vec{a} = \begin{pmatrix} 2 \\ 3 \end{pmatrix}$ d) $\vec{a} = \begin{pmatrix} -2 \\ 1 \\ 3 \end{pmatrix}$

e) $\vec{a} = \begin{pmatrix} 5 \\ 3 \\ 7 \end{pmatrix}$ f) $\vec{a} = \begin{pmatrix} 2 \\ 0.5 \\ -2 \end{pmatrix}$

2. Zeigen Sie durch zweimalige Anwendung des Satzes von Pythagoras, dass $|\vec{a}|^2 = a_1^2 + a_2^2 + a_3^2$ gilt, vgl. Abbildung 6.28.

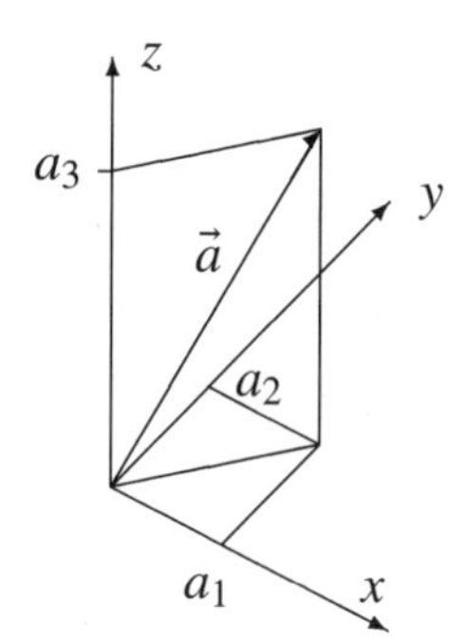

Abb. 6.28 Skizze zu Aufgabe 2

3. Bestimmen Sie die Winkel zwischen den Vektoren aus Aufgabe 1 a) bis c) und Aufgabe 1 d) bis f). Bestätigen Sie die Ergebnis mit Maple.

6.7 Vektorprodukt und Anwendungen

6.7.1 Das Vektorprodukt

Um Winkel zwischen zwei Ebenen zu bestimmen, müssen Vektoren gefunden werden, die durch die Ebene eindeutig bestimmt sind. Die Richtungsvektoren sind dazu nicht geeignet, denn es gibt unendlich viele, paarweise linear unabhängige Vektoren, die alle in der Ebene liegen.

Zur Bestimmung von Winkeln zwischen Ebenen muss jeder Ebene ein Vektor zugeordnet werden, durch den ihr Verlauf eindeutig bestimmt ist. Hierbei hilft das Vektorprodukt.

Definition Für Vektoren $\vec{a} = {}^t(a_1, a_2, a_3)$ und $\vec{b} = {}^t(b_1, b_2, b_3)$ heißt

$$\vec{a} \times \vec{b} := \begin{pmatrix} a_2b_3 - a_3b_2 \\ a_3b_1 - a_1b_3 \\ a_1b_2 - a_2b_1 \end{pmatrix}$$

das *Vektorprodukt* oder *Kreuzprodukt* von $\vec{a}$ und $\vec{b}$ (lies: $\vec{a}$ *Kreux* $\vec{b}$).

Hinweis für Maple

Unter Maple kann das Vektorprodukt mit `crossprod` berechnet werden. Für die Vektoren

```
> a := vector([a1,a2,a3]):
    b := vector([b1,b2,b3]):
```

erhält man durch

```
> crossprod(a,b);
```

das Ergebnis

$$[a2\ b3 - a3\ b2,\ a3\ b1 - a1\ b3,\ a1\ b2 - a2\ b1]$$

Beispiel 6.55 Für $\vec{a} = {}^t(1, 0, 0)$ und $\vec{b} = {}^t(0, 1, 0)$ erhält man mit Maple durch

```
> crossprod(vector([1,0,0]),vector([0,1,0]));
```

das Ergebnis

$$[0,\ 0,\ 1]$$

Beispiel 6.56 Es seien $\vec{a} = {}^t(1, 2, 3)$ und $\vec{b} = {}^t(4, 5, 6)$. Hierfür gilt

```
> crossprod(vector([1,2,3]),vector([4,5,6]));
```

$$[-3,\ 6,\ -3]$$

In Beispiel 6.55 ist unmittelbar zu erkennen, dass der Vektor $\vec{a} \times \vec{b}$ senkrecht auf den Vektoren $\vec{a}$ und $\vec{b}$ steht, was sich ebenfalls für Beispiel 6.56 ergibt. Dies lässt sich für beliebige Vektoren $\vec{a} = {}^t(a_1, a_2, a_3)$ und $\vec{b} = {}^t(b_1, b_2, b_3)$ mit Maple zeigen. Wird

```
> dotprod(a,crossprod(a,b));
```

eingegeben, so lautet das Ergebnis

$$a1\ (a2\ b3 - a3\ b2) + a2\ (a3\ b1 - a1\ b3) + a3\ (a1\ b2 - a2\ b1).$$

Mit `simplify(%)` kann dieses Ergebnis vereinfacht werden, und damit erhält man

$$0 \tag{1}$$

als Ergebnis.

Dasselbe Ergebnis erhält man für $\vec{b} \cdot (\vec{a} \times \vec{b})$.

Für linear abhängige Vektoren $\vec{a}$ und $\vec{b}$ gilt $\vec{a} \times \vec{b} = \vec{0}$, denn man kann $\vec{b} = r \cdot \vec{a}$ mit $r \in \mathbb{R}$ schreiben, und damit folgt

$$\vec{a} \times \vec{b} = \vec{a} \times r \cdot \vec{a} = r \cdot \vec{a} \times \vec{a} = r \cdot \begin{pmatrix} a_2a_3 - a_3a_2 \\ a_3a_1 - a_1a_3 \\ a_1a_2 - a_2a_1 \end{pmatrix} = \vec{0}\,. \tag{2}$$

Hier wurde zusätzlich benutzt, dass $\vec{a} \times r \cdot \vec{b} = r \cdot \vec{a} \times \vec{b}$ für alle Vektoren $\vec{a}$ und $\vec{b}$ gilt, was durch eine Rechnung bewiesen werden kann, vgl. Aufgabe 1.

Es soll $|\vec{a} \times \vec{b}|$ bestimmt werden. Hierfür berechnet man mit Hilfe der Gleichung (5) aus Abschnitt 6.6.2

$$\begin{aligned}
(\vec{a} \times \vec{b})^2 &= (a_2b_3 - a_3b_2)^2 + (a_3b_1 - a_1b_3)^2 + (a_1b_2 - a_2b_1)^2 \\
&= (a_1^2 + a_2^2 + a_3^2)(b_1^2 + b_2^2 + b_3^2) - (a_1b_1 + a_2b_2 + a_3b_3)^2 \\
&= |\vec{a}|^2 \cdot |\vec{b}|^2 - (\vec{a} \cdot \vec{b})^2 \\
&= |\vec{a}|^2 \cdot |\vec{b}|^2 - |\vec{a}|^2 \cdot |\vec{b}|^2 \cdot \cos^2(\varphi) = |\vec{a}|^2 \cdot |\vec{b}|^2 \cdot (1 - \cos^2(\varphi) \\
&= |\vec{a}|^2 \cdot |\vec{b}|^2 \cdot \sin^2(\varphi).
\end{aligned}$$

Wegen $0 \leqslant \varphi \leqslant \pi$ ist $\sin(\varphi) \geqslant 0$, woraus

$$|\vec{a} \times \vec{b}| = |\vec{a}| \cdot |\vec{b}| \cdot \sin(\varphi) \tag{3}$$

folgt. Mit (1), (2) und (3) wurde gezeigt:

Satz *Es seien $\vec{a}, \vec{b} \in \mathbb{R}^3$ gegeben. Dann gilt:*

a) *$\vec{a} \times \vec{b}$ ist orthogonal zu $\vec{a}$ und $\vec{b}$,*

b) $\vec{a} \times \vec{a} = \vec{0}$,

c) *Für den Betrag des Vektors $\vec{a} \times \vec{b}$ gilt*

$$|\vec{a} \times \vec{b}| = |\vec{a}| \cdot |\vec{b}| \cdot \sin(\varphi),$$

wobei φ den spitzen Winkel zwischen $\vec{a}$ und $\vec{b}$ bezeichnet.

Weitere Eigenschaften können mit Hilfe von Maple untersucht werden, vgl. Aufgaben 2 bis 4.

In Abbildung 6.29 (a) ist erkennbar, dass (3) die Fläche des von $\vec{a}$ und $\vec{b}$ aufgespannten Parallelogramms angibt. Dies ermöglicht es, das Volumen eines von den Vektoren $\vec{a}, \vec{b}$ und $\vec{c}$ aufgespannten Spats zu berechnen, vgl. Abbildung 6.29 (b). Die Höhe des Spats beträgt $h = |\vec{c}| \cdot \cos(\alpha)$, und mit (3) folgt für das Volumen V des Spats

$$V = |\vec{a} \times \vec{b}| \cdot h = |\vec{a} \times \vec{b}| \cdot |\vec{c}| \cdot \cos(\alpha).$$

Mit Gleichung (5) aus Abschnitt 6.6.2 wurde der folgende Satz bewiesen.

Satz *Der von den Vektoren $\vec{a}, \vec{b}, \vec{c} \in \mathbb{R}^3$ aufgespannte Spat hat das Volumen*

$$V = |(\vec{a} \times \vec{b}) \cdot \vec{c}|\,.$$

Beispiel 6.57 Es soll das Volumen des von den Vektoren

```
> a := vector([1,0,2]):  b := vector([-3,1,0]):
    c := vector([1,-1,1]):
```

aufgespannten Spats bestimmt werden. Hierzu wird

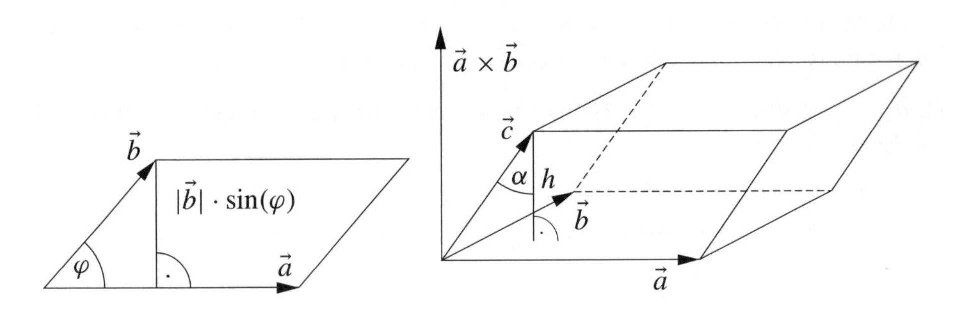

(a) Von $\vec{a}$ und $\vec{b}$ aufgespanntes Parallelogramm

(b) Von $\vec{a}$, $\vec{b}$ und $\vec{c}$ aufgespannter Spat

Abb. 6.29 Skizzen zur Bestimmung des Volumens eines Spats

```
> abs(dotprod(crossprod(a,b),c));
```

eingegeben, und man erhält das Ergebnis 5.

Es seien $\vec{a} = {}^t(a_1, 0, 0)$ und $\vec{b} = {}^t(b_1, b_2, 0)$. Dann gilt

$$\vec{a} \times \vec{b} = {}^t(0, 0, a_1 b_2).$$

Gilt $a_1 > 0$ und $b_1 > 0$, so folgt $a_1 b_1 > 0$, daher zeigt $\vec{a} \times \vec{b}$ in Richtung der x_3-Achse. Damit ergibt sich:

Bemerkung Die Vektoren $\vec{a}, \vec{b}$ und $\vec{a} \times \vec{b}$ bilden ein *Rechtssystem*, d.h. zeigt der Daumen der rechten Hand in Richtung von $\vec{a}$ und der Zeigefinger in Richtung von $\vec{b}$, so zeigt der Mittelfinger in Richtung des Vektors $\vec{a} \times \vec{b}$, wenn er senkrecht zur durch Daumen und Zeigefinger aufgespannten Ebene steht.

Hinweis Bringt man einen stromdurchflossenen Draht so in ein Magnetfeld, dass die Elektronenbewegungsrichtung senkrecht auf den Feldlinien des Magnetfeldes steht, so wirkt auf ihn die *Lorentzkraft*, die senkrecht zur von Elektronenbewegungsrichtung und Magnetfeldlinien aufgespannten Ebene steht. Hierfür gibt es die *Rechte-Hand-Regel*[1]: Zeigt der Daumen der rechten Hand in die Richtung der Feldlinien vom Nord- zum Südpol des Magnetfeldes und der Zeigefinger senkrecht hierzu in die Bewegungsrichtung der Elektronen, so zeigt der Mittelfinger in Richtung des Lorentzkraft, wenn er senkrecht zum Daumen und Zeigefinger zeigt. Das Vektorprodukt hat einige Anwendungen in der Physik, vgl. hierzu [Si82].

[1] In der Physik behandelt man meistens die *Linke-Hand-Regel*. In der Mathematik hat es Vorteile, die Rechte-Hand-Regel zu verwenden, da hiermit das Vektorprodukt als Hilfsmittel verwendet werden kann.

6.7.2 Normalenform von Ebenen

Das Kreuzprodukt zweier Vektoren hilft bei der Bestimmung von orthogonalen Vektoren zu einer Ebene. Der Schnittwinkel von orthogonalen Vektoren zweier Ebenen kann zur Ermittlung des Schnittwinkels zweier Ebenen benutzt werden.

In Abbildung 6.30 (a) ist eine Ebene mit den Richtungsvektoren $\vec{v}_1$ und $\vec{v}_2$ dargestellt und ein *Normalenvektor* eingezeichnet, der orthogonal zu $\vec{v}_1$ und $\vec{v}_2$ ist. Dies kann durch $\vec{v}_1 \times \vec{v}_2$ bestimmt werden. Ein Normalenvektor ist bis auf Länge und Orientierung eindeutig bestimmt, vgl. Abbildung 6.30 (b).

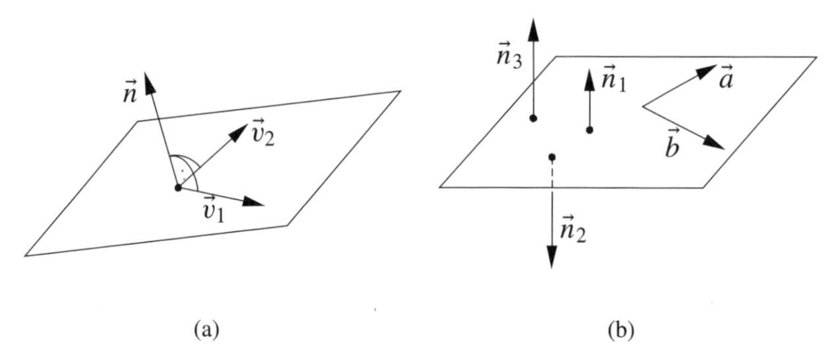

Abb. 6.30 Ebenen mit Normalenvektoren

Beispiel 6.58 Man bestimme einen Normalenvektor zu der Ebene

$$E\colon\ \vec{x} = {}^t(4,6,-2) + \lambda \cdot {}^t(1,2,0) + \mu \cdot {}^t(-1,3,2).$$

Lösung. Mit Maple erhält man einen Normalenvektor $\vec{n}$ zu E durch Eingabe von

```
> crossprod(vector([1,2,0]),vector([-1,3,2]));
```

zu $\vec{n} = {}^t(4,-2,5)$.

Eine Ebene lässt sich mit Hilfe eines Normalenvektors beschreiben. Wie in Abbildung 6.31 angedeutet ist, steht dieser Normalenvektor orthogonal zu allen Vektoren, die in der Ebene liegen.

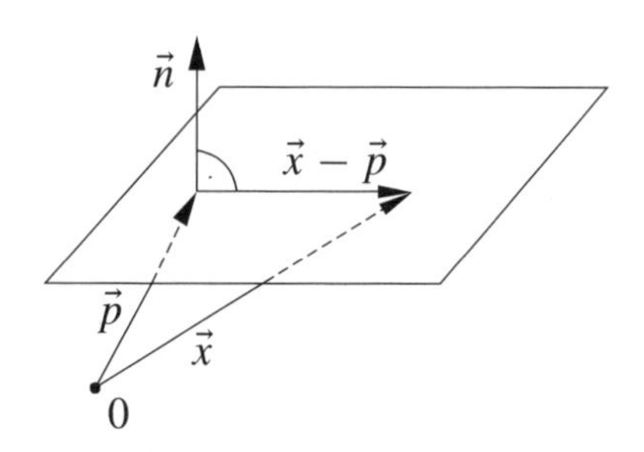

Abb. 6.31 Ebene mit Normalenvektor

Bemerkung Eine Ebene E mit Stützvektor $\vec{p}$ und dem Normalenvektor $\vec{n}$ ist beschrieben durch die Gleichung

$$(\vec{x} - \vec{p}) \cdot \vec{n} = 0\,.$$

Sie heißt *Normalenform der Ebene.*

Hinweis für Maple

Die Normalenform einer Ebene kann mit Maple im Paket geom3d bestimmt werden. Sie wird mit dem Befehl detail gemeinsam mit anderen Ergebnissen angegeben. Für die Ebene E aus Beispiel 6.58 geht man folgendermaßen vor:

```
> point(A, 4,6,-2):  point(B, 3,4,-2):
    point(C, 5,3,0):
> plane(e, [A,B,C]):
> detail(e);
```

name of the object : e
form of the object : $plane3d$
equation of the plane : $14 - 4 * \_x + 2 * \_y + 5 * \_z \;=\; 0$

Beispiel 6.59 Man bestimme eine Normalenform der Ebene

$$E\colon \vec{x} = \begin{pmatrix} 2 \\ 1 \\ 2 \end{pmatrix} + \lambda_1 \cdot \begin{pmatrix} -2 \\ 3 \\ 1 \end{pmatrix} + \lambda_2 \cdot \begin{pmatrix} 5 \\ 7 \\ 2 \end{pmatrix}.$$

Lösung. Ein Normalenvektor kann mit Maple bestimmt werden: $\vec{n} = {}^t(1, -9, 29)$. Die Normalenform lautet damit

$$\left[\vec{x} - \begin{pmatrix} 2 \\ 1 \\ 2 \end{pmatrix}\right] \cdot \begin{pmatrix} 1 \\ -9 \\ 29 \end{pmatrix} = 0 \quad \text{bzw.} \quad \begin{pmatrix} 1 \\ -9 \\ 29 \end{pmatrix} \cdot \vec{x} - 51 = 0\,.$$

Beispiel 6.60 Es soll eine Normalenform der Ebene

$$E\colon \vec{x} = \begin{pmatrix} 1 \\ -1 \\ 2 \end{pmatrix} + \lambda_1 \cdot \begin{pmatrix} 1 \\ 1 \\ 1 \end{pmatrix} + \lambda_2 \cdot \begin{pmatrix} 2 \\ -1 \\ 0 \end{pmatrix}$$

bestimmt werden.

Lösung. Ein Normalenvektor ist $\vec{n} = {}^t(1, 2, -3)$. Damit ergibt sich die Normalenform von E zu

$$\left[\vec{x} - \begin{pmatrix} 1 \\ -1 \\ 2 \end{pmatrix}\right] \cdot \begin{pmatrix} 1 \\ 2 \\ -3 \end{pmatrix} = 0 \quad \text{bzw.} \quad \begin{pmatrix} 1 \\ 2 \\ -3 \end{pmatrix} \cdot \vec{x} + 7 = 0\,.$$

Bemerkung Ist $E\colon\ a_1x_1 + a_2x_2 + a_3x_3 = b$ eine Koordinatengleichung einer Ebene, so ist $\vec{n} = {}^t(a_1, a_2, a_3)$ ein Normalenvektor der Ebene E.

Normiert man die Normalenvektoren einer Ebene auf die Länge 1, so existieren genau zwei normierte Normalenvektoren, die sich nur durch ihre Orientierung, also durch ihr Vorzeichen unterscheiden.

Definition Eine Normalenform einer Ebene mit normiertem Normalenvektor $\vec{n}$ heißt *Hesse'sche Normalenform.*

Die Hesse'sche Normalenform ist nach dem Mathematiker *Ludwig Otto Hesse* (1811–1874) benannt.

Hinweis für Maple

Die Normierung eines Vektors

```
> a := vector([a1,a2,a3]):
```

kann mit

```
> normalize(a);
```

$$\left[\frac{a1}{\sqrt{|a1|^2+|a2|^2+|a3|^2}}, \frac{a2}{\sqrt{|a1|^2+|a2|^2+|a3|^2}}, \frac{a3}{\sqrt{|a1|^2+|a2|^2+|a3|^2}}\right]$$

berechnet werden.

Beispiel 6.61 Man bestimme die zwei normierten Normalenvektoren zur Ebene

$$E\colon\ \vec{x} = \begin{pmatrix} 1 \\ -1 \\ 2 \end{pmatrix} + \lambda_1 \cdot \begin{pmatrix} 1 \\ 1 \\ 1 \end{pmatrix} + \lambda_2 \cdot \begin{pmatrix} 2 \\ -1 \\ 0 \end{pmatrix}$$

und gebe eine Hesse'sche Normalenform an.

Lösung. Ein Normalenvektor $\vec{n} = {}^t(1, 2, -3)$ wurde bereits in Beispiel 6.60 bestimmt. Mit Maple erhält man den Normalenvektor durch

```
> a := vector([1,2,-3]):
> normalize(a);
```

$$\left[\frac{1}{14}\sqrt{14}, \frac{1}{7}\sqrt{14}, -\frac{3}{14}\sqrt{14}\right]$$

Eine Hesse'sche Normalenform der Ebene lautet

$$\left[\vec{x} - \begin{pmatrix} 1 \\ -1 \\ 2 \end{pmatrix}\right] \cdot \frac{\sqrt{14}}{14} \cdot \begin{pmatrix} 1 \\ 2 \\ -3 \end{pmatrix} = 0\,.$$

Mit Hilfe der Normalenform lassen sich die *Schnittwinkel* zwischen Ebenen bestimmen. Hierzu muss man beide Ebenen in die Normalenform überführen und den Winkel zwischen den Normalenvektoren bestimmen. Das ist der Schnittwinkel der Ebenen. Es ist zu beachten, dass der Schnittwinkel zwischen zwei Ebenen kleiner oder gleich 90° bzw. $\frac{\pi}{2}$ ist. Dies ist in Abbildung 6.32 (a) zu erkennen.

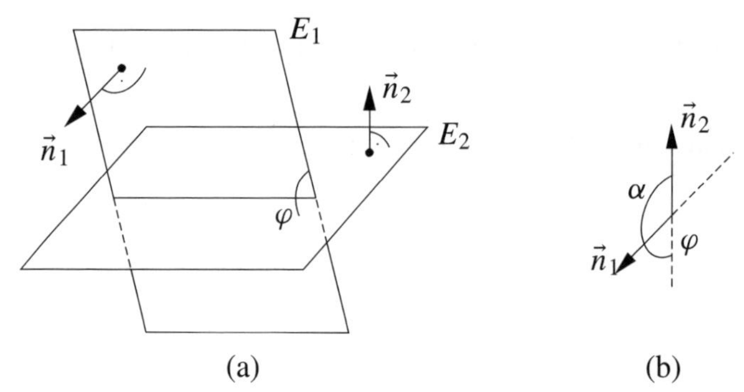

Abb. 6.32 Winkel zwischen Ebenen

Hinweis Es kann sein, dass der zunächst bestimmte Winkel α größer als 90° ist, wie in Abbildung 6.32 (b) dargestellt ist. In diesem Fall gilt $\varphi = 180^\circ - \alpha < 90^\circ$ bzw. $\varphi = \pi - \alpha < \frac{\pi}{2}$.

Beispiel 6.62 Der Schnittwinkel zwischen den Ebenen

$$E_1\colon\ {}^t(2,-3,5)\cdot\vec{x}+2=0 \quad \text{und} \quad E_2\colon\ {}^t(3,7,2)\cdot\vec{x}-3=0$$

soll bestimmt werden.

Lösung. Die Normalenvektoren der Ebenen lauten $\vec{n}_1 = {}^t(2,-3,5)$ und $\vec{n}_2 = {}^t(3,7,2)$. Dies liefert

$$\cos(\varphi) = \frac{-5}{\sqrt{2356}} \approx -0.1030$$

und der Winkel lautet $\varphi \approx 95.9^\circ$. Dieser Winkel ist größer als 90°, daher misst der Schnittwinkel der Ebenen durch $\alpha \approx 180^\circ - 95.9^\circ = 84.1^\circ$. Dies lässt sich mit Maple bestätigen, vgl. Aufgabe 8.

Ähnlich wie bei der Bestimmung von Winkeln zwischen Ebenen, die sich schneiden, lässt sich auch der Schnittwinkel einer Geraden und einer Ebene bestimmen. Hierbei wird zunächst der Winkel α zwischen dem Normalenvektor der Ebene und dem Richtungsvektor der Geraden bestimmt. Dieser Winkel α und der gesuchte Schnittwinkel φ unterscheiden sich um 90°, d.h. es gilt

$$\varphi = 90^\circ - \alpha \quad \text{falls} \quad \alpha < 90^\circ$$

bzw.

$$\varphi = \alpha - 90^\circ \quad \text{falls} \quad \alpha > 90^\circ,$$

siehe Abbildung 6.33.

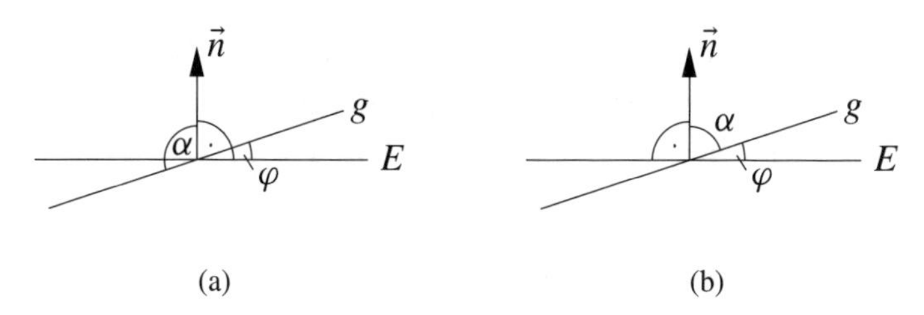

Abb. 6.33 Schnittwinkel einer Geraden und einer Ebene

Beispiel 6.63 Für den Winkel zwischen

$$E:\ {}^t(0,1,-1)\cdot\vec{x}-3=0 \quad \text{und} \quad g:\ \vec{x}=\lambda\cdot{}^t(2,1,3)$$

gilt

$$\cos(\alpha)=\frac{-2}{\sqrt{28}}\approx -0.3780\,,$$

also

$$\alpha\approx 112.2^\circ$$

und damit

$$\varphi=\alpha-90^\circ\approx 22.2^\circ.$$

Dieses Beispiel kann auch mit Maple bearbeitet werden, vgl. Aufgabe 7.

6.7.3 Abstand von einer Ebene

Der Abstand eines Punktes Q von einer Ebene ist senkrecht zur Ebene zu messen. Daher liegt es nahe, die Normalenform der Ebene zu verwenden.

Geometrisch bedeutet die Abstandsmessung eines Punkts von einer Ebene, einen Punkt R in der Ebene zu finden, so dass der Verbindungsvektor $\overrightarrow{RQ}$ der Punkte Q und R orthogonal zur Ebene verläuft.

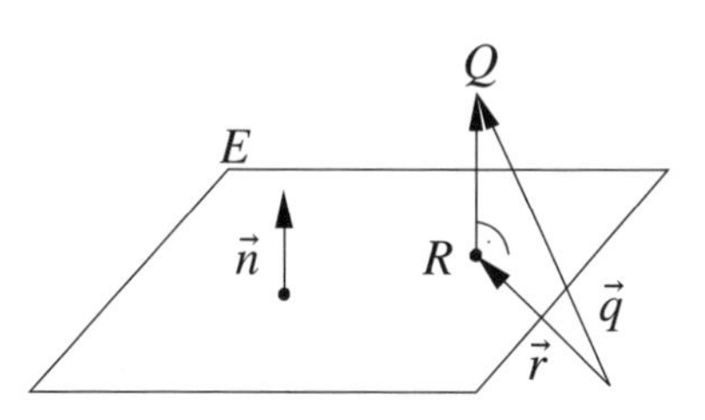

Abb. 6.34 Abstand eines Punktes von einer Ebene

Dann ist die Länge dieses Vektors gleich dem Abstand des Punkts von der Ebene. Dieser Differenzvektor ist einVielfaches des Normalenvektors $\vec{n}$ der Ebene, d.h.

$$\overrightarrow{RQ}=\overrightarrow{OQ}-\overrightarrow{OR}=\lambda\cdot\vec{n}\,. \tag{1}$$

Ist die Ebene E bereits in der Hesse'schen Normalenform angegeben, so gibt $|\lambda|$ den Abstand des Punkts Q von der Ebene E an. Daher bietet es sich an, die Ebene E in die Hesse'sche Normalenform zu überführen.

Durch den Punkt Q lässt sich eine Gerade legen, deren Richtungsvektor der Normalenvektor der Ebene E ist. Der Schnittpunkt dieser Geraden mit der Ebene E ist R, was in Abbildung 6.34 zu erkennen ist. Die Gerade hat die Form

$$g\colon \vec{x} = \overrightarrow{OQ} + \lambda \cdot \vec{n}\,.$$

Ist die Ebene E in Normalenform gegeben, d.h.

$$E\colon \left(\vec{x} - \overrightarrow{OP}\right) \cdot \vec{n} = 0\,,$$

so kann für $\vec{x}$ die rechte Seite der Geradengleichung eingesetzt werden, da diese Gleichung erfüllt sein muss. Dies führt zur Gleichung

$$(\overrightarrow{OQ} + \lambda\vec{n} - \overrightarrow{OP}) \cdot \vec{n} = 0\,, \tag{2}$$

wobei der Betrag des Parameters λ zu bestimmen ist. Falls $|\vec{n}| = 1$ gilt, also von der Hesse'schen Normalenform ausgegangen wurde, gilt $\vec{n} \cdot \vec{n} = 1$. Damit folgt aus (2)

$$\lambda = \vec{n} \cdot \overrightarrow{QP} = \vec{n} \cdot (\overrightarrow{OP} - \overrightarrow{OQ})\,,$$

womit der Abstand des Punkts Q von der Ebene E allgemein bestimmt werden kann.

Bemerkung Ist $E\colon (\vec{x} - \overrightarrow{OP}) \cdot \vec{n} = 0$ die Hesse'sche Normalenform einer Ebene E, so gilt für den Abstand d des Punkts Q mit dem Ortsvektor $\overrightarrow{OQ}$ von der Ebene E

$$d = |\vec{n} \cdot (\overrightarrow{OP} - \overrightarrow{OQ})| = |\vec{n} \cdot \overrightarrow{OP} - \vec{n} \cdot \overrightarrow{OQ}|\,.$$

Ist die Ebene in der Koordinatengleichung $a_1x_1 + a_2x_2 + a_3x_3 = b$ gegeben, so gilt, dass der Vektor $\vec{n} = {}^t(a_1, a_2, a_3)$ ein Normalenvektor der Ebene E ist. Hiermit ist der Vektor

$$\vec{n}_0 := \frac{1}{\sqrt{a_1^2 + a_2^2 + a_3^3}} \cdot \vec{n}$$

ein normierter Normalenvektor. Aufgrund von $\vec{p} \in E$ gilt $\vec{n} \cdot \vec{p} = b$. Gilt $Q(q_1|q_2|q_3)$, so folgt:

Bemerkung Ist $E\colon a_1x_1 + a_2x_2 + a_3x_3 = b$ eine Koordinatengleichung der Ebene E, so gilt für den Abstand d eines Punkts $Q(q_1|q_2|q_3)$ von der Ebene E:

$$d = \left|\frac{a_1q_1 + a_2q_2 + a_3q_3 - b}{\sqrt{a_1^2 + a_2^2 + a_3^2}}\right|.$$

Beispiel 6.64 Es soll der Abstand des Punkts $Q(1|3|3)$ von der Ebene

$$E\colon {}^t(1, 2, -3) \cdot \vec{x} + 7 = 0$$

bestimmt werden.

Lösung. Zur Bestimmung des Abstands ist die Ebene in die Hesse'sche Normalenform zu überführen. Die Länge des Normalenvektors beträgt $\sqrt{14}$ und die Hesse'sche Normalenform lautet

$$\frac{1}{\sqrt{14}} \cdot \begin{pmatrix} 1 \\ 2 \\ -3 \end{pmatrix} \cdot \vec{x} + \frac{7}{\sqrt{14}} = 0 .$$

Mit der obigen Bemerkung gilt

$$d = \left| \frac{7}{\sqrt{14}} - \frac{1}{\sqrt{14}} \begin{pmatrix} 1 \\ 2 \\ -3 \end{pmatrix} \begin{pmatrix} 1 \\ 3 \\ 3 \end{pmatrix} \right| = \left| \frac{9}{\sqrt{14}} \right| \approx 2.41 .$$

Der Abstand des Punkts Q von der Ebene E beträgt etwa 2.41 Maßeinheiten.

Mit Hilfe der Abstandsbestimmung von Punkten zu Ebenen können auch die Abstände von Ebenen zu Geraden bestimmt werden, die parallel zu der Ebene verlaufen.

Beispiel 6.65 Der Abstand der Geraden $g\colon \vec{x} = {}^t(1, 1, 1) + \lambda \cdot {}^t(2, -1, 0)$ von der Ebene $E\colon \vec{x} = {}^t(-1, 3, 2) + \mu_1 \cdot {}^t(0, 1, 3) + \mu_2 \cdot {}^t(4, -3, -3)$ soll bestimmt werden.

Lösung. Die Richtungsvektoren der Ebene und der Geraden sind linear abhängig, denn es gilt ${}^t(0, 1, 3) + {}^t(4, -3, -3) = 2 \cdot {}^t(2, -1, 0)$. Also verläuft die Gerade parallel zur Ebene. Eine Normalenform der Ebene lautet $E\colon {}^t(3, 6, -2) \cdot \vec{x} - 11 = 0$. Hieraus folgt die Hesse'sche Normalenform

$$E\colon \frac{1}{7} \cdot \begin{pmatrix} 3 \\ 6 \\ -2 \end{pmatrix} \cdot \vec{x} - \frac{11}{7} = 0 .$$

Nun kann der Abstand der Geraden von der Ebene berechnet werden:

$$d = \left| \frac{11}{7} - \frac{1}{7} \cdot \begin{pmatrix} 3 \\ 6 \\ -2 \end{pmatrix} \cdot \begin{pmatrix} 1 \\ 1 \\ 1 \end{pmatrix} \right| = \frac{4}{7} .$$

Dieses Ergebnis kann mit Maple bestätigt werden, was zur Übung empfohlen sei.

6.7.4 Abstand eines Punkts von einer Geraden

Der Abstand eines Punkts P von einer Geraden g in $\mathbb{R}^2$ und $\mathbb{R}^3$ ist das Minimum der Längen von Abstandsvektoren zwischen P und einem Punkt der Geraden g. Wie in Abbildung 6.35 erkennbar ist, ist die Länge eines solchen Verbindungsvektors minimal, wenn er orthogonal zu g bzw. orthogonal zum Richtungsvektor der Geraden g verläuft. Dies kann auch als Extremwertaufgabe formuliert werden, vgl. [S-G01], 5.1, Aufgabe 4.

Ist die Gerade in $\mathbb{R}^2$ gegeben durch

$$g\colon \vec{x} = \vec{u} + \lambda \cdot \vec{v} = \begin{pmatrix} 1 \\ 0 \end{pmatrix} + \lambda \cdot \begin{pmatrix} 1 \\ 1 \end{pmatrix}$$

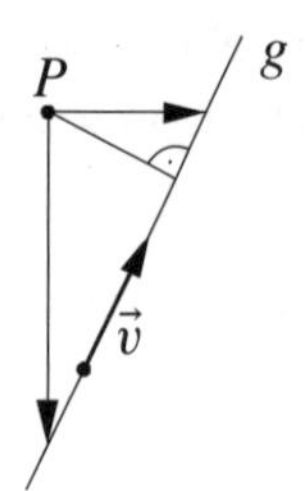

Abb. 6.35 Abstand eines Punkts von einer Geraden

und $P(-1|1)$, so lautet $\overrightarrow{OP} = \binom{-1}{1}$. Die Verbindungsvektoren zwischen P und einem Punkt der Geraden g sind gegeben durch

$$\begin{aligned}\overrightarrow{OP} - \vec{x} &= \binom{-1}{1} - \left[\binom{1}{0} + \lambda \cdot \binom{1}{1}\right] \\ &= \binom{0}{1} - \lambda \cdot \binom{1}{1} = \binom{-\lambda}{1-\lambda},\end{aligned}$$

wobei $\lambda \in \mathbb{R}$ beliebig ist, da die Verbindung zu jedem Punkt der Geraden g möglich ist. Damit dieser Verbindungsvektor orthogonal zur Geraden g verläuft, muss nach der Bemerkung des letzten Abschnitts das Skalarprodukt $\left(\overrightarrow{OP} - \vec{x}\right) \cdot \vec{v} = 0$ sein. Dies führt zur Gleichung

$$\begin{aligned}\left(\overrightarrow{OP} - \vec{x}\right) \cdot \vec{v} = 0 &\Leftrightarrow \binom{-\lambda}{1-\lambda} \cdot \binom{1}{1} = 0 \\ &\Leftrightarrow 1 - 2\lambda = 0 \Leftrightarrow \lambda = \tfrac{1}{2}.\end{aligned}$$

Wird dies in obige Gleichung eingesetzt, so ergibt sich der Vektor

$$\overrightarrow{OP} - \vec{x} = \begin{pmatrix} -\frac{1}{2} \\ 1 - \frac{1}{2} \end{pmatrix} = \begin{pmatrix} -\frac{1}{2} \\ \frac{1}{2} \end{pmatrix}.$$

Die Länge dieses Vektors lautet

$$\left|\overrightarrow{OP} - \vec{x}\right| = \tfrac{1}{2} \cdot \sqrt{2}.$$

Das im Beispiel ermittelte Verfahren lässt sich ebenfalls auf Geraden und Punkte in $\mathbb{R}^3$ übertragen.

Bemerkung Um den Abstand zwischen einer Geraden $g\colon \vec{x} = \vec{u} + \lambda \cdot \vec{v}$ in $\mathbb{R}^2$ oder $\mathbb{R}^3$ und einem Punkt P mit Ortsvektor $\vec{p}$ zu ermitteln, ist λ_0 zu bestimmen, so dass $\vec{p} - \vec{x} = \vec{p} - (\vec{u} + \lambda \cdot \vec{v})$ orthogonal zu $\vec{v}$ steht, in Zeichen $(\vec{p} - \vec{x}) \perp \vec{v}$. Der Abstand ergibt sich sodann zu

$$d = |\vec{p} - (\vec{u} + \lambda_0 \cdot \vec{v})|\,.$$

Die Abstandsbestimmung kann im $\mathbb{R}^3$ so durchgeführt werden, dass eine Gleichung der Ebene E durch den Punkt P bestimmt wird, die orthogonal zur Geraden g verläuft. Bestimmt man den Schnittpunkt Q von E und g, so ist der Abstand von P und Q

gleich dem Abstand des Punkts P von der Geraden g, d.h.

$$d = |\vec{p} - \vec{q}| = |\overrightarrow{PQ}|\,.$$

Beispiel 6.66 Man bestimme den Abstand des Punkts $P(2|-3|5)$ von der Geraden

$$g:\ \vec{x} = {}^t + (2, 2, 4) + \lambda \cdot {}^t(3, 1, -1).$$

Lösung. Zunächst wird die Ebene E bestimmt, die P enthält und orthogonal zu g verläuft. Der Richtungsvektor von g wird als Normalenvektor von E gewählt und es ergibt sich

$$E:\ {}^t(3, 1, -1) \cdot \vec{x} + 2 = 0\,.$$

Um den Schnittpunkt von E mit g zu bestimmen, wird für $\vec{x}$ die Gleichung von g eingesetzt. Der Rechenaufwand dieses Verfahrens, in dem ausgenutzt wird, dass die Ebene in Normalenform angegeben ist, ist wesentlich geringer als beim Gauß-Verfahren. Man erhält

$${}^t(3, 1, -1)\left({}^t(2, 2, 4) + \lambda \cdot {}^t(3, 1, -1)\right) + 2 = 0 \Rightarrow \lambda = -\tfrac{6}{11}\,.$$

Hiermit folgt $\vec{x} = {}^t(2, 2, 4) - \frac{6}{11} \cdot (3, 1, -1) = \frac{1}{11} \cdot {}^t(4, 16, 50)$, und der Schnittpunkt von g und E lautet $Q(\frac{4}{11}|\frac{16}{11}|\frac{50}{11})$. Der Abstand von P zu g beträgt damit

$$d = |\overrightarrow{PQ}| = \tfrac{5}{11}\sqrt{110} \approx 4.77\,.$$

Mit Maple kann das Ergebnis bestätigt werden. Zunächst sind die Vektoren $\vec{x}$ der Geraden g gegeben durch

```
> x := matadd(vector([2,2,4]),
    scalarmul(vector([3,1,-1]),lambda)):
```

Dann kann die Ebene E eingegeben werden durch

```
> E := dotprod(vector([3,1,-1]),x)+2:
```

Um den Parameter λ des Schnittpunkts zu ermitteln, ist

```
> lambda := solve(E,lambda):
```

einzugeben. Hiermit erhält man den Ortsvektor des Punkts Q zu

```
> q := matadd(vector([2,2,4]),
    scalarmul(vector([3,1,-1]),lambda));
```

$$q := \left[\tfrac{4}{11},\ \tfrac{16}{11},\ \tfrac{50}{11}\right]$$

Der Ortsvektor des Punkts P ist

```
> p := vector([2,-3,5]):
```

Der Abstand ergibt sich sodann durch

```
> norm(p-q,2);
```

zu

$$\frac{5}{11}\sqrt{110}$$

Dieses Ergebnis kann noch durch

```
> evalf(%);
```

in die Dezimalzahl 4.767312945 überführt werden.

6.7.5 Abstand windschiefer Geraden

Unter dem Abstand zweier *windschiefer Geraden* versteht man die minimale Länge eines Vektors von einer Geraden zur anderen. Wie man sich vorstellen kann, ist das Minimum dann erreicht, wenn der Verbindungsvektor der beiden Punkte orthogonal zu den Richtungsvektoren beider Geraden verläuft.

Um den Abstand zweier Geraden $g\colon \vec{x} = \vec{u}_1 + \lambda_1\vec{v}_1$ und $h\colon \vec{x} = \vec{u}_2 + \lambda_2\vec{v}_2$ zu bestimmen, wird die Ebene $E\colon \vec{x} = \vec{u}_1 + \lambda_1\vec{v}_1 + \lambda_2\vec{v}_2$ benutzt. Die Gerade g liegt innerhalb dieser Ebene und die Gerade h verläuft parallel zu E. Der Abstand von h zu E ist deshalb konstant und zusätzlich ist der Abstand von h zu E gleich dem Abstand von h und g. Dies ist in Abbildung 6.36 dargestellt. Da h und E parallel verlaufen, ist der Abstand von h zu g gleich dem Abstand von h zur Ebene E.

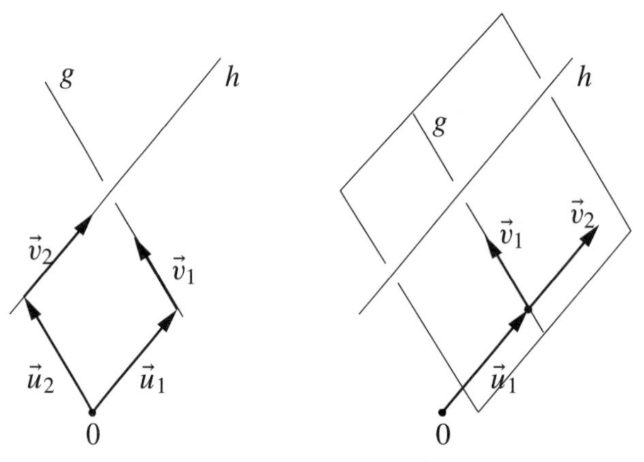

Abb. 6.36 Der Abstand von zwei windschiefen Geraden.

Um den Abstand zwischen der Ebene E und der Geraden h zu bestimmen, ist die Gleichung der Ebene in die Hesse'sche Normalenform zu überführen. Ist dies geschehen, so kann der Abstand zwischen E und h wie bereits behandelt bestimmt werden.

Bemerkung Um den Abstand zweier Geraden

$$g\colon\ \vec{x} = \vec{u}_1 + \lambda_1 \cdot \vec{v}_1 \quad \text{und} \quad h\colon\ \vec{x} = \vec{u}_2 + \lambda_2 \cdot \vec{v}_2$$

zu ermitteln, ist der Abstand von h zur Ebene

$$E\colon\ \vec{x} = \vec{u}_1 + \lambda_1 \cdot \vec{v}_1 + \lambda_2 \cdot \vec{v}_2$$

zu bestimmen. Hierzu wird E in die Hesse'sche Normalenform $E\colon\ (\vec{x} - \vec{p}) \cdot \vec{n}_0 = 0$ überführt und danach der Abstand eines beliebigen Punkts $Q \in h$ mit Ortsvektor $\vec{q}$ zur Ebene ermittelt. Hierfür erhält man

$$d = |(\vec{p} - \vec{q}) \cdot \vec{n}_0|\ .$$

Beispiel 6.67 Man bestimme den Abstand der Geraden

$$g\colon\ \vec{x} = \begin{pmatrix} 6 \\ 1 \\ 4 \end{pmatrix} + \lambda_1 \cdot \begin{pmatrix} -3 \\ 1 \\ 1 \end{pmatrix} \quad \text{und} \quad h\colon\ \begin{pmatrix} 5 \\ 4 \\ 13 \end{pmatrix} + \lambda_2 \cdot \begin{pmatrix} 1 \\ 1 \\ -2 \end{pmatrix}.$$

Lösung. Es wird der Abstand der Geraden h zur Ebene

$$E\colon\ \vec{x} = \begin{pmatrix} 6 \\ 1 \\ 4 \end{pmatrix} + \lambda_1 \cdot \begin{pmatrix} -3 \\ 1 \\ 1 \end{pmatrix} + \lambda_2 \cdot \begin{pmatrix} 1 \\ 1 \\ -2 \end{pmatrix}$$

bestimmt. Dies erfolgt wie oben beschrieben. Hierzu wird die Ebene E in die Hesse'sche Normalenform überführt:

$$E\colon\ \left[\vec{x} - \begin{pmatrix} 6 \\ 1 \\ 4 \end{pmatrix}\right] \cdot \frac{1}{\sqrt{50}} \begin{pmatrix} 3 \\ 5 \\ 4 \end{pmatrix} = 0\,.$$

Es bietet sich an, den Stützvektor der Geraden h zur Bestimmung des Abstands zu verwenden. Hiermit ergibt sich der Abstand der Geraden g und h zu

$$d = \frac{48}{\sqrt{5}} \approx 6.79\,.$$

Der Abstand zweier windschiefer Geraden kann mit Maple ähnlich wie der Abstand eines Punkts zu einer Ebene bestimmt werden. Als Übung kann mit Maple ein Verfahren erstellt werden, mit dem die Abstände zweier Geraden ermittelt werden können, vgl. Aufgabe 9.

Aufgaben

1. Zeigen Sie mit Hilfe des Kommutativgesetzes für reelle Zahlen, dass für alle Vektoren $\vec{a}, \vec{b}$ und beliebige $r \in \mathbb{R}$ gilt:

$$\vec{a} \times (r \cdot \vec{b}) = r \cdot \vec{a} \times \vec{b}\,.$$

2. Bestimmen Sie mit Maple für beliebige Vektoren $\vec{a}, \vec{b}, \vec{c} \in \mathbb{R}^3$
a) $(\vec{a} \times \vec{b}) \times \vec{c}$ b) $\vec{a} \times (\vec{b} \times \vec{c})$

3. Zeigen Sie mit Maple, dass für beliebige Vektoren $\vec{a}, \vec{b} \in \mathbb{R}^3$ gilt:

$$\vec{a} \times \vec{b} = -\vec{b} \times \vec{a} .$$

4. Lösen Sie die folgenden Aufgaben mit Maple.
a) Überführen Sie die Ebenen aus den Aufgaben 2 bis 4 in Abschnitt 6.5 in die Normalenform und die Hessesche Normalenform.
b) Ermitteln Sie die Abstände der Ebenen vom Ursprung.
c) Bestimmen Sie die Schnittwinkel zwischen den Ebenen aus Teil a).
d) Bestimmen Sie die Schnittwinkel zwischen den Ebenen aus Teil a) und den Geraden aus den Aufgaben 3 und 4 in Abschnitt 6.4.

5. Bestimmen Sie den Abstand des Punkts Q von den Ebenen aus den Aufgaben 2 bis 4 in Abschnitt 6.5. Verwenden Sie Maple zur Lösung der Aufgaben.

a)	$Q(1\|0\|0)$,	b)	$Q(-2\|0\|1)$
c)	$Q(3\|-1\|0)$	d)	$Q(-5\|9\|1)$
e)	$Q(\frac{3}{2}\|-\frac{1}{2}\|\frac{1}{3})$	f)	$Q(-1\|1\|-1)$
g)	$Q(2\|4\|0)$,	h)	$Q(-\frac{3}{2}\|\frac{1}{2}\|\frac{5}{2})$
i)	$Q(14\|6\|-2)$	j)	$Q(6\|10\|-4)$
k)	$Q(0.35\|-1.23\|6.87)$	l)	$Q(-3\|10\|0)$

6. Bestimmen Sie den Abstand des Punkts Q aus Aufgabe 5 von den Geraden aus den Aufgaben 4 und 5 in Abschnitt 6.4 mit Maple.

7. Bestätigen Sie die Ergebnisse der Beispiele 6.59, 6.61, 6.63 und 6.64 aus Abschnitt 6.7.2 mit Hilfe von Maple.

8. Entwickeln Sie ein Verfahren zur Bestimmung von Abständen zweier windschiefer Geraden mit Maple. Orientieren Sie sich hierbei am Verfahren zur Bestimmung von Abständen zwischen Punkten und Ebenen.

9. Bestimmen Sie die Abstände windschiefer Geraden aus den Aufgaben 3 und 4 in Abschnitt 6.4. Verwenden Sie Maple zur Unterstützung.

6.8 Lineare Abbildungen

6.8.1 Einleitung

Lineare Abbildungen $f\colon \mathbb{R} \to \mathbb{R}$, $x \mapsto ax + b$, mit $a, b \in \mathbb{R}$ wurden in Abschnitt 2.2 behandelt. Setzt man $b = 0$, so ist der Graph der linearen Funktion eine Ursprungsgerade. Für $x, y, \lambda \in \mathbb{R}$ gilt dann

$$f(x + y) = f(x) + f(y) \tag{1}$$

und

$$f(\lambda \cdot x) = \lambda \cdot f(x)\,. \tag{2}$$

Die Eigenschaften (1) und (2) werden als Grundlagen für eine lineare Abbildung zwischen zwei Vektorräumen V_1 und V_2 genommen.

Definition V_1 und V_2 seien Vektorräume. Eine Abbildung $F\colon V_1 \to V_2$ heißt *lineare Abbildung*, wenn für beliebige Vektoren $\vec{x}, \vec{y} \in V_1$ und beliebige $\lambda \in \mathbb{R}$ gilt:

$$F(\vec{x}_1 + \vec{x}_2) = F(\vec{x}_1) + F(\vec{x}_2) \tag{3}$$

und

$$F(\lambda \cdot \vec{x}) = \lambda \cdot F(\vec{y})\,. \tag{4}$$

Die Eigenschaften (3) und (4) können zu einer Eigenschaft zusammengefasst werden:

$$F(\lambda\vec{x} + \mu\vec{y}) = \lambda F(\vec{x}) + \mu F(\vec{y}) \tag{5}$$

für $\lambda, \mu \in \mathbb{R}$ und $\vec{x}, \vec{y} \in V_1$.

Beispiel 6.68 Die Abbildung $F\colon \mathbb{R}^2 \to \mathbb{R}^2$ mit $F(\vec{x}) = {}^t(2x_1, -x_2)$ für $\vec{x} = {}^t(x_1, x_2)$ ist linear, wie für beliebige Vektoren $\vec{x}$ und $\vec{y} = {}^t(y_1, y_2)$ sowie $\lambda, \mu \in \mathbb{R}$ durch

$$\begin{aligned}
F(\lambda\vec{x} + \mu\vec{y}) &= \begin{pmatrix} 2(\lambda x_1 + \mu y_1) \\ -(\lambda x_2 + \mu y_2) \end{pmatrix} = \begin{pmatrix} 2\lambda x_1 + 2\mu y_1 \\ -\lambda x_2 - \mu y_2 \end{pmatrix} \\
&= \begin{pmatrix} 2\lambda x_1 \\ -\lambda x_2 \end{pmatrix} + \begin{pmatrix} 2\mu y_1 \\ -\mu y_2 \end{pmatrix} \\
&= \lambda \cdot \begin{pmatrix} 2x_1 \\ -x_2 \end{pmatrix} + \mu \cdot \begin{pmatrix} 2y_1 \\ -y_2 \end{pmatrix} = \lambda F(\vec{x}) + \mu F(\vec{y})
\end{aligned}$$

gezeigt werden kann. Dieses Ergebnis lässt sich ebenfalls mit Maple bestätigen. Zunächst wird die Funktion F definiert:

```
> F := (x1,x2) -> (2*x1,-x2):
```

Sodann wird der Funktionswert an der entsprechenden Stelle berechnet.

```
> F(lambda*x1+mu*y1,lambda*x2+mu*y2);
```

$$2\,\lambda\,x1 + 2\,\mu\,y1,\ -\lambda\,x2 - \mu\,y2$$

Jetzt ist $\lambda F(\vec{x}) + \mu F(\vec{y})$ zu bestimmen. Dabei ist zu berücksichtigen, dass mit Vektoren zu arbeiten und das Skalarprodukt zu verwenden ist. Daher sieht der Befehl komplizierter als die letzte Eingabe aus.

```
> matadd(scalarmul(vector([F(x1,x2)]),lambda),
    scalarmul(vector([F(y1,y2)]),mu));
```

Das Ergebnis lautet hierbei

$$[2\,\lambda\,x1 + 2\,\mu\,y1\,,\ -\lambda\,x2 - \mu\,y2]$$

und stimmt mit dem weiter oben bestimmten Ergebnis überein.

Beispiel 6.69 Es sei $F\colon \mathbb{R}^3 \to \mathbb{R}^3$ mit $F(\vec{x}) := {}^t(-\frac{1}{2}x_3, -\frac{1}{2}x_2, -\frac{1}{2}x_1)$. Die Abbildung F ist linear, wie mit Maple bestätigt werden kann. Die Funktion wird dort durch

```
> F := (x1,x2,x3) -> (-.5*x3,-.5*x2,-.5*x1):
```

definiert. Dann wird der Funktionswert an der Stelle $\lambda\vec{x} + \mu\vec{y}$ bestimmt:

```
> F(lambda*x1+mu*y1,lambda*x2+mu*y2,lambda*x3+mu*y3);
```

Das Ergebnis ist

$$-.5\,\lambda\,x3 - .5\,\mu\,y3\,,\ -.5\,\lambda\,x2 - .5\,\mu\,y2\,,\ -.5\,\lambda\,x1 - .5\,\mu\,y1\ .$$

Um das Ergebnis zu bestätigen, wird analog zu Beispiel 6.68

```
> matadd(scalarmul(vector([F(x1,x2,x3)]),lambda),
    scalarmul(vector([F(y1,y2,y3)]),mu));
```

eingegeben, womit man das Ergebnis

$$[-.5\,\lambda\,x3 - .5\,\mu\,y3\,,\ -.5\,\lambda\,x2 - .5\,\mu\,y2\,,\ -.5\,\lambda\,x1 - .5\,\mu\,y1]$$

erhält.

Beispiel 6.70 Die *identische Abbildung* $F\colon \mathbb{R}^n \to \mathbb{R}^n$ für beliebige $n \in \mathbb{N} \setminus \{0\}$ mit $F(\vec{x}) := \vec{x}$ für alle $\vec{x} \in \mathbb{R}^n$ ist linear.

Beispiel 6.71 Bei der Abbildung $F\colon \mathbb{R}^3 \to \mathbb{R}^2$ mit ${}^t(x_1, x_2, x_3) \mapsto {}^t(x_1, x_2)$ handelt es sich um eine *Projektion* vom $\mathbb{R}^3$ in den $\mathbb{R}^2$. Diese Abbildung ist linear.

Beispiel 6.72 Die Abbildung $F\colon \mathbb{R}^2 \to \mathbb{R}^3$ mit ${}^t(x_1, x_2) \mapsto {}^t(x_1, x_2, x_3)$ ist eine *Einbettung* des Raums $\mathbb{R}^2$ in den $\mathbb{R}^3$. Eine Einbettung ist eine lineare Abbildung.

Hinweis Mit Hilfe der Einbettung kann $\mathbb{R}^2$ als Teilmenge des $\mathbb{R}^3$ aufgefasst werden. Da es sich bei $\mathbb{R}^2$ um einen Vektorraum handelt, kann er als Untervektorraum des $\mathbb{R}^3$ betrachtet werden.

Beispiel 6.73 Die Abbildung $F\colon \mathbb{R}^5 \to \mathbb{R}^4$ mit

$$^t(x_1, \dots, x_5) \mapsto {}^t(2x_3 + x_1, -x_2 + 2x_4, 3x_1 - x_5, x_1 - 3x_4 + 2x_5)$$

ist linear.

Beispiel 6.74 Es sei $\mathcal{L}(\mathbb{R})$ der Vektorraum der über $\mathbb{R}$ integrierbaren Funktionen (vgl. Beispiel 6.27 in Abschnitt 6.3.3.) und $a, b \in \mathbb{R}$ mit $a < b$. Die Abbildung S mit

$$S\colon \mathcal{L}(\mathbb{R}) \to \mathbb{R}, \qquad f \mapsto \int_a^b f(x)\,dx\,,$$

ist linear.

Beispiel 6.75 Die über $\mathbb{R}$ unendlich oft differenzierbaren Funktionen $\mathcal{D}(\mathbb{R})$ bilden nach Beispiel 6.28 aus Abschnitt 6.3.3 einen Vektorraum. Die Abbildung

$$D\colon \mathcal{D}(\mathbb{R}) \to \mathcal{D}(\mathbb{R})\,, \qquad f \mapsto f'\,,$$

ist linear.

Ein Vektor $\vec{x} = {}^t(x_1, x_2) \in \mathbb{R}^2$ kann mit Hilfe der kanonischen Basis $\vec{e}_1 = {}^t(1, 0)$ und $\vec{e}_2 = {}^t(0, 1)$ durch

$$\vec{x} = x_1 \cdot \vec{e}_1 + x_2 \cdot \vec{e}_2 \tag{6}$$

dargestellt werden. Wegen der Eigenschaft (5) einer linearen Abbildung $F\colon \mathbb{R}^2 \to \mathbb{R}^2$ genügt es, die Bilder $F(\vec{e}_1)$ und $F(\vec{e}_2)$ zu bestimmen, da die übrigen Bilder hierdurch bestimmt sind.

Es sei $A = \begin{pmatrix} a_{11} & a_{12} \\ a_{21} & a_{22} \end{pmatrix}$ eine Matrix. Man definiert die Multiplikation eines Vektors $\vec{x} = {}^t(x_1, x_2)$ mit der Matrix A durch

$$\begin{pmatrix} a_{11} & a_{12} \\ a_{21} & a_{22} \end{pmatrix} \cdot \begin{pmatrix} x_1 \\ x_2 \end{pmatrix} := \begin{pmatrix} a_{11}x_1 + a_{12}x_2 \\ a_{21}x_1 + a_{22}x_2 \end{pmatrix}.$$

Für eine (3×3)-Matrix und einen Vektor definiert man

$$\begin{pmatrix} a_{11} & a_{12} & a_{13} \\ a_{21} & a_{22} & a_{23} \\ a_{31} & a_{32} & a_{33} \end{pmatrix} \cdot \begin{pmatrix} x_1 \\ x_2 \\ x_3 \end{pmatrix} := \begin{pmatrix} a_{11}x_1 + a_{12}x_2 + a_{13}x_3 \\ a_{21}x_1 + a_{22}x_2 + a_{23}x_3 \\ a_{31}x_1 + a_{32}x_2 + a_{33}x_3 \end{pmatrix}.$$

Die lineare Abbildung F aus Beispiel 6.68 lässt sich durch die Matrix $A = \begin{pmatrix} 2 & 0 \\ 0 & -1 \end{pmatrix}$ darstellen. Für die Vektoren $\vec{x} = {}^t(x_1, x_2)$ gilt

$$A \cdot \vec{x} = \begin{pmatrix} 2 & 0 \\ 0 & -1 \end{pmatrix} \cdot \begin{pmatrix} x_1 \\ x_2 \end{pmatrix} = \begin{pmatrix} 2x_1 + 0x_2 \\ 0x_1 - 1x_2 \end{pmatrix} = \begin{pmatrix} 2x_2 \\ -x_2 \end{pmatrix}.$$

Bei der Bestimmung der Matrix A zu einer linearen Abbildung hilft Gleichung (6), denn für Abbildung F aus Beispiel 6.68 gilt

$$F(\vec{e}_1) = {}^t(0, 2) \quad \text{und} \quad F(\vec{e}_2) = {}^t(0, -1)\,.$$

Die Bildvektoren sind die Spalten der Matrix A. Hiermit lässt sich einer Matrix eine lineare Abbildung zuordnen. Dies kann verallgemeinert werden:

Hinweis Die Spaltenvektoren einer Matrix sind die Bilder der Basisvektoren unter der zugehörigen linearen Abbildung.

Für die Abbildung F aus Beispiel 6.69 kann die Matrix A bestimmt werden, indem die Bildvektoren

$$F(\vec{e}_1) = {}^t(0, 0, -\tfrac{1}{2}), \quad F(\vec{e}_2) = {}^t(0, -\tfrac{1}{2}, 0) \quad \text{und} \quad F(\vec{e}_3) = {}^t(-\tfrac{1}{2}, 0, 0)$$

berechnet werden. Hiermit erhält man die zugehörige Matrix A zu

$$A = \begin{pmatrix} 0 & 0 & -\frac{1}{2} \\ 0 & -\frac{1}{2} & 0 \\ -\frac{1}{2} & 0 & 0 \end{pmatrix}.$$

Allgemein lässt sich eine lineare Abbildung $F\colon \mathbb{R}^n \to \mathbb{R}^m$ durch eine $(m \times n)$-Matrix

$$A = \begin{pmatrix} a_{11} & \cdots & a_{1n} \\ \vdots & & \vdots \\ a_{m1} & \cdots & a_{mn} \end{pmatrix}$$

mit den i-ten Spalten ${}^t(a_{1i}, \ldots, a_{mi}) = F(\vec{e}_i)$ darstellen. Hiermit erhält man für das Bild eines Vektors $\vec{x} = {}^t(x_1, \ldots, x_n)$

$$F(\vec{x}) = A \cdot \vec{x} = \begin{pmatrix} a_{11}x_1 + \ldots + a_{1n}x_n \\ \vdots \qquad\qquad \vdots \\ a_{m1}x_1 + \ldots + a_{mn}x_n \end{pmatrix}.$$

Zu dem Abbildung aus Beispiel 6.73 lautet die Matrix

$$A = \begin{pmatrix} 1 & 0 & 2 & 0 & 0 \\ 0 & -1 & 0 & 2 & 0 \\ 3 & 0 & 0 & 0 & -1 \\ 1 & 0 & 0 & -3 & 2 \end{pmatrix}.$$

Die Darstellung linearer Abbildungen durch Matrizen ist übersichtlich und ermöglicht eine Bearbeitung mit Maple.

Hinweis für Maple

Lineare Abbildungen können als Matrizen eingegeben werden. Um das Bild eines Vektors $\vec{x}$ unter der linearen Abbildung F mit der zugehörigen Matrix A zu berechnen, ist `multiply(A,x);` einzugeben.

Lineare Abbildungen können wie andere Funktionen addiert werden. Für die Matrizen A und B zu den linearen Abbildungen F_1 und F_2 erhält man die Matrix C zur

Abbildung $F := F_1 + F_2$ durch Addition der Matrizen A und B, d.h.

$$C = A + B = \begin{pmatrix} a_{11} & \cdots & a_{1n} \\ \vdots & & \vdots \\ a_{m1} & \cdots & a_{mn} \end{pmatrix} + \begin{pmatrix} b_{11} & \cdots & b_{1n} \\ \vdots & & \vdots \\ b_{m1} & \cdots & b_{mn} \end{pmatrix}$$

$$=: \begin{pmatrix} a_{11}+b_{11} & \cdots & a_{1n}+b_{1n} \\ \vdots & & \vdots \\ a_{m1}+b_{m1} & \cdots & a_{mn}+b_{mn} \end{pmatrix}.$$

Bei der Funktion F handelt es sich wieder um eine lineare Abbildung, wie durch eine Rechnung bewiesen werden kann, vgl. Aufgabe 6.

Hinweis für Maple

Matrizen A und B können unter Maple durch `matadd(A,B);` addiert werden.

Beispiel 6.76 Für die Abbildungen $F_1, F_2 \colon \mathbb{R}^2 \to \mathbb{R}^2$ mit

$$F_1(\vec{x}) := {}^t(2x_1, -x_2) \quad \text{und} \quad F_2(\vec{x}) := {}^t(x_1, x_2)$$

kann die Abbildung $F := F_1 + F_2$ mit Maple bestimmt werden, indem zunächst die zu F_1 und F_2 gehörenden Matrizen

```
> A:=matrix([[2,0],[0,-1]]):  B:=matrix([[1,0],[0,1]]):
```

definiert werden. Die Matrix C zur Abbildung F ergibt sich durch

```
> C:=matadd(A,B);
```

zu

$$C := \begin{bmatrix} 3 & 0 \\ 0 & 0 \end{bmatrix}$$

Mit

```
> multiply(C,vector([x1,x2]));
```

$$[3\,x1,\ 0]$$

erhält man die Funktionsvorschrift $F(\vec{x}) = {}^t(3x_1, 0)$.

Werden zwei lineare Abbildungen $F, G \colon \mathbb{R}^2 \to \mathbb{R}^2$ mit den zugehörigen Matrizen $A = \begin{pmatrix} a_{11} & a_{12} \\ a_{21} & a_{22} \end{pmatrix}$ und $B = \begin{pmatrix} b_{11} & b_{12} \\ b_{21} & b_{22} \end{pmatrix}$ hintereinander ausgeführt, so erhält man für einen Vektor $\vec{x} \in \mathbb{R}^2$

$$\begin{aligned} G(F(\vec{x})) &= G\begin{pmatrix} a_{11}x_1 + a_{12}x_2 \\ a_{21}x_1 + a_{22}x_2 \end{pmatrix} \\ &= \begin{pmatrix} b_{11}(a_{11}x_1 + a_{12}x_2) + b_{12}(a_{21}x_1 + a_{22}x_2) \\ b_{21}(a_{11}x_1 + a_{12}x_2) + b_{22}(a_{21}x_1 + a_{22}x_2) \end{pmatrix} \\ &= \begin{pmatrix} (a_{11}b_{11} + a_{21}b_{12})x_1 + (a_{12}b_{11} + a_{22}b_{12})x_2 \\ (a_{11}b_{21} + a_{21}b_{22})x_1 + (a_{12}b_{21} + a_{22}b_{22})x_2 \end{pmatrix}. \end{aligned}$$

Dies kann ebenfalls erhalten werden, indem $\vec{x}$ mit der Matrix

$$C = \begin{pmatrix} a_{11}b_{11} + a_{21}b_{12} & a_{12}b_{11} + a_{22}b_{12} \\ a_{11}b_{21} + a_{21}b_{22} & a_{12}b_{21} + a_{22}b_{22} \end{pmatrix}$$

multipliziert wird. Damit entspricht die Matrix C der Abbildung $G \circ F$. Definiert man die Matrix C als das Produkt der Matrizen A und B, in Zeichen $C := B \cdot A$, so hat man die Verkettung von linearen Abbildungen auf die Multiplikation von Matrizen zurückgeführt.

Allgemein lassen sich Abbildungen $F\colon \mathbb{R}^n \to \mathbb{R}^m$ und $G\colon \mathbb{R}^m \to \mathbb{R}^r$ hintereinander ausführen. Man erhält $G \circ F\colon \mathbb{R}^n \to \mathbb{R}^m$.

Wird die Abbildung F durch die Matrix

$$A = \begin{pmatrix} a_{11} & \cdots & a_{1n} \\ \vdots & & \vdots \\ a_{m1} & \cdots & a_{mn} \end{pmatrix}$$

und G durch die Matrix

$$B = \begin{pmatrix} b_{11} & \cdots & b_{1m} \\ \vdots & & \vdots \\ b_{r1} & \cdots & b_{rm} \end{pmatrix}$$

beschrieben, so gilt für die zur Abbildung $G \circ F$ gehörige Matrix

$$C = \begin{pmatrix} c_{11} & \cdots & c_{1n} \\ \vdots & & \vdots \\ c_{r1} & \cdots & c_{rn} \end{pmatrix}$$

für jede Komponente

$$c_{ij} = a_{i1}b_{1j} + \ldots + a_{1n}b_{nj}\,.$$

Diese Abbildung $G \circ F$ ist linear, wie durch Nachrechnen gezeigt werden kann, vgl. Aufgabe 6.

Hinweis für Maple

Das Produkt $B \cdot A$ der Matrizen A und B lässt sich mit Maple durch `multiply(B,A);` bestimmen.
Eine Alternative besteht in der Berechnung durch

```
> evalm(B&*A);
```

wobei das Verknüpfungszeichen `&*` zu wählen ist.

Beispiel 6.77 Gegeben seien die Abbildungen $F\colon \mathbb{R}^3 \to \mathbb{R}^3$ mit zugehöriger Matrix

```
> A:=matrix([[1,1/2,1/2],[1/2,1,1/2],[1/2,1/2,1]]):
```

und $G\colon \mathbb{R}^3 \to \mathbb{R}^3$ mit zugehöriger Matrix

```
> B:=matrix([[3/2,-1/2,-1/2],[-1/2,3/2,-1/2],
     [- 1/2,-1/2,3/2]]):
```

Die zur Abbildung $G \circ F$ gehörige Matrix wird durch

```
> multiply(B,A);
```

bestimmt und lautet

$$\begin{bmatrix} 1 & 0 & 0 \\ 0 & 1 & 0 \\ 0 & 0 & 1 \end{bmatrix}$$

d.h. G ist die Umkehrfunktion von F. Dies bedeutet, dass auch $F \circ G = \mathrm{id}$ gilt, was durch

```
> evalm(A&*B);
```

mit Ergebnis

$$\begin{bmatrix} 1 & 0 & 0 \\ 0 & 1 & 0 \\ 0 & 0 & 1 \end{bmatrix}$$

bestätigt wird.

6.8.2 Streckungen, Drehungen und Spieglungen im $\mathbb{R}^2$

Durch eine *Streckung* um den Faktor λ wird ein Vektor $\vec{x} = {}^t(x_1, x_2)$ in den Vektor $\lambda \cdot \vec{v} = {}^t(\lambda x_1, \lambda x_2)$ überführt. Diese Streckung kann auch durch die lineare Abbildung $F\colon \mathbb{R}^2 \to \mathbb{R}^2$ mit der Matrix

$$A = \begin{pmatrix} \lambda & 0 \\ 0 & \lambda \end{pmatrix}$$

beschrieben werden.

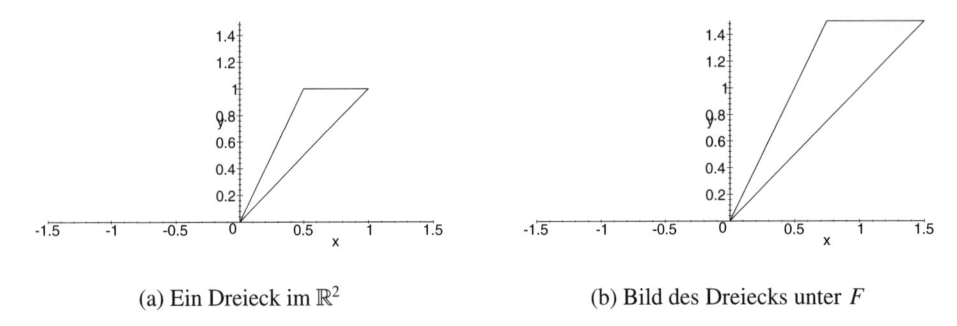

(a) Ein Dreieck im $\mathbb{R}^2$

(b) Bild des Dreiecks unter F

Abb. 6.37 Abbildungen zu Beispiel 6.79

Beispiel 6.78 Eine besondere Streckung ist gegeben für $\lambda = 1$, d.h.

$$E_2 = \begin{pmatrix} 1 & 0 \\ 0 & 1 \end{pmatrix}.$$

Dies ist die *Einheitsmatrix* E_2, sie gehört zur *identischen Abbildung*.

Beispiel 6.79 Es sei $F: \mathbb{R}^2 \to \mathbb{R}^2$ mit $F(\vec{x}) := \frac{3}{2}\vec{x}$. Um den Effekt dieser Abbildung graphisch darzustellen sei Abbildung 6.37 betrachtet. In Teil (a) befindet sich ein Dreieck, das unter der Abbildung F in das in Teil (b) dargestellte Dreieck überführt wird.

Die Abbildung 6.37 (a) wurde durch die Eingabe von

```
> p1:=plot([x1,2*x1,x1=0..0.5], x=-1.5..1.5, y=0..1.5,
    scaling=constrained):

> p2:=plot([x1,1, x1=0.5..1], x=-1.5..1.5, y=0..1.5,
    scaling=constrained):

> p3:=plot([x1,x1,x1=0..1], x=-1.5..1.5, y=0..1.5,
    scaling=constrained):

> display(p1,p2,p3);
```

erstellt, und die Abbildung 6.37 (b) erhält man durch die Eingabe von

```
> p1:=plot([1.5*x1,1.5*2*x1,x1=0..0.5], x=-1.5..1.5,
    y=0..1.5, scaling=constrained):

> p2:=plot([1.5*x1,1.5, x1=0.5..1], x=-1.5..1.5,
    y=0..1.5, scaling=constrained):

> p3:=plot([1.5*x1,1.5*x1,x1=0..1], x=-1.5..1.5,
    y=0..1.5, scaling=constrained):

> display(p1,p2,p3);
```

Um eine *Drehung* F um den Winkel φ entgegen dem Uhrzeigersinn beschreiben zu können, wird die Basis $(\vec{e}_1, \vec{e}_2)$ betrachtet. Durch die Drehung wird der Vektor $\vec{e}_1$ in den Vektor

$$F(\vec{e}_1) = {}^t(\cos(\varphi), \sin(\varphi))$$

und der Vektor $\vec{e}_2$ in den Vektor

$$F(\vec{e}_2) = {}^t(-\sin(\varphi), \cos(\varphi))$$

überführt. Für einen beliebigen Vektor

$$\vec{x} = {}^t(x_1, x_2) = x_1 \cdot \vec{e}_1 + x_2 \cdot \vec{e}_2$$

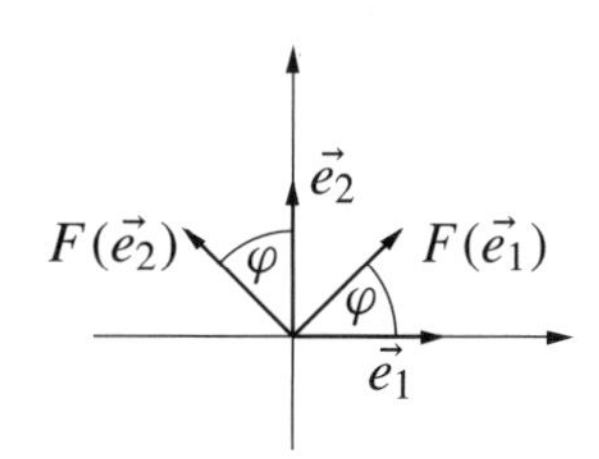

Abb. 6.38 Eigenschaften der Drehung

folgt aus der Linearität der Abbildung F

$$\begin{aligned} F(\vec{x}) &= x_1 \cdot F(\vec{e}_1) + x_2 \cdot F(\vec{e}_2) \\ &= x_1 \cdot {}^t(\cos(\varphi), \sin(\varphi)) + x_2 \cdot {}^t(-\sin(\varphi), \cos(\varphi)) \\ &= {}^t(x_1 \cdot \cos(\varphi) - x_2 \cdot \sin(\varphi), x_1 \cdot \sin(\varphi) + x_2 \cdot \cos(\varphi)). \end{aligned}$$

Diese lineare Abbildung lässt sich daher durch die Matrix

```
> Ad := matrix([[cos(phi),-sin(phi)],
      [sin(phi),cos(phi)]]):
```

beschreiben, was mit Maple bestätigt werden kann. Definiert man den Vektor

```
> x := vector([x1,x2]):
```

so ergibt sich durch Multiplikation von A und $\vec{x}$

```
> multiply(Ad,x);
```

$$[\cos(\phi)\, x1 - \sin(\phi)\, x2,\ \sin(\phi)\, x1 + \cos(\phi)\, x2]$$

Beispiel 6.80 Eine Drehung F um $\phi = 0.3$ kann durch die Matrix

$$A = \begin{pmatrix} \cos(0.3) & -\sin(0.3) \\ \sin(0.3) & \cos(0.3) \end{pmatrix}$$

beschrieben werden. Abbildung 6.39 (a) zeigt das Ergebnis, wenn das Dreieck aus Abbildung 6.37 (a) entsprechend gedreht wird.

Beispiel 6.81 Die Matrix

$$A = \begin{pmatrix} \cos(2) & -\sin(2) \\ \sin(2) & \cos(2) \end{pmatrix}$$

beschreibt eine Drehung um den Winkel $\phi = 2$. Das Bild des Dreiecks aus Abbildung 6.37 (a) befindet sich in Abbildung 6.39 (b).

Es können auch *Spiegelungen* an Ursprungsgeraden durchgeführt werden. Spiegelt man die Vektoren $\vec{e}_1$ und $\vec{e}_2$ an der Ursprungsgerade, die mit der x-Achse den Winkel ϱ einschließt, so wird der Vektor $\vec{e}_1$ in den Vektor

$$\vec{e'}_1 = {}^t(\cos(2\varrho), \sin(2\varrho)) \tag{1}$$

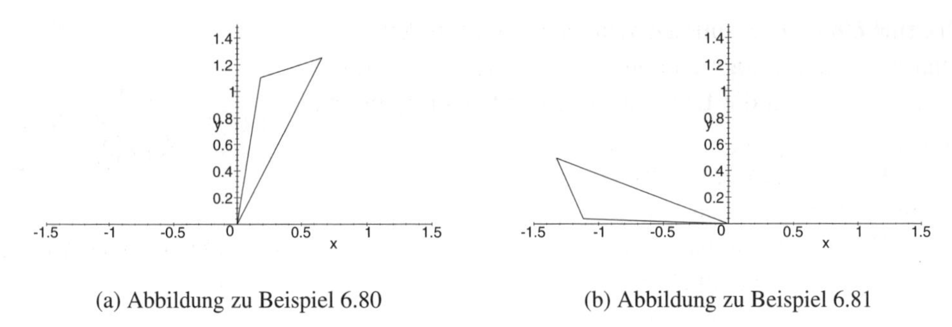

(a) Abbildung zu Beispiel 6.80

(b) Abbildung zu Beispiel 6.81

Abb. 6.39 Bilder des Dreiecks aus Abbildung 6.37 (a) unter Drehungen

überführt, vgl. Abbildung 6.40 (a). Der Vektor $\vec{e}_2$ wird durch die Spiegelung an der Achse in den Vektor $\vec{e'}_2$ überführt, vgl. Abbildung 6.40 (b). Es gilt $\alpha = \varrho - \varphi$, und mit $\varphi = \frac{\pi}{2} - \varrho$ folgt $\alpha = 2\varrho - \frac{\pi}{2}$. Damit ergibt sich

$$\vec{e'}_2 = \begin{pmatrix} \cos(\alpha) \\ \sin(\alpha) \end{pmatrix} = \begin{pmatrix} \cos(2\varrho - \frac{\pi}{2}) \\ \sin(2\varrho - \frac{\pi}{2}) \end{pmatrix} = \begin{pmatrix} \sin(2\varrho) \\ -\cos(2\varrho) \end{pmatrix}. \qquad (2)$$

Aus den Gleichungen (1) und (2) folgt für die Matrix der Spiegelung

```
> Asp := matrix([[cos(2*rho),sin(2*rho)],
     [sin(2*rho),-cos(2*rho)]]):
```

Mit dieser Matrix erhält man für einen Vektor $\vec{x} = {}^t(x_1, x_2)$ aus

```
> multiply(Asp,x);
```

das Ergebnis

$$[\cos(2\,\varrho)\,x1 + 2\sin(2\,\varrho)\,x1,\ \sin(2\,\varrho)\,x1 - 2\cos(2\,\varrho)\,x1]$$

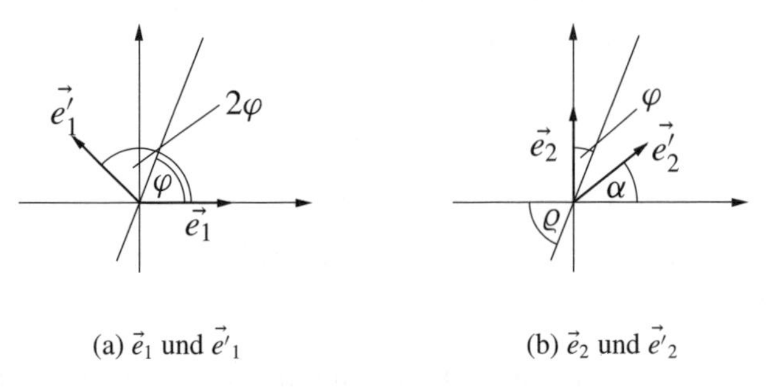

(a) $\vec{e}_1$ und $\vec{e'}_1$

(b) $\vec{e}_2$ und $\vec{e'}_2$

Abb. 6.40 Bilder der Standard-Basisvektoren unter einer Spiegelung

Beispiel 6.82 Die Spiegelung an der y-Achse mit $\varrho = \frac{\pi}{2}$ wird beschrieben durch die Matrix

$$A = \begin{pmatrix} -1 & 0 \\ 0 & 1 \end{pmatrix}.$$

Das Bild des Dreiecks aus Abbildung 6.37 (a) unter dieser Spiegelung befindet sich in Abbildung 6.41 (a).

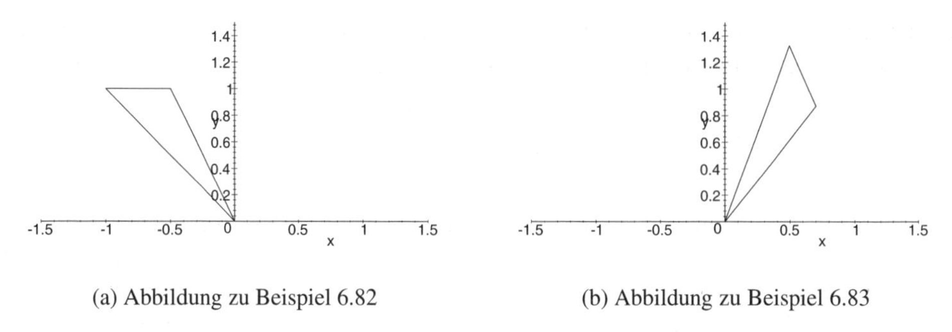

(a) Abbildung zu Beispiel 6.82

(b) Abbildung zu Beispiel 6.83

Abb. 6.41 Bilder des Dreiecks aus Abbildung 6.37 (a) unter Spiegelungen

Beispiel 6.83 Für die Spiegelung an der Ursprungsgerade mit $\varrho = 1$ erhält man die Matrix

$$A = \begin{pmatrix} \cos(2) & \sin(2) \\ \sin(2) & -\cos(2) \end{pmatrix}.$$

In Abbildung 6.41 (b) befindet sich das Bild des Dreiecks aus Abbildung 6.37 (a) unter dieser Spiegelung.

Streckungen, Drehungen und Spiegelungen können miteinander verknüpft werden. Für die Beispiele 6.78 bis 6.83 ist dies in Aufgabe 7 durchzuführen.

Es stellt sich weiterhin die Frage, ob bei der Verkettung von Streckungen, Drehungen und Spiegelungen die Reihenfolge der Abbildungen von Bedeutung ist. Dies ist in Aufgabe 8 zu untersuchen.

Aufgaben

1. Zeigen Sie, dass die Abbildungen der Beispiele 6.70 bis 6.73 linear sind. Verwenden Sie hierzu Maple.

2. Bestimmen Sie die Matrizen zu den linearen Abbildungen in den Beispielen 6.70 und 6.71.

3. Geben Sie eine Matrix A an, durch die die Funktion $F\colon \mathbb{R}^2 \to \mathbb{R}^2$ beschrieben werden kann und bestimmen Sie mit Maple die Bilder des Einheitsquadrats aus Abbildung 6.37 (a) unter F.

a) $F(\vec{x}) := {}^t(3x_1, 2x_2)$ b) $F(\vec{x}) := {}^t(-2x_1 + x_2, -3x_2)$
c) $F(\vec{x}) := {}^t(x_1 + x_2, x_1 + x_2)$ d) $F(\vec{x}) := {}^t(-x_2, 2x_1 + 4x_2)$

4. Geben Sie eine Matrix A an, durch welche die Abbildung F beschrieben werden kann.
a) $F: \mathbb{R}^3 \to \mathbb{R}^2, \quad {}^t(x_1, x_2, x_3) \mapsto {}^t(-2x_1 + x_2, x_3)$
b) $F: \mathbb{R}^3 \to \mathbb{R}^2, \quad {}^t(x_1, x_2, x_3) \mapsto {}^t(x_1 + 1, x_2 + x_3)$
c) $F: \mathbb{R}^3 \to \mathbb{R}^3, \quad {}^t(x_1, x_2, x_3) \mapsto {}^t(x_1 + 2x_2, x_2 - x_3, x_1 + 2x_3)$
d) $F: \mathbb{R}^3 \to \mathbb{R}^3, \quad {}^t(x_1, x_2, x_3) \mapsto {}^t(x_1 - 2x_3, \frac{1}{2}x_2, 0)$
e) $F: \mathbb{R}^4 \to \mathbb{R}^3, \quad {}^t(x_1, x_2, x_3, x_4) \mapsto {}^t(x_1 - 2x_3 + x_4, -x_2 + 5x_4, -x_4)$

5. Multiplizieren und addieren Sie die Matrizen aus Aufgabe 7 in Abschnitt 6.1 und Aufgabe 3 in Abschnitt 6.8 und geben Sie die zugehörigen linearen Abbildungen an.

6. a) Zeigen Sie, dass für zwei lineare Abbildungen $F, G\colon V_1 \to V_2$ auch die Abbildung $F + G$ linear ist, und es gilt: ist A die Matrix zu F und B die Matrix zu G, so ist $A + B$ die Matrix zu $F + G$.
b) $F\colon \mathbb{R}^n \to \mathbb{R}^m$ und $G\colon \mathbb{R}^m \to \mathbb{R}^r$ seien lineare Abbildungen mit den Matrizen A und B. Beweisen Sie, dass $G \circ F\colon \mathbb{R}^n \to \mathbb{R}^r$ linear und $B \cdot A$ die Matrix zu $G \circ F$ ist.

7. Verketten Sie die Abbildungen der Beispiele 6.68 bis 6.72 in beliebiger Reihenfolge und auch mehrfach miteinander unter Maple.

8. Untersuchen Sie mit Maple beliebige Streckungen, Drehungen und Spiegelungen auf Kommutativität.

9. Fertigen Sie zu Aufgabe 2 die Bilder des Dreiecks aus Abbildung 6.37 (a) an.

6.9 Determinante

Abbildung 6.42 (a) zeigt ein Quadrat, das von den Vektoren $\vec{e}_1$ und $\vec{e}_2$ aufgespannt wird. Unter der Abbildung F mit

$$A = \begin{pmatrix} \frac{11}{10} & \frac{1}{10} \\ 1 & 1 \end{pmatrix}$$

ergibt sich das Parallelogramm in Abbildung 6.42 (b). Die Flächen der Vierecke in 6.42 scheinen gleich groß zu sein.

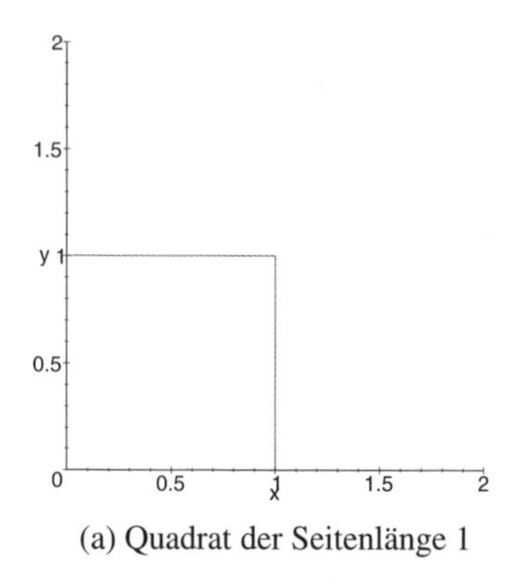

(a) Quadrat der Seitenlänge 1

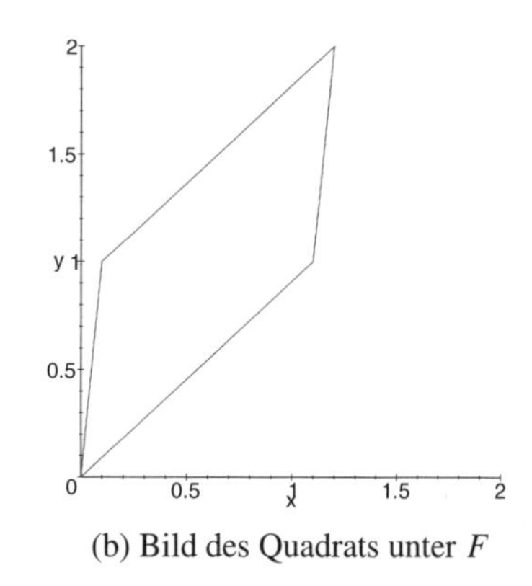

(b) Bild des Quadrats unter F

Abb. 6.42 Ein Quadrat und sein Bild unter einer linearen Abbildung

Um die Fläche des Parallelogramms im Vergleich zur Fläche des Quadrats zu berechnen, sei Abbildung 6.43 betrachtet. Hier ist erkennbar, dass die Fläche des Parallelogramms $A = |\vec{a}_1| \cdot |\vec{a}_2| \cdot \sin(\varphi)$ beträgt. Hiermit erhält man

$$A^2 = \vec{a}_1^2 \cdot \vec{a}_2^2 \cdot (1 - (\cos(\varphi))^2). \qquad (1)$$

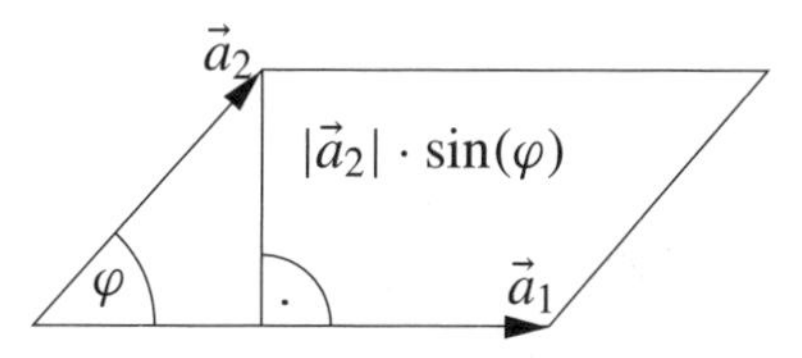

Abb. 6.43 Von $\vec{a}_1$ und $\vec{a}_2$ aufgespanntes Parallelogramm

Mit $\cos(\alpha) = \frac{\vec{a}_1 \cdot \vec{a}_2}{|\vec{a}_1| \cdot |\vec{a}_2|}$ ergibt sich aus Gleichung (1) für die Vektoren $\vec{a} = {}^t(a_{11}, a_{12})$ und $\vec{a}_2 = {}^t(a_{21}, a_{22})$

$$\begin{aligned} A^2 &= \vec{a}_1^2 \cdot \vec{a}_2^2 \cdot \left(1 - \left(\frac{\vec{a}_1^2 \cdot \vec{a}_2^2}{|\vec{a}_1^2| \cdot |\vec{a}_2^2|}\right)^2\right) = \vec{a}_1^2 \cdot \vec{a}_2^2 - (\vec{a}_1 \cdot \vec{a}_2)^2 \\ &= (a_{11}^2 + a_{12}^2)(a_{21}^2 + a_{22}^2) - (a_{11}a_{21} + a_{12}a_{22})^2 = (a_{11}a_{22} - a_{21}a_{12})^2. \end{aligned}$$

Damit wurde gezeigt:

Bemerkung Für die Fläche A eines Parallelogramms mit den durch die Vektoren $\vec{a}_1 = {}^t(a_{11}, a_{12})$ und $\vec{a}_2 = {}^t(a_{21}, a_{22})$ definierten Kanten gilt

$$A = |a_{11}a_{22} - a_{21}a_{12}| .$$

Für die obige Abbildung F gilt $a_{11}a_{22} - a_{21}a_{12} = 1$, womit die Vermutung über den unveränderten Flächeninhalt des Vierecks bestätigt wird.

Bei einer Streckung um den Faktor λ mit

$$A_s = \begin{pmatrix} a_{11} & a_{12} \\ a_{21} & a_{22} \end{pmatrix} = \begin{pmatrix} \lambda & 0 \\ 0 & \lambda \end{pmatrix}$$

wird, wie in Abbildung 6.37 (b) erkennbar ist, die Fläche des Urbilds um den Faktor λ^2 verändert. Hierbei gilt $a_{11}a_{22} - a_{21}a_{12} = \lambda^2$.

Bei Drehungen und Spiegelungen bleibt die Fläche eines Körpers konstant. Betrachtet man die Matrix

$$A_d = \begin{pmatrix} a_{11} & a_{12} \\ a_{21} & a_{22} \end{pmatrix} = \begin{pmatrix} \cos(\varphi) & -\sin(\varphi) \\ \sin(\varphi) & \cos(\varphi) \end{pmatrix}$$

einer Drehung, so gilt

$$a_{11}a_{22} - a_{21}a_{22} = (\cos(\varphi))^2 + (\sin(\varphi))^2 = 1 . \tag{2}$$

Für die Matrix

$$A_{sp} = \begin{pmatrix} a_{11} & a_{12} \\ a_{21} & a_{22} \end{pmatrix} = \begin{pmatrix} \cos(2\varrho) & \sin(2\varrho) \\ \sin(2\varrho) & -\cos(2\varrho) \end{pmatrix}$$

einer Spiegelung gilt

$$a_{11}a_{22} - a_{21}a_{22} = -(\cos(2\varrho))^2 - (\sin(2\varrho))^2 = -1 . \tag{3}$$

In den Gleichungen (2) und (3) kann der Betrag des Ausdrucks für die Erhaltung der Fläche eines geometrischen Objekts gedeutet werden. In den Abbildungen 6.37 (a) und 6.41 (a) ist erkennbar, dass das Bild des Objekts unter F spiegelverkehrt zum Urbild ist, die *Orientierung* sich umgekehrt hat. Dies kann mit dem Vorzeichen des Ergebnisses in (3) erklärt werden, was die folgende Definition motiviert.

Definition $F\colon \mathbb{R}^2 \to \mathbb{R}^2$ sei eine lineare Abbildung mit der Matrix

$$A = \begin{pmatrix} a_{11} & a_{12} \\ a_{21} & a_{22} \end{pmatrix} .$$

$$\det(A) := a_{11} \cdot a_{22} - a_{21} \cdot a_{12}$$

heißt die *Determinante* der Matrix A. $\det(F) := \det(A)$ heißt die *Determinante* der Abbildung F. Der Betrag der Determinante einer Abbildung F gibt den Faktor an, mit dem der Flächeninhalt eines Objekts sich unter der Abbildung F verändert.

Die Abbildung F heißt

orientierungstreu, wenn $\det F > 0$,

orientierungsuntreu, wenn $\det F < 0$ gilt.

Wird aus dem Quadrat mit den Kanten $\vec{e}_1$ und $\vec{e}_2$ unter einer linearen Abbildung F mit

$$A = \begin{pmatrix} a_{11} & a_{12} \\ a_{21} & a_{22} \end{pmatrix}$$

ein Parallelogramm mit dem Flächeninhalt null, so bedeutet dies, dass

$$F(\vec{e}_1) = {}^t(a_{11}, a_{21}) \quad \text{und} \quad F(\vec{e}_2) = {}^t(a_{12}, a_{22})$$

linear abhängig sind, d.h. es existiert ein $\lambda \in \mathbb{R}$ mit $\lambda \cdot F(\vec{e}_1) = F(\vec{e}_2)$. Hiermit folgt

$$\det(F) = a_{11}a_{22} - a_{21}a_{12} = \lambda \cdot a_{12}a_{22} - \lambda \cdot a_{22}a_{12} = 0\,.$$

Gilt umgekehrt $\det(F) = 0$, so kann man zeigen, dass die Spaltenvektoren der Matrix A linear abhängig sind. Damit wurde zum Teil gezeigt:

Bemerkung Es sei $F\colon \mathbb{R}^2 \to \mathbb{R}^2$ eine lineare Abbildung mit zugehöriger Matrix

$$A = \begin{pmatrix} a_{11} & a_{12} \\ a_{21} & a_{22} \end{pmatrix}.$$

Dann sind folgende Aussagen äquivalent:

1) $\det(F) = 0$,
2) ${}^t(a_{11}, a_{12})$ und ${}^t(a_{21}, a_{22})$ sind linear abhängig,
3) ${}^t(a_{11}, a_{21})$ und ${}^t(a_{12}, a_{22})$ sind linear abhängig,
4) Der Flächeninhalt jedes Bildes eines Parallelogramms unter F ist gleich null.

Die fehlenden Teile des Beweises der Bemerkung seien zur Übung empfohlen, vgl. Aufgabe 2.

Hinweis für Maple

Die Determinante einer Matrix A kann unter Maple durch

```
> det(A);
```

bestimmt werden.

Hinweis Die Determinante kann ebenfalls für $(n \times n)$-Matrizen mit $n > 2$ bestimmt werden. Für den mathematischen Hintergrund hierzu vgl. [Fi00], Kapitel 3.

Beispiel 6.84 Für die Matrix

```
> A := matrix([[2,5],[1,3]]);
```

gilt

```
> det(A);
```

$$1$$

Abbildung 6.44 (a) zeigt ein Rechteck mit Seitenlängen 2 und 1, und in Abbildung 6.44 (b) befindet sich das Rechteck zusammen mit dem Bild des Rechtecks unter der Abbildung F zu A. Wie hier zu erkennen ist, ist das Parallelogramm sehr verzerrt. Die Vierecke in Abbildung 6.44 besitzen jedoch denselben Flächeninhalt.

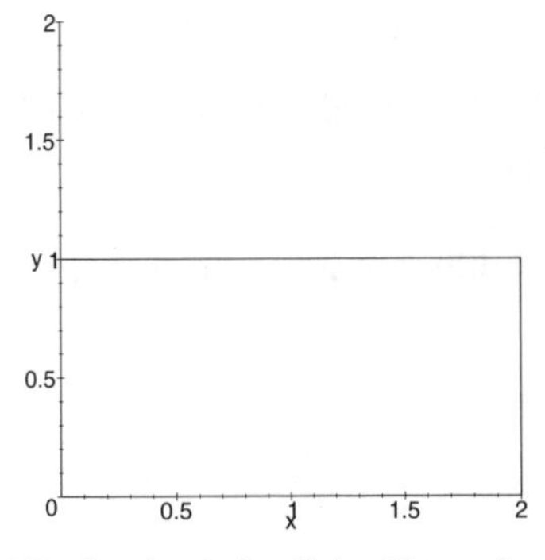

(a) Rechteck mit den Seitenlängen 2 und 1

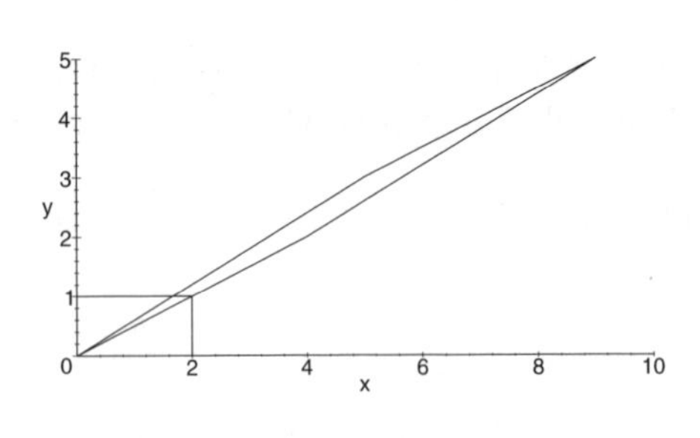

(b) Bild des Rechtecks unter F

Abb. 6.44 Graphen zu Beispiel 6.84

Beispiel 6.85 Es sei $F\colon \mathbb{R}^2 \to \mathbb{R}^2$ die lineare Abbildung mit

```
> A := matrix([[1,2],[3,4]]):
```

Für die Determinante lautet

```
> det(A);
```

$$-2$$

Die Abbildung F ist damit orientierungsuntreu, wie in Abbildung 6.45 (a) erkennbar ist, die das Bild des Dreiecks aus Abbildung 6.37 (a) zeigt. In Abbildung 6.45 (b) befindet sich das Bild des Rechtecks aus Abbildung 6.44 (a) unter F.

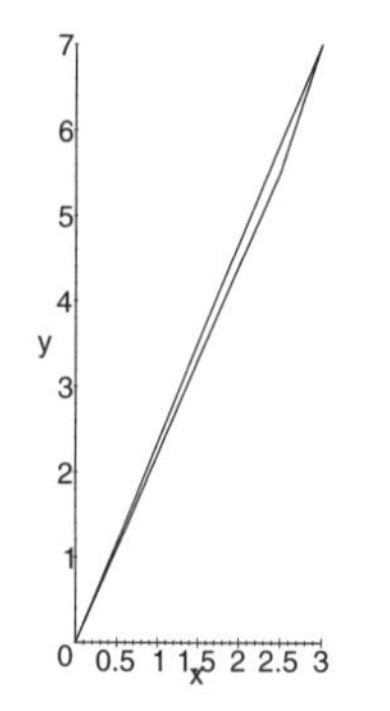

(a) Bild des Dreiecks aus Abbildung 6.37 (a)

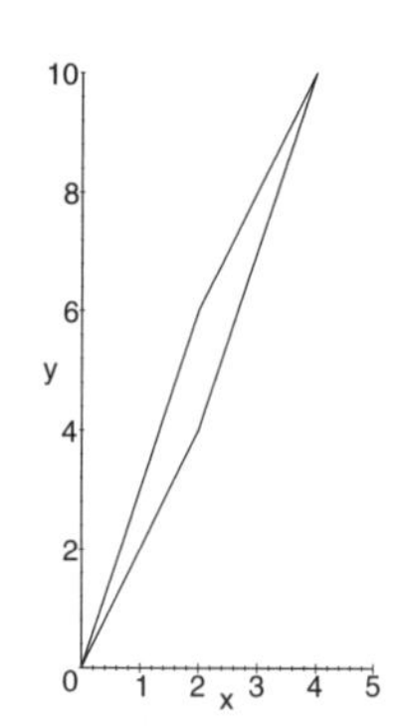

(b) Bild des Rechtecks aus Abbildung 6.44 (a)

Abb. 6.45 Abbildungen zu Beispiel 6.85

Beispiel 6.86 Für die Matrix

```
> A := matrix([[-2,1],[4,-2]]):
```

gilt für die Determinante

```
> det(A);
```

$$0$$

Dies lässt vermuten, dass der Flächeninhalt des Bildes des Rechtecks aus Abbildung 6.44 (a) unter der Abbildung F mit Matrix A gleich null ist, was in Abbildung 6.46 dargestellt ist.

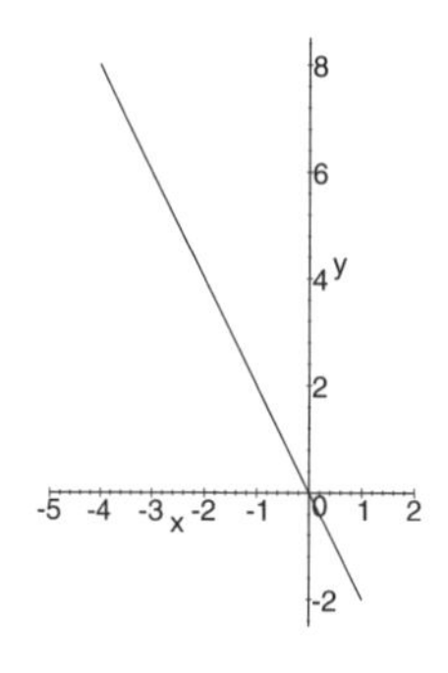

Abb. 6.46 Rechteck zu Beispiel 6.86

Aufgaben

1. Definieren Sie die Abbildungen dieses Abschnitts mit Maple.

2. Vervollständigen Sie den Beweis der ersten Bemerkung dieses Abschnitts.

3. Beweisen Sie die folgenden Regeln und bestätigen Sie die Ergebnisse mit Maple für beliebige $\vec{x}_1, \vec{x}_2 \in \mathbb{R}^2$ und $\lambda \in \mathbb{R}$.

a) $\det\begin{pmatrix} \lambda a_{11} & a_{12} \\ \lambda a_{21} & a_{22} \end{pmatrix} = \lambda \cdot \det\begin{pmatrix} a_{11} & a_{12} \\ a_{21} & a_{22} \end{pmatrix} = \det\begin{pmatrix} a_{11} & \lambda a_{12} \\ a_{21} & \lambda a_{22} \end{pmatrix}$

b) $\det\begin{pmatrix} a_{11} & a_{12} \\ a_{21} & a_{22} \end{pmatrix} = -\det\begin{pmatrix} a_{21} & a_{22} \\ a_{11} & a_{12} \end{pmatrix}$

4. Bestimmen Sie mit Maple die Determinanten der Matrizen aus Aufgabe 7 in Abschnitt 6.1.

5. Bestimmen Sie mit Maple die Determinanten der linearen Abbildungen aus den Aufgaben 3 und 4 in Abschnitt 6.8.

6.10 Eigenwerte

Für eine lineare Abbildung $F\colon \mathbb{R} \to \mathbb{R}$ sei für ein $x_1 \in \mathbb{R}$ ein $\lambda \in \mathbb{R}$ mit $F(x_1) = \lambda \cdot x_1$ gegeben. Dieses λ ist unabhängig von der Wahl von x_1, denn wählt man $x_2 \in \mathbb{R}$ beliebig, so gibt es ein $\mu \in \mathbb{R}$ mit $x_2 = \mu \cdot x_1$, womit

$$F(x_2) = F(\mu \cdot x_1) = \mu \cdot F(x_1) = \mu \cdot \lambda \cdot x_1 = \lambda \cdot x_2$$

folgt. F ist somit durch λ bestimmt.

Bei linearen Abbildungen innerhalb von Vektorräumen V mit $\dim V \geqslant 2$ bietet es sich an zu untersuchen, ob es Untervektorräume gibt, die auf sich selbst abgebildet werden.

Definition Es sei $F\colon V \to V$ eine lineare Abbildung. Ein $\lambda \in \mathbb{R}$ heißt *Eigenwert* von F, wenn es ein $\vec{v} \in V$ mit $\vec{v} \neq \vec{0}$ gibt, so dass gilt

$$F(\vec{v}) = \lambda \cdot \vec{v}\,.$$

$$\operatorname{Eig}(F;\lambda) := \{\vec{v} \in V \text{ mit } F(\vec{v}) = \lambda \cdot \vec{v}\}$$

heißt *Eigenraum*. Ein $\vec{v} \in \operatorname{Eig}(F;\lambda)$ heißt *Eigenvektor* zum Eigenwert λ.

Bemerkung Der Eigenraum einer linearen Abbildung $F\colon V \to V$ ist ein Untervektorraum von V.

Beispiel 6.87 Eine Streckung $F\colon \mathbb{R}^2 \to \mathbb{R}^2$ mit $F(\vec{x}) := \lambda\vec{x}$ für $\lambda \in \mathbb{R}\setminus\{0\}$ hat den Eigenwert λ und den Eigenraum $\operatorname{Eig}(F;\lambda) = \mathbb{R}^2$.

Hinweis für Maple

Mit Maple können Eigenwerte einer Matrix A bestimmt werden.
Um Eigenwerte einer Matrix A zu bestimmen, ist

```
> eigenvals(A);
```

einzugeben.

Für die Matrix

```
> A := matrix([[lambda,0],[0,lambda]]);
```

aus Beispiel 6.86 erhält man durch

```
> eigenvals(A);
```

das Ergebnis $\lambda,\ \lambda$. Hierbei wird der Eigenwert zweimal angegeben, da die *Vielfachheit* m des Eigenwerts gleich zwei ist. Ist n die Dimension des Eigenraums, so gilt $n \leqslant m$, wobei der Fall $n \neq m$ auftreten kann. Für den mathematischen Hintergrund zur Dimension des Eigenraums und der Vielfachheit vgl. [Fi00], 4.3.

Hinweis für Maple

Um eine Basis des Eigenraums einer Matrix A unter Maple zu bestimmen, ist

```
> eigenvectors(A);
```

einzugeben. Das Ergebnis

$$[\lambda,\ m,\ \{v_1,\ v_2,\ \ldots]\}]$$

enthält den Eigenwert λ, seine Vielfachheit m und eine Basis des Eigenraums.

Für die Abbildung A aus Beispiel 6.86 erhält man durch

```
> eigenvectors(A);
```

das Ergebnis

$$[\lambda,\ 2,\ \{[0,\ 1],\ [1,\ 0]\}]$$

Beispiel 6.88 F sei eine Drehung um den Winkel ϕ, die durch die Matrix

```
> A := matrix([[cos(phi),-sin(phi)],
    [sin(phi),cos(phi)]]);
```

beschrieben wird. Um die Eigenwerte zu bestimmen, wird

```
> eigenvals(A);
```

eingegeben. Das Ergebnis lautet

$$\cos(\phi) + \sqrt{\cos(\phi)^2 - 1},\ \cos(\phi) - \sqrt{\cos(\phi)^2 - 1}.$$

Hier ist erkennbar, dass Eigenwerte nur in den Fällen $\cos(\phi) = \pm 1$ vorliegen. Dies bedeutet $\phi_1 := 0$ oder $\phi_2 := \pi$, und die Eigenwerte sind damit $\lambda_1 = 1$ und $\lambda_2 = -1$. Im Fall ϕ_1 handelt es sich bei F um die identische Abbildung mit der Matrix

```
> A1 := matrix([[1,0],[0,1]]):
```

und es gilt $\mathrm{Eig}(F) = \mathbb{R}^2$, wie nach Eingabe von

```
> eigenvectors(A1);
```

durch das Ergebnis

$$[1,\ 2,\ \{[0,\ 1],\ [1,\ 0]\}]$$

bestätigt wird. Für den Winkel ϕ_2 hat die Abbildung F die Matrix

```
> A2 := matrix([[-1,0],[0,-1]]):
```

Es handelt sich um die Spiegelung am Ursprung. Die Eigenvektoren erhält man

```
> eigenvectors(A2);
```

$$[-1,\ 2,\ \{[0,\ 1],\ [1,\ 0]\}]$$

woraus $\mathrm{Eig}(F, -1) = \mathbb{R}^2$ folgt.

Beispiel 6.89 Bei einer Spiegelung $F\colon \mathbb{R}^2 \to \mathbb{R}^2$ an der Ursprungsachse, die mit der x-Achse den Winkel $\frac{\phi}{2}$ einschließt, gegeben durch

```
> A := matrix([[cos(phi),sin(phi)],
     [sin(phi),-cos(phi)]]):
```

ist anschaulich klar, dass die Spiegelgerade der Eigenraum zum Eigenwert 1 ist. Zusätzlich wird die senkrecht zur Spiegelachse verlaufende Ursprungsgerade durch die Spiegelung in sich selbst überführt, wobei sich die Orientierung umkehrt. Dies bedeutet, dass es sich um einen Eigenraum zum Eigenwert -1 handelt. Unter Maple werden numerische Lösungen bestimmt, daher sind konkrete Winkel ϕ zu betrachten. Im Fall

```
> phi := evalf(Pi/2):
```

(wobei `evalf` benutzt wird, um den numerischen Wert für π zu verwenden) erhält man für die Matrix

```
> A := evalf(matrix([[cos(phi),sin(phi)],
     [sin(phi),-cos(phi)]])):
```

Die Eigenwerte und Eigenvektoren ergeben sich durch

```
> eigenvectors(A);
```

zu

$$[1.000000000, 1, \{vector([-.7071067814, -.7071067814])\}],$$
$$[-1.000000001, \ 1, \ \{[.7071067814, \ -.7071067814]\}]\,.$$

Hiermit erhält man $\mathrm{Eig}(A, 1) = \mathbb{R} \cdot {}^t(-1, -1)$ und $\mathrm{Eig}(A, -1) = \mathbb{R} \cdot {}^t(1, -1)$. Diese Drehung kann unter Maple für beliebige Winkel 2ϕ durchgeführt werden, vgl. Aufgabe 3.

Allgemein hat eine Spiegelung F mit der Matrix A an einer Ursprungsgeraden die Eigenwerte $\lambda_1 = 1$ und $\lambda_2 = -1$. Die Eigenräume sind

$$\mathrm{Eig}(A, \lambda_1) = \mathbb{R} \cdot {}^t\Big(\cos\left(\tfrac{\phi}{2}\right), \sin\left(\tfrac{\phi}{2}\right)\Big)$$

und

$$\mathrm{Eig}(A, \lambda_2) = \mathbb{R} \cdot {}^t\Big(\cos\left(\tfrac{\phi+\pi}{2}\right), \sin\left(\tfrac{\phi+\pi}{2}\right)\Big).$$

Dieser Nachweis sei zur Übung empfohlen, vgl. Aufgabe 4.

Beispiel 6.90 Die Abbildung D mit $D(f) = f'$ aus Beispiel 6.75 in Abschnitt 6.8.1 ist linear. Jedes $\lambda \in \mathbb{R}$ ist Eigenwert zum Eigenvektor $f(x) := c \cdot \exp(\lambda \cdot x)$ mit $c \in \mathbb{R} \setminus \{0\}$, denn es gilt

$$f'(x) = \lambda \cdot c \cdot \exp(\lambda \cdot x) = \lambda \cdot f(x)\,.$$

Hierdurch wird der Einfluss von Eigenwerten und Eigenvektoren auf die Lösung von Differentialgleichungen angedeutet, vgl. [Wt90], §17.

Aufgaben

1. Definieren Sie die Abbildungen dieses Abschnitts mit Maple.

2. Vervollständigen Sie den Beweis der ersten Bemerkung.

3. Bestimmen Sie mit Maple die Eigenräume und Eigenwerte der Spiegelungen an den Ursprungsgeraden, die mit der x-Achse den Winkel 2ϕ einschließt.
a) $\phi = 0$ b) $\phi = \frac{\pi}{4}$ c) $\phi = \frac{\pi}{3}$ d) $\phi = \frac{3\pi}{4}$ e) $\phi = \pi$ f) $\phi = \frac{3\pi}{2}$

4. Bestimmen Sie für eine beliebige Drehung um den Winkel φ die Eigenwerte und Eigenräume.

5. Berechnen Sie mit Hilfe von Maple die Eigenwerte und Eigenräume der gegebenen Matrix A.

$$\begin{pmatrix} 1 & 4 \\ 2 & 3 \end{pmatrix} \quad \begin{pmatrix} -1 & 3 \\ 1 & 1 \end{pmatrix} \quad \begin{pmatrix} -3 & 2 \\ -4 & 7 \end{pmatrix}$$

$$\begin{pmatrix} 1 & -3 & 3 \\ 3 & -5 & 3 \\ 6 & -6 & 4 \end{pmatrix} \quad \begin{pmatrix} 1 & 1 & 1 \\ 1 & 0 & 1 \\ 0 & -1 & 2 \end{pmatrix} \begin{pmatrix} 2 & 3 & -2 \\ 0 & 5 & 4 \\ 1 & 0 & -1 \end{pmatrix} \quad \begin{pmatrix} 1 & 1 & 3 \\ 2 & 4 & 2 \\ 1 & 1 & 3 \end{pmatrix}$$

6. Bestimmen Sie mit Maple die Eigenwerte und Eigenräume der Matrizen aus Aufgabe 7 in Abschnitt 6.1 bzw. der linearen Abbildungen aus Aufgabe 3 in Abschnitt 6.8.

Literaturverzeichnis

[Arm90] M.A. Armstrong: *Basic Topology*, Third Printing. Springer, Heidelberg 1990.

[A-Z98] M. Aigner und G.M. Ziegler: *Proofs from The Book*. Springer, Heidelberg 1998.

[Ba00a] P. Basieux: *Die TopTen der schönsten Beweise*, 2. Auflage. rororo, Hamburg 2000.

[Ba00b] P. Basieux: *Die Architektur der Mathematik*. rororo, Hamburg 2000.

[B-M95] R. Braun und R. Meise: *Analysis mit Maple*. Vieweg, Wiesbaden 1995.

[Enz97] H.M. Enzensberger: *Der Zahlenteufel*. Hanser, München 1997.

[Fi00] G. Fischer: *Lineare Algebra*, 12. Auflage. Vieweg, Wiesbaden 2000.

[Fo99a] O. Forster: *Analysis 1*, 5. Auflage. Vieweg, Wiesbaden 1999.

[Fo99b] O. Forster: *Analysis 2*, 5. Auflage. Vieweg, Wiesbaden 1989.

[F-W75] O. Forster und R. Wessoly: *Übungsbuch zur Analysis 1*. Vieweg, Wiesbaden 1975.

[He97] N. Henze: *Stochastik für Einsteiger*. Vieweg, Wiesbaden 1997.

[Ko96] M. Kofler: *Maple V, Release 4, Einführung und Leitfaden für den Praktiker*. Addison-Wesley, Bonn 1996.

[Ma01a] *Maple 7, Getting Started Guide*. Waterloo Maple Inc., Waterloo 2001.

[Ma01b] *Maple 7, Learning Guide*. Waterloo Maple Inc., Waterloo 2001.

[Ma01c] *Maple 7, Programming Guide*. Waterloo Maple Inc., Waterloo 2001.

[Ne97] T. Needham: *Visual Complex Analysis*, Clarendon Press, Oxford 1997.

[Re89] R. Remmert: *Funktionentheorie I*, 2. Auflage. Springer, Heidelberg 1989.

[Si82] J.G. Simmonds: *A Brief on Tensor Analysis*, Springer, Heidelberg 1982.

[S-G01] H. Stoppel und B. Griese: *Übungsbuch zur linearen Algebra*, 3. Auflage. Vieweg, Wiesbaden 2001.

[St01] H. Stoppel: *Mandelbrot-Menge*, per E-Mail über `stoppel@cs.uni-duesseldorf.de`.

[Vi01] F. Vivaldi: *Experimental Mathematics with Maple*. Chapman & Hall / CRC, Boca Raton 2001.

[V-L01] P.J. Vassilliou, I.G. Lisle: *Geometric Approaches to Differential Equations*. Cambridge University Press, Cambridge 2000.

[Wa02] A. Walz: *Maple 7, Rechnen und Programmieren.* Oldenbourg, München 2002.

[Wt90] W. Walter: *Gewöhnliche Differentialgleichungen*, 4. Auflage. Springer, Heidelberg 1990.

[Za88] H.-D. Ebbinghaus et. al.: *Zahlen*, 2. Auflage. Springer, Heidelberg 1988.

Symbolverzeichnis

$\{\}$	Mengenklammern
$\emptyset$	leere Menge
∞	unendlich
$a \in A$	a ist ein Element der Menge A
$a \notin A$	a ist kein Element der Menge A
$A \subset B$	A ist eine Teilmenge von B
$A \underset{\neq}{\subset} B$	A ist eine echte Teilmenge von B
$a < b$	a ist kleiner als b
$a \leqslant b$	a ist kleiner oder gleich b
$a > b$	a ist größer als b
$a \geqslant b$	a ist größer oder gleich b
$a \approx b$	a ist ungefähr gleich b

$\mathbb{N}$	$= \{0, 1, 2, 3, \ldots\}$, natürliche Zahlen
$\mathbb{Z}$	$= \{\ldots, -2, -1, 0, 1, 2, \ldots\}$, ganze Zahlen
$\mathbb{Q}$	$= \{\frac{p}{q} : p \in \mathbb{Z}, q \in \mathbb{N} \setminus \{0\}\}$, rationale Zahlen
$\mathbb{R}$	reelle Zahlen
$\mathbb{R}_+$	$= \{r \in \mathbb{R} : r \geqslant 0\}$, nicht-negative reelle Zahlen
$\mathbb{R} \setminus \{0\}$	$= \{r \in \mathbb{R} : r \neq 0\}$ reelle Zahlen ungleich Null

$[a, b]$	$= \{x \in \mathbb{R} : a \leqslant x \leqslant b\}$ abgeschlossenes Intervall
$[a, b[$	$= \{x \in \mathbb{R} : a \leqslant x < b\}$ halb offenes Intervall
$]a, b[$	$= \{x \in \mathbb{R} : a < x < b\}$ offenes Intervall
$[a, \infty[$	$= \{x \in \mathbb{R} : x \geqslant a\}$
$]-\infty, a[$	$= \{x \in \mathbb{R} : x < a\}$

$A \Rightarrow B$	aus A folgt B
$A \Leftrightarrow B$	A und B sind gleichwertig
$A \rightsquigarrow B$	Aussage A führt zu Aussage B
$A \sim B$	die Aussagen A und B sind äquivalent

$\rightarrow, \mapsto$ Abbildungspfeile
$g \circ f$ Abbildung g wird nach Abbildung f ausgeführt (Verkettung / Hintereinanderausführung von Abbildungen)
f Funktion
id Identität
$\mathbb{D}_f$ Definitionsbereich der Funktion f
$\mathbb{D}_{\max}$ maximaler Definitionsbereich der Funktion f
G_f Funktionsgraph der Funktion f
$f(x)$ Funktionswert von f an der Stelle $x \in \mathbb{D}_f$
f^{-1} Umkehrfunktion von f
f' Ableitung der Funktion f
f'' zweite Ableitung der Funktion f
f''' dritte Ableitung der Funktion f
$\int f(x)\,dx$ eine Stammfunktion der Funktion f
$\int_a^b f(x)\,dx$ bestimmtes Integral der Funktion f im Intervall $[a, b]$
$F(x)|_a^b$ $= F(b) - F(a)$

$\sum$ Summenzeichen
i $= \sqrt{-1}$ imaginäre Einheit
$|x|$ Betrag der Zahl $x \in \mathbb{R}$ (Wert ohne Vorzeichen)
sign Signum
$[x]$ $= \max\{n \in \mathbb{N} : n \leqslant x\}$ Gauß-Klammer

sin Sinus oder Sinusfunktion
cos Kosinus oder Kosinusfunktion
tan Tangens oder Tangensfunktion
exp Exponentialfunktion
log Logarithmusfunktion
e Euler'sche Zahl
ln Logarithmusfunktion zur Basis e

$\langle a_n \rangle$ Folge mit Gliedern $a_1, a_2, a_3 \ldots$
$\lim\limits_{n \to \infty} a_n$ Grenzwert der Folge $\langle a_n \rangle$
$\lim\limits_{x \to a} f(x)$ Grenzwert der Funktion f an der Stelle a
$\lim\limits_{h \searrow 0} f(x_0 - h)$ linksseitiger Grenzwert
$\lim\limits_{h \searrow 0} f(x_0 + h)$ rechtsseitiger Grenzwert
$\lim\limits_{x \nearrow x_0} f(x)$ linksseitiger Grenzwert
$\lim\limits_{x \searrow x_0} f(x)$ rechtsseitiger Grenzwert

$\lim\limits_{x \to 0-}$	linksseitiger Grenzwert gegen null
$\lim\limits_{x \to 0+}$	rechtsseitiger Grenzwert gegen null
$\mathbb{L}$	Lösungsmenge
$\mathcal{C}$	stetige Funktionen
$\mathcal{D}$	differenzierbare Funktionen
$P(a\|b\|c)$	Punkt mit den Koordinaten a, b, c
$\vec{a}$	Vektor
$\overrightarrow{AB}$	Vektor von Punkt A zu Punkt B
$\vec{n}$	Normalenvektor
$\vec{n}_0$	normierter Normalenvektor
$\vec{a} \perp \vec{b}$	$\vec{a}$ steht orthogonal zu $\vec{b}$
$\vec{a} \cdot \vec{b}$	Skalarprodukt der Vektoren $\vec{a}$ und $\vec{b}$
$r \cdot \vec{a}$	Skalarmultiplikation der Vektoren $\vec{a}$ mit dem Skalar $r \in \mathbb{R}$
$\langle \vec{a}, \vec{b} \rangle$	Skalarprodukt der Vektoren $\vec{a}$ und $\vec{b}$
$\vec{a} \times \vec{b}$	Vektorprodukt der Vektoren $\vec{a}$ und $\vec{b}$
d	Abstand zwischen Punkten
$\|\vec{a}\|$	Länge des Vektors $\vec{a}$
det	Determinante einer linearen Abbildung oder Matrix
Eig	Eigenraum einer linearen Abbildung
dim	Dimension eines Vektorraums
$\mathbb{R}^2$	$= \left\{ {}^t(x_1, x_2) : x_1, x_2 \in \mathbb{R} \right\}$, reeller Standardraum der Dimension 2
$\mathbb{R}^3$	$= \left\{ {}^t(x_1, x_2, x_3) : x_1, x_2, x_3 \in \mathbb{R} \right\}$, reeller Standardraum der Dimension 3
$\mathbb{R}^n$	$= \left\{ {}^t(x_1, \vdots, x_n) : x_1, \ldots, x_n \in \mathbb{R} \right\}$, reeller Standardraum der Dimension n
$n!$	Fakultät
$\binom{n}{p}$	Binomialkoeffizient

Maple-Befehle und Rückmeldungen

U

V

W

Y

Sachwortverzeichnis

E

F

G

H

I

N

O

P

Q

R

S